Die 15 größten Städte der Welt 1987

■ die 5 größten Städte

Erschienen im Jubiläumsjahr 1987
bei Klett-Cotta

Gerhard Schweizer
Zeitbombe Stadt
Die weltweite Krise der Ballungszentren

Klett-Cotta

1. Auflage 1987
Verlagsgemeinschaft Ernst Klett Verlag – J. G. Cotta'sche Buchhandlung

Printed in Germany
Umschlag: Klett-Cotta-Design
Karten und Schaubilder: Rudolf Hungreder, nach Angaben des Autors
Gesetzt aus der 10 Punkt Concorde
und auf holzfreies Werkdruckpapier gedruckt
Gesamtherstellung von Ludwig Auer, Donauwörth

CIP-Kurztitelaufnahme der Deutschen Bibliothek
Schweizer, Gerhard:
Zeitbombe Stadt : d. weltweite Krise d.
Ballungszentren / Gerhard Schweizer. – 1. Aufl. –
Stuttgart : Klett-Cotta, 1987.
ISBN 3-608-93126-0

Fotos: 1: Birgit Brandau; 2–8, 10, 11: Gerhard Schweizer;
9, 12–14: Stephen Sokoloff; 15: Bildagentur Mauritius (Höbel);
16: Bildagentur Mauritius (Mollenhauer)

Für Gertrud und Emmy

Inhalt

Einleitung:
Auf dem Weg in die Katastrophe?

Die Krise ist international

Zerfällt New York? Ein Stadtgigant mit an die 12 Millionen Einwohnern, noch immer eine der größten Metropolen der Welt, einst als Hochburg des Fortschritts gepriesen, gilt inzwischen nahezu als «unregierbar». Zwar entstehen im Zentrum Manhattan immer neue Wolkenkratzer als Symbole von Macht und Wohlstand multinationaler Konzerne, andere Viertel aber sind längst in übervölkerte, total verschmutzte Slums verwandelt, bewohnt von einem hohen Anteil an Arbeitslosen. Auch können baufällige Highways infolge der leeren Stadtkasse streckenweise nicht mehr repariert werden, entsprechend verrotten öffentliche Verkehrsmittel. Dem Horror des Zerfalls entspricht ein Horror der Kriminalität...

Dies geschieht in einem westlichen Industriestaat, der mit seiner Technologie, seiner Fähigkeit zur Organisation und seiner Wirtschaftskraft als führend in der Welt gilt. Wie sehr auch Politiker und Stadtplaner gemeinsam versuchen, den «kranken Riesen» New York zu sanieren – und ähnliche Anstrengungen sieht man in anderen desolaten Gigantenstädten unserer industrialisierten Erdhälfte –, bleibt bei allen kurzfristigen Erfolgen das latente Unbehagen: Städte ab einer bestimmten Größenordnung lassen sich selbst inmitten einer hochentwickelten Zivilisation nur noch mühsam in ihren Wachstumsprozessen steuern, sind in ihren Fehlentwicklungen und Auswüchsen immer schwerer einzudämmen.

Gilt dies auch schon für westdeutsche Großstädte?

Wir haben allen Grund zur Unruhe bei dem Gedanken, daß in zwei bis drei Jahrzehnten manche Ballungsräume in der Bundesrepublik einen Durchmesser von 50 oder mehr Kilometern erreicht haben könnten, ähnlich wie heute schon das Ruhrgebiet. Dann wären viele bisher noch selbständige Großstädte, Kleinstädte und Dörfer vollends in ihren klaren Konturen aufgelöst und zu Siedlungsgeflechten ohne deutlich erkennbare Mitte zusammengewachsen, während bäuerliche Gegenden fernab jeder Industrialisierung zunehmend verarmen und sich entvölkern. Innerhalb solcher neuen Wohnkonzentrate würden wir auf stundenlanger Schnellstraßenfahrt oft nur noch für Minuten den Blick auf unverbaute Felder erhaschen können, und diese meist schon durch Hochspannungsmasten verstellt. Aber nirgends in Deutschland, ja nirgends in Europa – mit Ausnahme einiger südeuropäischer Großstädte – zeichnen sich jene sozialen Probleme ab, wie sie bereits viele nordamerikanische Ballungsräume kennen: immer größere Slums, rapid steigende Kriminalität. Noch nicht?

Ballungsräume in den USA haben uns bisher vor allem die monströsen Ausmaße voraus. Ein Stadtgigant wie New York ist heute schon in eine viel riesigere Stadtlandschaft eingeschmolzen: in einen 650 Kilometer langen Siedlungsgürtel, der von Boston im Norden bis Washington im Süden reicht. 35 Millionen Menschen leben in diesem Häuser«meer». Nirgends auf der Welt haben sich bisher in einer einzigen Region derart viele Städte, Kleinstädte, Industrien und Menschen zu einer unübersehbaren Masse konzentriert, nirgends schien noch vor ein bis zwei Jahrzehnten eine wesentliche Steigerung vorstellbar.

Welch ein Entwicklungssprung! Ein Blick nur um ein Jahrhundert zurück: 1860 existierten weltweit nur vier Millionenstädte, sie alle mit unter drei Millionen Einwohnern: London, Paris, Tokyo, Peking.

Im Jahr 2025 aber, so lauten die Prognosen, wird es mehr als ein Dutzend Großstädte mit über 20 (!) Millionen, ja etliche gar mit über 30 (!) Millionen Menschen geben, ganz zu schweigen von den vielen weiteren unregelmäßigen Siedlungsgeflechten aus Städten und Dörfern, die sich in der Nähe dieser riesigen Metropolen bilden können. Solch monströse Gebilde werden sich weniger in Europa oder Nordamerika ausdehnen, wo man seit über einem Jahrhundert an ausufernde Städte gewohnt ist, sondern eher dort, wo die meisten Menschen vor Jahrzehnten Bauern waren oder noch immer sind: in Entwicklungsländern.

Die Dritte Welt kannte 1950 insgesamt gerade zwei Metropolen, die mit ihrer Einwohnerzahl knapp die Fünfmillionengrenze überschritten hatten: Shanghai und Kalkutta. Aber schon im Jahr 2000 werden ausgerechnet in bettelarmen, wenig entwikkelten Regionen mehr als 40 Städte mit über 5 Millionen Einwohnern entstanden sein, schätzen die Experten.[1] Dies würde für Entwicklungsländer einen überproportioniert hohen Anteil an riesigen Städten bedeuten, denn bis zum selben Zeitpunkt werden sich in modernen Industriestaaten gerade 14 oder 15 Ballungsräume von solcher Größenordnung finden.[2] Dabei ist dies erst der Anfang einer überaus folgenschweren, bisher noch kaum absehbaren Verschiebung. Im Jahr 2025 werden nämlich von den 25 größten Ballungszentren der Welt 23 in Entwicklungsländern liegen, so lauten die Prognosen der Vereinten Nationen für das Städtewachstum. An der Spitze wird aller Wahrscheinlichkeit nach Mexico City stehen, bereits heute mit 18 Millionen Einwohnern die größte Stadt der Welt – in vier Jahrzehnten werden dort fast 37 (!) Millionen Einwohner leben, gefolgt von Shanghai mit 36 Millionen, Peking mit 32 Millionen, Sao Paulo mit fast 30 Millionen, Bombay mit 27 Millionen, Kalkutta mit 26 Millionen, Jakarta und Dacca mit jeweils 23 Millionen... New York könnte bis dahin mit nahezu 20 Millionen auf den 14. Platz zurückgefallen sein,[3] wäre so aber, knapp hinter Tokyo, zumindest noch das zweitgrößte Ballungszentrum innerhalb der hochentwickelten Industriestaaten.

Mehr als zwei Drittel aller Gigantenstädte sind bereits heute völlig überfordert, genügend soziale Sicherheit und breitgestreuten Wohlstand zu bieten, sie beherbergen jetzt schon Menschenmassen in heillos übervölkerten, unzureichend versorgten Gemeinwesen – in wenigen Jahrzehnten könnten dann etliche von ihnen endgültig unter einer nicht mehr zu bremsenden Elendslawine zusammenbrechen.

Einwohnerzahlen von 30 und mehr Millionen sind gegenwärtig noch kaum vorstellbar. Wie wird man angesichts einer solchen Zukunft den Begriff «Groß»stadt definieren müssen? Die herausragenden Metropolen des deutschen Sprachraums, ob nun Berlin, Hamburg, München oder Wien, werden bis zum Jahr 2025 kaum über zwei oder gar drei Millionen hinausgewachsen sein, im Gegenteil, manche von ihnen werden an Masse eher abgenommen haben – sie können dann allein nach unseren herkömmlichen (nicht mehr brauchbaren?) Maßstäben als «groß» bezeichnet werden.

Die Stadt, die Metropole... Immer mehr lösen solche Begriffe Beklemmung aus. Dabei ist die Geschichte unserer Hochkulturen vorrangig Stadtgeschichte gewesen. Vier Jahrtausende lang haben Metropolen die Keimzellen zukunftsweisender Ideen, künstlerischer Originalität und sozialen Fortschritts gebildet, und zwar in allen Kontinenten. Überall, wo Menschen auf engem Raum zusammenlebten, tauschte man intensiver Erfahrung aus als in weitauseinanderliegenden Dörfern und Marktflecken, strebte man rascher über abgenützte Traditionen hinaus, entwickelte man leichter Alternativen zu despotischen Herrschaftssystemen, öffnete man sich vorbehaltloser den Einflüssen aus fremden Kulturräumen. Aber all die bedeutsamen Metropolen aus der Antike, dem Mittelalter oder der Renaissance – ob nun Babylon, Athen, Alexandria, Rom, Konstantinopel, Bagdad, Peking, Florenz oder Augsburg – blieben selbst zur Zeit ihrer größten kulturellen Strahlkraft eingebettet in eine vorwiegend bäuerliche Gesellschaft. Verhältnismäßig wenig Dorfbewohner wanderten in Kleinstädte oder gar pulsierende Hauptstädte ab. Einerseits hielten eine starre Ständeordnung und der Familienklan die Bauern an der Scholle fest, andererseits boten die ländlichen Gebiete trotz der vielen kargen Äcker Platz für alle. Neun von zehn Menschen lebten in Dörfern. Weltweit änderte sich daran das ganze Mittelalter hindurch wenig, trotz aller hochentwickelten Stadtkulturen. Bis zur industriellen Revolution in Europa! Seither erst kennen wir die explosiven, im Wachstum immer weniger kontrollierbaren Ballungsräume. Was sind die tiefsten Ursachen für diesen wahrhaft welthistorischen Umschwung? Und weshalb verlagert sich heute die Krise mit zunehmender Wucht auf die Entwicklungsländer?

Es wird im vorliegenden Buch zu zeigen sein, daß unsere Industriezivilisation die moderne Krise der Stadt weltweit entfesselt hat. Wir haben unsere Errungenschaften – aber eben auch unsere Probleme – in die so ganz anders gearteten Kulturräume Asiens, Afrikas und Lateinamerikas exportiert. Hierbei sind viele außereuropäische Völker von einer wesensfremden Entwicklung nahezu überrollt worden, und dies in einer Eile, die es ihnen kaum erlaubte, sich seelisch und geistig auf den Umbruch vorzubereiten. Ihnen muß daher die Fortschrittsdynamik rascher der Kontrolle entgleiten als etwa Europäern und Nordamerikanern. Und so tritt die paradoxe Situation ein, daß die industrielle Revolution, die in unserer westlichen Hemisphäre zu guter Letzt die Massenarmut weitgehend gebannt hat, in Ländern der Dritten Welt oft das Gegenteil bewirkt: katastrophal wachsendes Elend. Ist dies, wie einst in Europa, nur ein vorübergehender Prozeß, ein Übergang?

Die Zustände, wie wir sie gegenwärtig in vielen Teilen Asiens, Afrikas und Lateinamerikas beobachten können, übertreffen um vieles die radikalen Umbrüche im Europa des 19. Jahrhunderts. Slums wachsen dort, wo es vor wenigen Jahrzehnten überwiegend nur Dörfer gegeben hat, drei- bis viermal schneller als die Städte selber. Ja, in manchen Ballungsräumen der Dritten Welt verdoppelt sich die Zahl der Slumbewohner bereits alle fünf Jahre, so hält eine soziologische Untersuchung von 1985 fest.[4] Bald dürfte gerade in den größten Metropolen die Hälfte aller Einwohner in notdürftig gezimmerten Hütten aus Latten, Wellblech, Sackleinen und Stroh inmitten zunehmender Müllhalden hausen, während ländliche Gegenden immer mehr Menschen verlieren. Dann werden Stadtzentren mit ihren modernen Verwaltungsbauten und Autostraßen einerseits und ihren historisch gewachsenen Sakralbauten, Palästen und Basaren andererseits noch mehr als bisher vom krebsartig ausufernden Elend der Randsiedlungen angesteckt sein, dann sind die Städte als ganze endgültig in den Sog einer zerfallenden Sozialordnung gerissen.

Nach unserem Ermessen hat ein Ballungsraum die Grenzen seiner Belastbarkeit erreicht, wenn etwa in Frankfurts am dichtesten besiedelten Wohngebieten 2900 Einwohner auf den Quadratkilometer kommen. Was aber bedeutet dies gegen Kalkutta? Dort hausen auf der gleichen Fläche in etlichen total übervölkerten Vierteln bis zu 50 000 Menschen,[5] in Kairo gar bis zu 153 000![6] Und dies überwiegend ohne ausreichende sanitäre Anlagen, medizinische Hilfe und Hygiene, dagegen mit einer ungleich stärkeren Belastung durch Lärm und ungefilterte Industrieabgase.

Wenn wir also von der Krise unserer modernen Stadtentwicklung sprechen, so müssen wir die größte Gefahr in der Dritten Welt sehen, dort, wo sich die Widersprüche am radikalsten zugespitzt haben.

Eine Studie des deutschen Bundesministeriums für wirtschaftliche Zusammenarbeit bringt 1978 die Gefahren in nüchterner Fachsprache auf einen Punkt. Es heißt dort: «Die übermäßig rasche, meist unkontrollierte, auf wenige Zentren konzentrierte und sozial sehr unausgewogene Urbanisierung führt in vielen Entwicklungsländern dazu, daß die Leistungen der Städte immer deutlicher hinter den Grundbedürfnissen ihrer Einwohner (Arbeit, Wohnen, Trinkwasser, menschenwürdige Umweltbedingungen...) zurückbleiben und daß notwendige Funktionen der Städte für die Landes- und Regionalentwicklung... immer unzureichender erfüllt werden. Ungelöste städtische Probleme beeinträchtigen zunehmend die Erfüllung übergeordneter entwicklungspolitischer Ziele und gefährden die wirtschaftliche und politische Handlungsfähigkeit der Entwicklungsländer.»[7]

Zeitbombe Stadt...

Die Eigendynamik der Entwicklungsländer

Eine dreiviertel Milliarde Asiaten, Afrikaner und Lateinamerikaner – rund ein Sechstel der heute existierenden Menschheit – ist während nur dreier Jahrzehnte, zwischen 1950 und 1980, aus ländlichen Gebieten in Großstädte abgewandert. Gegenwärtig, Mitte der achtziger Jahre, strömen weltweit pro Tag schätzungsweise 75 000 arbeitsuchende Menschen in explosiv wachsende Städte.[8]. Diese Flut übertrifft an Masse alle bisherigen Völkerwanderungen der Geschichte. Wenn die Entwicklung so weitergeht, wird bereits um das Jahr 2000 jeder zweite (!) Erdbewohner in einem Ballungsraum leben. Zum Vergleich: 1970, also nur 30 Jahre früher, hat erst jeder zehnte in einer Stadt gewohnt.[9]

Nur in hochentwickelten Industriestaaten ist der Höhepunkt der Verstädterung bereits überschritten, nur dort beginnt man die Krise allmählich in den Griff zu bekommen, so lauten die Prognosen. Nach einer Einschätzung, wie sie 1976 auf einer UN-Konferenz in Vancouver zum Problem des Städtewachstums vorgetragen wurde, werden in Europa die Städte bis zum Jahr 2025 durchschnittlich nur noch um ein Viertel zugenommen haben, in Nordamerika und der Sowjetunion lediglich um das Doppelte. Aber: In Ostasien werden sie durchschnittlich um das Vierfache an Einwohnern gewachsen sein, in Lateinamerika um das Fünffache, in Südasien um das Sechsfache und in Afrika sogar um das Achtfache.[10]

Asiaten, Afrikaner und Lateinamerikaner sind heute schon schroffen Kontrasten ausgesetzt, wie wir sie nur schwer nachvollziehen können. In vielen ihrer Großstädte ragt das Hochhaus aus Stahlbeton und Glas unmittelbar neben der Hütte aus Stampflehm und Stroh, zerschneiden vierspurige Autostraßen winklige Altstadtviertel und deren ungepflasterte Gassen, grenzen Industrieanlagen an Vororte, wo Ochsenkarren noch die Szene beherrschen und man das Wasser aus der Zisterne holt. Es sind Städte, in denen Atomphysiker und Ingenieure nur wenige Kilometer entfernt von analphabetischen, dämonengläubigen Tagelöhnern wohnen, wo «verwestlichtes» Bildungsgut des 20. Jahrhunderts auf das vorindustrielle, archaische Bewußtsein landflüchtiger Bauern prallt. Wir alle wissen von Hunger und Verelendung in diesen Ländern, aber wie sich der Schrecken unbewältigter Probleme konkret im Städtealltag ausnimmt, kann man erst ermessen, wenn man intensiv die Dritte Welt bereist oder gar dort lebt.

Städte, die innerhalb weniger Jahrzehnte von einigen 100 000 auf zwei, drei oder vier Millionen Einwohner anschwellen, weil der Zustrom sozial entwurzelter Bauern nicht abreißt – solche Ballungsräume verkraften ihr rasches Wachstum nicht, solche Ballungsräume sind nicht nur Nährboden des materiellen Elends, sondern auch der geistigen und seelischen Krise. Wo Kinder plötzlich durch Betteln mehr Geld nach Hause bringen als ihr vergeblich nach Arbeit suchender Vater, und wo hungernde Frauen angesichts der vielen unverheirateten Zuwanderer am ehesten noch durch Prostitution Geld für die kargen Mahlzeiten verdienen können – wo also die Not mit einem Mal ganz neue, noch menschenunwürdigere Gesetze diktiert als zuvor –, überall dort unterhöhlt das Elend jede Moral, jedes Wertempfinden, gerade dort zerfällt die traditionsreiche Kultur. Unrettbar?

Im vorliegenden Buch wird zu fragen sein, inwieweit Kultur unter solch extremen Spannungen überleben kann, wo sie sich umstrukturieren muß und welche Konsequenzen dieser Wandel auf lange Sicht hat. Slumbewohner, ihren angestammten Traditionen entfremdet, gleichzeitig aber zutiefst enttäuscht von Fortschrittsverheißungen nach westlichem Vorbild, sind anfällig für Revolutionsparolen aller Art: vom radikalen sozialen Umsturz bis hin zu irrational getönten, religiös gefärbten «Erlösungs»bewegungen mit schroff antiwestlichem Affekt. Es entstehen Bewegungen, die den ohnehin nur schwachen Dialog zwischen hochentwickelten Industriestaaten und «unterentwickelten» Ländern zusätzlich erschweren, Bewegungen, die aber bei ausbleibenden Reformen für die betroffenen Völker notwendig sind, um den Schock jäher sozialer Umbrüche zu verarbeiten.

Revolutionen der Dritten Welt keimen heute zuallererst in den Slums der Millionenstädte. Slums werden, je mehr sie sich massenhaft gleich würgenden Gürteln um die Metropolen legen, zum bestimmenden Faktor, zum schwer kalkulierbaren Risiko jeder Politik...

Europäern und Nordamerikanern, bei allen Zivilisationskrisen doch in relativ soziale Sicherheit eingebettet, fällt es schwer, die instabilen Verhältnisse «unterentwickelter» Städte nachzuempfinden. Was denkt, was fühlt ein arbeitsloser Slumbewohner, wenn er seine Kinder zum Betteln schicken muß? Was ein analphabetischer Taglöhner mit knurrendem Magen, wenn er von seiner Strohhütte aus auf die Skyline von Wolkenkratzern blickt? Was die Bewohner historisch gewachsener Altstädte, wenn Bulldozer ihre Basargewölbe niederwalzen, um Platz zu schaffen für Bürogebäude?

Der Alltag in Städten der Dritten Welt setzt sich aus unzähligen Mosaiksteinen solcher Tragödien zusammen. Je mehr Details man kennt, um so mehr wird man die gärende Unzufriedenheit, die untergründige Bereitschaft zu Aggression, Revolte und Umsturz verstehen. Daher stelle ich ins Zentrum meines Buches fünf exemplarische Stadtbeschreibungen: plastische Alltagsszenerien vor dem Hintergrund ihrer kulturellen Tradition – in all ihren Widersprüchen und Ungereimtheiten; beklemmende Fakten, die zunächst mehr Fragen aufreißen als beantworten.

Ich wähle einerseits Beispiele aus dem indischen Raum, weil besonders dort Millionenstädte während der nächsten vier Jahrzehnte in die vorderste Front kaum mehr kontrollierbarer Riesenmetropolen aufrücken werden (so prophezeit es die bereits erwähnte Studie der Vereinten Nationen). Andererseits ziehe ich Beispiele aus dem islamischen Orient heran, weil auch dort die Verstädterung innerhalb weniger Generationen zu tiefgreifenden, bisher noch nicht absehbaren Umbrüchen geführt hat. Ich beschreibe Städte, die ich durch mehrmalige Aufenthalte zwischen 1960 und 1986 in verschiedenen Phasen ihrer gefährlichen Entwicklung kennengelernt habe – Krisenzentren, die trotz ihrer charakteristischen Besonderheiten für den Gesamtkomplex der Dritten Welt stehen. Hierbei handelt es sich um historisch und sozial sehr unterschiedlich eingebettete Metropolen: Agra, Bombay, Kairo, Fes, Sanaa. Nur zwei dieser Städte sind als Ballungszentren des Elends weltweit bekannt geworden und werden voraussichtlich während der nächsten drei bis vier Jahrzehnte erst recht zu den monströsesten und unregierbarsten Städten der Welt gehören: Bombay und Kairo. Dagegen sind Agra, Fes und Sanaa eher unscheinbare Nebenschauplätze, die bisher kaum einmal durch explodierende Slums von sich reden machten – aber gerade an ihrer Unauffälligkeit läßt sich zeigen, daß die Dynamik krebsartig wuchernder Elendssiedlungen längst schon die Provinzgroßstädte erfaßt hat. Es gibt keine Schonräume mehr.

Vier dieser Städte (ausgenommen Bombay als eine Schöpfung britischer Kolonialherrschaft) können auf eine weit zurückreichende Kulturtradition blicken. Sie haben während des Mittelalters oder zu Beginn der Neuzeit mit den bedeutendsten Metropolen Europas Schritt halten können, ja, haben diese zeitweilig an Strahlkraft übertroffen. Und so können gerade Fallbeispiele aus Asien und Nordafrika die landläufige Meinung widerlegen, in unserer westlichen Hemisphäre hätten sich seit dem Aufstieg von Athen, Rom und Konstantinopel die maßgeblichen, zukunftsweisenden Linien der Stadtkultur geformt. Das Gegenteil ist der Fall. Seit dem Untergang der römisch-hellenistischen Kultur bis weit hinein ins hohe Mittelalter ist das Abendland in seinem geistigen Horizont überwiegend «provinziell», in seinem wirtschaftlichen Status «rückständig» gewesen. Damals würden Reisende aus Indien, dem islamischen Orient und dem Fernen Osten europäische Staaten mehr oder weniger als «Entwicklungsländer» bezeichnet haben, hätte es diesen Ausdruck schon gegeben. Erst seit dem Beginn der «Neuzeit» (ein abendländischer Begriff!) wirkte unsere Zivilisation – und damit auch unsere Stadtkultur – wieder verstärkt auf fremde Kontinente. Kulturelle Übermacht ist relativ, zeitlich begrenzt, abrufbar. Diese Tatsache sollten wir uns vor Augen halten, wenn wir über das heutige Entwicklungsgefälle nachdenken: den unaufhaltsamen Vormarsch unserer Industriezivilisation nach Asien, Afrika und Lateinamerika – und die bisher zwiespältigen Folgen für die Städte.

Die Fallbeispiele aus dem indischen und islamischen Raum eröffnen Perspektiven für die Gegenwartsprobleme der gesamten

Welt. Spätestens dann aber drängt sich die Frage auf: Auch unsere Industriezivilisation kennt in ihren Ballungszentren bedrohliche Fehlentwicklungen; was unterscheidet sie jedoch grundsätzlich von denen der Entwicklungsländer?

Zeitbomben ticken hier wie dort...

Zunächst müssen wir allerdings einen Blick in die Geschichte werfen, um zu sehen, wo die heutigen Entwicklungen ihren Ausgang nahmen. Städte gibt es seit mehr als 5000 Jahren, und in dieser unvorstellbar langen Zeit haben sie manche Krise durchlitten und zum größten Teil überlebt. Der entscheidende Faktor aber, der – wenn auch zeitversetzt – weltweit die Krisen der *modernen* Städte maßgeblich bedingt, ist das Tempo, die unvorstellbare Dynamik der Entwicklung. Und dieses Phänomen hat keineswegs eine vieltausendjährige Geschichte; es ist gerade erst rund 200 Jahre alt.

Städtewachstum von 1300 bis 2025

Wien -------------

Bombay — — — —

Konstantinopel/Istanbul ————

Konstantinopel/Istanbul:

1300	500 000 Einw.
1350	300 000
1400	100 000
1450	50 000
1480	70 000
1550	400 000
1750	400 000
1900	1 Mio.
1935	760 000
1940	815 000
1950	1 Mio.
1955	1,5 Mio.
1960	1,8 Mio.
1965	2,2 Mio.
1970	3 Mio.
1975	3,8 Mio.
1987	6,5 Mio.
2000	10 Mio.
2025	13 Mio.

Wien:

1300	25 000 Einw.
1350	35 000
1550	60 000
1700	100 000
1750	175 000
1810	230 000
1860	600 000
1885	1 Mio.
1914	2,1 Mio.
1925	1,9 Mio.
1950	1,7 Mio.
1964	1,6 Mio.
1987	1,6 Mio.
2000	1,5 Mio.
2025	1,3 Mio.

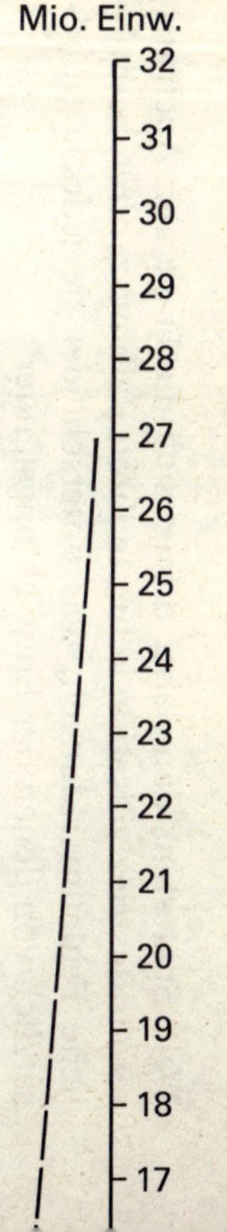

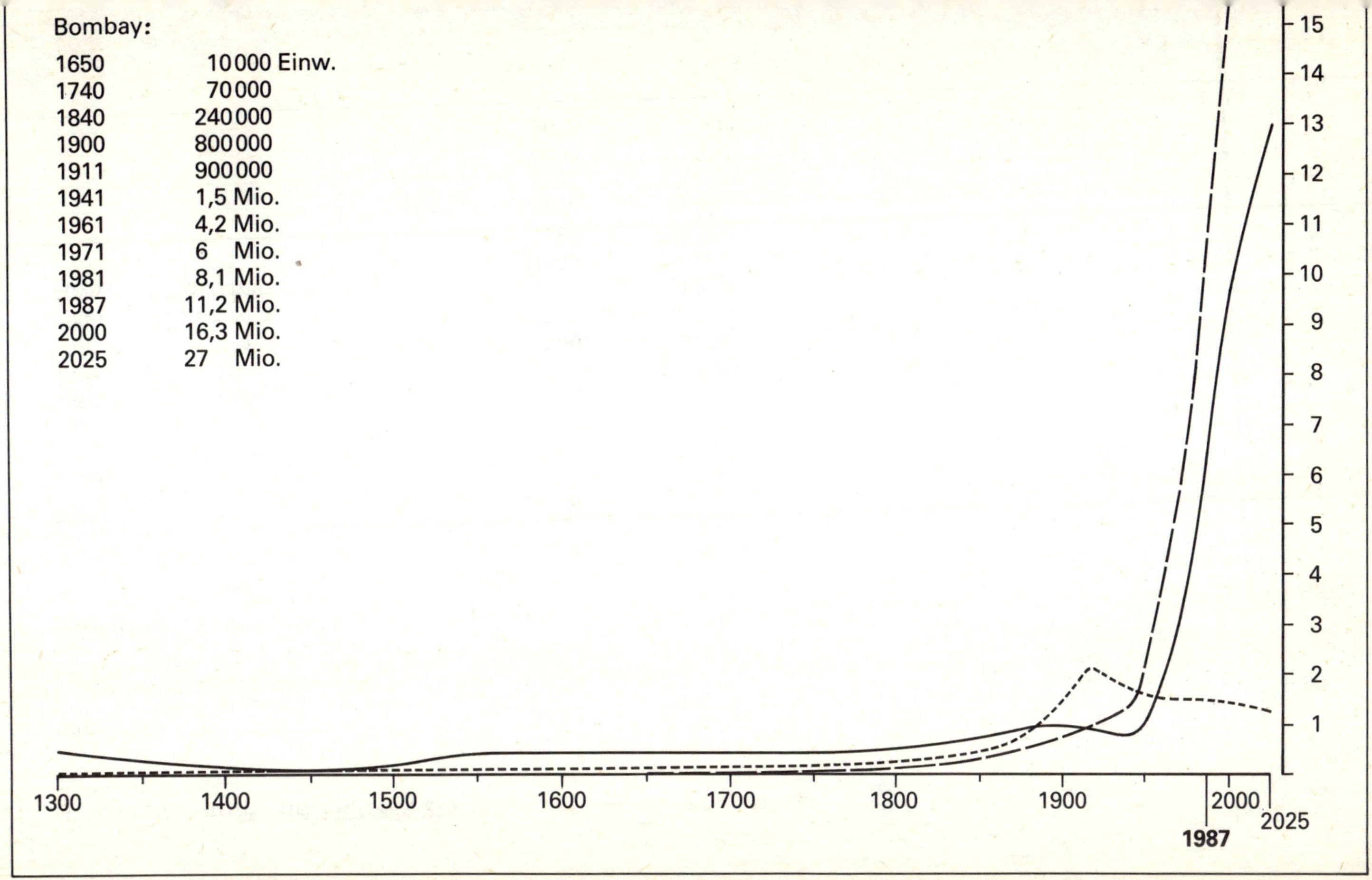
Bombay:
1650 10000 Einw.
1740 70000
1840 240000
1900 800000
1911 900000
1941 1,5 Mio.
1961 4,2 Mio.
1971 6 Mio.
1981 8,1 Mio.
1987 11,2 Mio.
2000 16,3 Mio.
2025 27 Mio.
15
14
13
12
11
10
9
8
7
6
5
4
3
2
1
1300
1400
1500
1600
1700
1800
1900
2000
2025
1987

Städtewachstum von 1300 bis 2025

São Paulo ------------

London — — — — —

Peking ————————

São Paulo	
1800	20000 Einw.
1900	250000
1925	580000
1950	2,2 Mio.
1964	5,3 Mio.
1987	13,5 Mio.
2000	21,5 Mio.
2025	29,6 Mio.

London	
1300	50000 Einw.
1350	60000
1585	550000
1700	650000
1810	1 Mio.
1860	2,6 Mio.
1901	6,5 Mio.
1925	7,4 Mio.
1939	9 Mio.
1950	8,4 Mio.
1964	8,3 Mio.
1987	8,7 Mio.
2000	8 Mio.
2025	7 Mio.

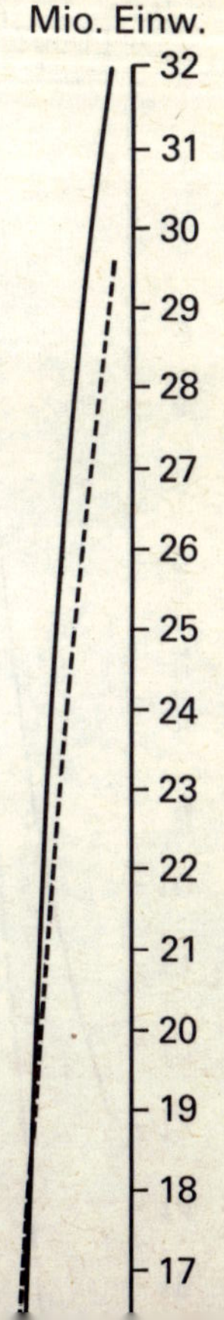

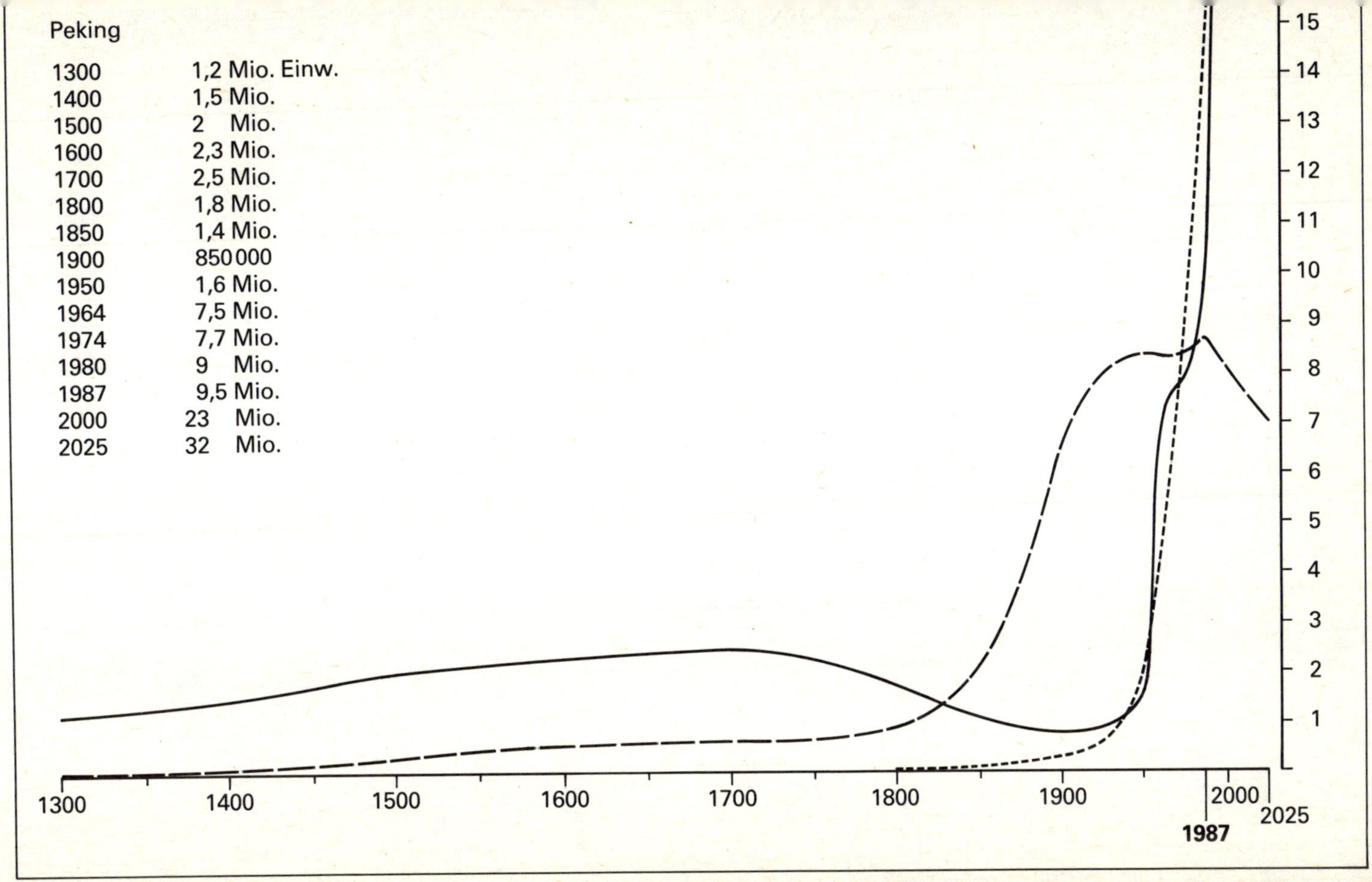
Peking
1300 1,2 Mio. Einw.
1400 1,5 Mio.
1500 2 Mio.
1600 2,3 Mio.
1700 2,5 Mio.
1800 1,8 Mio.
1850 1,4 Mio.
1900 850 000
1950 1,6 Mio.
1964 7,5 Mio.
1974 7,7 Mio.
1980 9 Mio.
1987 9,5 Mio.
2000 23 Mio.
2025 32 Mio.
1300
1400
1500
1600
1700
1800
1900
2000
2025
1987
1
2
3
4
5
6
7
8
9
10
11
12
13
14
15

Falsch gestellte Weichen

Europa als Ausgangspunkt

Die Krise der Stadt, der unkontrolliert wuchernden Ballungsräume, können wir heute weltweit beobachten. Allerdings sollte man sich davor hüten, in den verschiedenen Kontinenten durchweg die gleichen Kräfte wirken zu sehen. Kairo läßt sich kaum mit Los Angeles, Agra nicht mit Frankfurt vergleichen. Es wird sogar schwierig sein, innerhalb der Dritten Welt selbst verbindende Grundlinien zu entdecken. Entwickelt sich Bombay wie Mexico City oder Shanghai? Was haben Fes oder Sanaa mit Nairobi oder Bangkok gemeinsam?

Verfolgen wir aber zunächst das langsame Anwachsen der Städte durch die Jahrhunderte – bis zu jenem Zeitpunkt, als der Umschlag, das *schnelle* Wachstum einsetzte.

Daß ein Volk zur Hälfte oder gar in der Mehrzahl aus Städtern besteht und diese überwiegend in weitausgedehnten Ballungsräumen leben, ist, wie schon erwähnt, relativ neu in der Menschheitsgeschichte. Dabei hat es Metropolen mit überragender Bedeutung schon seit der Antike gegeben, ja, manche Kulturepochen oder Weltreiche waren untrennbar mit dem Namen einer Großstadt verbunden: Babylon, Athen, Rom, Byzanz (Konstantinopel). Aber die meisten urbanen Zentren blieben, aus unserer heutigen Sicht, eher klein – auch die wichtigsten. Babylon, bis heute im Guten wie im Bösen als Urmutter aller Weltstädte angesehen, zählte auf dem Höhepunkt seiner Macht während des 6. Jahrhunderts vor unserer Zeitrechnung gerade 350 000 Einwohner, Athen in seiner klassischen Epoche unter der Regierung des Perikles an die 100 000, Konstantinopel unter Kaiser Justinian nicht mehr als 700 000, und nur Rom hatte zu seinen Glanzzeiten knapp die Millionengrenze überschritten. Weit unter solchen Zahlen lagen aber alle Städte des europäischen Spätmittelalters, die uns als Zentren des Handels, der Künste und der aufblühenden Wissenschaften geläufig sind. Um 1350 zählten

Europas größte Metropolen – Paris, Mailand und Venedig – jeweils zwischen 100 000 und 200 000 Einwohner, während andere ebenfalls als «groß» empfundene Städte wie London, Gent, Brügge und Genua auf etwa 50 000 oder 60 000 kamen. Köln, die alles überragende Metropole des deutschen Sprachraums, brachte es zu dieser Zeit auf 35 000 Menschen. Die übrigen deutschsprachigen «Groß»städte wiesen während des 14. Jahrhunderts Durchschnittszahlen zwischen 15 000 und 25 000 auf, so Lübeck, Augsburg, Nürnberg, Wien, Prag, Straßburg, Ulm. Viele «mittelgroße» Städte registrierten gar nur 2000. Auch eineinhalb Jahrhunderte später – mitten in der Aufbruchsstimmung der Renaissance – stieg die durchschnittliche Einwohnerzahl nicht wesentlich. Um das Jahr 1500 zählte Florenz an die 60 000, Augsburg an die 40 000 Menschen – beide damals aus dem Blickwinkel europäischer Zeitgenossen «Welt»städte; und was ihren Rang als Handelszentren, ihre kulturelle Schöpferkraft und ihre kosmopolitische Aufgeschlossenheit betraf, hatten sie dieses Attribut auch vollauf verdient.

Millionenstädte kamen vor Beginn unserer Neuzeit nur selten vor. Rom als Zentrum eines Weltreiches ist wohl das bekannteste Beispiel, aber die Einwohnerzahl dieser wahrhaftigen «Welt»-stadt schrumpfte jäh nach ihrem Machtzerfall. Unser abendländischer Raum hatte dann erst wieder seit dem 19. Jahrhundert, rund 1200 Jahre später, mit Millionenmetropolen aufzuwarten – London sollte 1810 den Anfang machen –, sonst gab es während dieser Zeit derart große Städte nur in fremden Kulturräumen: so im islamischen Raum während des 10. Jahrhunderts Bagdad und Cordoba, so in Kambodscha während der Jahre 900 bis 1100 die Khmer-Metropole Angkor, in China Sian um das Jahr 800, Hangzhou von 1100 bis 1300 und Peking von 1300 an. Bereits diese Beispiele zeigen, wie verfehlt es wäre, Kulturgeschichte – und vor allem Stadtgeschichte – im Mittelmeerraum zentriert zu sehen. Vom 7. bis zum 14. Jahrhundert lag das Schwergewicht urbaner Entwicklung im Vorderen Orient und mehr noch in Ostasien.

Aber: So sehr all diese Städte mit ihrer Kultur und Wirtschaft auch bis weit in die Dörfer ausstrahlten, ist ihre Zahl doch verhältnismäßig gering geblieben. Bis zum Beginn der industriellen Revolution hat ein Großteil der Menschheit in Dörfern gelebt.

Man schätzt, wie schon erwähnt, daß weltweit gesehen im Durchschnitt auf einen Städter neun Bauern kamen. Entsprechend wenig siedelten sich Neuzuwanderer in Städten an. Ausnahmen hat es allerdings gegeben, ja, vorübergehend sogar gewaltige Umbrüche – Schübe an Verstädterung –, aber eben nur kurzfristig und nicht unumkehrbar. So sind etwa Bagdad und Angkor innerhalb zweier Jahrhunderte von Kleinstädten auf Millionenstädte angewachsen. Auch im spätmittelalterlichen Europa gelangten plötzlich innerhalb weniger Generationen zahlreiche Handelsstädte zur Blüte, wo zuvor überwiegend nur größere Marktflecken, Burgen und vor allem Dörfer die Landschaft prägten. Was hatte in vorindustriellen Epochen Städte zeitweise rasch wachsen lassen?

Vereinzelt haben europäische wie asiatische Machthaber die strengen Gesetze in den Dörfern gemildert. So gestatteten manche Kaiser, Könige, Kalifen, Sultane und Rajas, daß Kleinbauern und Pächter sich aus der drückenden Abhängigkeit von Großgrundbesitzern lösten und in Städte abwanderten. Auch lockerten manche Herrscher vorübergehend das Gebot, daß etwa Kleinbauern, Knechte und Mägde beim Grundherrn die Heiratserlaubnis einholen mußten. Und dies hatte einschneidende Folgen: Plötzlich wurden drei- bis viermal soviel Ehen geschlossen als vorher und auch entsprechend mehr Kinder gezeugt; diese Kinder bedeuteten aber in den ärmlichen Haushalten viel zu viele Esser und nur spärlich gedeckte Tische. Und so entstanden übervölkerte Dörfer – bereits während des Mittelalters. Für die Machthaber war dies durchaus ein beabsichtigter Effekt. Sie wünschten besonders nach Seuchen und verlustreichen Kriegen hohe Geburtsraten; auch benötigten sie in periodischen Abständen Zuwanderer in ihren Hauptstädten und Handelsmetropolen, sobald dort zusätzlich Häuser gebaut werden sollten, erst recht Paläste, Festungen, öffentliche Gebäude. Falls ein Fürst seine Residenz aus strategischen Gründen in eine bisher unscheinbare Kleinstadt verlegte, ließ er Landarbeiter und Tagelöhner sogar massenweise aus den Dörfern holen und als Bauarbeiter auf Jahre hinaus in der neuen Metropole ansiedeln, Menschen, die dann blieben. Dies geschah in Europa wie in Asien.

Für Kleinbauern, Pächter und Landarbeiter war es meist verlockend gewesen, in eine Stadt zu übersiedeln. Denn dort waren die Bewohner nicht so stark in soziale Zwänge eingespannt wie auf dem Land. Die Zuwanderer fanden zwar eine Ständehierarchie vor, in der sie sich meist lebenslang mit einem Platz auf der untersten Stufe begnügen mußten – als Tagelöhner, Hausgesinde, bestenfalls als Handwerksgesellen, denn den begehrten Status eines «Bürgers» konnten nur Begüterte erringen. Aber bei allen drückenden Abhängigkeitsverhältnissen selbst in der Stadt lebte es sich dort doch besser als in den Dörfern. Keinenfalls war die soziale Kluft zwischen «Bürger» und «Einwohner» (dem Anwohner, dem Zugereisten) so schroff wie zwischen Großbauer und Kleinbauer, Gutsherr und Pächter. Diese Vorteile galten, bei nur unwesentlichen Abweichungen, im Abendland wie in Asien und Nordafrika. Besonders günstige Voraussetzungen boten eine Reihe europäischer Städte, in denen sich Ansätze zu demokratisch regierten Gemeinden entwickelten – etwa in den «freien Reichsstädten», dort keimte das bürgerliche Freiheitsideal. «Stadtluft macht frei!» Diese Parole ist im spätmittelalterlichen Europa von Mund zu Mund gewandert, auch wenn man mit «Freiheit» noch viel weniger Ansprüche verband als heute.

Und doch: Im vorindustriellen Europa sind Bauern nie massenhaft, nie fortwährend aus ihren Dörfern in Städte abgewandert. Bis ins 18. Jahrhundert hinein war die Feudalgesellschaft in ihren Strukturen noch so gefestigt, daß es den Machthabern stets gelingen konnte, Kleinbauern und Pächter durch verschärfte Gesetze wieder enger an ihren Grundherrn zu binden. Auch besaßen sie genug Macht, um bei Bedarf landlosen Bauern, Knechten und Mägden das Heiraten beträchtlich zu erschweren. Mit solchen Einschränkungen ließ sich ein länger andauernder Geburtenüberschuß verhindern. Ein Übriges taten die Seuchen, die oft Hunderttausende von Menschen hinwegrafften – dies eine weitere, grausame und um so folgenreichere Regulierung des Gleichgewichts zwischen Geburts- und Sterberaten. Indem sich dann in Bauernhäusern nicht zu viele Esser um karge Schüsseln drängten, konnten die Kleinbauern weiterhin ihr Auskommen finden, und es fehlte der nackte ökonomische Zwang, die Heimat zu verlassen.

Mitte des 18. Jahrhunderts kam der grundsätzliche Wandel.

Und dieser Wandel keimte in Europa. Damals begann sich in England der erste moderne Industriestaat der Welt zu formen. Weshalb dort? Dort hatte sich das Bürgertum, treibende Kraft des wissenschaftlichen und technischen Fortschritts, so weit wie nirgends sonst aus den erstarrten Traditionsmustern der Feudalgesellschaft lösen können, auch aus der dogmatischen Bevormundung der Kirchen – und diese politische wie geistige Revolution wurde zum Hebelarm für alle weiteren Umbrüche.

England war der Ort, wo erstmals in der Menschheitsgeschichte ein Großteil der Städte innerhalb von nur zwei bis drei Generationen auf das Doppelte oder gar Dreifache ihrer Einwohnerzahl wuchs. Erstmals mußten sich jetzt alteingesessene Bewohner mit dem Gedanken vertraut machen, daß sich ihre Heimatstadt von nun an innerhalb eines Menschenalters grundsätzlich verändern konnte. Jahr um Jahr entstanden außerhalb der überschaubaren, historisch gewachsenen Stadtzentren immer neue Industrieanlagen, und um diese monströs erscheinenden Produktionsstätten legten sich immer weiter ausgedehnte Vorortringe, deren neue Häuser meist hastig und wenig sorgfältig errichtet wurden, rein funktional, nüchtern, monoton – nur dazu da, um die Massen arbeitssuchender Zuwanderer aufzunehmen.

Aber nicht nur Englands Städte wuchsen. Auch in den Dörfern vermehrten sich die Menschen in bisher nicht vorstellbarem Ausmaß. Ende des 18. Jahrhunderts ließ sich erstmals in Großbritannien ein Phänomen beobachten, wie es uns heute zunehmend unheimlich geworden ist: die Bevölkerungsexplosion. Innerhalb von nur 60 Jahren, unter der Regierung König Georgs III. (1760–1820), verdoppelte sich die Einwohnerzahl von 7,5 auf über 14 Millionen, und bis Mitte des 19. Jahrhunderts war sie schon auf 21 Millionen gestiegen.[1] Ein Schub, der sich in anderen aufstrebenden Industriestaaten fortsetzte. Zwischen 1850 und 1930 wuchsen die Bevölkerungsmassen in Europa durchschnittlich um das Doppelte ihrer bisherigen Zahl, in Nordamerika und Australien verdreifachten sie sich sogar.[2]

Welch eine Steigerung. Unser Kontinent hatte um das Jahr 1300 nur an die 73 Millionen Menschen gezählt. Fünf Jahrhunderte brauchte es, bis daraus um 1800 an die 187 Millionen wurden. Dann aber war bloß noch ein Jahrhundert nötig – die erste

Phase der industriellen Revolution –, bis in Europa die Einwohnerzahl auf fast 400 Millionen stieg. Großbritannien besaß um 1900 viermal soviel Menschen wie noch 1800, und allein auf dem heutigen Gebiet der Bundesrepublik Deutschland siedelten 1914 dreimal soviel Einwohner wie noch 1814.[3] Wie das?

Dieser Wachstumsschub ist nicht zu trennen von grundlegendem sozialen Wandel: dem Sieg des Bürgertums über die erstarrten Ordnungsvorstellungen der Feudalgesellschaft. In jenen Ländern, wo sich liberale Reformer politisch durchsetzten – allen voran Großbritannien –, fielen für die Bauern endgültig die Traditionsschranken. Knechten und Mägden war es nun ein für allemal erlaubt, als «Freie» ihr Dorf zu verlassen, auch durften sie ohne Einverständnis des Gutsherrn heiraten. Mit bisher nicht absehbaren Folgen: Nun stieg die Kinderzahl erstmals ungebrochen über ein Jahrhundert lang, auch strömten erstmals ungehemmt Massen von überzähligen Essern in die Städte.

Wo aber für Knechte und Mägde das Heiraten weiterhin untersagt oder stark eingeschränkt blieb – so im Deutschen Reich –, wanderte das Gesinde erst recht in die Großstadt ab, weil dort jedem Proletarier Heiraten und Kinderzeugen erlaubt war.[4] Auf diese Weise setzte in allen Industriestaaten die Springflut eines Geburtenbooms ein, auch dort, wo Verbote die Dorfbewohner zunächst noch zu hemmen versuchten.

Hinzu kommt ein weiteres, in der Vergangenheit kaum wirksames Moment: Medizin und Hygiene hatten derartige Fortschritte gemacht, daß Pest und Cholera in weiten Teilen Europas kein Massensterben mehr zur Folge hatten; vorbei waren die Zeiten, daß etwa, wie in Paris oder London noch während des 17. Jahrhunderts, 40 000 oder gar 70 000 Einwohner durch eine einzige Seuche dahingerafft wurden. Auch gelang es den Medizinern erstmals, die Kindersterblichkeit drastisch zu senken.

Großbritannien wurde richtungsweisend für Europa und Nordamerika, seine Dynamik zur Dynamik anderer Industriestaaten. Mehr als ein Jahrhundert brauchte es allerdings, um auch im deutschen Raum ähnlich tiefgreifende Umwälzungen in Gang zu setzen, dann aber um so ungestümer. Im Deutschen Reich lebten 1871 noch 64 Prozent der Bevölkerung auf dem Land, 1890 nur noch 53 Prozent, und zu Beginn des 20. Jahrhunderts war der Anteil der Bauern auf 45 Prozent zurückgegangen. 1960 zählte man in der Bundesrepublik nur noch 18 Prozent Bauern.[5] Entsprechend sind die Städte, besonders jene mit Industrieansiedlungen, gewachsen: Befanden sich 1871 im Deutschen Reich nur acht «Groß»städte mit mehr als 100 000 Einwohnern, so waren es 1960 allein in der Bundesrepublik 53. Den stärksten Wachstumsschub erlebte die preußische Hauptstadt und spätere Reichsmetropole Berlin: Sie wuchs zwischen 1849 und 1871 von 410 000 auf 826 000 Einwohner und bis 1914 auf fast drei Millionen. Ein zu rascher, zu unorganischer Wandel. Während dieser Zeit wucherten um Berlins historischen Stadtkern planlos und unkontrolliert Proletariersiedlungen, nüchterne, düstere Mietskasernen, die sich mit ihrer Masse in das umliegende Land vorfraßen und dort die Dörfer einschnürten, überwalzten – Deutschlands erster Stadtgigant. Und gegen Ende des 19. Jahrhunderts formte sich im Ruhrgebiet mit seiner Konzentration an Fabriken und Arbeitsplätzen der dichtbesiedeltste Ballungsraum Europas mit rund 5 Millionen Menschen – zu jener Zeit, als das Deutsche Reich in jähen Entwicklungsschüben Großbritannien und Frankreich in der Industrieproduktion einholte.

An der Spitze aller Gigantenstädte hielt sich aber weit bis in unser Jahrhundert herein London, die Hauptstadt des ersten Industriestaates der Welt, wo schon vor Ausbruch des Ersten Weltkriegs 80 Prozent der Gesamtbevölkerung in Städten lebte. London, das um 1700 erst an die 650 000 Einwohner zählte, war 1810 nach der ersten Industrialisierungsphase zur Millionenstadt geworden und um 1860 mit 2,6 Millionen zur größten Stadt der Welt herangewachsen. Seit Mitte des 19. Jahrhunderts lag London vor Peking und Tokyo, den damals einzigen Stadtgiganten in Fernost, die sich aus der Zeit der Feudalherrschaft erhalten hatten. Die britische Metropole sollte ihre Spitzenstellung fast sieben Jahrzehnte beibehalten. 1901 zählte Londons dichtbesiedeltes Kerngebiet 4,5 Millionen Einwohner, der Ballungsraum aber schon 6,5 Millionen, und 1940 waren es bereits 8,3 Millionen. Für damalige Verhältnisse enorme Zahlen. Und doch hatte zu jener Zeit London den Zenit seiner Wachstumskurve schon überschritten und war von einer anderen Metropole überrundet worden: von New York, das seine Spitzenstellung bis Ende der fünfziger Jahre hielt, um dann vom Ballungsraum Tokyo, Japans industriellem Zentrum, übertroffen zu werden.

Das Zeitalter bisher unvorstellbarer Gigantenstädte begann. Andere europäische Metropolen waren ebenfalls schon während des 19. Jahrhunderts Millionenstädte geworden, so etwa Paris 1846, Wien 1885. Das Elend, das hierbei die industrielle Revolution anfangs für breite Volksmassen – die Arbeiter in den Vorstädten, die bäuerlichen Zuwanderer – brachte, ist bekannt. Augenzeugenberichte dieses Umbruchs lesen sich häufig genug wie heutige Elendsberichte aus den Slums von Bombay, Kairo, Mexico-City und Hunderten anderen Drittwelt-Metropolen. Nur ein Beispiel unter vielen: 1848 betrug der Tageslohn eines Wiener Arbeiters nach 12 bis 16 Stunden Plackerei 24 Kreuzer; aber ein sättigendes, nur halbwegs nährstoffreiches Mittagessen ließ sich unter 30 Kreuzer nicht zubereiten.[6] Fotos von Elendshütten am Großstadtrand, wie wir sie aus vielen europäischen Industriezentren noch an der Schwelle zum 20. Jahrhundert kennen, stehen den Schockbildern aus dem heutigen Asien, Afrika und Lateinamerika an Intensität in nichts nach; nur die Ausdehnung der damaligen Slums blieb hinter der von heute zurück.

Ohne Zweifel deformierten sich viele der organisch und langsam gewachsenen Metropolen unter dem Druck solch rascher, allzurascher Veränderungen. Gerade deshalb erhoben Kulturkritiker des bürgerlich-konservativen Lagers ihre Stimme, indem sie nicht nur das Industriezeitalter als Gefahr für den Fortbestand aller Kultur ansahen, sondern auch die Großstadt überspitzt als Keimzelle aller «zerstörerischen» Zivilisation begriffen; sie priesen romantisch verklärend den Rückzug in die Kleinstadt oder gar das Dorf als Alternative. Je überstürzter Industrialisierung und Verstädterung ein Land erfaßten, um so stärker formte sich derartiger Widerstand. Besonders heftig – und mit weitreichenden Folgen – regte er sich im Deutschen Reich, wo während des 19. Jahrhunderts allein das Großbürgertum zum Träger des industriellen Fortschritts wurde und den bürgerlichen Mittelstand weitgehend in die Rolle des passiven Beobachters drängte. Die daraus entstehende Stadt- und allgemeine Modernitätsfeindlichkeit sollte später den Nährboden für faschistische Blut-und-Boden-Ideologie abgeben.[7]

Doch nicht nur bei uns, sondern in allen neuen Industriemetropolen führten Not und Angst schließlich auch zu sinnlosen Gewaltausbrüchen. Zeitweise stürmten verarmte Handwerker und Heimarbeiter Fabrikhallen und zerstörten den «Feind» Maschine. Aber sie alle waren nicht stark genug, um dem herrschenden Zeitgeist Einhalt zu gebieten. Über die stärkeren Bataillone verfügten jene, die meinten, es gehe aufwärts und alle Krisen bedeuteten nur ein Zwischenstadium auf dem Weg zu einer besseren Welt.

Aus unserer heutigen Sicht mag die Unbedenklichkeit verblüffen, mit der damals selbst namhafte Politiker und Wissenschaftler die Krise verharmlosten und Kritik oft genug als Schwarzmalerei oder gar als fortschrittsfeindliche «Romantik» abtaten. Aber betrachtet man die Lebensbedingungen in vorindustriellen Epochen unsentimental, dann wird der Drang verständlich, um jeden Preis «fortschrittlich» zu sein.

Noch Ende des 18. Jahrhunderts konnte der englische Nationalökonom Thomas Malthus – ein wegweisender Analytiker an der Schwelle des heraufdämmernden Industriezeitalters – mit Blick auf die vergangenen Jahrzehnte schreiben: «In London starb die Hälfte der Geborenen vor dem dritten Jahr, in Wien und Stockholm vor dem zweiten, in Manchester vor dem fünften, in Northampton vor dem zehnten.»[8] Damals wurden die Europäer im Durchschnitt nicht älter als 40 Jahre, zumindest was die Masse der Bauern betraf, und mehr als 80 Prozent der Bevölkerung lebten auf dem Land. Viele von ihnen starben in jungen Jahren aufgrund extrem einseitiger Ernährung (tagaus, tagein nur Getreidebrei und manchmal Kraut, was einer Unterernährung gleichkam) und aufgrund mangelnder Hygiene (sie hausten oft mit Ziegen, Schafen und Schweinen im selben Raum, um bei Regen und Kälte mehr Wärme um sich zu haben). Was also zu Lebzeiten eines Jonathan Swift, Jean-Jacques Rousseau und Gotthold Ephraim Lessing noch bestürzende Realität im vorindustriellen Europa war, unterscheidet sich kaum von den Lebensumständen, wie sie die Volksmassen in weiten Teilen Asiens, Afrikas und Lateinamerikas bis heute kennen. Gegenüber solcher Misere des Landlebens – weit entfernt von jener dörflichen Idyllik, die zivilisationsmüde Städter des 19. und 20. Jahrhunderts in «Heimat»romanen und schließlich «Heimat»filmen entwarfen – erschien vielen notleidenden Bauern die Stadt trotz ihrer Elendsquartiere in der Nähe qualmender Fabrikschornsteine als das kleinere Übel, ja, als Symbol für eine Wende zum Besseren.

Stadtluft macht frei – diese noch aus dem Mittelalter stammende Parole sollte auch im Zeitalter der ersten industriellen Revolution mit all ihren disharmonischen Umbrüchen gültig bleiben. Für viele Zuwanderer aus dem Dorf brachte die Stadt nach Hungerjahren nicht nur den gesicherten Broterwerb, sondern auch den ersten Schritt zu mehr Auswahl an Lebensmöglichkeiten, mehr sozialer Bewegungsfreiheit. Mochten diese Menschen anfangs auch noch zusammengepfercht in anonymen Mietskasernen hausen und den Verlust ihrer bisher gewohnten Umgebung als Schock erfahren, so lernten sie doch andererseits gerade in der Stadt die Chance kennen, sich zu massenhaftem Widerstand zu formieren, die Erniedrigung nicht mehr schicksalsergeben hinzunehmen. Dort vermochten die sozial Benachteiligten Energien freizusetzen, wie sie es sich in ihrer isolierten Dorfgesellschaft nicht einmal hätten vorstellen können. Sozialismus und Arbeiterbewegung sind städtische Erfindungen. Gerade so wurde die Stadt – hier besonders die Großstadt als ständig wachsendes Ballungszentrum – zum Hoffnungsträger für viele, und zwar in einem Ausmaß, wie es in früheren Jahrhunderten undenkbar gewesen wäre.

Im 20. Jahrhundert ist in den hochentwickelten Industriestaaten Wirklichkeit geworden, worauf viele Völker Asiens, Afrikas und Lateinamerikas noch immer vergeblich warten: die Massenarmut zu bannen, die Abhängigkeit von unberechenbaren Naturgewalten zu mindern, die archaische Angst vor todbringenden Seuchen (den «Gottesgeißeln») zu brechen. Industrielle und soziale Revolution haben zusammengewirkt, um quer durch alle Bevölkerungsschichten den Lebensstandard wesentlich zu heben. Innerhalb von eineinhalb Jahrhunderten ist in fast allen Industriestaaten das Lohnniveau drastisch angestiegen – in Deutschland zwischen den Jahren 1850 und 1975 um 3600 (!) Prozent.[9] Hierbei haben sich die sozial engagierten Reformer vom gleichen Optimismus tragen lassen, der auch die Technokraten beflügelte. Beide bejahten entschieden den forcierten Aufbau der Industrie, die dynamische Entwicklung von Naturwissenschaften und eine durchgreifende Technisierung des Alltags; allerdings wünschten die Sozialreformer noch eine Korrektur: Der erwirtschaftete Überfluß sollte nicht nur einer schmalen Oberschicht, sondern *allen* zugutekommen.

Nichts könnte heute auf Länder der Dritten Welt verlockender wirken als solche Ergebnisse. Anscheinend braucht man nur den «westlichen Weg» zu gehen, um ebenfalls zu Massenwohlstand zu gelangen. Hier liegt eine der entscheidenden psychologischen Voraussetzungen für die weltweite Faszination des Fortschrittsoptimismus, für das unaufhaltsame Vordringen unserer Industriezivilisation in alle Winkel der Erde.

Westliche Industriestaaten, technisch, wirtschaftlich und militärisch überlegen, haben tatsächlich zahlreiche Errungenschaften nach Asien, Afrika und Lateinamerika exportiert – aber eben auch die ungelösten Probleme: Umweltzerstörung in bisher nicht gekanntem Ausmaß; aus der Kontrolle geratenes Wachstum von Ballungsräumen; Technologien, deren Kraft sich nun gegen den Menschen selber kehrt; ein immer komplexeres, immer schwerer durchschaubares Gesellschaftssystem, das in seiner Anonymität Angst einzuflößen beginnt...

Exportierte Krisen gewinnen jedoch in fremden Kulturräumen eine eigene, viel schlimmere Dynamik.

Der Export ungelöster Probleme

Das Verhängnis nahm seinen Lauf, weil der weltweite Vormarsch westlicher Zivilisation keineswegs friedlich war. Am Anfang stand Gewalt: der Kolonialismus.

Während des 15. und 16. Jahrhunderts stießen als erste die Portugiesen und Spanier in unbekannte Weiten vor, letztlich mit dem Ziel, fremde Länder auszuplündern. Aber erst die industrielle Revolution, drei bis vier Jahrhunderte später, machte es den Europäern möglich, eine nun wesentlich weiter entwickelte Technik voll in den Dienst von Großmachtinteressen zu stellen. Und damit entfesselten sie jene Energien, mit denen sie die entlegensten Winkel der Erde erreichen, durchdringen und teilweise auch unterwerfen konnten.

Ohne Rücksicht auf nationale und kulturelle Grenzen gingen während des 19. Jahrhunderts reiche Industriestaaten daran, ihren Einfluß auf weit entfernte Völker auszudehnen, allen voran Großbritannien und Frankreich, die damals führenden Wirtschaftsmächte. Sie waren viel begieriger auf Rohstoffe, als es je zuvor ein Feudalstaat hätte sein können. Innerhalb der eigenen Herrschaftsräume hatten sie – bei sprunghaft gestiegener Einwohnerzahl und einer ständig sich ausdehnenden Industrie – während eines einzigen Jahrhunderts soviel Vorräte an Kohle, Holz, Eisen und auch Nahrung verbraucht wie zuvor nicht einmal während eines Jahrtausends. Folgerichtig dürsteten diese Staaten geradezu nach «Expansion» in weit entfernte Räume, wo zahlreiche ungenutzte Bodenschätze lagerten, wo die Völker noch nicht daran dachten, ihre Rohstoffe in der gleichen Eile und Rücksichtslosigkeit auszubeuten. Moralische Bedenken zählten nicht; und wenn Kritiker doch einmal solche äußerten, antworteten ihnen die Verfechter des Kolonialismus (und sie waren weitaus in der Mehrheit) mit einem sehr zeittypischen Argument: Ließe man Rohstoffe unangetastet im Herrschaftsgebiet von «passiven», «unterentwickelten» Völkern ruhen, würde man den «Fortschritt» bremsen.

Purer Eigennutz spielte hinter allen Rechtfertigungsversuchen die entscheidende Rolle. Die Kolonialherren gestalteten weltweit die unterworfenen Gebiete nach ihren Bedürfnissen um. So zerbrachen sie in fremden Ländern jedes eigenständig funktionierende Wirtschaftsleben und zwangen die Einheimischen, zu Spottpreisen Rohstoffe zur Verarbeitung an das «Mutterland», die reiche Industrienation in Europa, zu liefern. Zu diesem Zweck förderten die Europäer nur die eigenen Handelsniederlassungen und die ihnen strategisch wichtigen Metropolen, während sie die Städte im Hinterland meist vernachlässigten. Auch schufen sie innerhalb eines Landes moderne Verkehrswege nur zwischen den wenigen Exporthäfen und ertragreichen Rohstoffgebieten im Hinterland, wogegen sie die bisherigen Handelsstraßen zu Nachbarstaaten weitgehend abschnürten.

Nicht minder folgenreich unterwarfen sie in ihren Kolonien die Agrarwirtschaft den eigenen Bedürfnissen. Dort, wo einheimische Großgrundbesitzer über eine Masse nahezu rechtloser Pächter herrschten, machten sie entweder die Feudalherrscher zu willfährigen «Handelspartnern» oder entmachteten sie, um selbst an deren Stelle um so unerbittlicher Abgaben aus den Dorfbewohnern herauszupressen. Und dort, wo Kleinbauern auf fruchtbaren Böden frei und in relativem Wohlstand arbeiteten, rissen sie oft genug unter fadenscheinigem Vorwand die ertragreichsten Landstriche an sich. Beides mit dem gleichen Ziel: Sie wandelten die Vielfelderwirtschaft in Plantagen mit riesigen Monokulturen um. Zwar vermochten dort die industriell planenden Großbauern wesentlich höhere Erträge zu ernten als zuvor die Feudalherren, erst recht mehr als die Kleinbauern mit ihren «rückständigen» Pflügen und Hacken – aber: Dieser Überfluß an Reis, Getreide, Kakao, Oliven, Wein und Baumwolle wanderte überwiegend in das europäische «Mutter»land. Dagegen hungerten immer mehr einheimische Bauern, seit man ihnen viele Anbauflächen für Hirse, Soja, Mais und Reis entzogen hatte, ja, sie sahen plötzlich dem Hungertod ins Auge. Viele von ihnen, nun auf das Niveau miserabel bezahlter Plantagenarbeiter herabgesunken, landlos, rechtlos, wurden immer häufiger auch arbeitslos, sobald

Mähdrescher und Traktoren ihre Handarbeit überflüssig machten.

Und so begannen die Betroffenen, wie einst in Europa, massenhaft auf Arbeitssuche in die Städte zu strömen. Dort aber boten die wenigen Fabriken, die doch nur Hilfsdienste für Europas Industrie zu leisten hatten, wenigen Zuwanderern ein ausreichendes Auskommen. Erstmals wuchsen auf diese Weise Slums um die bis dahin eher kleinen Metropolen fremder Kulturkreise. Armut und Hunger waren den ausgebeuteten Völkern zwar nicht neu, besonders nicht den Bauern und Basarhandwerkern, nun aber, unter der Kolonialherrschaft, spitzte sich die Krise zu.

Anfangs hatten die Kolonialherren nichts dagegen unternommen, daß Tausende und Zehntausende entwurzelter Bauern und Landarbeiter in die Städte strömten. Ja, die Europäer hatten sogar hier und dort die Massenabwanderung aus den Dörfern begünstigt, lag ihnen doch an einem zahlreichen Proletariat, an einem unerschöpflichen Reservoir billiger Arbeitskräfte in den Ballungszentren. Daß man die Entwicklung später aus der Kontrolle verlieren könnte, kam zunächst niemandem in den Sinn.

Verschärft wurde die Krise, als die Europäer eine verbesserte Medizin und Hygiene in die unterworfenen Länder brachten. Was ursprünglich ein Segen hätte sein können – drastischer Rückgang der Kindersterblichkeit und der Seuchen –, wurde zur schweren Hypothek. Weil der medizinischen «Revolution» keine tiefgreifenden Sozialreformen folgten, brachte der Geburtenzuwachs weitere Arbeitslose und Hungernde, vergrößerte somit den Zustrom in die Städte und deren Slums.

Westliche Industriestaaten verhielten sich bemerkenswert schizophren. Das dortige Bürgertum pochte stolz auf die erkämpfte Demokratie, in den «unterentwickelten» Ländern aber paktierten die Europäer mit einheimischen Feudalfürsten, obwohl jene aus liberaler Sicht als Despoten eines «finsteren» Mittelalters galten. Kritischen Zeitgenossen blieb diese Schizophrenie keineswegs verborgen, und sie haben auch anklagend ihre Stimme erhoben. Wenn sie jedoch für mehr Rechte oder gar die Freiheit der farbigen Völker eintraten, so waren sie auch in einem Punkt mit den Befürwortern der Kolonialherrschaft einig: Die Industriezivilisation brachte letztendlich allen Völkern Segen, mochten die Auswüchse auch noch so krass sein. Sozial Engagierte sahen die Fehlentwicklung eben nur als «vorübergehend», als schmerzliche Begleiterscheinung des «Fortschritts» an.

Aber wenn die Industriezivilisation – auf dem Umweg über den Kolonialismus – fremde Kulturen ruinierte? Solche Bedenken haben kaum den Glauben angefochten, daß alles, was für Europäer und Amerikaner gut sei, auch für Asiaten und Afrikaner erstrebenswert sein müsse. Daher konnten Traditionen, die sich dem «Fortschritt» nach westlichem Vorbild entgegenstellten, nur zum Absterben verurteilt sein. So dachten nicht nur kurzsichtige Machtpolitiker und Geschäftemacher, sondern auch aufgeklärte, idealistisch gesinnte Liberale. Symptomatisch für die letzteren ist der ranghohe britische Kolonialbeamte Thomas Macauly, der Mitte des 19. Jahrhunderts in einer seiner Schriften stellvertretend für viele die Überzeugung formuliert hat: In nicht allzuferner Zukunft würden sich die Menschen weltweit nach der gleichen Mode kleiden, im gleichen Stil leben, mit den gleichen Denkvoraussetzungen ihre Probleme meistern, sie würden sich dann nur noch durch ihre Hautfarbe unterscheiden. Eine durchaus wohlmeinende Zielsetzung – und doch, mit welcher verhängnisvollen Ignoranz gepaart! Man verdrängte das Wissen, welches nur einer Minderheit von Historikern, Sozialwissenschaftlern und Philosophen geläufig blieb: daß Araber, Türken, Perser, Inder, Chinesen, Japaner und noch viele andere außereuropäische Völker mit ihren Religionen, Philosophien, Künsten, ja teils auch mit ihren technischen Fertigkeiten dem Abendland an Gedankentiefe in nichts nachstanden, nur eben auf anderen Wertmaßstäben gründeten. Je mehr man es aber vermied, sich in diese Kulturen einzufühlen, um so unbedenklicher konnte man ihren Zerfall fördern.

Und heute? Längst ist der weltweite Führungsanspruch westlicher Industriestaaten in Frage gestellt, längst das Zeitalter des «Kolonialismus» vorbei. Doch an seine Stelle traten neue Abhängigkeiten: von politischen Blöcken, von «Entwicklungshilfe»-Geldern, von der geballten Wirtschaftsmacht der Industrienationen, die nach wie vor mit ihrer Finanz- und Kaufkraft, mit ihrer Technologie und ihrem Know-How den ganzen Globus dominieren. Und viele Entwicklungsländer, nun von Einheimischen regiert, sehen sich inzwischen noch größeren Slums und einer schlimmeren Armut gegenüber, als sie die Kolonialherrschaft hervorgebracht hat. Auch zersetzen sich jetzt alte Kulturen oft noch rascher, ohne daß Reformen den auseinanderfallenden Gesellschaftssystemen einen neuen Halt geben könnten.

Die Ursachen für diese immer bedrohlichere Entwicklung werden wir anhand der Fallbeispiele näher kennenlernen: Hierzu zählen nicht nur das unbewältigte Erbe der Kolonialzeit, sondern nach wie vor versäumte Reformen wie auch mangelnder Reformwille der neuen – einheimischen – Machthaber; außerdem eine unkontrolliert wachsende Bevölkerungsflut...

1 Zerfällt New York? Viele Straßenzüge – hier in der Bronx – sind schon vollständig zerstört. Dennoch hausen immer noch Menschen in diesen Ruinen.

2 «Märchenhaftes» Indien: das Taj Mahal in der ehemaligen Mogulhauptstadt Agra.

3 Indische Wirklichkeit in Agra: in ihrer Verzweiflung setzen viele Landflüchtlinge Reste ihrer bäuerlichen Lebensformen in den Großstadtslums fort. An den Wänden trocknen Kuhfladen als Brennmaterial.

4 Kolonialarchitektur und Wolkenkratzer: die attraktive Seite Bombays.

5 Mietskasernen in der Altstadt von Bombay: bis zu zehn Menschen teilen sich hier ein Zimmer. Doch das sind noch Bessergestellte, die sich relativ glücklich schätzen dürfen.

6 «Modernes» Bombay: an den Rändern der trostlosen Neubauviertel wuchern die Slums.

7 An Indiens Dörfern ist das 20. Jahrhundert meist spurlos vorübergegangen. Der Kampf ums nackte Überleben treibt ihre Bewohner in die Großstadtslums.

8 Kairo: selbst auf den Dächern der total übervölkerten Altstadt wohnen Zuwanderer.

9 Elendshütten in der Gräberstadt der Mameluken-Sultane: etwa 600 000 Menschen leben in Kairo auf Friedhöfen.

10 Die einzigartige jemenitische Lehmarchitektur ist vielfach gut erhalten – wie lange noch?

11 Am Stadtrand von Sanaa: zwei Welten treffen aufeinander.

12 Fes: noch bezaubert der «orientalische» Charme kunstvoller Baudenkmäler, aber mit den Zuwandererströmen droht der Zerfall.

13 Die einst gepflegten Wohnhöfe in der Altstadt von Peking verwahrlosen bereits unter dem Druck der Überbevölkerung.

14 Accra, die Hauptstadt von Ghana: viele der schnell wachsenden Großstädte Afrikas bestehen heute zur Hälfte oder mehr aus Slums.

15 Mexico City, die größte Stadt der Welt: selbst vom Flugzeug aus kann man immer nur einen Ausschnitt des Giganten erfassen. Trotz moderner Prachtbauten ist die Stadt auch eine der größten Elendsmetropolen.

16 Die Amerikanisierung unserer Städte: der Wettstreit der Banken um das höchste Verwaltungsgebäude hat in wenigen Jahren das Gesicht Frankfurts völlig verändert.

Fallbeispiele der Dritten Welt

Agra: Das Ende eines Mythos

Drei Millionen Touristen pro Jahr

Jeder kennt es: das Taj Mahal... die weiße Kuppel, die vier Minarette, die Spitzbogen, das Spiegelbild des Marmorbaus in den kunstvoll angelegten Wasserbecken. Es ist ein durch unzählige Fotos abgenützter Anblick, so bekannt wie der Eiffelturm, die Freiheitsstatue, die Pyramiden – und gerade deshalb ein «Wunder», das viele Europäer gerne einmal mit eigenen Augen gesehen haben möchten. Aber auch für viele Einheimische ist dieses kuppelgekrönte Grabmal, das der Großmogul Shah Jahan während des 17. Jahrhunderts seiner Gattin hat errichten lassen, zu einem Hauptanziehungspunkt ihrer Reisen geworden. An die drei Millionen Touristen besichtigen pro Jahr den marmornen Prachtbau, an die 80 Prozent davon Inder, der Rest Europäer und Amerikaner, so sagt man mir im Tourist Office.

Der Andrang ist verständlich, der legendäre Ruhm berechtigt. Wer jemals das Glück hatte, in einer Vollmondnacht die Anlage zu besuchen, der wird kein Lob, keine Schwärmerei mehr für übertrieben halten. Im Mondlicht schimmert der Marmor perlmuttweiß, und der Kuppelbau scheint wie von Geisterhand gehoben mehrere Meter über der Erde zu schweben, da der Gebäudesockel in Schwärze getaucht bleibt, nicht vom Lichteinfall erfaßt. Unter einem bestimmten Blickwinkel treten für den Betrachter die Blumenmuster aus Halbedelsteinen funkelnd und glitzernd aus den weißen Flächen hervor. Dazu das zitternde Spiegelbild in den Wasserbecken, das Brunnenplätschern, die Stille. «Märchenhaftes» Indien...

Westliche Touristen haben es leicht, das «Weltwunder» zu erreichen. Von Delhi, dem zentralen Ankunftsflughafen vieler Ausländer, sind es gerade 200 Kilometer bis nach Agra, mit der Bahn in drei bis vier Stunden zu bewältigen.

Agra? Dieser Name ist weit weniger geläufig. Dabei handelt es sich um die Stadt, in der das berühmte Bauwerk steht. Die meisten Besucher nehmen sie nur soweit zur Kenntnis, als daß man sich dort ein Hotel zu nehmen hat, um dann per Taxi oder mit der Rikscha die Sehenswürdigkeiten abzufahren. Zu sehen gibt es genug. Für den kulturbeflissenen Reisenden sind zusätzlich mindestens noch vier überragende Baudenkmäler zu besichtigen: das Rote Fort mit seinen wuchtigen Mauern aus rotem Sandstein, den Diwansälen aus Marmor, den kunstvollen Einlegearbeiten aus Halbedelsteinen; das Grabmal des Großwesirs Itimad ad-Daulah mit seinen feinziselierten Marmorfenstergittern und ebenfalls unübertroffenen Ornamenten aus Halbedelsteinen; Fatehpur Sikri, die nahegelegene Residenz des Mogulkaisers Akbar; Sikandra, sein Mausoleum... Kunsthistoriker und Ästheten geraten angesichts all dieser Bauten ins Schwärmen.

Agra aber? Die Stadt sei «eher nichtssagend und für den Fremden enttäuschend», so und ähnlich liest man es häufig in Reisehandbüchern, und nur allzu bereitwillig stimmt man nach dem ersten Augenschein diesem Urteil zu. Aus klimatisierten Reisebussen oder von Rikschas, mit denen man die beträchtlichen Entfernungen zwischen den Palästen und Mausoleen zurücklegt, erhascht man – neugierig oder auch ganz unfreiwillig – ein Stück indischer Provinzwirklichkeit abseits der begehrten Fotomotive: düstere Mietskasernen aus Backstein oder Betonfertigteilen neben Gärten und Villen im englischen Kolonialstil und verfallenden Bürgerhäusern des 18. Jahrhunderts, Verkaufsbuden aus Wellblech und Sackleinen, Strohhütten vor qualmenden Fabrikschornsteinen, winklige, ungepflasterte Gassen, riesige Reklameschilder neben lagernden Kühen und Ziegen...

Schmerzende Kontraste. Dabei ist Agra noch vor drei Jahrhunderten Zentrum einer hochentwickelten Zivilisation gewesen. Dort entstanden viele jener Zeugnisse eindrucksvoller Spätkultur – in Kunst, Philosophie, Dichtung, Architektur und verfeinertem Lebensstil –, die zuallererst unser Indienklischee von «farbenprächtiger» Schönheit und Exotik geprägt haben. Agra sei, so berichteten Chronisten Mitte des 17. Jahrhunderts, eine der größten und schönsten Städte der Welt.

Wie aber konnte es dazu kommen, daß eine solche Metropole

innerhalb nur weniger Generationen gänzlich aus dem Licht der Geschichte zurücktrat, in Mittelmäßigkeit, ja, in Schmutz und Elend versank und im Gedächtnis der Nachwelt nur noch durch ein paar glanzvolle Bauwerke weiterlebt?

Und setzt sich dieser Zerfall in unserer Gegenwart noch weiter fort?

Glanzvolle Spätkultur, dann Ruin

Agra soll sehr alt sein. Angeblich haben schon arische Einwanderer tausend Jahre vor unserer Zeitrechnung die Stadt gegründet, und von ihnen soll sich auch ihr heutiger Name ableiten: Aus «Arya Garh» («Wohnsitz der Arier») wurde in verkürzter, abgeschliffener Form «Agra».

Aber Agras Blütezeit – der Aufstieg zur weltbekannten Metropole – hat erst während des 16. Jahrhunderts begonnen. Seine maßgeblichen Förderer waren die Moguln, islamische Eroberer aus Zentralasien. Großmogul Akbar, der bedeutendste Herrscher dieser Dynastie, ein Zeitgenosse Philipps II. von Spanien und Elisabeths I. von England, machte Agra im Jahr 1566 zur Hauptstadt seines Reiches und damit zu einem überragenden Mittelpunkt von Wissenschaft und Kunst. An Akbars Hof sammelten sich Dichter, Philosophen, Maler, Baumeister und Gelehrte aus allen Teilen Indiens, zudem aus Persien. Ihre bedeutendsten Vertreter brachten hinduistische und islamische Denkformen in eine fruchtbare, spannungsvolle Beziehung, sie verschmolzen indische und persische Kunstströmungen zu einer neuen Variation. Auf diese Weise entstand zum letzten Mal, bevor die westliche Zivilisation den Subkontinent erreichte, in Indien eine große selbständige Kultur.

Über die Städte der Mogulzeit existieren eine Reihe Berichte zeitgenössischer Geschichtsschreiber, Dichter und Reiseschriftsteller Indiens, aber auch europäischer Gesandter und Kaufleute; wir verfügen demnach über zuverlässige Kenntnisse. Diese Städte standen in ihrer Ausdehnung und ihrem Kulturniveau – der Baukunst, der Wohnqualität, der Verwaltung, den öffentlichen Einrichtungen wie Spitälern, Bibliotheken, Schulen – den damaligen

Großstädten Europas in nichts nach. Agra und die nahegelegene Zwillingsstadt Fatehpur Sikri zählten zusammengenommen mehr Einwohner als London und entfalteten in ihrem Kulturleben mindestens ebensoviel Glanz, so ist den Aufzeichnungen des englischen Kaufmanns Ralph Fitch aus dem Jahr 1585 zu entnehmen.[1] Ein solches Lob heißt viel, wenn man bedenkt, daß zu jener Zeit England unter Elisabeth I. den Weg zur Weltmacht beschritt und Shakespeare seine Dramen schrieb. Agra zählte an die 600 000 Einwohner, manche Quellen nennen auch höhere Zahlen. Mitte des 17. Jahrhunderts näherte sich die Stadt dann der Millionengrenze – zu jener Zeit, als das Taj Mahal entstand und Agra den Gipfel seiner Kultur und Zivilisation erreicht hatte.

Delhi, Benares, Lahore, Ahmadabad, Patna – dies sind weitere Metropolen, die der europäische Reisende staunend den höchstentwickelten Städten des eigenen Kontinents gleichsetzen konnte. Delhi war, nachdem die Großmoguln für einige Jahrzehnte nach dorthin ihre Residenz verlegt hatten, auf so viele Einwohner angewachsen wie Paris, die damals größte Stadt Europas. Zur Glanzzeit der Mogulherrschaft hatte es in Indien an die 3200 mittelgroße und 120 Großstädte gegeben, die letzteren mit bis zu 200 000 Einwohnern[2] – es sind beeindruckende Zahlen, wenn man sich klarmacht, daß eine solche Ansammlung von Menschen damals für europäische Verhältnisse außergewöhnlich war.

Die indischen Städte jener Zeit ähnelten allerdings auch in den Extremen den unseren. Einerseits gab es prunkvolle Bauten der Regierenden, des Adels und der Großkaufleute. Sie bestanden aus Ziegeln, Sandstein oder gar Marmor, besaßen reichgeschmückte Fassaden und kostbar ausgestattete Innenhöfe. Zwischen den Bauwerken verliefen Prachtstraßen und weiteten sich repräsentative Plätze mit Moscheen, Tempeln, Pavillons und Parkanlagen. Andererseits existierten aber weitläufige Viertel mit niederen, fensterlosen Lehmziegelhäusern, Strohhütten und ungepflasterten, schmutzstarrenden Straßen, wo man bei Regen im Morast versank: die Wohngegenden der Handwerker, Arbeiter, Basarhändler für wenig bemittelte Käuferschichten, vor allem aber der zahlreichen Tagelöhner, kurzum der Armen, und sie bildeten die Mehrheit im Mogulreich.

Handwerker und Kleinhändler lebten wie Arbeiter und Bauern am Rand des Existenzminimums, in drückender Abhängigkeit von einem Feudalherrn oder in der ständigen Angst, den letzten Rest von Freiheit durch die «Hilfe» eines reichen Geldverleihers zu verlieren. Demnach waren bereits in der Mogulzeit jene extremen Gegensätze von krassem Elend und «märchenhaftem» Reichtum vorgeformt, wie wir sie heute von Indien kennen. Aber nicht grundsätzlich anders lebten damals die Europäer, auch sie in einer zunehmend entarteten Feudalgesellschaft, in der die Reichen auf Kosten der Armen lebten und von diesen immer höhere Abgaben erpreßten.

Im Mogulreich erreichten die Gegensätze ihren schroffsten Kontrast ausgerechnet zu jener Zeit, die man in Europa besonders verklärt: als das Taj Mahal entstand. Höchste Reife des Kunstgeschmacks paarte sich damals mit der verlorenen Kraft, Fehlentwicklungen zu zügeln.

Der Bauherr des Taj Mahal war Shah Jahan, der von 1628 bis 1658 regierte, ein Zeitgenosse des «Sonnenkönigs» Ludwigs XIV. Er begann 1632, im Todesjahr seiner Gattin Mumtaz Mahal, mit dem gewaltigen Projekt und konnte die äußere Gestalt des Marmorkuppelwerks 1643 vollenden lassen. Im selben Jahr wurde in Frankreich Ludwig XIV. zum König gekrönt. Die zeitlichen Parallelen sind Zufall, und doch gibt es zwischen beiden Herrschern, ja, beiden Gesellschaftssystemen, auch innere Parallelen.

Im Indien der Moguln wie im Frankreich der Bourbonen legten die absolut regierenden Herrscher wert auf eine gottähnliche Verehrung und devotes Zeremoniell ihrer Untertanen. Sie waren besessen von der kultischen Überhöhung ihres Amtes und letztlich auch der eigenen Person, und aus ihrer «Vollkommenheit» leiteten sie das Recht ab, Steuergelder in erster Linie für «königliche» Bedürfnisse zu verwenden und «unsterbliche» Architektur von bisher nie gesehener Pracht zu schaffen – koste, was es wolle. Den kunstsinnigen, maßlos verschwenderischen Bauherren blieb es gleichgültig, um wieviel mehr Abgaben aus dem Volk herausgepreßt werden mußten oder ob gar ganze Dörfer unter immer höherem Steuerdruck verarmten. So ließ der «Sonnenkönig» zu seiner eigenen Verklärung das Prunkschloß Versailles nahe Paris errichten und ruinierte durch die enormen Baukosten beinahe den Staatshaushalt. Nicht anders der Großmogul Shah Jahan. Seine Baumeister veranschlagten für das Taj Mahal mit dem kostbaren Marmor, den vielen Einlegearbeiten in Halbedelstein, den hohen Gehältern der erstrangigen Architekten, Künstler und Steinmetzen sowie der Verpflegung von nahezu 20 000 Arbeitern über Jahrzehnte eine Summe von drei Millionen Goldrupien; dies entsprach dem Jahreseinkommen von 30 wohlhabenden Dorfgemeinden. Tatsächlich aber wurde die Summe, nicht anders als manchmal bei heutigen Großprojekten, um das Zehnfache überschritten.[3] Mit verheerenden Folgen. Aufgrund der hohen Ausgaben mußten die Steuern gerade für das einfache Volk beträchtlich erhöht werden, und noch mehr Bauern, Arbeiter und Handwerker hungerten. Nun aber kippte der ohnehin strapazierte Staatshaushalt vollends aus dem Gleichgewicht. Wichtige Vorhaben für das Allgemeinwohl – der Bau von Krankenhäusern, Straßen, Manufakturen – blieben aus, während der Adel weiterhin praßte. Daraufhin nahm jene Massenverelendung ihren Anfang, die heute zu einem beklemmenden Kennzeichen Indiens geworden ist. Zwar haben später die britischen Kolonialherren diesen sozialen Niedergang durch ihre ausbeuterischen Methoden noch beträchtlich verschärft, aber den Keim für den Zerfall hatte die indische Feudalzivilisation selbst schon gelegt.

Einen entscheidenden Unterschied zwischen dem Indien der Moguln und dem Frankreich der Bourbonen hat es allerdings gegeben: In Frankreich stand am Ende der Verschwenderwirtschaft die Revolution von 1789, in Indien gab es nur Revolten fürstlicher Vasallen und hungernder Bauern, zerstörerisch, aber nicht zukunftsweisend.

In Europa haben sich Entwicklungslinien herausgebildet, die man in Indien vergeblich gesucht haben würde. Staaten wie Frankreich, England, die Niederlande, in Ansätzen auch schon das Deutsche Reich, kannten seit dem Spätmittelalter einen bürgerlichen Mittelstand, der im Verlauf der Jahrhunderte seine Basis immer mehr verbreitern konnte, kulturell, wirtschaftlich, zuletzt auch politisch. Bürgerliche Revolutionen haben schließlich den Feudaladel entmachtet und eine neue Ordnung geschaffen: die bürgerliche Gesellschaft, Ausgangspunkt der dynamischen Moderne.

Anders im Mogulreich. Zwar formte sich auch dort zwischen den Polen extremen Reichtums und extremer Armut ein Mittelstand – Gutsbesitzer mit hoher Bildung und nur mäßigem Vermögen, Kaufleute mit beträchtlichem Wissen, jedoch nicht mit großem Einkommen gesegnet –, und sie versahen im Dienst reicher Feudalherren meist qualifizierte Beraterdienste. Aber dieser Mittelstand vermochte seine Basis nicht zu verbreitern, und gleich gar nicht konnte er geistige Grundlagen zu einem umfassenden Wandel schaffen. Seine Schicht wurde vielmehr aufgerieben zwischen den mörderischen Fronten rivalisierender Adelsgeschlechter, er verarmte, wurde herabgedrückt auf die Stufe von Proletariern, wenn nicht gar Sklaven.

Während also Europa die Krise seines Feudalzeitalters überwand und neue Kraft entfaltete, erstickte das Mogulreich an den eigenen Widersprüchen – ein Schicksal, das Indien mit vielen islamischen und fernöstlichen Staaten von damals teilt. Zum Niedergang des Adels und des kaum entwickelten Mittelstandes gesellte sich, bestimmt kein Zufall, eine tiefgreifende Kulturkrise: Philosophie, Wissenschaft, Literatur und Kunst erstarrten in vorgegebenen Mustern, und hinter der Fassade starr eingehaltener Konventionen begannen kritisch denkende Intellektuelle am Sinn des Überkommenen zu zweifeln. Um so lähmender und zerstörerischer mußten sich nun Machtkämpfe der indischen Fürstentümer untereinander auswirken.

Der Niedergang spiegelte sich exemplarisch, wie in einem Brennpunkt, im Schicksal der Mogulhauptstadt Agra. Seit dem Tod Aurangzebs (1707), des letzten bedeutenden Großmoguls, rebellierten Hindufürsten immer erfolgreicher gegen die drükkende Herrschaft der islamischen Oberschicht. In der Folge drangen feindliche Heere bis zur Residenz vor, plünderten und brandschatzten weitausgedehnte Stadtteile, besonders verheerend 1761 und 1770. Von diesen Zerstörungsorgien hat sich Agra nicht mehr erholt. Zum einen fehlte den betroffenen Einwohnern das Geld, um die niedergebrannten Häuser aufzubauen und die Basare wieder mit Waren zu füllen, zum andern fehlte ihnen aber auch die Energie und die Vorstellungskraft, die verfallende Stadt angemessen zu erneuern. Viele von ihnen verließen Agra für immer, und die, die blieben, sahen tatenlos dem weiteren Zerfall zu. Als dann 1803 britische Kolonialtruppen in Agra einmarschierten (ihnen fiel die Mogulhauptstadt wie eine überreife, bereits angefaulte Frucht zu), zählte die einst glanzvolle Millionenstadt, verschmutzt und verödet, gerade noch 100 000 Einwohner.

Die britischen Kolonialherren haben ebenfalls nichts dazu getan, um der Stadt zu neuem Aufschwung zu verhelfen. Denn sie zeigten nur Interesse, küstennahe Handelsstädte wie Bombay, Kalkutta und Madras zu «entwickeln», nicht aber «Provinznester» im Landesinnern.

Agra war zum Provinznest verkommen. Das Taj Mahal in seiner erhabenen Schönheit, das prächtige Grabmal des Itimad ad-Daulah und Akbars Mausoleum im Vorort Sikandra standen nun im schroffen Gegensatz zu den vernachlässigten Häuserfronten und den teils menschenleeren Straßen, ja, sie zerfielen schließlich selbst. Erst während des 20. Jahrhunderts ist wieder Dynamik in die Stadt eingekehrt. Noch unter der Herrschaft der Briten versuchte die einheimische Oberschicht, neue wirtschaftliche Energien in Agra zu entfalten, und als die Kolonialherren 1947 abgezogen waren, drängte die indische Regierung vollends darauf, Entwicklungsgelder ins Landesinnere, in die «Provinz», zu lenken. Auf diese Weise wurde in Agra investiert, um ein modernes Touristenzentrum aufzubauen, mehr aber noch haben sich Politiker und Gewerbetreibende darum bemüht, Industrie anzusiedeln und Arbeitsplätze zu schaffen. Seitdem ist auch die Einwohnerzahl wieder beträchtlich gestiegen.

Ein echter Aufschwung also? Die rasche – allzurasche – Zunahme an Einwohnern gibt zu denken, denn in Agra verläuft die Entwicklungskurve wie in vielen krisengeschüttelten Städten der Dritten Welt: zuerst über Jahrzehnte langsam, dann immer schneller steigend, schließlich innerhalb weniger Jahre steil nach oben schießend. Um 1800 waren es 100 000 Menschen, hundert Jahre später noch nicht einmal doppelt soviel, nämlich 188 000. Dann aber, innerhalb der nächsten drei Jahrzehnte, wuchs ihre Zahl bereits auf 230 000, und 1960 waren es schon 400 000. Was nun folgte, ließ alle bisherige Steigerung weit hinter sich: 1970 zählte man 600 000 Menschen, 1980 schon 800 000, und 1986 bereits knapp über eine Million.

Agra hat damit wieder die Einwohnerzahl seiner Glanzzeit

erreicht. Allerdings sind heute die Bedingungen anders. Die Stadt ist zu einem «modernen» Ballungszentrum geworden, mit all seinen bedenklichen Nebenerscheinungen.

Und doch unterscheidet sich Agra von der Entwicklung Bombays und Kalkuttas in mancherlei Hinsicht. Agra ist eine alte, traditionsreiche Metropole und wurde, da die Briten an dem «Provinznest» wirtschaftlich wenig Interesse zeigten, erst spät von westlichem Einfluß erfaßt. Agra ist damit stärker «indisch» geblieben – bis dann die Gegensätze zwischen Tradition und Fortschritt um so jäher, um so kontrastreicher aufbrachen.

Beklemmende Gegenwart

Für den Reisenden von heute ist die Einfahrt in die ehemalige Residenzstadt der Moguln ernüchternd. Nähert man sich mit der Eisenbahn von Jaipur her, sieht man vorwiegend niedrige Backsteinhäuser und Lehmziegelhütten vorbeigleiten, die teilweise wie Ruinen oder nie zu Ende gebaut erscheinen, dazu winklige, von Ochsenkarren, Kamelfuhrwerken und Omnibussen verstopfte Straßen. Kommt man aus Richtung Delhi, kündigen zuallererst Fabrikanlagen die Stadtnähe an, zeigen sich Ziegelbrennereien in umgegrabenen, karstig gewordenen Feldern und Eisengießereien mit dichtem Schornsteinqualm. In ihrer Nähe gruppieren sich scheinbar planlos Strohhüttensiedlungen, wellblechgedeckte Backsteinbauten und Betonwohnblocks, während weit in der Ferne weiß leuchtend Kuppeln und Türme des Grabmals von Großmogul Akbar auftauchen. Dann endlich naht die eigentliche Stadt mit ihrer geballten Ansammlung verschiedenster Stilelemente: vom (zerfallenden) Bürgerhaus des 18. Jahrhunderts über die Villa und das Verwaltungsgebäude im Kolonialstil bis hin zum gesichtslosen, international genormten Wohnblock unserer Tage.

Entlang der Bahngleise erheben sich zeltartige Behausungen aus Sackleinen und Stroh, sind leere Konservendosen, Kartonfetzen und Plastikgerümpel verstreut, und in diesem Abfall sieht man zu jeder Tageszeit Männer, Frauen und Kinder nach Brauchbarem suchen. Am frühen Morgen gesellen sich zu ihnen noch zahlreiche Hüttenbewohner, die mangels besserer Gelegenheit mit dem Rücken zum fahrenden Zug sich niedersetzen, den nackten Hintern zeigen und sich entleeren. Es ist ein Anblick, der, wenn man schon lange genug in Indien unterwegs gewesen ist, bei einer Stadteinfahrt nicht mehr überraschen kann; bei Tagesanbruch bietet er sich in jeder indischen Großstadt entlang der Bahngleise und Einfallstraßen; man ist nur noch neugierig, wie intensiv sich die gewohnte Szenerie diesmal entfaltet.

Nach diesen ersten Eindrücken beginnt man zu ahnen, daß die Begegnung mit den berühmten Mogulbaudenkmälern nur ernüchtern kann. So faszinierend deren Architektur auch ist, man vermag sich ihrer Ausstrahlung erst wirklich zu öffnen, sobald man die Umfassungsmauern passiert hat und sich allein noch vom Flair der Vergangenheit umgeben weiß – ohne störende Einflüsse unserer Gegenwart. Der Weg zu diesen Perlen der Architektur schmerzt. Relativ leicht tut man sich noch, falls man eine Stadtrundfahrt im komfortablen Reisebus gebucht hat, denn diese Busse benutzen meist breitausgebaute Umgehungsstraßen und lassen die Szenerie draußen rasch vorbeiziehen. Anders, wenn man zur Rundfahrt eine Fahrradrikscha besteigt und sich die nötigen sechs bis acht Kilometer im quälend langsamen «Taxi»tempo der Einheimischen radeln läßt. Häuser, Hütten, Ruinen, Fabriken, der Lärm, der Staub, der Schmutz, alles rückt beklemmend nah...

Angenehm berührt noch die relativ kurze Strecke zwischen dem Taj Mahal und dem Roten Fort. Zu beiden Straßenseiten dehnen sich Parkanlagen, wobei man hinter den Bäumen und Bougainvilleasträuchern Villen und Bungalows auftauchen sieht – es ist nicht das Agra, in dem das einfache Volk wohnt. Aber die erste Dissonanz erlebt man bereits nahe dem Roten Fort. Dort trennt ein weiter Platz den Palast vom Basarviertel und der Freitagsmoschee, einem roten Sandsteinbau mit Marmorkuppel. Welch harmonische Verbindung mochte dieser Platz einst zwischen Residenz und angrenzender Stadt hergestellt haben. Nun aber durchschneidet eine Eisenbahnlinie die verwahrlost leere, nur von etlichen Verkaufsbuden besetzte Fläche. Schlimmer noch: Eine Fabrikanlage ragt seitlich auf, kaum zwanzig Gehminuten von den Palastmauern entfernt. Zeitweiliger Schornsteinqualm, Stahlgerüste, Blechsilos und rußgeschwärzte Backsteinwände – dieser Anblick bedeutet nicht nur einen Schock für das Schönheit suchende Auge, sondern auch eine reale Gefahr für die Mogulbauten, denn ungefilterte Abgase und Rauchpartikel zersetzen im Verlauf von Jahrzehnten Marmor und die feinziselierten Einlegearbeiten aus Halbedelsteinen.

Ist man dann zum Mausoleum des Großwesirs Itimad ad-Daulah unterwegs, das drei Kilometer vom Stadtzentrum entfernt liegt, sieht man sich auf dieser Strecke mit weiteren schreienden Widersprüchen konfrontiert. Besonders, wenn man eine Rikscha benutzt. Der Rikschafahrer biegt in Altstadtstraßen ein, um den Weg abzukürzen, und dort trifft man auf ein Viertel, das den bedrohlich fortgeschrittenen Zerfall der einst glanzvollen Stadt deutlich offenbart. Viele Seitenstraßen bestehen aus bloßem Lehm, sind bucklig und von Abfällen – Tierkot, zertretenen Konservendosen, Plastikmüll – übersät. Auf beiden Seiten ragen mehrgeschossige Häuser mit Holzvorbauten, die wie Verschläge aussehen, und dort blickt man durch Fenster auf dichtgedrängte Matrazenlager – Massenübernachtungsstätten. Fast immer wirken die Häuser baufällig, sie haben rissige Mauern, und die Ziegelsteine sind meist schwarz von Ruß, Staub, Schmutz, dazu deutlich von den Fließspuren des jährlichen Monsunregens gezeichnet. Manchmal sieht man auch eingestürzte Obergeschosse, was mehr an Ruinen als an Wohnungen denken läßt – und doch scheinen es Wohnungen zu sein, weil wäscheverhangene Fenster und Dächer auf Bewohner hinweisen. Nur noch vereinzelt entdeckt man Häuser mit kunstvoll geschnitzten Holzbalkonen und spitzbogigen Fenstern im persischen Stil, die an den einstigen Reichtum und Kunstsinn der Kaufleute aus der Mogulzeit erinnern. Dafür sieht man um so häufiger grellbunte Reklametafeln über bröckelndem Verputz, hin und wieder wirre Stromkabelknäuel und lose herunterhängende, gefährlich aussehende Leitungen, von denen aber niemand Notiz nimmt.

Wie die meisten Altstadtviertel des Orients erscheint auch das von Agra bereits auf den ersten Blick maßlos übervölkert. Nur schwer kann sich die Rikscha einen Weg durch das Gedränge von Handwagen, Ochsenkarren, Lastautos, Fahrrädern und vor allem der Fußgänger bahnen. Zum unübersehbaren Gewimmel kommt der Lärm zahlreicher Menschenstimmen, der Radiolautsprecher aus Basargewölben und Wohnungen, das Rumpeln schwerrädriger Fuhrwerke, Motorradgeknatter und Fahrradgeklingel.

Zwischendurch trifft man auf bucklige, unkrautübersäte Flächen zwischen den Häuserzeilen, dort sind Lehm- und Strohhütten errichtet, und auch hier entfaltet sich reges Leben. Frauen kauern vor Feuerstellen und kochen mit Blechtöpfen, die auf zwei Steine gesetzt sind, andere schichten getrocknete Kuhfladen als begehrten Brennstoff, andere sitzen an Handwebstühlen im Freien. Zwischen Unkraut auf hartgetretenem Boden suchen Kühe nach Nahrung, picken Hühner in Abfallhaufen, tummeln sich Hängebauchschweine. Man fühlt sich bei diesem Anblick an ein Dorf erinnert, dabei befindet man sich nahe dem Zentrum einer Millionenstadt. Vermutlich sind es zugewanderte Bauernfamilien, die hier in den noch freien Nischen einen Rest ihrer verlorenen Umwelt zu erhalten versuchen.

Dörfliche Atmosphäre bleibt aber bis in die belebtesten Straßen hinein spürbar. Neben Schweinen sieht man überall Kühe, mager bis auf die Knochen, sie knabbern bei der Nahrungssuche Plakatfetzen von den Wänden. Ziegen balancieren sogar über Balustraden, um dort aus Mauerritzen sprießendes Unkraut zu fressen. Tiere, die wir nur dem Dorf zuordnen würden, sind selbstverständlich im hektischen Treiben von Agra – ein Symptom vieler indischer Städte, deren Bewohner zu beachtlichen Teilen seelisch noch im Agrarzeitalter wurzeln, als es selbstverständlich war, daß Mensch und Tier noch unmittelbar zusammen lebten. Bei der drangvollen Enge und dem Zuviel an Menschen bleibt den Tieren jedoch kaum etwas für den hungrigen Magen, ähnlich wie den Städtern.

Man verläßt die Altstadt, um zum Mausoleum des Itimad ad-Daulah zu kommen, auf einer Eisenspannbrücke über den Jamuna-Fluß. Sie ist eine moderne Konstruktion, die mit ihren nüchtern funktionalen Verstrebungen so ganz und gar im Gegensatz steht zum dichten Verkehr von Ochsenkarren, Kamelfuhrwerken, Fahrradrikschas, einigen wenigen Lastautos und den vielen buntgekleideten Menschen, den in Saris gehüllten Frauen, den mit Turban, hemdartigen Überwürfen oder manchmal auch schon westlich gekleideten Männern. Seitlich der Brücke, direkt am Flußufer, ragen – und das ist wohl nach europäischen Maßstäben der seltsamste Kontrast – mannshohe Götterstatuen: der vierarmige Shiva mit Dreizack, grellrot angestrichen, die vierarmige Kali mit bluttriefendem Schwert und abgeschlagenem Männerkopf, düster schwarz und rot bemalt. Im Schatten der modernen Brücke sammeln sich Gläubige zum Blumenopfer.

Auf der andern Uferseite erreicht man das Mausoleum, einen von vier Türmen flankierten, mit einem baldachinartigen Aufsatz versehenen marmornen Prachtbau, mit feinziselierten Steinfenstergittern und kostbaren Einlegearbeiten aus Jaspis, Onyx, Topas und Lapislazuli. Ein Wunderwerk der Architektur, dessen Würde durch den umgebenden Park mit seinen weitausladenden Saugwurzelbäumen noch unterstrichen wird. Aber: Blickt man zum nahen Flußufer, so sieht man gegenüber, hinter einer breiten Sandbank, nicht mehr wie einst nur eine baumbestandene Ebene mit vereinzelten Häusern, sondern rußgeschwärzte Fabrikhallen und qualmende Schornsteine – wiederum Gefahr für Marmor und Halbedelsteine.

Ausufernde Stadt

Der Rikschafahrer radelte mich in Richtung Sikandra, zu dem zehn Kilometer außerhalb der Stadt gelegenen Mausoleum des Großmoguls Akbar. 1965 hatte ich das prächtige Grabmal inmitten eines kleinen Wildparks erstmals besucht, auch damals mit einer Fahrradrikscha. Ich erinnerte mich an eine zwar endlose Fahrt, aber wir bewegten uns auf einer schmalen Asphaltstraße mit Blick in eine baumbestandene Ebene, hier und da kleinere Siedlungen, viele ihrer Hütten strohgedeckt; auf der Straße selber begegneten uns Ochsenkarren und Kamelfuhrwerke, selten Lastautos. Ich war neugierig, wie sich die Strecke 1985 verändert haben würde, schließlich hatte Agra innerhalb der letzten zwei Jahrzehnte seine Einwohnerzahl mehr als verdoppelt.

Die Straße und mit ihr die Umgebung war nicht wiederzuerkennen. Nicht nur, daß man das Asphaltband wesentlich verbreitert hatte und zahlreiche vorbeiratternde Lastautos die Fahrbahn in hektischer Unruhe hielten – kilometerweit war die Route nun auch von mehrstöckigen Bauten aus Betonfertigteilen gesäumt, viele davon erst halb fertig, noch mit Bambusgerüsten und leeren Fenstern. Der Rikschafahrer deutete auf einen eingerüsteten, flachdächigen, schuhschachtelähnlichen Betonkomplex. Vor seinen Mauern bewegten sich in einer langen Kette an die zwanzig Frauen, bunt leuchtend die Saris, Strohkörbe mit Zement auf den Köpfen. Dort entstehe ein modernes Einkaufszentrum, erklärte er, «a supermarket». Das amerikanische Wort sprach er mit sichtlichem Stolz aus.

Und dort entstehe ein neues Kino. Der Rikschafahrer stoppte für Momente die Fahrt, um mir ein bunkerartiges Betongebäude zu zeigen, das sich fensterlos, düster und allesbeherrschend über Ziegelhäusern und Strohhütten erhob. Er sei ein begeisterter Kinogänger, er sehe sich jede Woche mindestens zwei bis drei Filme an, für den billigsten Platz zahle er nicht ganz drei Rupien (etwa 60 Pfennig), und das in einem wirklich großen, schönen Kino. Freudig erregt deutete er während des nächsten Fahrtkilometers auf zwei weitere solche Betonburgen mit überdimensional großen Filmreklamen. Ob ich den Film «Disco Dancers» gesehen habe, fragte er, «a really good american movie». Ich verneinte, was er mit einem Ausruf des Bedauerns quittierte. Man müsse den Film unbedingt gesehen haben, er laufe zur Zeit überall in Indien. Ob er lieber indische oder amerikanische Filme besuche, wollte ich wissen. Er zögerte kurz, dann lachte er. «American movie...»

Zunehmend säumten während der Weiterfahrt ärmliche Behausungen den Straßenrand, zeltähnliche Gebilde, löchrige Tücher über ein Stockgitter gespannt, und davor kauerten Gestalten mit nacktem, sehr dürrem Oberkörper, manche hämmerten an rostigen Konservendosen, andere zerkleinerten Pappkartonfetzen, wiederum andere klopften krumme Nägel gerade – die typischen Abfallverwerter. Dies seien Wanderarbeiter, erklärte der Rikschafahrer, viele von ihnen kämen aus weit entfernten Dörfern, weil sie hofften, in Agra noch am ehesten Arbeit zu finden. – Ob sie wirklich alle Arbeit fänden? – «No, Sir...»

Wir waren bereits vier Kilometer stadtauswärts unterwegs, aber noch immer war kein Ende der Häuserfront abzusehen, alles

Neubauten. Lästig blieben die vorbeirasenden, lärmenden Lastwagen. Ob der Verkehr bis nach Sikandra so heftig weitergehe, fragte ich. Ja, das hier sei eine Ausfallstraße zu den Ziegelbrennereien und einem neuerrichteten Industriezentrum hinter Sikandra, antwortete der Rikschafahrer. Das hieß also, daß das berühmte Mausoleum mit seinem Wildpark längst nicht mehr nur den Ausblick auf eine baumbestandene Ebene gewährte, sondern auch auf die Umklammerung durch Vorstadtsiedlungen und Industrie. Unter diesen Umständen wollte ich auf die Weiterfahrt verzichten.

Der Rikschafahrer schlug einen Ersatz vor: Nicht weit von hier liege der Vorort Dayal Bagh, und dort befinde sich das Hauptquartier der Hindusekte Rajwami; sie baue zur Zeit einen Tempel, der das Taj Mahal noch an Schönheit übertreffen solle. Kaum ein Ausländer wisse etwas von diesem Vorhaben, aber man müsse es gesehen haben, um zu wissen, weshalb nach Agra in Zukunft noch mehr Touristen kämen.

Dayal Bagh, abseits der stark befahrenen Ausfallstraße, erwies sich als ein (noch!) geruhsamer Stadtteil. Einst vermutlich eine selbständige Kleinstadt, nun aber von dem ausufernden Agra bereits eingekreist, bot der Ort Straßen mit Baumalleen und zahlreichen einstöckigen Häusern. Statt Lastautos beherrschten hier Kamelfuhrwerke die Szene. Dann der Tempel selbst: Von Bambusgerüsten umrahmt, waren die Mauern schon an die dreißig Meter hochgeführt; strahlend weißer Marmor. Ringsum lagen Steinblöcke, die die Männer mit Handsägen mühsam zerkleinerten und mit primitiven Hämmern bearbeiteten – anders mochten die Arbeiter zur Mogulzeit auch nicht an ihr Werk herangegangen sein. Eine Zeichnung, am bereits fertiggestellten Tempelsokkel angebracht, zeigte, wie der Bau vollendet aussehen sollte: In der Silhouette dem Taj Mahal nachempfunden, sowohl was die seitlich aufstrebenden Minarette als auch was die Kuppel anbetraf, aber die Wände waren überladen mit Zierrat, angefangen von maurischen Arabesken über Mogulornamente bis hin zu den labyrinthisch wuchernden Schnörkeln der Hindutempel, ja, man griff sogar auf Stilmuster gotischer Spitzbogenfenster und barokker Säulenkapitelle zurück – kurzum, auf möglichst viele Stile, die, gehäuft, das einmalige Taj Mahal noch an Einmaligkeit übertreffen sollten. Das nötige Geld kam durch Stiftungen der vielen reichen Sektenmitglieder zusammen. Zwiespältiges Zeugnis eines überanstrengten Kunstgeschmacks, einer ausgelaugten Spätkultur.

Der Rikschafahrer lächelte stolz.

Hunderte von Einheimischen bevölkerten das Gelände, Pilger und Touristen. Ich blieb der einzige Europäer.

Wandel durch Tourismus

Ein sechsstöckiger Hotelbau, frostig luxuriös mit seiner weitausladenden Fassade aus weißgetünchten Fertigteilen und breiten Fenstern. Ringsum Felder, Büsche, vereinzelt niedrige Backsteinhäuser oder gar nur Strohhütten unter Bäumen, auf der Asphaltstraße vorwiegend Rikscha- und Radfahrer, selten Autos. Von den oberen Stockwerken aus sieht man über die noch wenig bebaute Landschaft zu Vorortvierteln und der weithin sichtbaren weißleuchtenden Kuppel des Taj Mahal. Direkt unter den Fenstern aber, keine zwanzig Schritte vom Hotel entfernt, waschen Frauen in einem Teich Tücher und Saris, treiben Bauern ihre Büffel in das Wasser. Lehmwege führen in Felder, auf denen Ochsenkarren Staub aufwirbeln.

So präsentierte sich mir Agra aus einer neuen Perspektive, als ich 1979, der engen und lauten Einheimischenherbergen für ein paar Tage überdrüssig, am Stadtrand in einem neuerbauten Drei-Sterne-Hotel übernachtete. Eine Art «goldenes» Ghetto, sorgfältig von der indischen Stadtwirklichkeit abgeschirmt. Es braucht nicht viel Fantasie, um sich vorzustellen, wie rasch in dieser ländlichen Einöde andere Bauten nachfolgen werden, vielleicht weitere Hotels, dazu Souvenirshops – und wahrscheinlich auch weitere Strohhütten von Zuwanderern, die hoffen, auf den Baustellen und später in dem neuentstandenen Stadtviertel Arbeit zu finden.

Vor dem Hotel, auf einem geräumigen, asphaltierten Platz, warten Rikschafahrer, die sich darum drängen, jedem Hotelgast eine Stadtrundfahrt anzubieten oder ihn zu Kunsthandwerkstätten zu bringen (wogegen man Autotaxis nur telefonisch an der

Rezeption bestellen kann). Der Kampf um Kunden ist hart, die Fahrer stürzen jedem Fremden entgegen, der durch das Portal tritt, und unterbieten sich gegenseitig in den Preisen. Hat ein Kuli einmal einen Touristen «erobert», so «gehört» jener die restlichen Tage ihm, er allein ist von nun an für dessen Person zuständig, und die anderen Fahrer halten sich ab diesem Zeitpunkt respektvoll im Hintergrund.

Im Grunde ist der Beruf eines Rikschakulis nicht einträglich. Die Fahrer sind Lohnarbeiter auf niedriger Stufe, sie müssen den größten Teil ihrer Tageseinnahme an den Rikschabesitzer, meist einen reichen Geschäftsmann, abgeben, so daß ihnen und ihrer Familie gerade das Existenzminimum bleibt. Viele dieser Kulis – und hier ist das Wort in seiner kolonialen Bedeutung durchaus noch angebracht – sind verarmte Zuwanderer aus Dörfern, finden in der Stadt keine feste Bleibe und übernachten neben ihrem gemieteten Gefährt im Freien. In Agra allerdings hat sich unter dem Einfluß des Tourismus an diesem Berufstand einiges geändert – ein Phänomen, das man auch in anderen Tourismuszentren Indiens beobachten kann, doch nirgends so auffallend wie hier.

In Agra, wo viele Hotels und auch kunstgewerbliche Läden in der ausgedehnten Neustadt oder gar am Stadtrand inmitten von Feldern entstanden sind – weit auseinandergelegen, kaum zu Fuß erreichbar –, bleiben sowohl Hoteliers als auch Ladenbesitzer auf Taxis angewiesen, mehr noch: Viele von ihnen benötigen Werbetrommler und Zubringer, um überhaupt auf sich aufmerksam zu machen. Rikschafahrer erweisen sich hier als die idealen Mittelsmänner. Und sie kassieren dafür nicht schlecht. In den meisten Hotels bekommen sie für jeden Touristen, den sie herbeischaffen, fünfzig Prozent des ersten Nächtigungspreises; und das kann bereits in mittleren Unterkünften immerhin umgerechnet bis zu 15 Mark sein (soviel, wie ein Teil der Altstadt- und Slumbewohner gerade pro Monat verdient). In Souvenirshops erhält der Zubringer zwischen 30 und 40 Prozent der Summe, die der Kunde bezahlt. Auch hier kann der Fahrer, ist er nur rührig genug, um Käufer aufzutreiben, ein kleines «Vermögen» scheffeln, zumindest nach Maßstäben des Durchschnittsinders. Daher braucht es nicht zu wundern, daß Rikschafahrer all ihre Intelligenz und Überredungskunst aufwenden, um einen Fremden in das Hotel oder den Laden ihres Patrons zu locken, und gelegentlich sehr aufdringlich werden, falls alle gezielt eingesetzten Tricks nichts nützen.

Auch jene Fahrer, die nur Rundfahrten anbieten, verdienen zum Teil nicht schlecht. Zwar müssen sie der Konkurrenz wegen ihre Preise relativ niedrig halten (umgerechnet vier bis fünf Mark, für die sie mühsam radelnd stundenlang unterwegs sind) – aber: Die Fremden aus Europa und den USA gehen mit Trinkgeldern viel lockerer um als einheimische Touristen, und deshalb fällt ein beträchtlicher Nebenverdienst ab. Selbst wenn solch ein Kuli seinem Patron drei Viertel seiner Einnahmen weiterzugeben hat, so verdoppelt doch das Bakschisch von umgerechnet ein bis zwei Mark pro Rundfahrt häufig genug den Tagesverdienst.

Aus dem Touristenboom zieht in Agra allerdings nicht einmal die Hälfte aller Rikschafahrer Vorteile. Es gibt zuviele landflüchtige Bauern und arbeitslose Slumbewohner, die ebenfalls in diesen Beruf drängen. Und daher hat sich nahezu zwangsläufig eine Hierarchie innerhalb des Erwerbszweiges herausgebildet. Nur «Auserwählten» ist es vergönnt, vor den großen und auch kleineren Hotels auf Fahrgäste zu warten. Sie sind in Gilden zusammengeschlossen, die darüber wachen, daß kein fremder Fahrer sich ohne ihre Erlaubnis an den begehrten Standplätzen aufhält. Vermutlich liefern die Mitglieder – was ich nicht mit Sicherheit erfahren konnte, niemand gibt darüber gerne Auskunft – einen Teil ihrer Einnahmen an die «Schutzherren» ab, quasi als Erlaubnisgebühr für den privilegierten Arbeitsplatz. Aber trotz solcher Abgaben bleibt manchem «Auserwählten» soviel, daß er sich nach einigen Jahren eine eigene Rikscha kaufen kann. Angeblich sollen etliche Fahrer bereits mehrere Rikschas besitzen, die sie zu hohem Preis an andere Kulis vermieten – soziale Aufsteiger also, die schon selber die Allüren eines ausbeutenden Patrons angenommen haben. Nicht wenige der besonders wendigen Fahrer innerhalb der Gilden – ursprünglich Analphabeten, ungebildet, aber im Umgang mit Touristen haben sie leidliche Englischkenntnisse erworben – können bald nicht nur ausreichend die Familie erhalten, sondern sich auch begehrte Statussymbole zulegen: eine Armbanduhr, ein Transistorradio, Blue Jeans...

Trotz aller Aufstiegschancen bleiben aber die Rikschafahrer eine wenig einflußreiche Gruppe im Touristikgeschäft. Den Ton geben alteingesessene Geschäftsleute, Großgrundbesitzer und auch Fabrikanten an. Sie benützen ihr Kapital nicht nur dazu, um sich Rikschafahrer als billige Arbeitskräfte zu halten, sie investieren auch maßgeblich in den Bau von Hotels, in Souvenirshops, in kunsthandwerkliche Manufakturen, in Reiseagenturen mit luxuriösem Rundfahrtprogramm. Und mit ihrer Macht verhindern sie erfolgreich, daß ihnen allzuviel Aufsteiger das Geschäft schmälern.

Bis zu einem gewissen Grad nur können Kleinhändler am Geldsegen der «reichen» Touristen teilhaben. Wichtigste Voraussetzung für ein bißchen Geschäftsglück ist, daß sie günstig wohnen – etwa im Vorort Taj Ganj, unmittelbar dem Taj Mahal benachbart. Dann kann es ihnen teilweise gelingen, in den Seitengassen abseits des Besucherrummels auf sich aufmerksam zu machen, indem sie ihre bescheidenen Verkaufsgewölbe, bisher nur auf die Kaufkraft der Einheimischen ausgerichtet, zu Andenkenläden, «Ateliers», Imbißstuben oder «Restaurants» umfunktionieren. Ja, manche bauten ihre zweigeschossigen Wohnhäuser zu «Guest Houses» um, ganz auf die Bedürfnisse von Rucksacktouristen eingestellt, die die teuren Hotels meiden und gerne in Taj Ganj eine Unterkunft suchen.

Diese Entwicklung ist relativ jung. Als ich 1979 durch die Gassen von Taj Ganj ging, traf ich nur vereinzelt fremdsprachige Hinweisschilder und ausgehängte Souvenirs an; auf weite Strekken erschien der verwinkelte Bezirk ähnlich vom Zerfall bedroht wie die Altstadt selbst. 1985 aber, nur sechs Jahre später, prangten über vielen Hauseingängen und Läden Aufschriften in englischer, französischer und auch deutscher Sprache: «Souvenirs», «Postcards», «Kunst»... Zwar wird der romantikhungrige Besucher, auf Ursprünglichkeit erpicht (was auch immer er darunter verstehen mag), diese Entwicklung bedauern – Einheimische aber sehen dies anders: Für eine ganze Reihe von ihnen bedeutet die sogenannte «Kommerzialisierung» Arbeitsplätze, besseres Einkommen.

Und doch: Auch in diesem Stadtviertel haben nur wenige die Barriere ihrer Armut überspringen können. Bestenfalls vermochten jene Kleinhändler und Imbißbudenbesitzer, die um vieles wendiger als andere waren, ihren Vorsprung vor der Masse der hochverschuldeten Ladenbesitzer zu nutzen, sonst hat sich in Taj Ganj kein neuer Mittelstand herausgebildet, im Gegenteil. Es läßt sich seit Anfang der achtziger Jahre beobachten, wie sich im behäbig wirkenden Vorort mit seinen vielen Bäumen und Gärten die Schere zwischen Reich und Arm immer weiter öffnet. Um den Ort herum entstehen ständig neue Elendshütten arbeitssuchender Zuwanderer aus nahen Dörfern, die hoffen, von dem hier aufblühenden Reichtum ebenfalls etwas abzubekommen, wenigstens einen sehr bescheidenen Arbeitsplatz – und sie, viel zu viele auf engem Raum, schmälern die Basis der alteingesessenen Bewohner.

In Taj Ganj dominieren zunehmend krasse Gegensätze. Kaum hat man sich zehn bis fünfzehn Gehminuten vom Mausoleumsbezirk mit seinen angrenzenden Ladenstraßen und Hinweisschildern auf «Guest Houses» entfernt, so hört in den Gassen der Asphalt auf, zeigen die Häuser Risse und Sprünge, sind die Bewohner großenteils nur noch in fetzenartige Umhänge gekleidet – unübersehbare Zeichen der Armut, nicht anders als in vielen Teilen von Agras Altstadt. Eine Anzahl Hütten gruppiert sich gar vor der östlichen Umfassungsmauer des Taj Mahal: Stroh, Lehm und Lumpen in schroffem Kontrast zur Mogulpracht der roten, ornamentierten Sandsteinfassaden und weißleuchtenden Marmorkuppeln. Der Kontrast steigert sich noch, sobald man einige weitere Gehminuten zurücklegt, denn dann entdeckt man – noch in Sichtweite der Elendshütten – eine weitausgedehnte Bungalowanlage mit der englischsprachigen Aufschrift am Parkportal: Hier befinde sich Agras einziges Luxushotel mit einem unverstellten Ausblick auf das Taj Mahal.

Vom Tourismus völlig unberührt bleiben die Altstadtviertel nördlich des Roten Forts, in deren winklige Gassen sich selten ein Fremder verirrt. Schlendert man dort durch die Basarbezirke mit ihren teils zerfallenden Häusern, so mag man angesichts der vielen kleinen Handwerksbuden und Läden zunächst glauben, hier würden noch genug Menschen zumindest ein bescheidenes Auskommen finden. Aber wie in vielen anderen Städten des Orients trügt auch hier der Schein. Kaum einer der Handwerker und Kleinkaufleute besitzt etwa sein Verkaufsgewölbe, ja, oft nicht einmal die Werkzeuge oder die Waage. Meist sind die Familien an professionelle Geldverleiher hoch verschuldet, sehen sich auf den Status von nahezu rechtlosen Angestellten degradiert und leben in einer ähnlich drückenden Abhängigkeit wie viele Bauern vom Großgrundbesitzer. Solche Menschen betrachten den Touristenrummel rund um die Paläste und Mausoleen gleichgültig oder gar bitter, denn sie werden niemals Nutznießer dieses ständigen Besucherstroms sein können.

Aber man sollte den Einfluß des Tourismus auf Agra nicht überschätzen, weder in seinen guten, noch in seinen bösen Folgen. Einschneidender hat sich auf das einheimische Bewußtsein ein anderes Phänomen ausgewirkt und das Gesicht der Stadt viel nachhaltiger verändert – im Guten wie im Bösen: die Industrialisierung.

Segen und Fluch der Industrie

Seit Anfang der fünfziger Jahre – Indien war unabhängig geworden – sind in Agra mehr als 250 neue Fabriken für Textilien, Lederwaren und Elektroartikel entstanden, vor allem aber hat sich die einst behäbige Universitätsstadt zu Indiens zweitgrößtem Eisengießereizentrum (nach Kalkutta) entwickelt. 150 000 Menschen arbeiten in den lärmenden Fabrikanlagen;[4] dies sind rund ein Fünftel aller Einwohner – mehr, als die Stadt während des 19. Jahrhunderts überhaupt an Bewohnern zählte.

Nichts könnte deutlicher belegen, daß Agras Stadtväter keine Mühe gescheut haben, in dieser verrotteten, fast schon ruinierten Mogulmetropole neue Arbeitsplätze zu schaffen. Und beinahe wäre es ihnen auch gelungen, den Lebensstandard allgemein zu heben und ein Auskommen für alle zu bieten – wenn nicht gleichzeitig die Einwohnerzahl sprunghaft gestiegen wäre.

Agra zählte 1951, zu Beginn seiner forcierten Industrialisierung, 376 000 Einwohner – aber 1986, nach nur 35 Jahren, ist die Millionengrenze überschritten. Ein Zufall ist das nicht. Jede neuentstehende Industrie lockt erneut Bauern aus verarmten Dörfern an, jede weitere Baustelle im Einzugsbereich der rasch wachsenden Stadt weckt zusätzlich Hoffnung auf Arbeitsplätze, und sei es nur als Hilfsarbeiter oder Tagelöhner. Selbst aus dem benachbarten Bundesstaat Rajasthan strömen Dorfbewohner nach Agra, besonders wenn Trockenheit und Dürre einen Teil der Ernte vernichten, so daß sie nicht länger ihre winzigen, unrentablen Parzellen beackern können oder als Pächter nicht mehr die hohen Abgaben für den Großgrundbesitzer aufzubringen vermögen. Aber wie in vielen Großstädten der Dritten Welt findet nur ein Teil der Zuwanderer in Agra das ersehnte regelmäßige Einkommen; die anderen vegetieren als Tagelöhner – oder Bettler.

Doch auch Agras Industriearbeiter führen kein beneidenswertes Leben. Die staatlich dirigierten Großbetriebe arbeiten bei begrenztem Kapital unter dem Zwang, möglichst billig zu produzieren, was faktisch heißt: Alles verfügbare Geld wird in die Produktion gesteckt, wogegen für den Schutz gegen Unfälle, Abgase und Lärm so gut wie nichts getan wird. Die Arbeiter schuften in lärmdröhnenden, überhitzten Fabrikhallen an meist veralteten, schon brüchigen Maschinen und sind häufig genug giftigen Gasen und Dämpfen unmittelbar ausgesetzt – ein Zustand, der an die höllischen Bedingungen unserer Fabriken während des 19. Jahrhunderts erinnert. Und noch gefährlicher ist es um die Arbeiter in privaten Kleinbetrieben bestellt, wo noch knapper kalkuliert wird und man auf die Ware «Mensch» am wenigsten Rücksicht nimmt. Bei allen Mängeln brauchen diese Firmen aber nicht über fehlenden Zulauf klagen, denn für viele landflüchtige Bauern bedeutet solch ein Arbeitsplatz immer noch einen Fortschritt gegenüber dem Dorfelend, wo ihnen der Hungertod droht. Auch viele Kleinhandwerker wechseln bereitwillig in die Fabrikhalle, weil sie gegen die Konkurrenz billiger Fließbandprodukte ohne Chance sind und ihre Familien mit einem selbständigen Handwerksbetrieb nicht mehr ernähren können. So gesehen bietet Agras Industrie für viele Einheimische Rettung – einen zweifelhaften Segen allerdings: den Übergang von der absoluten zur relativen Not.

Abgase und giftige Chemikalien gefährden aber nicht nur die Gesundheit der Arbeiter. An schwülen Tagen ist die Luft über der Stadt von Dämpfen erfüllt, die bei ungünstiger Witterung nicht abziehen, sondern sich auf Häuser und Straßen senken und ungefiltert in die Atemwege hunderttausender Bewohner gelangen – auf die Dauer eine schwere Belastung für die Volksgesundheit.

Zur Katastrophe wird die Luftverschmutzung auch für viele Gebäude. Säurehaltige Luft zerfrißt langsam die Fassaden. Ein solcher Zersetzungsprozeß mag zwar angesichts der vielen ohnehin schon zerfallenen alten Bürgerhäuser und der öden modernen Zweckbauten aus Backstein oder Betonfertigteilen keinen unersetzlichen Verlust bedeuten, denn Konfektion der billigsten Art läßt sich immer wieder fabrizieren. Aber in Agra befinden sich auch das Rote Fort, das Mausoleum des Itimad ad-Daulah und das Taj Mahal.

Zerfall eines «Weltwunders»

Anfang der achtziger Jahre kam der Alarmruf: Das Taj Mahal ist bedroht wie niemals zuvor. Dabei hatte das «Weltwunder» im Verlauf seiner dreihundertjährigen Geschichte allerlei Schäden zu erdulden – durch Kriege, Plünderungen, mangelnde Pflege und Überschwemmungen. Aber all diese Katastrophen erscheinen nicht so gefährlich wie die einer «modernen» Stadt drohenden – durch Industrieabgase.

Tag für Tag steigen mit dem düsteren Qualm der Eisengießereien, Raffinerien und Kohlekraftwerke Unmengen ungefilterter Abgase in die Luft. Vier Tonnen Schmutz, so haben Wissenschaftler errechnet, wehen täglich (!) zum nur wenige Kilometer entfernten Taj Mahal und anderen Prachtbauten der Moguln, darunter mehr als 120 Kilo Schwefeldioxyd. Letzteres ist besonders gefährlich, denn es wird bei Regen zu Schwefelsäure, die mit jedem fallenden Tropfen auf den Marmor gelangt und ihn zu zersetzen beginnt. Das Ergebnis ist bereits erschreckend sichtbar. In das strahlende Weiß, wie ich es noch ungetrübt bei meinem ersten Besuch 1965 erleben konnte, sind inzwischen längst schmutzige Grau- und Gelbtöne eingedrungen. Schlimmer noch: Die Intarsien aus Halbedelsteinen – Achat, Jaspis, Perlmutt und Lapislazuli – verfärben sich durch die chemischen Gifte zu einem unansehnlichen Grau bis Schwarz und fallen schließlich aus ihren kunstvollen Einfassungen. Auch beginnen an den Nachbargebäuden aus rotem Sandstein, die im wirkungsvollen Kontrast zum Weiß des Mausoleums errichtet sind, die feinziselierten Steinmetzarbeiten zu zerbröseln. Fachleute geben der prachtvollen Gesamtanlage noch etwa 30 Jahre bis zu ihrer endgültigen Zerstörung – wenn nicht zuvor mit (kostspieligen) Rettungsmaßnahmen eingegriffen wird.

Einige der schlimmsten Umweltverschmutzer wurden bereits ausgeschaltet. So etwa ein Kohlekraftwerk, das drei Jahrzehnte lang neun Tonnen Schmutzpartikel täglich (!) in schweren Rauchschwaden ausstieß. So auch die uralten Dampfloks auf den Verschiebebahnhöfen, die pro Tag mit eineinhalb Tonnen Ruß die Luft verpesteten. Aber in beiden Fällen – und dies muß zu denken geben – sind weniger die Argumente von Umweltexperten oder Denkmalschützern zum Tragen gekommen, als vielmehr rein pragmatische, wirtschaftliche Überlegungen. Man stellte 1981 den Betrieb des Kohlekraftwerks allein deshalb ein, weil es täglich nur vier Megawatt Strom erzeugte, also unrentabel arbeitete, und man Agra endlich an das nationale Elektrizitätsverbundnetz anschließen konnte. Und im Eisenbahnwesen war man ohnehin dabei, zumindest auf den Hauptstrecken von Dampflokomotiven auf Diesel umzustellen. Dagegen fehlen bis heute den vielen Fabrikschornsteinen wirkungsvolle Filteranlagen.

Wie wenig verantwortliche Politiker, Technokraten und Industrielle tatsächlich am Schicksal prachtvoller Mogulbauwerke interessiert sind, zeigt ein besonders auffälliges Beispiel aus dem Jahr 1974. Damals errichtete die staatliche Erdölgesellschaft in Mathura, 40 Kilometer entfernt, eine sehr aufwendige, 700 Millionen Mark teure Raffinerie. Alle Appelle der Umweltexperten, die Raffinerie doch besser im Windschatten von Agra, also an anderer Stelle, zu errichten, nützten nichts. Die Planer ließen sich keineswegs von dem Argument beeindrucken, daß die Anlage bei voller Kapazität mehr als 60 Tonnen Schadstoffe pro Tag ausstoßen werde und diese Gase durch den Wind hauptsächlich in Richtung Taj Mahal getrieben würden. Auch wiesen sie die Kritik zurück, Filteranlagen bei vergleichbaren Projekten in Indien arbeiteten meist nur unzureichend und fielen oft sogar aus, daher sei die Katastrophe für das Taj Mahal unvermeidlich. Die Planungsbehörden versuchten die Schreckensdaten einer möglichen

Umweltverschmutzung herunterzuspielen und als «unwissenschaftlich» abzuqualifizieren; sie legten von staatlich angestellten Ingenieuren wesentlich niedrigere Schadstoffberechnungen vor (die sich inzwischen als vorsätzlich manipuliert herausgestellt haben).[5]

Indira Gandhi selbst war es, die 1974 in Mathura den Grundstein für die riesige Ölraffinerie legte. Unbezweifelbar eine politische Demonstration – aber wofür? Die Regierungschefin hat es deutlich genug gesagt und auch bei anderen Gelegenheiten immer wieder zu erkennen gegeben: Für ein «Entwicklungsland» zähle zuerst einmal, ausreichend Arbeitsplätze zu schaffen; Umweltschutz oder gar der Schutz von Kunstwerken sei zwar wünschenswert, aber für Indien erst praktikabel, wenn das Elend beseitigt sei.

Es war kein Zufall, daß Indira Gandhi in Mathura eine besonders deutliche Sprache redete. Denn die 250000 Einwohner zählende Stadt, in deren Straßen vorwiegend Ochsenkarren, Pferdedroschken und Fahrräder verkehren, kaum aber Motorräder oder gar Autos, ist von bitterer Armut und hoher Arbeitslosigkeit gezeichnet. Die Regierung mußte sich etwas einfallen lassen, um die zunehmend rebellischen Volksmassen zu besänftigen. Indira Gandhi hatte Erfolg. Mathuras Einwohner bejubelten die Industrieplaner und damit auch die um ihre Popularität bangende Regierungschefin. Was wog dagegen die Mogularchitektur? Ökonomie geht vor Ökologie, erst recht vor Ästhetik. Mit diesem Programm konnten die Regierenden jederzeit die Volksmassen hinter sich scharen.

Im Verlauf der nächsten Jahre haben sich die Fronten zwischen Industrieplanern und Umweltexperten verhärtet. Zu welcher Seite sich die Mehrzahl der Stadtbewohner – in Agra wie in Mathura – bekennt, kann man auch als Besucher feststellen; man muß nur mit solchen Leuten ins Gespräch kommen, die nichts am Touristenstrom verdienen. Arbeiter, Tagelöhner und auch so mancher Basarhändler stehen überwiegend auf der Seite der Fabrikanten – alle aus dem gleichen Grund: Sie fürchten, manche Firma würde in eine andere Stadt abwandern, wollte man sie zur Anschaffung von teuren Filteranlagen zwingen, und dann wären zahlreiche Arbeitsplätze verloren.

Aber nicht nur gutverdienende Technokraten und ärmlich lebende Analphabeten zeigen sich in seltsamer Allianz gleichgültig gegenüber dem Schicksal der prachtvollen Mogulbauten. Ich habe ähnliches auch bei reichen, gebildeten, nicht an Industrie interessierten Indern feststellen können. Besonders eingeprägt hat sich mir die Begegnung mit einem Hochschulprofessor für Zoologie, den ich zufällig in Deutschland kennengelernt hatte, wohin er zu einem Kongreß gefahren war; er hatte mich eingeladen, falls ich nach Agra käme, doch bei ihm vorbeizusehen.

Ich besuchte ihn 1965, und mein Gastgeber fuhr mich mit seinem Auto zum Taj Mahal, das ich damals zum erstenmal zu Gesicht bekam und es lange staunend betrachten wollte. Er aber drängte mich zur Eile, für meine Begeisterung hatte er nur ein verlegenes Lächeln übrig. Ob er öfters hierher komme, fragte ich ihn leicht irritiert. Er habe viel zu arbeiten, antwortete er ausweichend. Wir fuhren zum Roten Fort, und als wir uns dort im Labyrinth der Pavillons und Säulenhallen sofort verirrten und er hilflos einen Wärter nach dem Weg fragte, gestand er mir, daß er noch nie zuvor in seinem Leben die Mogulresidenz besucht habe. Dabei war er in Agra geboren und lebte seit 45 Jahren hier. Auf mein ungläubiges Staunen antwortete er stirnrunzelnd, er habe schließlich sehr viel zu arbeiten und sei nur hierher gekommen, um mir einen Gefallen zu erweisen.

Solche Ignoranz ist nicht neu. Gleichgültigkeit gegenüber eigenen Kulturdenkmälern haben viele Inder schon während des letzten Jahrhunderts zur Genüge bewiesen – auch vor Beginn der britischen Kolonialherrschaft –, und gerade hier bietet Agra mit seinem «Weltwunder» Taj Mahal ein bedrückendes Beispiel.

Wir kennen bereits aus dem 17. Jahrhundert entsprechende Berichte, so (um nur eine besonders charakteristische Aufzeichnung zu nennen) den Kommentar eines holländischen Kaufmanns: «Sie [die Inder] bauen Werke für Hunderttausende, aber halten sie in gutem Zustand nur, solange die Eigentümer am Leben sind und die Mittel dazu haben ... Jeder versucht nur nach Kräften, sein eigenes neues Gebäude zu errichten, um der eigenen Ehre willen, damit sie bestehe neben der der Vorfahren ... Folglich kann man rechtens sagen, daß wenn alle diese Gebäude und Monumente gepflegt und repariert würden – nur während eines Jahrhunderts –, so wäre jede Stadt, ja jedes Dorf geschmückt mit architektonischen Kunstwerken. In der Tat aber sind die Landstraßen, die zu den Städten führen, übersät mit umgestürzten Steinsäulen.»[6]

Diese Klage über vernachlässigte Paläste und Mausoleen ist immerhin um das Jahr 1620 niedergeschrieben worden, Jahrzehnte vor der Erbauung des Taj Mahal. Um wieviel mehr blieben dann erst die Bauwerke dem Zerfall überlassen, nachdem die Moguldynastie an Macht eingebüßt hatte. Ein Jahrhundert nach dem Tod des Bauherrn Shah Jahan waren die Parkanlagen des Taj Mahal von Gesträuch und Unkraut überwuchert, hatten Diebe bereits zahlreiche Halbedelsteine aus der Marmorfassade herausgebrochen.

Die britischen Machthaber verhielten sich anfangs so gleichgültig wie die Inder, mehr noch: Ihre Ignoranz artete zu aktiver Barbarei aus. Innerhalb der einstigen Mogulresidenz, dem Roten Fort, ließen sie Marmorpavillons und Säulengänge abreißen, um hinter den schützenden Festungsmauern Platz für «strategisch wichtige» Militärbaracken zu gewinnen. Sie gestatteten ihren Kolonialbeamten und Soldaten, auf der Marmorplattform des Taj Mahal Gelage zu feiern, und niemand hinderte die angetrunkenen Zecher daran, mit Hammer und Meißel Halbedelsteine aus dem Mauerwerk zu brechen. Nicht genug damit. Die Briten betrachteten anfangs die Prunkbauten der Mogularchitektur als bloße Geschmacksverirrung eines dekadenten Volkes, weshalb sie sich unter der Regierung des Generalgouverneurs Lord Bentinck (1828–1833) zu einem Entschluß verstiegen, den man heute nur noch mit fassungslosem Kopfschütteln quittieren kann: das Taj Mahal abzureißen und Einzelstücke in Großbritannien an reiche Landadelige für den Bau ihrer Villen zu verkaufen. Tatsächlich haben die Briten begonnen, umliegende Pavillons niederzureißen, und zweifellos hätten sie damals ihr Zerstörungswerk konsequent fortgeführt, wenn nicht aus London die Nachricht eingetroffen wäre, der Verkauf lohne sich nicht, bereits eingetroffener Marmor von Marmorpalästen aus Delhi finde zuwenig Interessenten. Eine aus heutiger Sicht nahezu unvorstellbare Barbarei ist so nur durch banale Marktgesetze verhindert worden.

Briten sind es andererseits gewesen, die das zerfallende Taj Mahal gerettet haben. Zu Beginn des 20. Jahrhunderts rief der damalige Generalgouverneur Lord Curzon, ein sachkundiger Liebhaber indischer Kultur, zur Rettung der Mogulbauwerke auf und machte für die Restaurierung der wichtigsten Monumente auch die nötigen Summen locker. Stolz konnte er 1901 in sein Tagebuch notieren, nun sei das Taj Mahal «nicht mehr über Müllhaufen und schmuddelige Basare zu erreichen».[7]

Mehr als zwei Jahrhunderte haben demnach Gleichgültigkeit, ja Barbarei dominiert – dagegen währt der weltweite Ruhm dieser Architektur kaum acht Jahrzehnte (!) und findet in Agra selber bis heute nicht jenen Rückhalt, den ausländische Touristen als selbstverständlich voraussetzen. Man fragt sich daher mit einer gewissen Besorgnis, ob das «Weltwunder» angesichts der modernen Gefahren wirklich zu retten ist.

Zu den Industrieabgasen kommen die immer neuen Überschwemmungen des Jamuna-Flusses. Zwar hat es Überschwemmungen während der Monsunzeit in der weitausgedehnten Gangesebene schon seit Jahrtausenden gegeben, und insofern könnte man diese Bedrohung unter gängige Naturkatastrophen einreihen – tatsächlich aber durchbrechen die Überflutungen seit etwa zwei Jahrzehnten das bisher gewohnte Maß, ja, erreichen immer größere Dimensionen. 1975, so berichten die Statistiken, betrug der Gesamtschaden auf 1200 Kilometer Länge umgerechnet etwa 1,1 Milliarden Mark, 1976 bereits 2,2 Milliarden, ein Jahr später schon 2,8 Milliarden, 1978 aber schon an die 3,2 Milliarden.[8] Woher die rapide Steigerung? Von «natürlichen» Gegebenheiten kann hier nicht mehr die Rede sein. Die Hauptursachen sind zur Genüge bekannt: Seit zu Beginn der fünfziger Jahre am Fuß des Himalaya Regenwald abgeholzt wird (für den Bedarf der «aufstrebenden» Industrie, nicht minder für ausländische Möbelfirmen), fehlt immer mehr der Dschungel, der den niederprasselnden Monsunregen auffängt und sorgsam verteilt an die Gangesebene weitergibt. Inzwischen sind fünf Millionen Hektar Waldfläche unter den Motorsägen und Bulldozern gefallen, und über die verkarsteten, höchstens noch schwach bewachsenen Hänge stürzen die Regenmassen sintflutartig ins Tal.

Für viele Häuser in Agra – wie auch anderer Städte im Gangesbecken – bedeutet dieser bedenkenlose Raubbau an den Himalayawäldern zunehmend Gefahr. Besonders aber für die Mogularchitektur. Sowohl das Taj Mahal, als auch das Rote Fort und das Grabmal des Itimad ad-Daulah sind unmittelbar am Ufer des Jamuna errichtet. Ihnen werden nicht nur die reißenden Fluten selber gefährlich, sondern auch die darin mitgeschwemmten Substanzen: Industrieabwässer, Pestizide gedüngter Felder, säurehaltiges Wasser, das an den Fundamenten frißt. Naturgewalten und moderne Fehlentwicklung verbinden sich hier zu einer verhängnisvollen Größe.

Es ist schwierig, die drohende ökologische Zeitbombe rechtzeitig zu entschärfen. Weiterhin verschließen viele Politiker, und mit ihnen größtenteils die Oberschicht, die Augen vor der wachsenden Gefahr von Umweltkatastrophen. Denn sie fürchten für die nahe Zukunft etwas anderes viel mehr: die soziale Explosion. Die Zeitbombe der Armut ist das drohende Gespenst, das die übrigen Gefahren überschattet, ja als zweitrangig erscheinen läßt; so sehen es zumindest viele Inder.

Für Agra, für Indien, für viele Länder der Dritten Welt gibt es Schäden verschiedenster Herkunft zu reparieren, und dies möglichst rasch. Ein wirkungsvolles Rezept, wie man den Hebel an unterschiedlichsten Stellen gleichzeitig ansetzt, ist noch nicht gefunden.

Eine alte Kulturlandschaft verändert sich

Im Umkreis der ehemaligen Mogulmetropole Agra gibt es etliche Städte, die während des letzten Jahrtausends maßgeblich zu Indiens Ruf als überragender Hochkultur beigetragen haben und zu bekannten Touristenzielen geworden sind. Auch diese Städte machen heute eine ähnliche Entwicklung wie Agra durch. Indiens Gesamtschicksal?

Da ist zunächst einmal das 200 Kilometer entfernte Delhi, Hauptstadt des modernen Indien. Seit dem 13. Jahrhundert ist Delhi eine islamische Residenz gewesen, seit dem 16. Jahrhundert neben Agra das zweite Zentrum des Mogulreiches mit zahlreichen Moscheen, Palästen und Prachtstraßen, mehrere Generationen lang eine der bedeutendsten Metropolen des Orients. Dort erstreckte sich mit dem Chandni Chowk eine der prunkvollsten Hauptstraßen der Welt, wie einst übereinstimmend weitgereiste Kaufleute, Diplomaten und Geographen feststellten; es war eine von Shah Jahans Architekten 1639 ausgebaute Promenade, für Massenumzüge mit Elefanten, Kamelen und Staatskarossen hergerichtet, Zentrum auch der besten Juweliere, Silberschmiede und Seidenhändler Indiens. Heute ist vom Glanz dieser «Kaiserstraße» nichts mehr zu spüren, geblieben sind neben Moscheen und Tempeln reklameverhängte, stark vom Zerfall geprägte Bürgerhäuser und eine hoffnungslos übervölkerte, von Rikschas und Autos verstopfte Verkehrsader – wie in vielen Teilen auch der übrigen Stadt. Allerdings finden sich im Kontrast zur historischen Altstadt moderne, großzügig angelegte Neustadtviertel, das sogenannte Neu-Delhi. Die Briten hatten 1911 diesen Stadtteil zu bauen begonnen, nachdem sie Delhi anstelle Kalkuttas zur Hauptstadt ihres Kolonialreiches gemacht hatten, und später ließen die Regenten eines unabhängigen Indien daran weiterbauen, als auch sie sich für Delhi als Hauptstadt entschieden.

Die Einwohnerzahl dieser Metropole weist im Wandel der Zeiten die charakteristischen Merkmale auf: nach einer Blütezeit im 16. und 17. Jahrhundert stark abfallend, schließlich wieder langsam steigend, während der ersten Hälfte des 20. Jahrhunderts rascher wachsend – dann sprunghaft nach oben schießend. 1901 zählte Delhi 207 000 Einwohner, 1931 dann 348 000, 1941 bereits eine halbe Million – und nun brauchte es nur noch zehn weitere Jahre, daß sich die Zahl verdoppelte: 1951 auf eine volle Million.

Die dramatische Steigerung dieser zehn Jahre hatte eine eindeutige Ursache: Ein überaus blutiger Bürgerkrieg zwischen Hindus und Moslems, bei dem sich religiöse und soziale Motive auf verhängnisvolle Weise verflochten, hatte viele Bauern in Städten, vor allem Delhi, Schutz suchen lassen. Aber: Indiens Hauptstadt wuchs während der darauffolgenden Jahrzehnte, zwischen 1950 und 1985, erst recht in beklemmendem Tempo, und dies in einer weitgehend friedlichen Zeit. Wie das?

Die nun unaufhaltsam in die Stadt strömenden Zuwanderer sind Opfer einer ganz anderen Bedrohung geworden – der sogenannten «Grünen Revolution», jener landwirtschaftlichen «Modernisierung», die vielen Kleinbauern und Landarbeitern ihre Existenzgrundlage raubte. (Ich werde dies am Beispiel Bombay näher erörtern.) Nun erst wuchs Delhi in einem bisher unvorstellbaren Ausmaß. Innerhalb von nur 13 Jahren, von 1951 bis 1964, vergrößerte sich die Einwohnerzahl von einer Million auf 2,7 Millionen, und es brauchten lediglich noch 20 weitere Jahre zu vergehen, bis man 1984 bereits 6 Millionen Menschen zählte. Ein Ende der lawinengleichen Steigerungsrate ist nicht abzusehen; entsprechend hektischer, immer übervölkerter – und um so ärmer – wird Indiens Hauptstadt.

Verläßt man Delhi mit dem Zug in Richtung Agra, so vermittelt ein Blick auf die vorbeigleitende Szenerie am nachhaltigsten einen Eindruck dieser immer bedrohlicheren Entwicklung. Wie in vielen indischen Großstädten, so dehnen sich auch hier entlang der Bahngleise die Elendshütten aus Stangen, Sackleinen und Blech, suchen auch hier zerlumpte Gestalten auf der Strecke von mehreren Kilometern nach verwertbaren Abfällen. Aber das Zuwandererelend hat sich bis in unmittelbarste Nähe weltberühmter Bauwerke vorgefressen. Etwa zum Mausoleum des Großmoguls Humayun, dem architektonischen Vorbild für das Taj Mahal. Nähert man sich als Tourist auf einer der üblichen Sightseeing-Tours oder mit der Rikscha frontal dem Prachtbau, so wirkt der Anblick harmonisch wie eh und je. Passiert man aber mit der Bahn die Rückseite – besonders mit einem Vorortzug, so daß die Szenerie quälend langsam vorbeizieht –, dann sieht man Elendshütten direkt an die hohen Umfassungsmauern geschmiegt und an die seitlichen Hügel geduckt. Nicht weit davon, vom Mausoleum selbst aus weniger sichtbar, ragen Industrieanlagen auf, vermutlich Anziehungspunkt der hier vegetierenden Zuwanderer.

Noch krasser sind die Gegensätze, wenn man sich nach einer dreiviertel Stunde Fahrt mit der Vorortbahn dem Industriezentrum Faridabad nähert. Schon von weitem sind die ausgedehnten Fabrikanlagen mit qualmenden Schornsteinen sichtbar, dann tauchen monotone Wohnblocks, aber auch Siedlungen strohgedeckter Lehmhütten auf, schließlich sieht man Hunderte von Schilfhütten und zeltartigen Behausungen, die einem Kranz gleich die Fabrikgelände umschließen. Krügetragende Frauen in bunten Saris, magere Büffel in Wassertümpeln, Hängebauchschweine vor Lehmhütten – solche Bilder schieben sich immer wieder als unvermuteter Kontrast dazwischen: Dörfer, die von der ausufernden Industrielandschaft geschluckt wurden.

Hinter Faridabad ist es endgültig vorbei mit dem Einzugsbereich des Großstadtmolochs Delhi. Nun beginnen Felder, nun zeigen sich nur noch vereinzelt größere Marktflecken, vor allem aber Dörfer mit strohgedeckten Häusern. Auf den Straßen – abgesehen von der National Road, der Hauptverkehrsader zwischen Delhi und Agra – fahren so gut wie keine Autos, auch das Fahrrad wird selten, die meisten Menschen gehen zu Fuß, große Lasten transportieren sie auf Handwagen oder Ochsenkarren. Nirgends ein Traktor, auf den Feldern pflügen die Bauern mit dem von Ochsen gezogenen Holzpflug.

Es ist eine Welt, wie sie fünfhundert Jahre früher auf der Strecke zwischen Agra und Delhi soviel anders nicht ausgesehen hat. Eine noch zutiefst «mittelalterliche» Welt, so ist man als Europäer versucht zu sagen, und viele westlich gebildete, «verwestlichte» Inder gebrauchen bereits denselben abwertenden Begriff. Eine auf die Dauer nicht mehr konservierbare, verschwindende Welt?

Die Nähe der rastlos wuchernden Industrieviertel mit ihrer Vielzahl bäuerlicher Zuwanderer könnte diesen Schluß zulassen. Und doch gibt es jenseits der größeren Städte sogenannte «mittelalterliche» Strukturen, die allen modernen Wandel überdauern könnten – der Not gehorchend, aus ökonomischen Gründen. Ein Symptom hierfür ist der Ochsenkarren. Auf Indiens Straßen verkehren gegenwärtig noch schätzungsweise 15 Millionen Ochsenkarren, und dies wird vermutlich auch so bleiben, hatten mir indische Studenten in Jaipur erklärt. Sie äußerten dies weder resignierend, weil sie auf «westlichen» Fortschritt fixiert gewesen wären, noch mit Erleichterung wie so mancher romantikhungrige Tourist. Sie berichteten über nüchterne volkswirtschaftliche Berechnungen, die ein einheimischer Ökonom zugunsten dieses «rückständigen» Transportmittels aufgestellt hat. Der Ochsenkarren ist auf einer Strecke von 20 Kilometern (und weiter transportieren Bauern ja kaum Lasten) gesamtwirtschaftlich viel kostengünstiger als jeder Traktor und jedes Lastauto, denn er verbraucht an Energie nur das Futter für die Zugtiere statt des teuren Benzins, auch kann der Bauer seinen Karren selber reparieren statt auf einen Mechaniker und schwer erhältliche Ersatzteile angewiesen zu sein. Hinzu kommt der im Vergleich zu einem Motorfahrzeug billige Anschaffungspreis: Ein Ochsenkarren kostet umgerechnet zwischen 1000 und 2000 Mark, hat aber je nach Qualität des Holzes eine Lebensdauer zwischen 10 und 30 Jahren – damit übertrifft er angesichts der vielen holprigen Fahrwege und extremen Klimaschwankungen von Hitze und Monsunregen jedes Auto an Robustheit. Was «primitiver» ist, erweist sich also zugleich als beständiger und weniger krisenanfällig. Und daher wird auch zwischen Delhi und Agra der «mittelalterliche» Anblick dörflicher Landschaften erhalten bleiben, ungeachtet der Nachbarschaft von (ökonomisch aufwendigen, krisenanfälligen) Industrieansiedlungen.

Um so rascher wandeln sich die Städte dieser Region, inzwischen sogar schon kleinere Zentren. Etwa der berühmte Pilgerort Mathura, den die Bahn 40 Kilometer vor Agra passiert. Dort, wo 1974 eine große Ölraffinerie entstand, um der schlimmsten Arbeitslosigkeit abzuhelfen, drängen sich nun mehr Arbeitssuchende aus den Dörfern als je zuvor. Zählte Mathura 1941 noch 81000 Einwohner, so sind es viereinhalb Jahrzehnte später 250000. Noch rascher wächst Gwalior, 120 Kilometer südöstlich von Agra gelegen. Gwalior, eine alte Maharadscharesidenz mit einer der prächtigsten mittelalterlichen Burgen Indiens, zählte 1901 nicht ganz 140000 Einwohner, verlor während der folgenden Jahrzehnte sogar einige zehntausend, wies aber 1941 schon 182000, 1951 bereits 242000, 1965 schließlich 310000 Menschen auf, um dann bis 1985 auf knapp über eine halbe Million anzuschwellen.

Noch bedrohlicher zeichnet sich die Entwicklung in Jaipur ab, der Hauptstadt des Bundesstaates Rajasthan, 220 Kilometer westlich von Agra. Jaipur gilt als eines der besuchenswertesten Touristenziele Indiens; keine andere Landeshauptstadt sonst wird von den Reisenden so gerne mit den Prädikaten «malerisch» und «exotisch» versehen. In der Tat: Man trifft auf eine noch gänzlich erhaltene Altstadt, innerhalb derer die Straßen einheitlich von rötlich getünchten Häusern gesäumt sind (was Jaipur den Namen «rosarote Stadt» eingetragen hat); die meisten Bauten sind reich mit repräsentativen Erkern, Türmen, feinziselierten Fenstergittern und kunstvoll geschwungenen Dächern verziert. Die Stadt ist erst während des 17. Jahrhunderts durch Maharadscha Jai Singh gegründet worden, aber gerade wegen dieser kurzen Lebensdauer ist die vitale Residenz noch weitgehend in ihrer ursprünglichen Konzeption erhalten. Es ist eine nach kosmologischen Vorstellungen der Hindus gebaute Stadt: Tore, Plätze, Straßenzüge und Paläste sind nach Prinzipien des Himmelsgewölbes errichtet, sie sollen Abbild der ewigen Harmonie sein, daher die konsequent durchgehaltene Einheit im Baustil. Vom Hauch der Vergangenheit bestimmt bleibt auch noch weitgehend das Straßenleben: Neben einer Unzahl von Fahrrädern (dem «Auto» des kleinen Mannes) herrschen noch immer Rikschas und Kamelfuhrwerke vor, man trifft sogar vereinzelt auf Elefanten als Lasttiere. Vor allem sieht man noch häufig die farbenprächtige Landestracht, bei Männern den kompliziert geschwungenen Turban in kräftigen Orangetönen, Gelb oder Rosa, bei Frauen die Saris in allen nur denkbaren Farbkombinationen. Und doch bleibt auch in Jaipur die Zeit nicht stehen, so sehr gerade dort die Touristen versucht sind, in nostalgische Träume zu flüchten.

Wer Jaipur, wie ich, 1965 das erste Mal und innerhalb der nächsten zwei Jahrzehnte immer wieder besucht hat, dem werden die krassen Unterschiede sofort ins Auge fallen. 1965 hat es zwar auch schon ausgedehnte moderne Neustadtviertel rings um die ummauerte Altstadt gegeben (sie wurden teilweise von den britischen Kolonialherren angelegt), aber sie wiesen noch eine planvolle, wenn auch sehr nüchterne Struktur auf. Inzwischen haben sich um diese Stadtteile weitere Viertel in einem breiten Gürtel gelegt – eine chaotische Ansammlung von Häusern in monotonem Zweckbaustil (Backstein, Beton), in großer Zahl aber auch Wellblechbuden und Strohhütten; Ausdruck einer plötzlich viel zu schnell und unkontrolliert gewachsenen Stadt. Entsprechend sind die Straßen überfüllt mit Menschen, Fahrrädern, Rikschas, Fuhrwerken und zunehmend auch von ständig hupenden Lastautos und Autobussen. Wo man vor zwei Jahrzehnten noch gemächlich Straßen und Plätze überqueren konnte, ist man nun umbrandet von vorbeiflitzenden Fahrzeugen und drängenden

Menschenmassen, von Hektik und nie abreißendem Lärm. Nicht nur die Häuser wirken nun übervölkert, wie abends ein Blick in die hellerleuchteten, engen Räume zeigt, sondern auch die Straßen selbst sind schon vom Wohnungselend gezeichnet; in den Seitengassen, ja, auch am Rand der autobefahrenen Hauptstraßen selbst der Neustadtviertel trifft man vermehrt auf Elendsquartiere aus Sackleinen und Stroh – errichtet von Zuwanderern aus Dörfern, die keine bessere Bleibe mehr finden. Jaipur, dieser vielgerühmte «Juwel» unter Indiens Landeshauptstädten, geht somit ebenfalls einer lebensbedrohenden Krise entgegen.

Entsprechend ist Jaipurs Einwohnerzahl gestiegen. 1901 zählte Jaipur 167 000 Menschen, 1941 war ihre Anzahl auf 176 000 und 1951 auf 242 000 angewachsen – eine vergleichsweise noch gemächliche Steigerungsrate. Dann aber, während der nun folgenden drei Jahrzehnte, hat sich der Ballungsraum – parallel zu Delhi und Agra – sprunghaft vergrößert. 1965 waren es 420 000 Einwohner, 1971 schon 615 000 und 1981 bereits über eine Million. Wann wird die Zweimillionengrenze überschritten sein?

Innerhalb von nur wenigen Jahrzehnten deformiert sich so das traditionelle Gefüge historisch und architektonisch bedeutsamer Städte. Weitere Beispiele ließen sich in beliebiger Häufung zitieren, man findet sie überall in Indien.

1985 schätzte man, daß sich an die 150 Millionen Menschen in Indiens übervölkerten Städten drängen. Voraussichtlich wird sich ihre Zahl bereits 20 Jahre später auf 300 Millionen verdoppelt haben – und wie hoch dann der Anteil an Slums sein wird, kann man nur mutmaßen: vielleicht die Hälfte aller Wohngebiete. Dies ist eine durchaus realistische Einschätzung, denn heute schon bestehen Indiens Großstädte durchschnittlich zu 30 Prozent aus Elendsvierteln.[9]

Dabei steht Indien mit den immer größeren Menschenmassen erst am Beginn seiner Urbanisierung. Nach einer Prognose der Vereinten Nationen könnte sich im indischen Raum (Pakistan und Bangla Desh mit eingerechnet) bis zum Jahr 2025 die Lage dramatisch verändert haben. Wenn die Entwicklung wie gegenwärtig weiterläuft, würden bis dahin eine ganze Reihe indischer Großstädte in der Weltrangliste der Riesenmetropolen vordere Plätze einnehmen. So Bombay, dann mit 27 Millionen Einwohnern Indiens größte Stadt, Kalkutta mit 26,4 Millionen, Dacca mit 23,5 Millionen, Madras mit 20,5 Millionen, Karachi mit 20,2 Millionen.[10] Je rascher solche Städte wachsen, um so sichtbarer stoßen sie an die Grenzen ihres Fassungsvermögens und ihrer Belastbarkeit, um so unregierbarer werden sie. Indiens Stadtkultur – vor drei Jahrhunderten noch der europäischen ebenbürtig – steht kurz vor dem Kollaps.

Noch aber leben fast 80 Prozent aller Inder in ländlichen Regionen. Sie in den Dörfern zu halten und dort wirksam ihre Lebensbedingungen zu verbessern, dies ist die Chance für Indiens Städte, um diese – und damit die altehrwürdige Kulturnation Indien – vor dem Zusammenbruch zu bewahren.

Bombay: New York auf indisch

Eine «westliche» Stadt?

«Das Tor Indiens». Mehr als zwei Jahrhunderte lang ist dieser Beiname der Hafenstadt Bombay gerecht geworden, denn dort betraten fast alle Neuankömmlinge aus Europa nach einer mehr oder weniger langen Schiffsreise Indien. Erst heute, im Zeitalter des Düsenflugzeugs, hat sich der Einreiseschwerpunkt verlagert, nun kommen die meisten Ausländer weit im Landesinnern auf dem Flugplatz der Hauptstadt Delhi an. Und doch: Für viele Reisende, Touristen wie Geschäftsleute, bedeutet Bombay nach wie vor die erste Station eines Indienbesuchs. Kein Zufall. Bombay übertrifft an Einwohnerzahl, an Ausdehnung, an wirtschaftlicher Potenz und Industrie noch bei weitem die Hauptstadt, ja, gilt als eines der überragenden Handels- und Industriezentren Südasiens, und folgerichtig hat sich dort ein Knotenpunkt des internationalen Flugverkehrs entwickelt.

«Das Tor Indiens». So ganz verblaßt ist dieses Prädikat also nicht, geblieben ist aber auch die Frage: Als wie «indisch» – und letztlich «orientalisch» – soll man diese Stadt eigentlich einstufen? Nicht Inder haben ja Bombay zu einem maßgeblichen Zentrum gemacht, sondern die britischen Kolonialherren, sie drückten der Metropole vorrangig ihren Stempel auf: im Wirtschaftsleben, in der Verwaltung, in der Architektur.

Einen europäischen Ursprung dürfte letztlich auch der Name haben. Möglicherweise sind es portugiesische Seefahrer gewesen, die 1534 mit sicherem Gespür für die strategisch günstige Lage der vorspringenden Halbinsel und der geschützten Bucht hier einen ersten Hafen gründeten und ihn «Boa Bahia» (Gute Bucht) nannten. Aus diesem Namen könnte sich durch langjährigen abschleifenden Gebrauch bei Briten wie Einheimischen «Bombay» entwickelt haben.

Die Stadtverwaltung von heute sieht es anders. 1985 hat sie «Bombay» abgeschafft und durch «Mumbai» ersetzt. Sie bekennt sich damit offiziell zu der umstrittenen Deutung, lange vor der Ankunft der Portugiesen und Briten hätten einheimische Fischer dort ihre größte Ansiedlung nach der Göttin Mumba, ihrer Schutzpatronin, genannt; die Europäer aber hätten den Namen falsch gehört und abgewandelt. «Mumbai» statt Bombay liest man jetzt auf allen amtlichen Papieren und offiziellen Bekanntmachungen, «Mumbai» soll bald auch auf den Anzeigentafeln internationaler Flughäfen und weltweit auf den Landkarten zu finden sein – sofern es nach dem Willen der Stadtverwaltung geht. Indische Nationalisten versuchen hier einen Stadtnamen zu «entkolonialisieren», ähnlich wie dies marokkanische Patrioten anstrebten, indem sie die spanische Wortprägung Casablanca auf arabisch umformten: Dar el Beida (Weißes Haus). Für die marokkanische Metropole hat sich der «nationalisierte» Name nicht durchgesetzt, selbst bei Einheimischen nicht, geschweige denn auf internationaler Ebene – was vermuten läßt, daß dies bei Indiens bedeutendstem Industriezentrum nicht anders sein wird. Bezeichnenderweise ist die Namensänderung bisher kaum im Ausland bekannt geworden.

Als die von Wäldern und Mangrovensümpfen gesäumte Bucht 1661 endgültig an die Briten fiel, haben die neuen Machthaber zielstrebig versucht, ein Stück Europa an Indiens Küste zu verpflanzen, und so entstand in der unmittelbaren Nachbarschaft bescheidener Fischerdörfer, nicht gehemmt durch eine geschichtsträchtige Metropole, eine durch und durch europäische Siedlung; erst später ließen sich Einheimische in eigenen Vierteln am Rand der «britischen» Stadt nieder. Dieser Ursprung macht verständlich, weshalb man Bombay bis heute als die «europäischste Stadt Indiens» bezeichnet.

Touristen und Geschäftsleute, die Mitte der achtziger Jahre aus Europa oder den USA ankommen, werden – sofern sie die Stadt nur eilig, oberflächlich kennenlernen – den Eindruck bestätigen: Bombay ist eine «moderne» Stadt, ihr «orientalisches» Element eher eine Randerscheinung. Besonders die Ankunft verleitet zu diesem Urteil, wenn man nachts die etwa 30 Kilometer lange Strecke vom International Airport Santa Cruz durch endlos erscheinende Vorortviertel bis hinein zu den großen Hotels nahe der berühmten Promenade Marine Drive zurücklegt. Dem Beschauer bietet sich eine vierspurige Schnellstraße («Highway»): mit Neonlampen erleuchtet, gesäumt von Häuserfronten in nüchternem Zweckbaustil, wie man ihn heutzutage von Frankfurt bis Tokyo fast schon überall findet, zwischendurch Industrieanlagen, dann eine hellerleuchtete Silhouette von Häusern, die an amerikanische Städte erinnert. Ab und zu streift der Autoscheinwerfer am Straßenrand, wenn gerade die Häuserfront auf einige Kilometer unterbrochen ist, niedrige, aus Sackleinen, Blech und Brettern zusammengezimmerte Hütten, aber jene tauchen nur vereinzelt oder in verschwindend kleinen Gruppen auf. Ihr Anblick läßt nicht ahnen, daß Bombay riesige Slums beherbergt – mehr noch: sich zu einem der größten, explosivsten Elendszentren Asiens auswächst. Und gleich gar nicht erscheinen solche Hütten «indisch»; sie könnten ebensogut an einem Highway in Brasilien stehen.

Bei Tageslicht dann, wenn der Besucher den prächtigen Marine Drive an Bombays weitgeschwungener westlicher Meeresbucht entlanggeht oder -fährt, blickt er auf die Skyline von Wolkenkratzern: am Nariman Point Luxushotels und Verwaltungsbauten bis zu 35 Stockwerken, am Malabarhügel gar inmitten von üppigem Gartengrün eine geballte Front hochaufragender Betonburgen. Und blickt er vom hübschen Terrassencafé nahe der sogenannten «hängenden Gärten» des Malabarhügels vorbei an Palmen und Saugwurzelbäumen auf die Stadt, so sieht er niedrige Häuser mit roten Ziegeldächern und weißen Säulen, verschnörkelt im englischen Kolonialstil, daneben nüchterne fünfgeschossige Betonzweckbauten, und im Hintergrund alles überragend die Skyline von Wolkenkratzern. Ein Panorama, das vergessen läßt, in Indien zu sein (was jeder bestätigt, der eine Reihe indischer Großstädte kennt). Eher drängt sich der Vergleich zum Flair einer südamerikanischen Metropole auf, einer Metropole aber, die es sich zum Ziel gesetzt hat, New York immer ähnlicher zu werden. Das alte Zentrum erscheint heute noch «britisch»; genauer: es ist nach wie vor geprägt von jenem merkwürdigen Kolonialstil aus englischer Neugotik und orientalischen Elementen. Dort stehen reichlich mit Erkern und Türmchen versehene Verwaltungsbauten, dazu Ministerien, Schulen, Bahnhöfe und Postämter mit gewaltigen Pseudorenaissancekuppeln, neugotischen und indosarazenischen Fensterbögen. Dahinter ragen zwar bereits moderne Geschäftshochhäuser im nüchtern funktionalen Stil des 20. Jahrhunderts auf, aber *noch* dominiert die «Tradition». Und im endlos flutenden Verkehr von Taxis und Lastautos bewegen sich nach wie vor die rotgestrichenen Doppeldeckerbusse, wie sie auch in London fahren.

Viele der indischen Passanten im Zentrum sind westlich gekleidet, die Männer bei der feuchtheißen Luft meist nur in Hemd und Hose, bei kühlerem Monsunwetter mit europäisch geschnittenen Jacken, die Frauen in Röcken und Blusen, nur teilweise sieht man hier den Sari. In jeder anderen Millionenstadt Indiens wäre soviel europäische Kleidung ungewöhnlich, auch in der Hauptstadt Delhi.

Schlendert man durch die Hauptgeschäftsstraßen, so sieht man dort allerdings auch Straßenhändler im traditionellen Hemdgewand vor ausgebreiteten Waren auf dem bloßen Boden sitzen, nicht anders als in einer indischen Kleinstadt. Und kommt man am frühen Morgen dort vorbei, wenn die meisten Schaufenster noch mit blechernen Rolläden verschlossen sind, so trifft man diese Männer meist schlafend auf spärlichen Decken, oft im Lendenschurz mit nackten dürren Beinen – ganz so, wie man das von sattsam bekannten Elendsfotos kennt –, aber Bettler sind es nicht, sondern Händler, die an ihrer Arbeitsstelle übernachten. Nur wenn man im Taxi unterwegs ist und sich der Verkehr vor einer roten Ampel staut, dann sind sie plötzlich da: ausgemergelte Frauen mit einem Kind auf dem Arm, alte Männer mit dürren Armen, oft nur noch Haut und Knochen, sie pochen gegen das Wagenfenster und halten mit kläglich verzerrter Miene bittend die Hand auf. Abgesehen von solch kurzen, schockierenden Momenten bleibt aber der eilig reisende Tourist und Geschäftsmann von der Konfrontation mit dem Elend verschont.

1985 bin ich zum dritten Mal in Bombay gewesen, zuvor hatte ich die Stadt 1971 und 1965 kennengelernt. Während meines ersten Besuchs sah ich zur Genüge, wie niedrige Behausungen aus Sackleinen, Lumpen und Pappe die Boulevards säumten, wie abgemagerte Gestalten oft in der Nähe von Juwelierläden und

Souvenirshops bettelnd kauerten. Sechs Jahre später traf ich auf derartige Kontraste immer noch, aber deutlich verringert. Und dann, 1985: ein fast «sauberes» Stadtzentrum, zumindest nach Maßstäben solcher Reisender, die andere Millionenstädte in Indien kennen. Ist Bombay demnach eine Metropole der Dritten Welt, die zunehmend mit dem Elend fertig wird?

Touristen habe ich Mitte der achtziger Jahre sagen hören, mit der Armut in Bombay sei es gar nicht so schlimm, da würden die Journalisten wohl gewaltig übertreiben. Es sind Besucher, die mit dem Flugzeug ankommen, meist nur ein bis zwei Tage bleiben, am Abend über den Marine Drive schlendern, vom Malabarhügel das schöne Panorama genießen und dann per Motorboot den Ausflug zur Insel Elephanta mit ihrem berühmten Felsentempel unternehmen, bevor sie per Flugzeug ins Landesinnere zur nächsten Sehenswürdigkeit jetten. Von der übervölkerten Altstadt mit ihren verwinkelten Gassen und dem einheimischen Volksleben abseits der europäisch geprägten «City» sehen sie ebenso wenig wie von den weitausgedehnten Vorortvierteln mit ihren rußgeschwärzten Fabriken und – Slums. Solche Besucher («Indien in 20 Tagen») mögen zwar beim Starten oder Landen vom Flugzeugfenster aus weitausgedehnte Hüttenkolonien mit Lehmwegen vorbeigleiten sehen, aber aus der Vogelperspektive erscheinen die Hütten seltsam entrückt, ohne schmerzende Details.

Um Bombay von seiner beklemmenden, bedrohlichen Seite kennenzulernen, darf man sich der Stadt nicht mit dem Flugzeug und dann dem Taxi nähern, man muß vielmehr wie die Einheimischen mit der Eisenbahn oder dem Bus aus dem Landesinnern kommen.

Das andere Bombay

Ein Waggon mit mehr als siebzig Liegeplätzen, harten Holzpritschen, bedeckt mit dünnen Tüchern, die Pritschen eng übereinandergeschichtet wie Obststellagen, und dort die Menschen: Männer, Frauen, Kinder, kaum Platz, um sich beim Drehen und Wenden nicht am Nachbarn zu stoßen – so fuhr ich 1971 per Eisenbahn, aus der Industriestadt Ahmadabad kommend, während der Morgendämmerung in Bombay ein. Schweißtreibende Hitze staute sich in dem engen Abteil mit seinen blechbeschlagenen, klobigen Wänden und machte das Atmen schwer. An der Waggondecke drehten sich unablässig Ventilatoren, ohne die stickige Luft bei der massiven Ausdünstung von so vielen Menschen spürbar zu mildern. Es war eine unruhige Nacht gewesen, ständig drängten sich an den Pritschen Menschen vorbei, redeten laut, schrien sich Bemerkungen zu, Kinder fingen zu weinen an, Mütter riefen aufgeregt durcheinander, während die Liegenden aber ungerührt schliefen, als seien sie taub oder schon seit Jahren durch stetigen Lärm bei Tag und Nacht abgestumpft. Ein Abteil zweiter Klasse, in dem sozial besser gestellte Inder unterwegs sind!

Die Fenster vergittert. Die Eisenstäbe sollen undisziplinierte Fahrgäste daran hindern, von den drangvollen Bahnsteigen einen abgekürzten Weg in das Wageninnere zu nehmen, auch schützen die Gitter vor Bettlern und Dieben. Durch diese abgeschotteten Öffnungen, die die Waggons Gefängnissen ähnlich machen, traf das erste Morgenlicht und zeigte Bombays Vorortviertel.

Es bot sich die Szenerie einer zu rasch wachsenden Metropole der Dritten Welt: Strohhütten und Betonwohnblocks unmittelbar nebeneinander. Massige, einander zum Verwechseln ähnliche Mietskasernen, deren Wände durch Monsunregen fleckig und schwarz geworden sind, Fenster und Balkone mit sehr viel Wäsche verhängt, zogen vorüber. Hüttensiedlungen aus Stroh, Jutesäcken, Brettern und Wellblech rückten ins Bild, dazu verdreckte Lehmwege, an ihrem Ende rußgeschwärzte Backsteinmauern von Fabrikhallen und qualmende Schornsteine. Kokospalmenhaine lösten den bedrückenden Anblick ab, lauschige Gärten mit Bananenstauden und leuchtenden Bougainvillea, dazu Villen im englischen Kolonialstil, während am Horizont die ersten Wolkenkratzer auftauchten. Dann überfüllte, lärmende Vorstadtstraßen: Lastautos, Autobusse, Motorradrikschas, Fahrradrikschas, Ochsenkarren und Menschen – derart viele Menschen, als drängten sie sich kilometerweit auf einem Jahrmarkt. Von Menschen quollen auch die vorbeiratternden Vorortbahnen über, die täglich Hunderttausende Arbeiter von weit draußen liegenden Hüttensiedlungen zu den Fabrikzentren bringen: Männer und Halbwüchsige hingen in Trauben auf den Trittbrettern, meist mit löchrigen Trikots und zerschlissenen Hosen bekleidet, viele auch nur mit Lendenschürzen.

Schmerzende Kontraste. Betonhochhäuser gaben plötzlich den Anschein von Zentrumsnähe, dann aber zogen weitausgedehnte Felder mit Wassertümpeln vorbei, in denen sich Büffel suhlten, während im kniehohen Gras zwischen wilden Bananenstauden Abfall lagerte: Blechteile, verrostete Konservendosen, zerfetztes Plastik. Und sobald sich der Zug einem Vorortbahnhof näherte, reihten sich dem Bahndamm entlang unzählige niedrige Hütten (waren es tatsächlich Hütten?) aus Sackleinen und Strohgeflecht, eher Zelten ähnlich, aus zusammengestoppeltem Abfall errichtet. Wieder verrichten die Menschen zu Hunderten, ungeniert den Hintern entblößt, ihre Notdurft unmittelbar neben den Schienen; es fehlen die notwendigen sanitären Einrichtungen für die vielen Menschen. Nicht weit davon drängten sich Frauen zu Hunderten um eine Wasserstelle; ihre bunten Saris ließen das Bild «malerisch» erscheinen und täuschten nur allzu rasch über die krasse Not hinweg, daß Brunnen und Wasserleitungen äußerst rar in den übervölkerten Vorstädten sind.

Mehr als zwei Stunden dauerte die Fahrt vorbei an wimmelnden Vorstädten und mit mehrmaligem Aufenthalt in Vorortbahnhöfen, wo Menschenmassen aus dem Zug strömten, ohne daß die Abteile leer zu werden schienen. Dann die Ankunft in der Victoria Station, einem der größten und belebtesten Hauptbahnhöfe Indiens; täglich werden hier fast 900 Züge mit etwa zwei Millionen Fahrgästen abgefertigt, so ist mir gesagt worden. Auf Dutzenden Bahnsteigen hetzen Tausende aus den einfahrenden Vorortbahnen, strömen andere zu wartenden Waggons, kauern Hunderte von Familien mit Gepäck und Bettrollen, ausgestattet für weite Fahrten – ein Bahnhof, der wohl nie zur Ruhe kommt.

Ein junger Inder, barfuß, in Lendenschurz und einem europäischen Hemd, sprach mich an, er wollte mich zu einem Hotel führen. Er hatte innerhalb weniger Sekunden taxiert, daß ich, mit meinem Rucksack und aus einem Abteil zweiter Klasse kommend, kaum im modernen Zentrum ein Hotel mit «western standard» bezahlen wollte. In Bombay sei es nicht leicht, eine billige Unterkunft zu finden, erklärte er in holprigem Englisch.

Wir gingen zu Fuß durch eine der autoverstopften Straßen, flankiert von Bauten im englischen Kolonialstil. Selbst in den engen Seitenstraßen sind die Häuser noch europäisch gebaut, haben aber während des 19. Jahrhunderts, als hier reiche Inder wohnten, bessere Zeiten gesehen; jetzt wirken die Fassaden heruntergekommen: verschmutzte, plakatverklebte Wände, Risse in den Mauern, windschiefe Fensterläden. Welch ein Gedränge bereits am frühen Morgen; es ist schwierig, den ständig entgegenkommenden Menschen auszuweichen. Zusätzlich bahnen sich noch Autos und Motorräder einen Weg durch die Enge, um dann unweigerlich auf einen Ochsenkarren zu treffen, der die Weiterfahrt versperrt. Ungeduldiges, schrilles Hupen von allen Seiten. In der winkeligen Straße mit ihren hohen, wäscheverhangenen Hausfassaden sammelt sich der Lärm wie in einem Trichter, und trotzdem sind – kein Wunder bei dem feuchtheißen Tropenklima – die Fenster geöffnet, hinter denen Menschen in aller Ruhe arbeiten, plaudern, Zeitung lesen … Wie ertragen sie den ständigen Lärm?

In dieser Straße gab es etliche Hotels, sogar mit englischen Aufschriften, aber für Einheimische bestimmt. Auf den Treppen zur Rezeption lagerten Männer, Frauen und Kinder inmitten von Kleiderballen, Lebensmitteln und Gaskochern; es schien so, als hätten sie sich hier zum Wohnen niedergelassen, von manchen der Kochtöpfe stieg Rauch auf. Die Männer trugen teilweise europäische Hemden, die Frauen durchweg saubere Saris, niemand sah wie ein Bettler aus. Dies seien auch keine Bettler, erklärte mir der junge Inder, die Familien hätten die Stufen gemietet und wohnten hier, das sei in vielen Häusern so, nicht nur in Hotels, es gebe zu wenig Wohnungen in Bombay. Wir betraten mehrere solcher Treppenhäuser und kehrten jedesmal wieder um, weil die «Hotels» belegt waren. Einzelzimmer schienen ohnehin ein kaum vorstellbarer Luxus zu sein. Und jedesmal bot sich auf den Treppenstufen der mehrgeschossigen Bauten das gleiche Bild: Familien inmitten von Gepäck. Bettelarm wirkte niemand, ab und zu ragte aus den Habseligkeiten ein Transistorradio.

Endlich fanden wir ein freies Doppelzimmer, und daß ich dort noch Platz bekam, konnte schwerlich Zufall sein. Die Unterkunft war relativ teuer, ich bezahlte für beide Betten pro Nacht umgerechnet zehn Mark, wofür ein Landarbeiter neun, ein ungelernter Industriearbeiter an die fünf Tagelöhne hinlegen müßte. Den jungen Inder, meinen Zubringer, belohnte ich mit einer «Provision» von umgerechnet einer Mark, worauf er sich erfreut bedankte – vermutlich weil er, der Arbeitslose, sich von diesem Geld mehrere ausgiebige Mahlzeiten leisten kann. An der Rezeption würde er noch einmal Provision kassieren...

In diesem Hotel bewohnten erheblich weniger Menschen das Treppenhaus, vermutlich war hier die Stufenmiete für viele Zuwanderer zu hoch. Das geräumige Zimmer, das saubere Bett, das Waschbecken mit fließend Wasser – unzweifelbar ein Luxus für ein zahlungskräftigeres Publikum. Das Fenster gewährte Ausblick auf einen Hinterhof mit niedrigen, wellblechgedeckten Hütten und allerlei Gerümpel; ich hatte darauf geachtet, kein Zimmer zur lärmdröhnenden Straße zu bekommen. Über die Dächer hinweg erreichten mich die Geräusche nur noch gedämpft: das Autohupen, das Fuhrwerkrumpeln, dafür begannen aus dem Hof schrill Kannen zu klappern. Würde dieses geschäftige Viertel wenigstens in der Nacht zur Ruhe kommen, würde ich schlafen können?

Es wurde eine unruhige Nacht. Vom Hof her drang weiterhin Klappern von Kannen und Blechgeschirr, zwischendurch kam Gekreisch von Stimmen, dann – es mochte etwa gegen ein Uhr in der Nacht sein – drehte jemand ein Radio auf volle Lautstärke. Eine Stunde oder länger dröhnten Trommeln, Tamburine und Flöten aus dem Radio, unterbrochen vom sentimentalen Singsang eines Schlagerstars; die Lärmquelle – Hotel oder benachbartes Wohnhaus – war nicht auszumachen. Dann Stille, wenn auch nur kurz. Gegen drei Uhr nachts rumpelte es im Hoteltreppenhaus, jemand schien mehrmals gegen einen Schrank zu poltern, Männer lachten und schrien sich fortwährend Bemerkungen zu. Ich riß die Türe auf, nervös, überreizt, wütend über soviel Rücksichtslosigkeit von Hotelgästen – und sah, daß das Personal selber lärmte, es schien mit Aufräumen beschäftigt zu sein; dies gehört zu den immer wiederkehrenden Überraschungen in «typical Indian hotels». Die Männer mit Stühlen und Schachteln bepackt, starrten mich fassungslos an, als ich sie sehr barsch bat, doch um diese späte Stunde ruhiger zu arbeiten. «Yes Sir...

thank you Sir». Aber kaum hatte ich die Türe wieder geschlossen und mich niedergelegt, lärmten sie weiter. Anscheinend hatten sie den Sinn meiner Beschwerde gar nicht verstanden.

Wie sollten sie verstehen? Mit der nötigen Distanz wird es auch einem Europäer klar: Menschen, die seit frühester Kindheit nichts anderes kennen als übervölkerte Straßen, Wohnquartiere und Verkehrsmittel mit nie abreißendem Lärmpegel, sind abgestumpft selbst gegen schrille Geräusche; sie schlafen sogar neben dröhnenden Motoren oder ohrenbetäubender Lautsprechermusik. Als Europäer bin ich versucht zu sagen: Solch beengte Verhältnisse machen körperlich und seelisch krank, neurotisieren ... Oder ist etwa der Europäer neurotisch, der auf seinem Einzelzimmer beharrt, seine «Privatsphäre» gewahrt haben will und «Ruhe» braucht?

«Mittelalter» in Indiens modernster Metropole

Bombays Altstadt ist, verglichen mit denen anderer bekannter Städte Indiens, relativ jung. Das erste indische Wohnviertel entstand um 1670, als sich Parsen nahe der britischen Handelsniederlassung ansiedelten, später folgten Hindus und Moslems. Sie bauten nicht anders, als sie es von jahrhundertelang gewachsenen Altstädten kannten: mit engen, winkeligen Gassen zum Schutz gegen die Tropensonne, mit Marktplätzen vor den Tempeln und Moscheen. Aber kein Bau entstand, mit dem sie überzeugend an die klassische Architektur der Hindutempel und Moscheen im Mogulstil hätten anknüpfen können, kein prächtiges Bürgerhaus, mit dem sie den Stil alter Kaufmannspaläste in traditionsreichen Handelszentren variiert hätten. Was wir heute in Bombays weitverzweigten Hindu- und Moslemvierteln meist an «alten» repräsentativen Gebäuden antreffen, sind Häuser aus dem 19. Jahrhundert: mit Anlehnung an den klassizistischen Säulenpomp des englischen Kolonialstils; die Fassaden der Hindutempel mit pseudobarocken Bauelementen durchsetzt; die Götterstatuen europäisch-naturalistisch dargestellt, grell bemalt, wie wir dies von christlichem Heiligenkitsch heutzutage kennen; die

Moscheen im verschnörkelten, reichlich bunten Zuckerbäckerstil, wie er sich während des 19. Jahrhunderts als schlechte Mischung aus arabischen, indischen und europäischen Stilformen herausgebildet hat. Man spürt, die maßgeblichen Bauherren dieser Stadt waren nicht Inder, sondern Europäer, denn nichts deutet in der Altstadt darauf hin, daß es hier je ein Zentrum, eine alles beherrschende architektonische Mitte gegeben hätte. Die dominierenden Gebäude, die einen Großteil der Bausummen verschlangen, liegen in den Wohnvierteln der britischen Kolonialherren; es sind die neugotischen und indosarazenischen Prachtbauten der Ministerien, Börsen, Banken, Handelshäuser und der weitausgedehnte Bahnhof, die Victoria Station.

Viele westliche Besucher lernen meist nur die Kolonialviertel des 19. Jahrhunderts und die neuen Wolkenkratzerviertel am Marine Drive kennen, weil die Reisehandbücher die Altstadt als architektonisch nicht besonders sehenswert einstufen. Und gerade dies verleitet Europäer dazu, Bombay als eine vorwiegend «moderne» Stadt mit «westlichem» Flair zu begreifen. Doch wenn man sich die Mühe macht, das Straßenlabyrinth nördlich der Victoria Station zu Fuß zu durchstreifen (kaum ein Europäer tut dies!), so muß man sein Urteil revidieren. Bombay ist *auch* eine «orientalische» Stadt.

Die engen gewundenen Sträßchen mit ihren Basargewölben im Erdgeschoß und den holzvergitterten Fenstern und reichlich verzierten Balkonen im Obergeschoß strahlen eine ähnliche Atmosphäre aus wie die orientalische Altstadt von Delhi. Die Menschen sind entsprechend gekleidet. Kaum eine Frau ist ohne bunten Sari unterwegs, und mehr als die Hälfte aller Männer geht noch im Dhoti, dem lendenschurzartigen Umhang, oder im Sherwani, der hochgeknöpften kaftanartigen Jacke, dazu mit weißer Kappe oder Turban. Westlich erscheinen meist nur die Hemden, sie aber werden sehr «indisch» über der Hose getragen. Wie in allen Altstädten Indiens haben die Händler ihre Ware auf dem Boden ausgebreitet, von den Stoffen über das Geschirr bis zum Obst, und überall sieht man Männer morgens an Brunnen ihre nackten Oberkörper waschen und die Zähne putzen (weil sich in den meisten Häusern keine Wasserleitung befindet). Chapatti-Bäcker bieten im kehligen Singsang ihre noch ofenwarmen Fladenbrote den Passanten an, Friseure haben Stühle ins Freie gestellt und rasieren die Kunden auf offener Straße, Frauen sitzen am Rand und stillen ihre Kinder unter den Blicken der Vorbeigehenden. Neben den vielen Menschen drängen sich Motorradrikschas, Fahrräder und Ochsenkarren durch die Gassen, versperren herumstreunende heilige Kühe den Weg...

Unvermutet steht man plötzlich im Hof eines Hindutempels: bizarre figurengeschmückte Säulen, Altäre mit bunten Götterbildern, meditierende Gläubige unter dem schattigen Dach eines Banyanbaums, und in einer Nische mit gekreuzten Beinen ein aschebeschmierter Yogi, die Stirn mit dem Zeichen Shivas bemalt... Indien mit all seinem exotischen Zauber, auch im «modernen» Bombay. Gongs dröhnen aus der Tempelhalle, der monotone Gesang eines Priesters dringt nach draußen, während immer mehr Gläubige ins Innere strömen. Ich als einziger Europäer werde mit einer freundlichen Handbewegung herangewinkt, bewege mich mit den Hindus in langer Prozession um den blumengeschmückten, figurenüberladenen Altar, während Tempeldiener Reiskuchen an die Gläubigen verteilen. In solchen Momenten ist das 20. Jahrhundert weit entfernt.

Anlaß zu romantischer Schwärmerei bietet ein Rundgang durch Bombays weitausgedehnte Altstadt trotzdem nicht. Man braucht nur genau hinzusehen, um ernüchtert zu sein. Überall bröckelt der Putz, klaffen Risse im Mauerwerk und Löcher in den Vordächern, meist notdürftig mit Wellblech abgedeckt oder achtlos übersehen – Bombays Altstadt leidet unter diesen typischen Zerfallssymptomen, bedingt durch zuviele Bewohner mit zu geringem Einkommen auf engstem Raum.

Wie dicht bewohnt die Häuser sind, sieht man am besten, wenn man am späten Abend durch die Gassen geht, denn dann sind die Basargewölbe wie auch die Wohnungen hell erleuchtet und man vermag in die Tiefe der Räume zu blicken. Welch eine Enge! Auf wenigen Quadratmetern einer Werkstatt im niedrigen Gewölbe drängen sich oft fünf, sechs, sieben, acht Menschen an Nähmaschinen, Schusterbänken, Bügelbrettern; sie sitzen meist so eng beieinander, daß jede unbedachte Bewegung mit dem Ellbogen den Nachbarn behindern muß. Und erst die Zimmer in den oberen Stockwerken. Sie sind meist so niedrig, daß ein Mann sich dort nur gebückt bewegen und zum Schlafen niederstrecken kann. Solche Räume, schlauchartig schmal, messen durchschnittlich kaum mehr als zehn Quadratmeter. Ihre Wände sind durch Regale verbaut, in denen Töpfe und Werkzeuge lagern, während die Böden meist mit Strohmatten oder Matratzen belegt sind – ein Zeichen dafür, wie sehr sich nachts in den Zimmern die Schläfer drängen, daß dem einzelnen kaum Platz bleibt, sich auszustrecken. Wohnungen kann man solch beengte Räume nicht nennen, sie erinnern in ihrem Aussehen an Hühnerställe, und wie Hühnerleitern wirken auch die schmalen Holztreppen, die steil in die Obergeschosse führen.

Bettler trifft man selten, zumindest keine, die aufdringlich neben den Passanten hergehen und sich vor allem den Europäern an die Fersen heften. Vermutlich finden sich hier zu wenige Spender, die leichten Herzens ein Almosen geben könnten. Und doch gibt es Bettler. Ich erkannte sie nur nicht sofort. Spät am Abend entdeckte ich vor den kleinen, zur Gasse hin offenen Restaurants jeweils an die zwanzig bis dreißig Personen; sie kauerten stumm auf der Erde und sahen ins Innere der hellerleuchteten Räume, wo nur noch wenige Besucher sich ein Essen servieren ließen. So gebannt und schweigend, wie die Sitzenden nach drinnen starrten, hätte man meinen können, sie verfolgten ein Fernsehprogramm, tatsächlich aber beobachten sie nur gierig die Kellner mit den randvollen Blechnäpfen. Die Restaurants würden kurz vor Mitternacht schließen, erklärte mir ein englischsprechender Passant, und sobald die letzten Gäste gegangen seien, würden die Essensreste und Küchenabfälle an die Wartenden verteilt.

Eine Mahlzeit in einem derartigen Restaurant kostet umgerechnet etwa 70 Pfennig, im höchsten Fall eine Mark. Betritt man als Europäer einen dieser niedrigen Räume mit den abgeschabten Holzbänken und wackeligen Tischchen, dann hören die Männer für Momente zu essen auf und betrachten verblüfft den fremden Gast, manchmal ruft einer auch noch das Küchenpersonal, damit es Zeuge eines solch ungewohnten Besuches wird; ich habe dies immer wieder erlebt. Das scharf gewürzte Essen bekommt man in Blechnäpfen serviert, aber ohne Besteck, denn man schaufelt Reis und Gemüse mit einem Brotfladen in den Mund. Diese bescheidene Mahlzeit würde einen Lastenträger oder Tagelöhner einen Tageslohn kosten. Unerschwinglich also für die meisten Altstadtbewohner, die tagtäglich an den zur Gasse hin offenen Restaurants vorbeiströmen und bestenfalls den verführerischen Essensgeruch in der Nase haben.

Viele dieser Gassen sind für Fahrzeuge zu verwinkelt, zu eng, hier finden weder Ochsenkarren noch Autos durch – es wäre am Abend ohnehin ein nutzloses Unterfangen, denn bei beginnender Dunkelheit sind selbst breite Altstadtstraßen belagert von Menschen, die alle nach getaner Arbeit aus den stickigen Häusern strömen, bummeln oder sich zu einem Plausch auf den Plätzen vor den Hindutempeln und Moscheen niederlassen. An den Hausmauern aufgereiht sitzen Chapatti-Bäcker. Frauen in bunten Saris kauern sogar mitten auf der Straße an Feuerstellen und rühren in dampfenden Kochtöpfen, daneben warten Männer und Kinder, plaudernd, scherzend, auf die Mahlzeit. In den beengten Häusern ist für solch familiäre Szenen meist kein Platz. Ein «malerisches» Bild aus einer längst vergangenen Epoche, so mögen dies Europäer empfinden. Nur Stimmengewirr, das Muhen von vorbeitrottenden Kühen, das Blöken von lagernden Schafen ist zu hören. So ähnlich muß es in unseren mittelalterlichen Städten gewesen sein.

Aber man braucht von hier nur eine viertel oder halbe Stunde zu gehen, um bereits wieder eine Autostraße zu erreichen. Und wenn man dann in ein Taxi steigt, genügen zehn weitere Minuten, um auf eine achtspurige Schnellstraße zu gelangen – und schon taucht eine lichterfunkelnde Wolkenkratzerkulisse auf. Von fern eine Ähnlichkeit mit New York... einer Fata Morgana gleich, so unwirklich erscheint der plötzliche Wechsel. Innerhalb von nur einer halben Stunde hat man den Weg durch vier Jahrhunderte zurückgelegt.

Wohnprobleme

1985 war ich wieder in Bombay, und diesmal wohnte ich anders: in einem fünfzehnstöckigen Betonhochhaus mit Blick auf andere Hochhäuser. Ich war bei deutschen Freunden, einem Ehepaar mit zwei Kindern, untergebracht. Er, Ingenieur, arbeitete für ein paar Jahre in einer Zweigniederlassung seiner deutschen Firma. Selbstverständlich befand sich ihre Wohnung in einem der «guten» Viertel Bombays. Vom Balkon aus sah man auf Rasenflächen, Blumenrabatten und, zwischen Bäumen versteckt, Villen im englischen Kolonialstil mit verschnörkelten Holzbalkonen, Säulen, Balustraden und Giebel – nur daß dieses Idyll von Betonfassaden blockiger Hochhäuser durchbrochen war.

Vor zwanzig Jahren, so erklärten mir meine Gastgeber, habe es hier nur prächtige Gärten und Villen, dazu vom Hügel einen herrlichen Blick auf das Meer gegeben. Dann aber habe man aus Platzmangel mit dem Bau von Hochhäusern begonnen. Die neuen Bauherren seien von ganz anderem Schlag als die Villenbesitzer: nicht mehr alteingesessene Bildungsbürger, die abgeschieden und ruhig mit Gefühl für «Atmosphäre» leben wollen, sondern Neureiche. Das bedeute meist: Leute, die früher einmal durch Schmuggel und andere zweifelhafte Geschäfte reich geworden seien, schließlich ins ehrbare Fach der Bauunternehmer übergewechselt hätten und dann zusammen mit bestechlichen Politikern Gesetzeslücken ausnutzten, indem sie mit Hilfe illegaler Sondergenehmigungen besonders billig Grundstücke erwerben und bebauen. Ganz in der Nähe entstehe zur Zeit ein Wolkenkratzer mit 37 Stockwerken, bisher Bombays höchstes Hochhaus. Der Besitzer sei früher einer der berüchtigtsten Schmuggler gewesen, heute gelte er als einer der abgefeimtesten Grundstücksspekulanten, ein nach außen hin ehrbarer Geschäftsmann, der mit den Stadträten und natürlich auch mit der Polizei auf gutem Fuß stehe. In vielen der sündteuren Mietwohnungen lebten ähnlich dunkle Ehrenmänner, in irgendeiner Form mit der großen Politik verfilzt. Bombay, so sagte mir der Ingenieur ironisch, werde nicht nur mit seinen Wolkenkratzern New York immer ähnlicher, sondern auch mit einer gewissen Schicht von «Bürgern».

Die Wohnung des deutschen Ehepaares, verkehrsgünstig nahe dem Zentrum gelegen, kostet pro Monat umgerechnet 3000 Mark Miete. Angesichts dieser Summe prallt sogar ein relativ gutverdienender Europäer zurück, übersteigt sie doch das Doppelte oder gar Dreifache unseres Mietniveaus in vergleichbaren Gegenden.

Ein Europäer kann sich eine derartige Wohnung auch nur leisten, wenn der Staat oder die Firma einen beträchtlichen Teil der Kosten übernimmt. Tatsächlich sind solche Mieten für Ausländer reserviert (Einheimische zahlen weniger) – ein Phänomen, das wir aus fast allen Metropolen der Dritten Welt kennen, so arm die Länder sonst auch sein mögen. Es muß daher nicht wundern, daß gerade Europäer in den Ruf kommen, unermeßlich «reich» zu sein, übertroffen nur vom Reichtum der Vermieter.

Aber nicht nur die Mietenhöhe läßt eine solche Wohnung den meisten Indern unvorstellbar erscheinen, sondern auch die Ausdehnung: 100 Quadratmeter – nach deutschen mittelständischen Maßstäben für eine vierköpfige Familie gerade richtig –; aus der Sicht der meisten Inder aber müßten auf solch verschwenderisch großen Raum mindestens 20 bis 30 Personen kommen.

Entsprechend lebt das Hausmädchen in der Wohnung des deutschen Ehepaares. Sie hat als Rückzugsbereich einen eingeglasten schmalen Balkon von drei Metern Länge mit Matratzen, Wolldecken und einem Transistorradio – das ist alles, was ich bei einem flüchtigen Blick registrieren konnte –, dazu aber gibt es noch, für mich unsichtbar, Dusche und Toilette in einem kleinen Nebenraum. Sie bewohnt den Balkon zusammen mit ihrem Ehemann. So beengt dieser Platz auch sei, erklärten mir meine Gastgeber, wäre es doch für viele indische Ehepaare geradezu ein «Traum». Normalerweise sei eine Balkonfläche von dieser Größe in Bombay mit fünf oder sechs Personen belegt. Nur etwa 25 Prozent aller Einwohner Bombays hätten das Glück, in einer abgeschlossenen Wohnung zu leben und dort so etwas wie eine «Privatsphäre» zu entfalten. Bevor das Mädchen in diesen europäischen Haushalt gekommen sei, habe sie wesentlich schlechter gewohnt: mit mehreren Frauen in einem winzigen Zimmer, Platz gerade zum Kochen und Liegen. Der Ehemann habe seinen Raum sogar mit zwanzig Männern teilen müssen, sein Bett sei im Schichtbetrieb von drei Mietern pro Tag benutzt worden, unmöglich also, die enge Räumlichkeit anders als zum Schlafen aufzusuchen. Dabei sei der Ehemann beruflich nicht schlecht gestellt, er arbeite als Rollfuhrchef in einem Fuhrunternehmen und verdiene pro Monat umgerechnet etwa 200 Mark. Aber selbst unter solchen Bedingungen sei es ihm bisher nicht möglich gewesen, in dieser völlig übervölkerten Stadt eine bessere Unterkunft zu finden. Erst seit er mit seiner Frau diesen Balkon bewohne, fühle er sich annehmbar untergebracht. Seine Frau verdiene umgerechnet 125 Mark pro Monat, habe Kost und Logis frei, ihr Realeinkommen sei also höher als das ihres Ehemannes. Zusammen verdienen die beiden mehr als 400 Mark und könnten sich damit zum indischen «Mittelstand» rechnen. Das Fernziel der beiden sei, mit Hilfe ihres durchaus privilegierten Einkommens eines Tages eine kleine Eigentumswohnung zu erwerben.

25 Prozent der Einwohner Bombays in einer Wohnung mit Privatsphäre! Und zu ihnen gehören bis zu einem gewissen Grad auch schon das Hausmädchen und ihr Ehemann. Dieser Tatbestand läßt ahnen, wie bescheiden man in Indien die Ansprüche des «Mittelstandes» ansetzen kann. Solche Leute können unter günstigen Bedingungen noch hoffen, außer einem eigenen Wohnraum vielleicht noch ein Transistorradio zu besitzen, mehrmals pro Monat ins Kino zu gehen und, Höhepunkt aller Träume, ein Moped zu erwerben. Dabei ist diese Bürgerschicht in Indiens reichstem Industriezentrum eher überrepräsentiert – landesweit gesehen gibt es fast keinen Mittelstand, besonders nicht in dörflichen Gegenden.

Wie drei Viertel der Einwohner Bombays wohnen, hat sich mir bei meinen Rundgängen in der nächtlichen Altstadt angedeutet. Eine Statistik aus dem Jahr 1979[1] präzisiert das Elend. 75 Prozent der Menschen vegetieren im Großraum Bombay unter extrem schlechten Verhältnissen. So teilen sich nicht nur in den Altstadtquartieren, sondern vielfach auch in Betonwohnblocks der Vororte und erst recht in den ausgedehnten Hüttenkolonien durchschnittlich zehn Menschen einen Wohnraum, den sie, in der Hälfte aller Fälle, nur schichtweise benützen können. Ein Badezimmer ist äußerst selten, auch in den Betonwohnblocks. Lediglich 13 Prozent der Familien verfügen über eine eigene Toilette, gewöhnlich wird eine Toilette von 60 bis 100 Personen benutzt. Häufig bilden sich vor Latrinen Warteschlangen – da muß es nicht wundern, daß sich morgens Tausende von Slumbewohnern ins Freie setzen und sich dort entleeren.

Ein Bericht von 1981 variiert nur unwesentlich diese Zahlen. Bei damals knapp über 8 Millionen Einwohnern vegetierte über die Hälfte (4,2 Millionen) in Slumhütten aus Blech und Brettern, die meisten ohne sanitäre Anlagen und Stromzufuhr. Hinzu kamen, nach vagen Schätzungen, an die 300 000 Obdachlose, die auf den Gehsteigen ihr Dasein fristen.[2] Nach Angaben von 1987 ist die Zahl der Obdachlosen auf etwa 500 000 gestiegen[3] – Daten, die aber letzten Endes nur grob geschätzt werden können.

Durch mangelnde Hygiene und latente Unterernährung sind solche Ballungsräume Brutherde für Seuchen aller Art. Jährlich kommen in Bombay mehr als 20 000 Menschen mit Rattenbissen ins Krankenhaus – diese registrierten Fälle zeigen aber nur die wirklich gefährlichen Verletzungen an. Wie groß ist dann erst die Zahl der beißwütigen, bakterienübertragenden Nagetiere?

Erschreckende Zahlen

Meine Gastgeber erzählten mir, es werde von Jahr zu Jahr schwieriger, sonntags einen Ausflug ins Grüne zu unternehmen, dabei sei es sehr verlockend, die unberührten Palmenstrände mit ihren Fischerdörfern zu besuchen, denn man treffe dort noch auf Südseeatmosphäre, wie sie kein Reiseprospekt besser vorgaukeln könne. Aber man müsse mit dem Auto oder der Vorortbahn und dann dem Taxi mehr als 50 Kilometer zurücklegen. Das höre sich zwar gar nicht so schrecklich an, in Bombay jedoch werde dies zum Problem. Die Straßen stadtauswärts seien gerade an Sonntagen besonders stark belebt: Zu den Lastwagen und Ochsenkarren kämen dann noch eine erhöhte Zahl von Omnibussen und Motorradrikschas, die Straßen seien häufiger als sonst durch Unfälle blockiert, kein Wunder bei der hektischen, undisziplinierten Fahrweise der Inder. Zu viel Zeit würde man bei solch einem Ausflug im Verkehrsstau verbringen. Und je mehr an den Stadträndern neue Slums entstünden und je weiter draußen sich die Hüttenkolonien in die grüne, unberührte Landschaft fräßen, um so mehr flute bis dorthin der Verkehr, um so weiter rückten attraktive Ausflugsziele weg. Der vielgerühmte Palmenstrand von Juhu, vor drei Jahrzehnten noch wegen seines «Südseezaubers» gerühmt, biete heute keinesfalls mehr den Blick auf Palmenwälder und Fischerdörfer, sondern auf Betonhochhäuser...

Bombay wächst und wächst...

Entsprechend nimmt sich die Statistik der steigenden Einwohnerzahlen aus. Pro Tag kommen an die 1000 neue Zuwanderer an, um in Bombay Arbeit und Wohnung zu suchen – so viel wie täglich auch in Kairo; andere Statistiken berichten sogar von 1500 Ankömmlingen.[4] Jährlich strömen über eine halbe Million Menschen in die Stadt, nochmals eine halbe Million kommt durch Geburt hinzu. Zwar dürfte die Sterberate in dieser übervölkerten, verelendeten Stadt die Einwohnerzahl auch wieder drastisch reduzieren (die durchschnittliche Lebenserwartung liegt nicht höher als 40 bis 50 Jahre), aber mit einem Zuwachs von einer viertel bis halben Million Menschen pro Jahr muß man in Bombay rechnen – und dann schätzt man eher noch zu niedrig.

Bombay teilt gerade in dieser Hinsicht das Schicksal von vielen Metropolen der Dritten Welt: Bis ins 19. Jahrhundert hat sich die Stadt nur langsam vergrößert, dann aber begann die Wachstumskurve überraschend zu steigen, um schließlich, besonders seit der zweiten Hälfte unseres Jahrhunderts, steil nach oben zu schießen, alle bisherigen Dimensionen sprengend.

Als die Briten 1661 den Landstrich um Bombay übernahmen, trafen sie dort etwa 10 000 Einheimische an, die verstreut in verschiedenen Dörfern lebten. Acht Jahrzehnte später, um 1740, zählte das Handelszentrum 70 000 Einwohner, 1836 waren es 236 000, und 1896 bereits über 800 000, wobei drei Viertel der Gezählten nicht in Bombay selbst geboren waren – also Zuwanderer[5]. 1911 waren es 900 000 Einwohner.

Diese Zuwachsraten sind für damalige Verhältnisse, verglichen mit vielen anderen Städten, erstaunlich dynamisch, dies aber nur, weil Bombay erst durch die Kolonialherren, quasi aus dem Nichts, entstanden ist. Innerhalb von zweieinhalb Jahrhunderten hatte sich Bombay aus einer losen Ansammlung von Fischerdörfern fast schon zu einer Millionenstadt entwickelt.

Aber was nun im 20. Jahrhundert folgte – mit verbesserten Verkehrsmöglichkeiten und rasch wachsender Industrie –, überstieg alle bisherigen Vorstellungen von «Wachstum». Innerhalb von nur 20 Jahren, zwischen 1941 und 1961, schnellte die Zahl von 1,5 auf 4,2 Millionen hoch. 1971 zählte man 6 Millionen, 1981 schon 8,1 Millionen, 1986 bereits 11 Millionen Einwohner.

Das heißt, Bombay hat allein während der letzten 16 Jahre so viele Menschen dazubekommen, wie das gesamte Ruhrgebiet Einwohner zählt, und mehr, als in Hamburg, München und Wien zusammen an Menschen registriert sind. Aber bereits innerhalb der nächsten sechs bis sieben Jahre könnte der indische Stadtgigant an Menschenmassen gleich noch einmal um ein zweites Ruhrgebiet gewachsen sein, oder noch einmal um mehr als ein zweites Hamburg, München und Wien zusammen.

Eine schwindelerregende Vorstellung. Zahlen wie diese können allerdings nur Europäer bestürzen, die wesentlich kleinere Dimensionen gewohnt sind. Mir ist die Diskrepanz zwischen Indien und unseren mitteleuropäischen Breiten jedesmal dann besonders bewußt geworden, sobald Inder ihre Gespräche mit dem obligaten «Where do you come from?» einleiteten und ich darauf antwortete, ich wohne in Österreich, «Austria». Meist war ihnen das Land unbekannt oder sie verwechselten es mit «Australia», dann fragten sie arglos neugierig oder gar skeptisch, wieviel Einwohner denn dieses «Austria» besitze. Ich sagte: zwischen 7 und 8 Millionen. Ungläubiges Staunen. Schließlich Verlegenheit oder Gelächter. Da habe ja bereits Bombay mehr Einwohner, und dies sei nur eine Stadt...

Solche Wachstumsdimensionen einer einzigen Metropole sind nur in einem Staat möglich, der besonders stark unter der Bevölkerungsexplosion zu leiden hat. Drei von zwölf Kindern, die alle fünf Sekunden in den Entwicklungsländern geboren werden, kommen in Indien zur Welt, so besagte 1984 eine Statistik der Weltbank. Alle 15 Sekunden bekommt Indien einen neuen Erdenbürger. Die Einwohnerzahl wächst gegenwärtig pro Jahr um 17 bis 18 Millionen Menschen, das ist mehr als die ganze Bevölkerung des australischen Kontinents. So weitergerechnet, könnte Indien bis zum Jahr 2000 mehr als eineinhalb Milliarden Menschen zählen.[6] Heute, Mitte der achtziger Jahre aber, leben auf der ganzen Welt nicht mehr als 5 Milliarden. Um den Zuwachs an Menschen zu verkraften, müßte die indische Regierung pro Jahr 18 Millionen zusätzliche Wohnungen und Arbeitsplätze schaffen können. Aber wie sollte sie angesichts der gegenwärtigen Bedingungen dazu in der Lage sein?

Am durchschnittlichen Pro-Kopf-Einkommen gemessen, zählt

Indien zu den 25 ärmsten Ländern der Welt. Fast die Hälfte aller Einwohner – das sind an die 330 Millionen – lebt heute mit einem Monatseinkommen von umgerechnet 15(!) Mark und kann sich sogar nach den bescheidenen einheimischen Maßstäben nicht mehr ausreichend ernähren. Nur etwa 10 Prozent der Bevölkerung – das waren 1986 etwa 70 Millionen, etwas mehr, als die Bundesrepublik Deutschland Menschen zählt – kann aus westeuropäischer Sicht als soziale Klasse mit «normalem Standard» gelten: Familien, die sich einen Fernsehapparat und ein Moped leisten können, seltener schon ein Auto.[7]

Parallel zum sprunghaften Wachstum der Einwohnerzahl verzerrt sich das Sozialgefälle: 1966 vegetierten 42 Prozent der Inder unter dem amtlich festgesetzten Existenzminimum; 1984 ist ihre Zahl auf 48 Prozent gestiegen.[8]

Und im Jahr 2000?

Für Fremde meist unsichtbar: die Slums

Im Juli 1981 faßte die Stadtverwaltung von Bombay einen spektakulären – und ebenso umstrittenen – Beschluß: Innerhalb von zehn Tagen sollten alle, die auf den Straßen kampierten oder in Hütten aus Lumpen oder Stroh wohnten, aus der Stadt vertrieben werden. «Clean Bombay», «Sauberes Bombay», lautete die Parole, und sie fand Beifall bei vielen, die in geordneten Verhältnissen wohnten und sich durch Bettler, eine steigende Kriminalität und zunehmende Straßenverschmutzung belästigt fühlten. Während einer stürmischen Monsunnacht rollte die Aktion an. Polizeitruppen marschierten in verschiedenen Stadtvierteln auf und umstellten an die 10000 Familien, die auf der Straße inmitten armseliger Habseligkeiten kampierten. Stockhiebe hagelten auf die Überraschten ein, unter viel Geschrei und barschen Befehlen wurden die «Illegalen» auf Lastwagen und in Busse verfrachtet und irgendwo weit draußen, etwa 300 Kilometer entfernt, auf freiem Feld ausgeladen, in der Meinung, sie würden resignieren und nicht wiederkehren.

Viereinhalb Millionen Menschen müßten raus aus Bombay, wenn die Stadt nicht an Übervölkerung zugrundegehen wolle, so verteidigten die Verantwortlichen ihren Beschluß gegen die Proteste von Gewerkschaftlern und Bürgerrechtlern. Und sie kündigten die nächste Maßnahme der Operation «Clean Bombay» an: Die Polizei sollte in besonders ärmliche Hüttenkolonien einrücken und dort die Bewohner heraustreiben, während Bulldozer die Behausungen aus Blech, Brettern, Pappe und Stroh niederwalzten. Da aber stoppte ein Einspruch des Obersten Gerichtshofes den Eifer der Stadtverwaltung als «ungesetzlich» und verhinderte so Blutvergießen, denn die Bedrohten erwarteten die Räumungstrupps mit Stangen, Brecheisen und Knüppeln.

Diese Ereignisse haben mit unterschiedlicher Akzentuierung in der indischen wie der westlichen Presse ihren Niederschlag gefunden, ebenso in sozialkritischen Reisehandbüchern zu Indien.[9] Auch fand ich sie bestätigt, als ich in Bombay mit Indern und dort ansässigen Europäern sprach.

Bombay ist kein Einzelfall. Ähnliches hatte sich schon Mitte der siebziger Jahre mit der gleichen Brutalität in Delhi ereignet. Dort wurden in einer Überraschungsaktion an die 150 000 Menschen aus ihren Elendshütten vertrieben und weit hinaus in unwegsame Gegenden transportiert. Polizeitrupps und Bulldozerkommandos rückten teilweise so rasch vor, daß den Bewohnern keine Zeit mehr blieb, ihre wenigen Habseligkeiten zu packen, ja manche wurden unter den Hüttentrümmern begraben. Die Leichen warf man mit dem Schutt auf die Lastwagen und karrte sie weg. Nicht viel anders spielten sich Szenen in Kalkutta und Madras ab.

Im Oktober 1985 kündigte die Stadtverwaltung von Bombay eine neue Räumungsaktion an. Ihr unverändertes Programm: Einige Millionen Menschen müßten ausgebürgert werden. Und wieder rüsteten Gewerkschaften und Bürgerrechtsbewegungen zum Widerstand, und diesmal kündeten die Slumbewohner an, sich «bewaffnet» gegen die Polizei zur Wehr zu setzen. Es ist – bisher – bei gegenseitigen verbalen Kraftakten geblieben. Die Stadtverwaltung zögert, wohl in der Furcht, es könnte zu massiven Aufständen und zahlreichen Toten kommen.

Aber Räumungsaktionen in kleinerem Rahmen finden in Bombay immer wieder statt; auch über sie liest man zuweilen in der Zeitung. So fand sich etwa am 27. November 1986 im «Indian

Express», Bombay, folgende Meldung: Ein städtisches Abbruchkommando von 200 Arbeitern und 400 Polizisten rückte um die Mittagszeit überfallartig in das Viertel Rahulnagar vor, als viele der Slumbewohner an weitentfernten Arbeitsplätzen weilten, und zerstörte dort an die 450 Hütten, Wohnstätten von 5000 Menschen. Das Zeitungsfoto zeigt ein Trümmerchaos aus Blechteilen und zersplittertem Holz, in dessen trostloser Weite Familien nach ihren Habseligkeiten suchen. Grund dieses rigorosen Vorgehens: Das gemeindeeigene Land ist für einen Chemie- und Düngemittelkonzern reserviert, der auf dem sumpfigen Gelände einen «botanischen Garten» als Versuchsfarm für seinen Kunstdünger plant. Laut Auskunft der Behörden habe man die Slumbewohner schon im Mai dieses Jahres und im April des letzten Jahres vertrieben, aber trotz aller Warnungen seien sie zurückgekommen und hätten neue Hütten errichtet. Kein einziger Bewohner dieser Brettersiedlung sei amtlich registriert, sie seien demnach als «Illegale» zu betrachten, wogegen sich die Stadtverwaltung auf Gesetze berufen könne.

Solche Räumungsaktionen lassen ahnen, weshalb Bombays Zentrum heutzutage relativ «gesäubert» erscheint, weshalb sich der eilige Tourist in der Umgebung seines Luxushotels und während der organisierten Stadtrundfahrt kaum noch durch den Anblick von Bettlern und Elendshütten «gestört» zu fühlen braucht. Auch die Flächen zu beiden Seiten der Einfahrtstraße vom Flughafen zum Zentrum sind weitgehend von bedrückenden Hütten aus Blech und Lumpen «befreit», und die Polizei wacht darüber, daß sich dort nicht neue Zuwanderer ansiedeln. Mehr noch als früher ist die Stadtverwaltung auf Imagepflege der «modernen» Metropole Bombay bedacht und tut alles, um das Elend vor den Blicken ausländischer Besucher möglichst zu verbergen.

Elend findet offiziell nicht statt. Auch außerhalb des vielbesuchten Zentrums versuchen die Behörden möglichst die Atmosphäre einer «sauberen» Stadt vorzuspiegeln – zumindest in den eleganteren Vierteln. Doch selbst dort trügt der Schein. Als ich am Mahalakshmi Race Course vorbeikam, Bombays erst vor wenigen Jahren fertiggestellter neuer Pferderennbahn, einem Treffpunkt der High Society, sah ich im Vorhof abseits der monumentalen Betonzuschauertribüne eine Reihe ärmlicher Strohhütten stehen. Dies seien die Wohnungen der Angestellten, so erklärte mir mein Begleiter, der in Bombay arbeitende deutsche Ingenieur. Wir gingen die baumbestandene Straße weiter, zu deren beiden Seiten sich hinter weit ausladenden Baumzweigen Bungalows verbargen. Der Ingenieur wies auf die Baumallee entlang der Autostraße und erklärte: Im Schatten dieser Bäume habe es vor Wochen noch Hunderte von Elendshütten aus Stroh und Lumpen gegeben, ihre Bewohner stammten aus dem südindischen Bundesstaat Tamil Nadu, dann aber sei die Polizei gekommen, habe alle Leute auf Lastwagen gepfercht und zurück in ihre Heimat transportieren lassen. Die Hütten seien unmittelbar nach der Aktion abgerissen worden. – Und nun? Vereinzelt sahen wir bereits wieder Hütten stehen, ein paar Dutzend, mehr nicht; aber wie lange würde es so bleiben? Vor den Hütten kauerten Frauen und klaubten mit schwieligen Fingern in Gerümpel – im Abfall, den sie extra hierher getragen hatten, zusammengesucht aus Zivilisationsmüll: leere Konservendosen, zerbeult und angerostet, verbogene Nägel, zerfetzte Plastiktüten, zerschlitzte Autoreifen. Sie schnitten, nähten, feilten, hämmerten, um aus diesem unansehnlichen Kram wieder neue Gebrauchsgegenstände zu machen, für die Kaufkraft auch der ganz Armen noch erschwinglich. Auf diese Weise versuchen sich die Neuzuwanderer finanziell über Wasser zu halten, oft erfolgreich – bis wieder die Polizei kommt, um einer solchen Karriere am Rand des Existenzminimums ein Ende zu bereiten. «Clean Bombay»...

Man muß, wenn man Mitte der achtziger Jahre nach Bombay kommt, schon Plätze weit abseits des üblichen Besucherstroms aufsuchen; nur dann bekommt man das Elend in massiver Form zu sehen. Einen ersten Eindruck dieser Art erhielt ich, als ich vom berühmten Aussichtspunkt des Malabarhügels nicht den üblichen Weg hinab zum Marine Drive ging, sondern in die entgegengesetzte Richtung: anfangs noch vorbei an sträucherüberwucherten Mauern mit Blick durch Tore auf prachtvolle Gärten und Villen, vorbei an klotzig aufragenden Hochhäusern, eine belebte Autostraße mit neu errichteten Appartements überquerend – dann erreichte ich das Meer, und dort traf ich auf ein Hüttendorf, aus Holzlatten, Wellblech und Sackleinen errichtet. Eine Elendssiedlung, so will es dem Europäer angesichts des vielen Gerümpels erscheinen. Hunderte Hütten standen hier entlang der anrollenden Meereswogen vor der wuchtigen Kulisse dreißigstöckiger Wolkenkratzer. Halbnackte Kinder kamen auf mich zugelaufen, winkten, aber bettelten nicht; Erwachsene blieben in gewissem Abstand schüchtern stehen, manche lächelten. Wirkliches Elend? Die meisten waren passabel gekleidet, sie trugen keine zerfetzten Hemden und Hosen, keine Lumpen, vermutlich waren sie alteingesessene Anwohner, die einen festen Arbeitsplatz besaßen und von der Polizei nichts mehr zu fürchten brauchten. Einer der Männer näherte sich schließlich, winkte mich zu seiner Hütte und zeigte mir stolz seinen neugebauten «bathroom»: unter freiem Himmel ein Platz mit viereckiger Steinumrandung und einer rostigen Blechtonne.

Solche Szenen vermitteln noch lange nicht den ungeschminkten Eindruck von Bombays tatsächlich bedrückender Massenarmut. Seit Polizeiräumkommandos in periodischen Abständen auch außerhalb des Zentrums elegantere Viertel überwachen und immer wieder mit brutaler Gewalt gegen «illegale» Neuzuwanderer vorgehen, hat sich die krasse Armut abseits der Highways in Bombays ausufernde Vorortviertel verlagert. Berüchtigt sind die Arbeitervorstädte Worli und Dadar, schon seit einem Jahrhundert Sitz der großen Baumwollspinnereien. Doch wenn man diese Viertel mit dem Bus oder der Bahn durchquert, dann läßt der Blick durch das Fenster auch noch nicht den tatsächlichen Schrecken ahnen. Man sieht meist nüchterne, dreistöckige Wohnblocks, die Fassaden vom Monsunregen geschwärzt; sie erinnern in ihrer düsteren Monotonie und mit ihren erneuerungsbedürftigen Mauern an europäische Proletarierslums des 19. Jahrhunderts – ich erfahre aber, daß in diesen Häusern keinesfalls Industriearbeiter wohnen, sondern vorwiegend leitende Angestellte kleinerer Firmen und Geschäftsleute mit bescheidenem Vermögen, «Mittelstand» also, wie es ihn gerade im Industrieballungsraum Bombay zahlreicher als sonstwo gibt. Zwischendurch entdeckt man vom Bus- oder Bahnfenster aus auch Hüttenkolonien aus Blech und Holz, teilweise ein trostloser Anblick, der durch vereinzelt aufragende Kokospalmen nur unwesentlich gemildert wird, teilweise aber auch mit Leitungsdrähten über den Wellblechdächern und betoneingefaßten Wasserzapfstellen am

Wegrand, Slums mit Strom- und Wasserversorgung – ich erfahre, daß selbst in den vernachlässigten Hüttenvierteln bei weitem noch nicht die wirklich Armen wohnen, sondern Industriearbeiter, vom Facharbeiter bis zum Hilfsarbeiter.

Das deutsche Ehepaar, das mich mehrmals auf solchen Streifzügen begleitete, erklärte mir: Die tatsächlich elenden Slums sehe man von keinem Bahndamm und von keinem Highway aus, sie dehnten sich kilometerweit landeinwärts. Viele der Hütten dort seien nur noch aus Abfällen errichtet, oder die Slumbewohner schliefen gar unter freiem Himmel auf bloßer Erde. Gerade diese Siedlungen würden sich von Tag zu Tag vergrößern durch Leute, die in der Hoffnung auf Arbeit sich dort niederließen und sich meist nur für einen Hungerlohn zeitweise als Tagelöhner verdingen könnten. Wenn man Bombays weitausgedehnte Slumviertel solcher Art zu Fuß durchqueren wolle, würde man an die vier Tage dazu benötigen. Sie selber seien einmal in einem dieser Slums gewesen, in Begleitung von ein paar Krankenschwestern, denn alleine solle man sich als Europäer lieber nicht dorthin wagen. Dort hätten sie teils unbeschreibliches Elend gesehen. Andererseits gebe es selbst in diesen verdrecktesten, ärmlichsten Vierteln noch gutgekleidete Leute, ja, manche besäßen ein Radio, sie gehörten vermutlich zur privilegierten Schicht der Facharbeiter. Sogar besser gestellte Inder wie sie fänden bei der katastrophalen Wohnungsknappheit oft nur noch Unterkunft in solchen Hüttenvierteln, und man könne sich vorstellen, was für soziale Spannungen durch einen solchen Kontrast entstünden.

Als Europäer erfahre man allerdings nur einen Bruchteil der Konflikte, denn die Behörden versuchten, möglichst die Nachrichten über die vielen Tragödien zu vertuschen.

Das verborgene Elend

Bombays Armenviertel in den Vororten belaufen sich nach einer Schätzung vom Dezember 1984 auf etwa 3000. Viele von ihnen, kilometerweit ausgedehnte Hüttenkolonien und Zeltsiedlungen – an großen zählt man mehr als hundert – sind nicht an die Kanalisation angeschlossen, und der liegengebliebene Müll lockt

Ratten zu Tausenden an. Die Bewohner schlafen häufig auf bloßem Lehmboden, sei es aus Armut, sei es aus Platzmangel. Ihre Notdurft verrichten sie unmittelbar neben der Behausung im Freien, weil sie nirgends sonst einen Winkel finden, um sich zu entleeren; auch werfen sie direkt neben den Wohnraum die Küchenabfälle und lassen sie dort verrotten. Unsäglicher Schmutz und Gestank umgibt ständig die Familien, besonders unerträglich, wenn die Monsunregen die Lehmböden aufweichen und in trübe Kloaken verwandeln. Diesen Menschen fehlt meist auch die ärztliche Betreuung. Zwar hat die Stadtverwaltung für sie etliche Ambulanzen eingesetzt, aber solche Teams müssen je bis zu 60 000 Slumbewohner betreuen und sind damit weit überfordert.[10]

Zugewanderte in den Hüttenkolonien und Zeltsiedlungen wohnen aber keineswegs kostenlos. Sie zahlen Miete an den Landbesitzer, der es zugelassen hat, daß man seinen Grundbesitz mit solchen Elendshütten überzieht. Diese «Landlords» leben sehr einträglich durch das Geschäft mit den Armen, inzwischen hat man sie schon auf «Slumlords» umgetauft, und ihr Name steht für eine besonders rücksichtslose Form des Ausbeutertums. Slumlords halten sich gedungene Schlägerbanden, die auf brutalste Weise die Mieten eintreiben und Zahlungsunfähige oder gar Widerspenstige krankenhausreif prügeln und manchmal auch totschlagen.

Bedauernswerte, die unter derart menschenunwürdigen Bedingungen hausen, können aber noch nicht zu den Ärmsten der Armen gehören, denn wo nähmen sie sonst die Miete her? Sie zählen noch zu denjenigen, die ein Unterkommen als Arbeiter oder zumindest Hilfsarbeiter in einer Baumwollspinnerei, im Hafen, auf Baustellen oder als Lastträger, Wäscher, Hausdiener, Kellner, Bürobote, Rikschafahrer, Kloakenreiniger gefunden haben. Oder als Abfallverwerter.

Viele der Zugewanderten, die sich nicht zu den Glücklichen rechnen dürfen, wenigstens für einen Hungerlohn eine regelmäßige Arbeit zu haben, müssen besonders erfinderisch sein, um aus Abfall wieder Nützliches herzustellen. Männer, Frauen und Kinder schwärmen aus und durchstöbern in den besseren Stadtvierteln die Müllkippen, suchen dort nach rostigen Nägeln und

Schrauben, klopfen sie gerade und säubern sie, suchen nach weggeworfenen Medizinflaschen und kassieren bei der Pharmaindustrie ein paar Münzen, suchen auf Märkten nach zertrümmerten Holzkisten und setzen sie neu zusammen, suchen nach Lumpen und nähen daraus mühsam neue Kleidungsstücke. Alle finden sie für diese Waren Abnehmer, weil es noch Ärmere gibt, die auf einen solchen Billigmarkt angewiesen sind.

Der Arbeitslohn vieler Slumbewohner ist, selbst an indischen Verhältnissen gemessen, gering, so erfahre ich in Gesprächen mit Indern und in Bombay ansässigen Europäern. Bauarbeiter etwa verdienen pro Tag umgerechnet 1,25 bis 1,50 Mark, und davon müssen sie oft bis zur Hälfte noch an den Aufseher abführen, weil dieser sie sonst nicht beschäftigen würde. Eine zusätzliche, völlig illegale Ausbeutung. Aber einem Bauarbeiter erscheint es immer noch besser, einen Teil seines gesetzlich garantierten Mindestlohns an den «Chef» zu verlieren, als gänzlich ohne Arbeit und Geld dazustehen. Kinder, die in Restaurants schrubben, putzen und servieren, verdienen noch weniger: etwa 40 Pfennig pro Tag.[11] Im Vergleich zu den Lebenshaltungskosten sind solche Löhne tatsächlich zum Leben zu wenig, zum Sterben zuviel. Ein Kilo Reis kostet umgerechnet 90 Pfennig, ein Kilo Linsen und ein Liter Milch etwa genauso viel, für einen Sari mäßiger Qualität zahlt man 4 Mark, für ein Paar Schuhe bereits 30 Mark. Es ist nahezu zwangsläufig, daß alle in der Familie, vom fünfjährigen Knirps bis zum gebrechlichen Greis, versuchen, sich irgendwie nützlich zu machen, um den kärglichen Verdienst aufzubessern.

Naturgemäß rekrutieren sich aus solchen Elendsvierteln auch recht zweifelhafte Berufe: Hehler, Diebe, Rauschgifthändler, gedungene Killer im Auftrag eines Landlords, Schlägertrupps im Dienst von Großgrundbesitzern und reichen Geschäftsleuten. Schlägertrupps werden auch von Fabrikanten als Leibwächter oder als Streikbrecher angemietet, ja, selbst politische Parteien holen sich Prügelgarden aus den Slums, um Emotionen anzuheizen, gezielt Krisenstimmung zu erzeugen oder einfach «Ordnung» zu schaffen. Je provozierender die Unterschiede von Reich und Arm für alle sichtbar auseinanderklaffen, um so mehr finden solche «Berufe» Zulauf – sie bieten inmitten der Hoffnungslosigkeit oft die einzige «Aufstiegs»chance.

Gegen Anfechtungen dieser Art gefeit sind weitgehend Arbeiter mit gesichertem Einkommen. Allerdings gestattet ihnen ihr Geld keine großen Sprünge. Ein ungelernter Arbeiter, so berichtet man mir, bekommt pro Monat zwischen 50 und 100 Mark, ein Facharbeiter oft nicht mehr als 100 bis 250 Mark, es sei denn, er ist in einem Großbetrieb oder gar in einem multinationalen Konzern beschäftigt, dann erreicht er Spitzenlöhne von 300 bis 400 Mark. Wenn aber eine Wohnung der «Mittelklasse» pro Monat ab 220 Mark aufwärts kostet, kann man sich unschwer vorstellen, daß auch viele Industriearbeiter sehr ärmlich hausen.

Ob man in den Vorortslums auf viel Aggression stoße, fragte ich das deutsche Ehepaar.

Anlaß zur Aggression gebe es genug, oft entstehe handgreiflicher, ja blutiger Streit durch die zermürbende Alltagssituation. Wenn etwa Frauen und Männer stundenlang an den raren Zapfsäulen um Wasser anstehen müßten, komme es immer wieder zu heftigen Schlägereien. Auch müßte sich ein Autofahrer in der Nähe ausgedehnter Slums in acht nehmen. Überfahre er ein Kind, das unbesonnen auf die Straße laufe, so werde sein Auto sofort von einer aufgebrachten Menschenmenge eingekreist, und immer wieder komme es vor, daß Männer, außer sich vor Wut, den Fahrer nicht nur verprügeln, sondern auch totschlagen, egal ob Inder oder Europäer. Zwar seien Slumbewohner im allgemeinen eher scheu und zurückhaltend gegenüber Fremden, aber in solchen Vorfällen entlade sich dann eine lang angestaute Wut unkontrolliert nach außen.

Die riesigen Slumgebiete von Worli und Dadar – wo die meisten Fabriken stehen, wo sich die größten Proletariermassen ballen – bilden die gefährlichsten Explosionsherde. Nicht immer bleibt es bei Schlägereien unter Nachbarn wegen einer zu langen Wartezeit vor einer Wasserstelle, wegen eines Diebstahls, wegen einer Meinungsverschiedenheit. Immer wieder sammelt sich die Wut der Unterpriviligierten konzentriert gegen ihre Arbeitgeber, sobald diese sich weigern, die Hungerlöhne angesichts einer Lebensmittelteuerung anzuheben, oder gar versuchen, die ohnehin niedrigen Einkommen noch zu drücken. Dann rotten sich Tausende Menschen zusammen, strömen in die besseren Wohnviertel, zünden dort Autobusse und Privatautos an, dringen in Läden wie Wohnungen ein und plündern. Wenn man über solch explosionsartige Unruhen von Bombay in den Zeitungen liest, dann sind die Schauplätze meist Worli und Dadar – den Blicken ausländischer Touristen und Geschäftsreisenden weit entrückt. Sobald dunkle Rauchwolken über den Häusern aufsteigen, marschieren Polizeitruppen auf und riegeln die unruhigen Stadtteile ab, unzugänglich für alle Neugierigen.

Den letzten großen Aufruhr dieser Art, so erzählten mir im Januar 1985 meine Begleiter, habe es letzten Mai gegeben; das Ergebnis: etwa 300 Tote und ein Vielfaches an Verletzten. Weitere Unruhen seien zu befürchten – vielleicht in Ausmaßen, von denen man sich bis jetzt noch nichts träumen lasse.

Spezielles Symptom: die Bordellviertel

Ob ich «Chinatown» sehen wolle? Ein junger Inder, in Polohemd und eleganter Hose, Kugelschreiber in der Brusttasche, sprach mich in der Nähe des Marine Drive an. Der Name Chinatown verblüffte mich, es war mir neu, daß es ein Chinesenviertel geben sollte. Der Inder lächelte vielsagend. Dort würden keine Chinesen leben, antwortete er, um so mehr aber Chinesinnen, außerdem Frauen aus Malaysia, Hongkong und Nepal; kein Stadtviertel sei in Bombay interessanter. Ob wir nicht ein Taxi nehmen sollten? Allein und vor allem zu Fuß sei es für einen Europäer nicht ratsam, dorthin zu gehen. Er verlange nicht viel Geld für die «very interesting tour». Wir vereinbarten einen Preis von umgerechnet 15 Mark für zwei Stunden, das Taxi nicht mitgerechnet.

Chinatown ist noch ein Name aus der Kolonialzeit, erklärte er dann während der Autofahrt, das Stadtviertel heiße heute offiziell Kamathipura. Die Briten hätten für ihre Soldaten in Bombay ein Bordellviertel gebraucht, und da sich aber damals kaum indische Frauen für so etwas hergegeben hätten, seien die Briten auf die Idee gekommen, Chinesinnen aus Malaysia, Singapur und Hongkong zu holen. Heute noch lebten viele Frauen aus Fernost hier, die Töchter und Enkelinnen der importierten Huren, und natürlich im selben Beruf. Inzwischen überwiege allerdings der

Anteil an indischen Frauen, insgesamt seien in diesem Viertel etwa 8000 Huren Tag und Nacht für die Kundschaft bereit. Außerdem gebe es noch an die 1000 männliche Prostituierte, Homosexuelle, seit immer mehr reiche Araber aus Saudi-Arabien und den Golfstaaten zur Stippvisite anreisten; die Araber führten sich von allen Kunden am verrücktesten auf, «very crazy people».

Wer denn die hauptsächliche Kundschaft sei, doch kaum Ausländer? – Oh nein, natürlich Einheimische. In Bombay kämen auf 1000 Männer nur 600 Frauen, da müßten ja Bordelle existieren; keine Regierung könne so etwas verbieten. Nach Bombay strömten täglich neue Zuwanderer, meist Männer, die dann oft Jahre alleine in der Stadt lebten, bevor sie ihre Familien aus den Dörfern nachkommen ließen, sie seien die häufigsten Kunden in Kamathipura. Ein Bordellbesuch sei für jeden Arbeiter erschwinglich, denn ein Kunde zahle, je nach «Service», zwischen 8 und 16 Rupien (etwa 2 bis 4 Mark). Selbstverständlich gebe es auch teure Bordells, in der Preislage bis zu 50 Rupien (etwa 12 Mark), aber diese Häuser lägen abgeschiedener und seien für die Reicheren bestimmt. Er fahre mit mir in solche Straßen, wo «everybody» Kunde sei. Dort sei immer etwas los, jede Hure habe etwa fünf bis sieben Männer pro Nacht oder pro Tag, je nachdem, wann sie «arbeite».

Wir bogen von der autoverstopften Hauptstraße ab und fuhren durch nicht minder verstopfte, von Menschen überquellende Seitenstraßen mit dem üblichen Blick auf baufällige, wäscheverhangene Hausfassaden und Händler in Basargewölben. Wir konnten uns nur im Schrittempo vorwärtsbewegen, weil uns immer wieder Männer mit Handkarren oder gar Ochsenfuhrwerke den Weg versperrten.

Dann sah ich sie: Frauen mit auffällig geschminkten Gesichtern, meist mit Saris verhüllt und für Europäer nicht unbedingt als Huren zu erkennen, dann aber auch Frauen in geschlitzten Röcken und «Hot pants», mit unverkennbar chinesischen Gesichtszügen. Inderinnen wie Chinesinnen standen in Gruppen an offenen Hauseingängen und musterten dreist die Passanten; ihre Blicke und die keck in die Hüften gestemmten Arme hoben auch die sariverhüllten Frauen drastisch vom sonst schüchternen Gebaren der Inderinnen ab. Länger als eine Viertelstunde fuhren wir an solchen Häusern vorbei, ich fotografierte einige Male unbemerkt – dann aber deutete ein stämmiger Bursche (ein Zuhälter?) wütend auf das Auto, Männer und Frauen stürzten auf den Wagen zu, trommelten mit den Fäusten an die Fensterscheiben und auf die Karosserie; der Fahrer betätigte schrill die Hupe und gab Gas. «Very dangerous», sagte mein Begleiter, als wir wieder die Hauptstraße erreicht hatten, Europäer dürften niemals zu Fuß hier unterwegs sein, ich sollte es auf keinen Fall wagen.

Ich wagte es trotzdem. Ich wollte genauer registrieren, was mir der Blick durch das Autofenster nur flüchtig angedeutet hatte. Die Bordellviertel von Kamathipura gehören zu den berüchtigtsten in Asien – ein Krebsgeschwür nicht nur der vergangenen Kolonialzeit, sondern ebenso der höchst krisenreichen Gegenwart von uferlos wuchernden Slums. Mit dem öffentlichen Bus kehrte ich am Abend nach Kamathipura zurück, nördlich der Hauptverkehrsader Grant Road und des moslemischen Basarviertels. Nach etlichem Fragen gelangte ich zu einer belebten Autostraße, die zu meiner Überraschung zugleich das Bordellzentrum darstellt: die Falkland Road (merkwürdigerweise hat man ihr den englischen Namen aus der Kolonialzeit gelassen).

Die Falkland Road unterscheidet sich auf den ersten Blick kaum von einer der vielen breiten Straßen, die wie mit einem Lineal gezogen das Gassenlabyrinth von Bombays Altstadt durchschneiden. Autobusse und Lastwagen, Händler, hellerleuchtete Restaurants, heilige Kühe und ein Strom von Menschen, die weder nach rechts noch nach links schauen. Dabei bieten die baufälligen fünfgeschossigen Häuser schon recht Auffallendes: An den beleuchteten Türen und vergitterten Fenstern stehen die Huren zu Dutzenden, mehrere Hundert an den Hausfronten entlang.

Die vergitterten Bordellfenster erinnern an Gefängnisse. Verstärkt wird der Eindruck, indem viele der Frauen ihre nackten Arme durch die Gitter stecken oder sich an den Eisenstäben festklammern. Dieser bedrückende Anblick hat dem Bordellviertel zusätzlich den Namen «the cages» (die Käfige) eingetragen – wohl auch noch ein Überbleibsel aus der Kolonialzeit. Einst mochten die Gitter den Zweck gehabt haben, die Frauen an der Flucht zu hindern, denn viele von ihnen hat man gewaltsam in die Häuser gebracht: sie wurden entführt oder als Arbeitssklavinnen von reichen Gutsherren verkauft oder gar von bettelarmen Eltern aus Not verschachert. Heute sind die Gitter längst nicht mehr notwendig, denn die meisten Frauen kommen von selbst – «freiwillig», ist man versucht zu sagen, denn niemand wendet mehr sichtbar Gewalt an. Trotzdem steht Zwang dahinter, nur ist er anonymer geworden als früher. Heute bewerben sich Frauen bei den Bordellbesitzern um einen «Arbeits»platz, weil sie nur noch auf diese Weise eine Überlebenschance sehen. Meist sind es junge Frauen aus Dörfern, die einst mit ihrem Mann nach Bombay kamen und mitansehen mußten, wie unter dem Druck dieser so fremden Welt ihre Familie zerbrochen, der Gatte entweder davongelaufen oder an einer Seuche zugrundegegangen ist. Falls sie keine Arbeit in der Fabrik oder auf den zahlreichen Baustellen gefunden haben, landen sie unweigerlich bei der Prostitution. Angesichts der übervölkerten Stadt brauchen die Bordellbesitzer über Zulauf von Bewerberinnen nicht zu klagen, denn die Verlockung ist groß: Im Bordell erwartet die jungen Frauen, so unglaublich das klingt, ein besseres Leben. Sie erhalten nicht nur einen Anteil der Einkünfte, sondern auch kostenlose Unterkunft und Verpflegung – und was besonders wichtig ist: Ihre Kinder finden ebenfalls Aufnahme und werden im großen Klan der «Familie» mit erhalten. So fragwürdig die Umgebung für die Kinder auch sein mag, so haben diese doch vielen anderen in Bombay eines voraus: tägliches Essen und ein sicheres Dach über dem Kopf. Die Söhne werden auf Bordellkosten zur Schule geschickt, die Töchter allerdings schult man selber – als Nachwuchs. Sind die Frauen über das attraktive Alter hinaus, kehren sie überwiegend in ihre Dörfer zurück, nun mit einer bescheidenen Altersversorgung ausgestattet.[12]

Kamathipura ist nicht der einzig berüchtigte Zufluchtsort dieser Art, auch in den Vororten, dort, wo die Slums am raschesten wuchern, gibt es ausgedehnte Bordellviertel – schmutziger und bedrückender als hier; kaum jemals bekommt sie ein Europäer zu sehen, fast nie berichten Zeitungen darüber.

Ich habe nur Kamathipura kennengelernt, der Eindruck war beklemmend genug. Nachts sind die Räume hell erleuchtet; mühelos lassen sich so die zur Straße hin offenen Eingangshallen und die angrenzenden Zimmer erkennen. Welche Enge! Kaum ein Zimmer, vor deren Eingänge und Fenster sich bei Bedarf ein Vorhang ziehen läßt, ist größer als eine Abstellkammer. Die Räume bieten Platz gerade für ein aus rohen Stangen und Seilen geflochtenes Bett oder gar nur eine Bastmatte; von der Decke hängt meist Wäsche zum Trocknen und läßt die Örtlichkeiten noch niedriger erscheinen, als sie ohnehin schon sind. Als einziger Schmuck dienen – nach europäischen Begriffen seltsam genug – große Farbdrucke von Hindugottheiten an den grün getünchten Wänden. Hühnerleiterähnliche Treppen führen in die oberen Stockwerke. Die Räume dort sind ähnlich eng und wäscheverhangen, wie ein Blick hinauf durch die vergitterten Fenster ahnen läßt. Manchmal allerdings sieht man an den blau oder grün gestrichenen Holzdecken einen Ventilator träge kreisen. Wie stickig es durch das feuchtheiße Tropenklima in diesen engen, niedrigen Räumen sein muß! Die Bordelle ähneln fatal den überbevölkerten Wohnquartieren der Altstadt.

Was den Eindruck von Enge noch verstärkt: auf den Fluren, den Treppen, ja selbst auf den Betten sitzen die Frauen dicht gedrängt zusammen, teils mit entblößten Beinen, teils halbnackt, sie reden laut, scherzen, lachen; ständiger Lärm erfüllt die Häuser.

Dann der Schmutz: Schimmelpilz wuchert an den feuchten Wänden, Verputz bröckelt ab, Abfall liegt selbst auf den Treppen – ein Schmutz, der nur noch von den Müllbergen übertroffen wird, die vor den Türen lagern, und von den trüben Rinnsalen, die gelbgrün die Gehsteige überziehen. Welch ein Infektionsherd für Krankheiten aller Art! Wenige Tage später las ich in einer Bombayer Tageszeitung, daß von den 8000 Huren in Kamathipura mehr als 2000 an Geschlechtskrankheiten leiden und es eine dringende Aufgabe für die Stadtverwaltung sei, in Zukunft diesen berüchtigten Bezirk verstärkt durch die Gesundheitsbehörde überwachen zu lassen. Man glaubt es gerne nach einem Augenschein an Ort und Stelle.

Für die meist puritanisch denkenden Inder wird ein solcher Bezirk durchaus als Skandal empfunden – im extrem «sittenstrengen» Indien durften ja bis vor wenigen Jahren Spielfilme nicht einmal Kußszenen bieten –, aber Abhilfe zu schaffen, scheint unvorstellbar. Eine Stadt mit horrendem Männerüberschuß kommt ohne diese «Straßen der Sünde» nicht mehr aus, benötigt Bordelle gleichsam als Ventil. Dabei hat sich die Bordellatmosphäre bereits in harmlose Wohnviertel hineingefressen. Man braucht nur in eine der Seitengassen einzubiegen, und schon sieht man sich nahezu übergangslos einer ganz anderen Welt gegenüber. Dort sitzen Handwerker und Kaufleute in den Basarbuden, dort ziehen Lastträger mit schwerem Gepäck keuchend vorbei, dort kauern Frauen am Feuer und bereiten in eisernen Töpfen das Abendessen zu. Es ist eine fast dörfliche, «unschuldige» Atmosphäre, die nicht ahnen läßt, was sich nur einen Straßenzug weiter abspielt. In Bombay drängt sich Unvereinbares auf engstem Raum, nehmen die Bewohner auch das Unmögliche scheinbar gelassen hin. Warum sollten sie sich auch empören über Vorgänge, an denen sie nichts ändern können. Zuviel Unfaßbares ist in Bombay bereits selbstverständlich geworden.

Indiens Zentrum der Moderne

Bombay bietet Superlative – nicht nur des Elends, sondern auch des Reichtums, ja, sogar: des Fortschritts. Bombay ist wie sonst kaum eine indische Stadt ein Zentrum schärfster Kontraste, und dies in einem Land, das ohnehin den Ruf hat, durch unversöhnliche Gegensätze zu verwirren.

Bombay ist Schrittmacher von Indiens Moderne. Die Metropole gilt als wirtschaftlich bedeutendste, wendigste und reichste Stadt des Subkontinents; sie bringt ein volles Drittel der indischen Einkommensteuer auf und erwirtschaftet zwei Fünftel aller Einnahmen aus dem Seehandel. Bombay besitzt Indiens größten Hafen, zwei Drittel der Reedereien und die lebhafteste Börse. In Bombay stehen an die 800 Betriebe für Maschinenbau und an die 350 große Textilfabriken, und allein mit dieser Kapazität übertrifft die Stadt die einst führende Industriemetropole Kalkutta. Bombay produziert Textilien, Kunststofferzeugnisse, elektrische und elektronische Geräte, und viele dieser Produkte wandern über die einheimischen Märkte hinaus, finden Abnehmer in den reichen Ölstaaten am Golf, im gesamten Nahen Osten, ja auch in Europa und den USA. Bombay, über dessen Hafen während des letzten Jahrhunderts Baumwolle in großen Mengen exportiert wurde, um die Spinnereien in Großbritanniens Industriestädten zu versorgen, hat heute selber Spinnereibetriebe zur Genüge. Längst reicht die einheimische Baumwollernte nicht mehr zur Verarbeitung aus, vielmehr müssen die Firmen Baumwolle aus Ägypten und dem Sudan zur Bedarfsdeckung einführen. Und damit ist Bombay zu einem der wichtigsten Textilproduzenten innerhalb der Dritten Welt aufgestiegen; etwa 700 000 Menschen sind in seinen Fabriken tätig.[13]

In Bombay sitzt auch eine gigantische Filmindustrie. In seinen Studios werden mehr Spielfilme produziert als in Hollywood, an die 750 pro Jahr. Mit dieser hektischen Aktivität ähnelt die Metropole Kairo, und wie die Ägypter beliefern auch die Inder zahlreiche Länder in Asien und Afrika mit ihren Filmen – meist seichte Produkte, die durch ihre alltagsfremden Handlungsmotive und Schönfärberei erfolgreich vom düsteren Alltag ablenken. Film als Brot und Droge der Armen. Ägyptische und indische Filmproduzenten treten hier miteinander in Konkurrenz und teilen sich inzwischen die Absatzmärkte von Marokko bis Indonesien, von Syrien bis Kamerun, kurzum in unterentwickelten Regionen. Bombay führt gar noch vor Kairo. Traurige Ironie: Bombays Filmregisseure und Schauspieler produzieren nicht nur Träume für die Volksmassen, sie beziehen auch Traumgagen – im grotesken Gegensatz zum Monatseinkommen der zahlreichen Slumbewohner.[14]

Bombay ist zudem ein respektables Zentrum moderner Kultur und Wissenschaft, auch hier Kairo ähnlich, ja es rangiert in dieser Hinsicht noch weit vor der ägyptischen Hauptstadt. Denn Bombay verfügt inzwischen über Forschungszentren, die international Beachtung finden, so ein Institut für Krebsforschung, für Grundlagenforschung und – besonders aufsehenerregend – für Kernphysik. In den Atomlabors von Bombay wird eigenständige Wissenschaft betrieben, und die Ansätze hierzu liegen bereits Jahrzehnte zurück. Schon während der Kolonialzeit gab es in Indien renommierte Atomphysiker, die dafür eintraten, das «unterentwickelte Land» durch friedliche Nutzung der Kernenergie in einen «hochentwickelten» Industriestaat zu verwandeln. 1953, Indien war kaum sechs Jahre in die Unabhängigkeit entlassen, begann man nahe Bombay, in Trombay, ein Atomforschungszentrum zu errichten. Dieses Institut, 1957 eingeweiht, wurde anfangs von Beobachtern aus westlichen Industriestaaten in seiner Leistungsfähigkeit unterschätzt, war doch die Anlage noch mit kanadischer Hilfe entstanden. Dann aber, zur Überraschung der westlichen Welt, entwickelten indische Wissenschaftler in diesem Institut die Grundlagen zu einer «indischen» Atombombe und die Voraussetzungen für Satellitenflüge in den Weltraum. Pioniertaten wie diese – wenn teils auch auf fragwürdigem Gebiet – widerlegen das im Westen hartnäckig weiterbestehende Vorurteil, Indiens «Unterentwicklung» beruhe auf mangelnder Qualifikation seiner wissenschaftlichen Elite. Man vergißt hierbei, daß Indiens Mathematik im Mittelalter entwickelter war als die unsere; wir verdanken schließlich dieser Kultur das Zehnerzahlensystem.

Wie «unterentwickelt» ist Bombays Industrie? Der Blick auf die übervölkerten Altstadtviertel und die ausgedehnten Slums scheint alle negativen Vermutungen zu bestätigen. Tatsächlich aber können sich Indiens bedeutendste Konzerne – die meisten mit Sitz in Bombay – rühmen, nicht nur ihren Arbeitern und Angestellten nach heimischen Maßstäben einen guten Lohn zu bezahlen (mit zusätzlichen Sozialleistungen wie Kindergeld, Urlaubsgeld, Wohnungsbeihilfe), sondern auch technologisch höchst modern zu sein und im internationalen Wettbewerb mithalten zu können. Indische Konzerne entfalten ihre Aktivitäten längst nicht mehr nur im riesigen Raum des eigenen Subkontinents, sondern schicken bereits seit zwei Jahrzehnten ihre Agenten in zahlreiche Staaten des Vorderen Orients, Südostasiens und Afrikas. Mit Erfolg: Indische Firmen bauen inzwischen Fabriken, Ölraffinerien, Flugplätze, Bürohochhäuser, Hotels und Spitäler in 25 Staaten der Dritten Welt und preisen diese einträgliche Tätigkeit als «Entwicklungshilfe»; auch verkaufen sie erfolgreich Nukleartechnologie und Rüstungsgüter, selbstproduzierte Panzer und Jagdbomber, in «unterentwickelte» Länder.[15] Dies alles mag verblüffen angesichts der Slums von Bombay, in denen mehr Analphabeten als gebildete Menschen ihr Dasein fristen. Aber

Indiens Konzerne mit ihren gut ausgebildeten Wissenschaftlern, Ingenieuren und Facharbeitern fördern «Entwicklung» lieber im Ausland, wo sie besser dafür bezahlt werden, so vor allem in den reichen Erdölstaaten am Golf.

Unterernährte Slumbewohner finden kaum Arbeit in diesen straff durchorganisierten, leistungsfähigen «Big Houses». Sie kommen bestenfalls in Mittel- und vor allem Kleinbetrieben unter, wie es sie zu Hunderten in Bombay und auch anderen indischen Industriestädten gibt. Firmen dieser Art besitzen nur veraltete Maschinen, und an ihnen wird allein für den heimischen Markt – für weniger zahlungskräftige Kunden – produziert. Damit solche Betriebe Profit erwirtschaften, muß äußerst knapp kalkuliert werden: auf Kosten der Arbeiter. Den hier Beschäftigten zahlt man nur ein Drittel des Lohns von Großfirmen, man verzichtet auf jeglichen Unfallschutz und stellt lediglich Bewerber ein, die in keiner Gewerkschaft organisiert sind. Folgerichtig schuften diese Arbeiter in verrußten, abgasverseuchten und von dröhnendem Lärm erfüllten Hallen – ähnlich, wie in Europa die Proletarier vor hundert Jahren. In der ungefilterten Luft, ja, bei manchmal gefährlichem Ausfluß von Chemikalien nehmen die Krankheiten alarmierend zu: bezeichnenderweise an erster Stelle die Atemweginfektionen, von der Bronchitis bis zum Lungenkrebs. Arbeiter, deren Gesundheit durch ständige Unterernährung ohnehin nicht stabil ist, werden in solchen Fabriken bedenkenlos verschlissen – aber wo ein Arbeiter ausfällt (niemand zahlt ihm eine Rente), steht sofort ein anderer bereit. Es gibt zuviele Menschen.

Immer wieder liest man in Zeitungen von verheerenden Unfällen. Typisch ist eine Nachricht vom September 1985: In einer chemischen Fabrik in Bombay entwich aus einem lecken Tank hochgiftiges Chlorgas; 66 Personen erlitten teils schwere Verletzungen, etliche lebensgefährliche. Solche Unfälle wiederholen sich ständig überall dort, wo man an den primitivsten Sicherheitsvorkehrungen spart, angeblich, weil das Geld für die nötigen Investitionen in den wirtschaftlich schwachen Betrieben nicht vorhanden ist. Die große Katastrophe von Bhopal im Dezember 1984 hat allerdings aufhorchen lassen: Es gab fast 3000 Tote. Demnach herrschen manchmal sogar in Großbetrieben, ja unter der Oberaufsicht mutinationaler Konzerne, unbeschreibliche Zustände – und hier verfängt das Argument kaum, das Kapital habe für einen besseren Schutz nicht ausgereicht.

Wie reich ist Bombay? Beim Anblick des enormen Autoverkehrs stellt man sich die Frage unwillkürlich. Innerhalb eines einzigen Jahrzehnts hat die Motorisierung beträchtlich zugenommen, somit der Lärm, die Abgase, die Hektik – aber auch der Reichtum, das Einkommen einer breiten Mittelschicht? Der erste Eindruck könnte es vermuten lassen. Doch genaues Hinsehen zeigt: Noch immer beherrschen Autobusse, Lastwagen und Taxis das Verkehrsbild, sie jedoch gehören entweder der Stadtverwaltung oder den verschiedensten Firmen. Aber die Personenautos? In ihrem Fall ist es nicht viel anders, denn die Statistik besagt, nur zwei Prozent aller Motorfahrzeuge Bombays befinden sich im Privatbesitz.[16] Der indische Mittelstand träumt bestenfalls von einem Motorroller, der Arbeiter von einem Fahrrad.

Und doch: Bei allem Elend leben in Bombay mehr westlich gebildete Inder als in jeder anderen Stadt des Subkontinents – und sie sind der Antrieb für Bombays dynamische Wirtschaft, für die Leistungsfähigkeit seiner wissenschaftlichen Institute, für das hohe Steueraufkommen.

Die Crème dieser westlich gebildeten Schicht strebt mit großer Energie danach, die säulen- und erkerverzierten Villen im englischen Kolonialstil abzureißen und durch Wolkenkratzer mit mehr als 30 Stockwerken zu ersetzen. Nicht allein der Platzmangel drängt sie zu solchen Maßnahmen – es treibt sie auch der Affekt, endgültig alle Erinnerung an das Kolonialzeitalter abzuschütteln und nun selbst im Baustil absolut «modern» zu werden, optisch den hochentwickelten Industriestaaten des Westens angepaßt. Schon in den fünfziger Jahren hat man in den vornehmen Gegenden des Malabarhügels und des benachbarten Cumballahügels verschnörkelte Industriellenvillen inmitten prächtiger Gärten abgerissen und an ihrer Stelle massive Betonhochhäuser erbaut. Der eigentliche Bauboom setzte aber erst während der sechziger Jahre ein. Seitdem entstehen die großen Geschäfts- und Hotelzentren an der weitausgeschwungenen Meeresbucht, deren Skyline aus der Ferne wie ein verkleinertes Manhatten oder Hongkong anmutet. Als ich 1971 Bombay das zweite Mal besuchte, habe ich noch keine auffallenden Wolkenkratzer gesehen; erst während der nächsten eineinhalb Jahrzehnte hat sich das äußere Erscheinungsbild grundlegend gewandelt. Auch in dieser Hinsicht ist Bombay «moderner» geworden.

Als ich 1985 staunend die veränderte Silhouette vom Nariman Point aus betrachtete, kam ich mit einem westlich gekleideten, gebildeten Inder ins Gespräch. Er war Diplomingenieur, hatte in den USA studiert und Europa ausführlich bereist. Mit einem Blick zu den Hochhäusern sagte er: Bombay werde New York immer ähnlicher. Sein Tonfall war nicht ganz frei von Ironie, denn Bombays Wolkenkratzer erreichen weder an Zahl noch an Höhe auch nur annähernd die von Manhattan. Er kannte New York, aber als er jetzt weitere Vergleiche zog, verschwand jegliche Ironie aus seiner Stimme. In Bombay konzentriere sich ein Großteil von Indiens wissenschaftlichen Instituten, hier pulsiere das Kulturleben international und lebendig wie nirgend sonst im Land – so sei das doch auch in New York, nicht? Und nach Bombay strömten Menschen aus allen Teilen Indiens, wie sonst in keine Stadt, es gebe hier die unterschiedlichsten Bevölkerungsgruppen, die streng getrennt in eigenen Vierteln lebten, mit jeweils eigener Sprache, eigenem Brauchtum und teilweise auch eigener Religion – so sei das doch auch in New York, nicht? Ich fragte: Ob er die Slums von New York gesehen habe? Er zögerte bei seiner Antwort: Ja, er habe sie gesehen... In Bombay gebe es ebenfalls Slums, mehr sogar, viel schlimmere sogar. Aber... Bombay sei eben auch in dieser Hinsicht New York ähnlich, nicht?

Bombay und Kalkutta – das gemeinsame Erbe

Indiens Aufbruch in die Moderne begann nicht in Bombay – sondern in Kalkutta.

Beide Städte haben jedoch von Anfang an um die wirtschaftliche und kulturelle Führung gerungen. Sie sind auf ähnliche Weise entstanden und haben sich bis in unsere Gegenwart nach ähnlichen Gesetzen entwickelt. Nur hatte das ostindische Handelszentrum Kalkutta dem westindischen Rivalen über das ganze

18. und 19. Jahrhundert eine wesentliche Eigenschaft voraus: Kalkutta war Hauptstadt des britischen Kolonialreiches und ist so folgerichtig zum Vorreiter des vielpropagierten «modernen» Aufschwungs geworden: wirtschaftlich, kulturell, geistig. Ist diese Metropole nun auch im Niedergang einige Jahrzehnte voraus?

Bombay und Kalkutta sind relativ junge Städte, beide erst durch die Briten während des 17. Jahrhunderts zur Blüte gebracht. Sie entwickelten sich fast gleichzeitig zu Indiens ersten Industriezentren, aber deren Schöpfer, die Kolonialherren, gestalteten sie ganz nach ihren Bedürfnissen. In erster Linie wollten die Briten aus Indien billige Rohstoffe – Jute, Baumwolle, Hölzer – für ihre eigene Industrie ausführen, daher errichteten sie in indischen Hafenstädten Fabrikanlagen nur mit dem Ziel, Rohstoffe vor der Einschiffung nach Großbritannien zu «veredeln», für den Transport handlicher und haltbarer zu machen. So entstanden Mitte des 19. Jahrhunderts in Kalkutta Jute- und Papierfabriken, in Bombay die ersten Baumwollspinnereien. Und diese Produktionszweige sollten bis zum Ende der Kolonialherrschaft die vorherrschenden bleiben. Rigoros unterbanden die Briten alle Industrien, die ihnen selber nicht ins Konzept paßten: etwa eine Eisen- oder Stahlverarbeitung, erst recht den Maschinenbau; mit solchen Erzeugnissen sollte das Mutterland marktbeherrschend bleiben.

Auch gestatteten die Kolonialherren Fabriken nur an solchen Orten, die ihnen strategisch günstig erschienen: in küstennahen Städten und den großen Ausfuhrhäfen nach Europa. Daher haben sich bis ins 20. Jahrhundert hinein außer in Kalkutta und Bombay nur noch in Madras und Ahmadabad Industrien gebildet; diese aber blieben an Bedeutung weit hinter den der anderen beiden Städte zurück. Kalkutta und Bombay, diese Exporthäfen an den äußersten Rändern eines riesigen Landes, wurden zu den maßgebenden Wirtschaftszentren ausgebaut – Indiens ursprüngliche Struktur verzerrte sich damit entscheidend.

Bezeichnenderweise verweigerten die Briten den Indern zunächst jede verantwortungsvolle Mitarbeit und zogen Einheimische vorwiegend für niedrige, schlechtbezahlte Hilfsarbeiterdienste heran. In diesem Zusammenhang ist das Wort «Kuli» entstanden; es leitet sich von «Koli» ab: So heißen die dunkelhäutigen

Ureinwohner rings um Bombay, wie man sie heute noch reinrassig in den Fischerdörfern vorfindet. Welch eine Wandlung des Begriffes: vom selbständigen Bauern und Fischer zum ausgebeuteten, entmündigten Proletarier. In dieser neuen Form ist der Name zu traurigem Ruhm im ganzen östlichen Asien gekommen – aus der Taufe gehoben durch den Kolonialismus.

Auf die Dauer konnten die Briten allerdings nicht verhindern, daß auch einheimische Kaufleute zur wirtschaftlichen Macht drängten. Schon Mitte des 19. Jahrhunderts hatten die Kolonialherren zögernd dem Druck indischer Nationalisten und reicher Händler nachgegeben, selber Fabriken zu begründen. Nicht ohne Kalkül: Diese einheimische «Industriebourgeoisie» konnte, wenn sie schon nicht zu verhindern war, zu einem Verbündeten bestehender Verhältnisse werden; britische wie indische Kapitalisten hatten ja gleichermaßen ein Interesse an unterwürfigen, bedürfnislosen Arbeitern – den «Kulis». Auf dem Vormarsch waren indische Kaufleute vor allem in Bombay, wo die asketischen Religionsgemeinschaften der Parsen und Jains die besten Voraussetzungen für eine industrielle Arbeitsdisziplin mitbrachten. Durch ihre Initiative entstanden die ersten indischen Großfirmen, vor allem im Textilbereich. 1854 begründete ein Parse Bombays erste dampfgetriebene Baumwollspinnerei, 1860 gab es bereits sechs solcher Firmen, alle von Parsen geleitet. Und ein Parse sollte Ende des 19. Jahrhunderts in Bombay Indiens größten «nationalen» und später «multinationalen» Konzern begründen: Jamsetjee Tata. Freilich mußten auch die indischen Fabrikanten weiterhin alle Maschinen aus Großbritannien beziehen.

In Kalkutta, der Kolonialhauptstadt, blieb dagegen die Industrie weitgehend in britischer Hand. Und dort bemühte sich die Regierung zunächst am stärksten, verarmte Bauern aus der näheren und weiteren Umgebung in die neuentstandenen Fabriken zu holen, somit also einen großen Ballungsraum an Arbeitskräften zu schaffen – auf kurze Sicht (kurz-sichtig!) eine wirtschaftlich nützliche Maßnahme, auf lange Sicht aber der Anfang der nahezu unlösbaren Probleme von heute.

Kalkutta, mehr als ein Jahrhundert Indiens bedeutendstes Industriezentrum, ist unter britischer Kolonialregie rascher aufgeblüht als Bombay, aber rascher haben sich auch die negativen

Folgen bemerkbar gemacht: durch ein Zuviel an herbeiströmenden Menschen aus dem wirtschaftlich vernachlässigten Hinterland. 1850 registrierten die Behörden in Kalkutta 390 000 Menschen, 1901 bereits über eine Million,1950 fast schon 3 Millionen, 1964 dann, im unabhängigen Indien, wuchs die Zahl auf über 4 Millionen, 1981 auf knapp über 9 Millionen; dieser Zustrom wurde Anfang der siebziger Jahre kräftig gespeist durch Flüchtlinge aus dem bürgerkriegsgeschüttelten Ostpakistan. 1987 schätzt man zwischen 12 und 13 Millionen. Damit weist die bengalische Metropole noch immer einen Zahlenvorsprung gegenüber Bombay auf, dafür aber auch wesentlich mehr Obdachlose.

Kalkutta wie Bombay tun sich bis heute schwer, ihr koloniales Erbe zu bewältigen – zu sehr haben die einmal begonnenen Prozesse schon ihre eigene Dynamik gewonnen. Gegen Ende der Kolonialzeit befanden sich dort 70 Prozent aller indischen Fabrikanlagen, so daß weiterhin die meisten arbeitsuchenden Menschen in diese Ballungsräume strömten. Zwar versucht die Regierung des unabhängigen Indien seit den fünfziger Jahren die Entwicklung zu korrigieren und im Landesinneren andersgeartete Industriezweige aufzubauen, aber die Erfolge halten sich in bescheidenen Grenzen. Zu gut entwickelt ist die Infrastruktur in Küstennähe, als daß Indiens moderne Großbetriebe auf die Vorteile verzichten wollten. Und so blieben selbst noch in den siebziger Jahren knapp 40 Prozent aller indischen Industriebetriebe in Bombay und Kalkutta konzentriert, auch sind nach wie vor in den Baumwoll-und Jutefabriken mehr Arbeiter beschäftigt als in der Elektro-, Metall- und Maschinenbauindustrie zusammen.[17] Dabei zeigen sich gerade die Exporte von Baumwolle und Jute enorm krisenanfällig, sind sie doch von stark schwankenden Weltmarktpreisen abhängig.

Man sollte allerdings nicht allein in der britischen Herrschaft Ursachen für die Krisen von heute suchen. Indien ist immerhin schon seit 40 Jahren in die Unabhängigkeit entlassen und hat inzwischen seine Maßnahmen selbst zu verantworten. Daher muß man sich fragen, inwieweit die Regierung durch eigene Versäumnisse dazu beigetragen hat, das koloniale Erbe zu konservieren.

Ein Großteil der Zuwanderer in den übervölkerten Metropolen sind landflüchtige Bauern. Nicht anders als in vielen Ländern der Dritten Welt. Krankt das unabhängige Indien auch zuerst einmal an seiner Landwirtschaft?

Lippenbekenntnis zur «Gesundung» der Dörfer

«Wir hatten kein Land, wir hatten nichts zu essen...» So und ähnlich klingen die Auskünfte der vielen armseligen Gestalten, die irgendwo in einem Vorort Bombays am Rand einer Hüttenkolonie ihre eigene Behausung aus Stangen und zerrissenen Jutesäcken aufbauen. Meist haben sie eine tagelange Fahrt im überfüllten Zug hinter sich, vielleicht auf dem Waggondach sitzend, wo sie unbehelligt von Kontrolleuren inmitten anderer gepäckbeladener Passagiere mitfahren können, nach Bombay gelockt durch märchenhaft aufgebauschte Erzählungen, dort bekomme jeder zu essen, habe alle Not ein Ende. Sie berichten von Dürre oder Überschwemmungskatastrophen, die ihre ohnehin kärglichen Felder vollends ruiniert haben, von Schulden, die sie bei Großgrundbesitzern aufnahmen und denen sie schließlich Haus und Hof verpfänden mußten, von Großfarmen, wo Traktor und Mähdrescher die Handarbeit Hunderter Tagelöhner überflüssig machten...

So könnten auch Fellachen in Marokko oder Ägypten gesprochen haben; wie wir noch sehen werden, leiden sie unter ähnlich drückenden Verhältnissen wie indische Bauern.

Ein Blick auf die Statistiken bestätigt die extrem ungleiche Besitzverteilung. Ob nun kurz nach dem Unabhängigkeitstag oder zwei Jahrzehnte später, die Zahlen gleichen sich im großen und ganzen: Fünf Sechstel aller Inder lebten zu den genannten Zeitpunkten in Dörfern; rund 20 Prozent dieser Bauern besaßen überhaupt keinen Grund und Boden, waren also bloße Pächter oder gar Tagelöhner; weitere 30 Prozent bearbeiteten winzige Landstriche bis zu einem Hektar; weitere 32 Prozent bewirtschafteten Felder bis zu vier Hektar – 82 Prozent aller Bauern drängten sich demnach auf einem Drittel der Äcker. Die beiden anderen

Drittel an Boden dagegen teilten sich einerseits an die 13 Prozent der Bauern mit einem Eigentum von 4 bis 10 Hektar, andererseits 4,5 Prozent Großgrundbesitzer mit riesigen Anbauflächen, auf denen Hunderte, manchmal Tausende von Pächtern beschäftigt waren.[18]

Die erdrückende Mehrheit der Kleinstbesitzer lebt bis heute in einräumigen Hütten, die als Einrichtungsgegenstände nur zwei Steine kennen, auf die man den Kochtopf stellt. In einem solchen Raum, der oft nicht einmal Strohmatten, sondern nur den bloßen Lehmboden als Schlafplatz kennt, liegen in der Nacht oft bis zu zwei Dutzend Menschen: Männer, Frauen, Kinder, Alte, Junge, zahlreiche Personen aus der weitverzweigten Großfamilie. Diese Hütten sind manchmal nicht geräumiger als die Elendshütten in den Slums von Bombay und Kalkutta.

Vier Jahrzehnte nach dem Unabhängigkeitstag hat sich an dieser Situation nichts gebessert, im Gegenteil, gerade in ländlichen Gegenden nimmt die Verarmung noch zu. 1960 registrierte die Statistik 38 Prozent der bäuerlichen Haushalte unterhalb der offiziellen Armutsgrenze, 1973 stellte sie bereits 45 Prozent fest, 1977 gar 48 Prozent.[19] Dabei ist mit dem Familienklan der Nehru-Gandhi-«Dynastie» eine Regierung angetreten, die während ihrer kaum unterbrochenen Herrschaft von fast 40 Jahren immer wieder eine Landreform in Angriff nahm. Was ist fehlgeschlagen?

Die regierende Kongreßpartei, unter Nehru und dessen Tochter Indira Gandhi einen «sozialistischen» Kurs steuernd, hat zweifelsfrei guten Willen bewiesen, das schwere Erbe der Kolonialzeit zu meistern. Unter britischer Herrschaft war ja die Grundsteuer für die Bauern um das Dreifache angehoben worden, was viele der kleinen Grundbesitzer rapide verarmen ließ und sie zwang, entweder bei ohnehin schon mächtigen Großbauern Schulden aufzunehmen oder gar auf fremden Feldern für einen Hungerlohn zu arbeiten. Dem hatten die Kolonialherren ungerührt zugesehen, denn ihnen war an einheimischen Großgrundbesitzern gelegen, die im britischen Interesse riesige Monokulturen von Baumwolle und Jute anlegten. Damals kippte Indiens genügsame Selbstversorgungsgesellschaft in den Dörfern erstmals aus dem Gleichgewicht – durch fremden Druck. Warum aber gelingt es den Regierenden bis heute nicht, diese Schäden wieder einzudämmen?

Jawaharlal Nehru, erster Ministerpräsident eines unabhängigen Indien, propagierte die Landreform zugunsten rechtloser Bauern. Gerade er, der Sozialist, hat die zahllosen Pächter aus der Abhängigkeit der Großgrundbesitzer lösen wollen. Aber sein anfänglicher Elan erlahmte rasch. Die Feudalherren blockierten seine Reformen, wie nicht anders zu erwarten war – doch sie vermochten ihren Widerstand in eine besonders wirksame Form zu kleiden: Viele Großgrundbesitzer saßen als Abgeordnete in der regierenden Kongreßpartei, und hätte Nehru ihren Einspruch ignoriert, so hätte er eine Parteispaltung riskieren müssen. Nehru sah sich gezwungen, einen Kompromiß auszuhandeln: für jedes Stück enteignetes Land eine hohe Entschädigung zu zahlen. Nehru ließ sich sogar soweit in die Defensive treiben, daß er es nicht einmal wagte, brachliegende, ungenützte Ländereien an verarmte Bauern zu geben, ohne die reichen Besitzer aus der Staatskasse zu entschädigen. Mit dieser Haltung überforderte er aber bald die Finanzkraft des Staates, und damit fehlte seiner Reform die entscheidende Stoßkraft.

Auch die Gründung von Genossenschaften scheiterte an vielen Orten. Nehru hat versucht, die Kleinbauern zu Gruppen zusammenzuschließen, die das Saatgut, Düngemittel und Ackergerät gemeinschaftlich anschaffen und benutzen sollten. Aber die ungebildeten, meist analphabetischen Landbewohner, durch jahrhundertelange Unterdrückung abgestumpft und lethargisch geworden, zeigten sich in ihrer Mehrzahl unfähig, die staatlich geförderten Freiheiten tatkräftig zu nützen.

Die Enttäuschungen ließen Nehru von seinen ursprünglichen Zielen abweichen. Nun sah er sich darin bestärkt, seinen zweiten großen Wunschtraum an erste Stelle zu rücken: Indien möglichst rasch zu industrialisieren. Nehru, der nach eigenem Eingeständnis «sehr britisch» empfand, wandte sich nun von den Bauern ab und konzentrierte all seine Energie auf die westlich gebildete Ober- und Mittelschicht in den Großstädten. Diese relativ kleine, aber sehr tatkräftige Gruppe betrachtete er als wichtigsten Verbündeten, als er daranging, aus dem «Entwicklungsland» Indien, das nur mit Zulieferindustrien den britischen Kolonialherren gedient hatte, einen selbständigen Industriestaat zu formen. Seine Tochter Indira Gandhi und später der Enkel Rajiv Gandhi sind dieser Absicht gefolgt, haben forciert genau diese Politik weitergetrieben.

Die Folgen sind in der Tat beeindruckend. Indien konnte sich Anfang der achtziger Jahre rühmen, in der Höhe seiner Industrieproduktion auf der Weltrangliste den zehnten Platz einzunehmen; es produziert mehr Kohle und Strom als Australien und Südafrika, mehr Stahl und Lastautos als Schweden, mehr Transistorradios als Großbritannien, baut schwimmende Bohrinseln und ist in der Lage, mit seiner kleinen, aber technisch hochqualifizierten Intelligenzschicht industrielle Großcomputer selbst zu entwerfen. Aber in kaum einem anderen Staat der Dritten Welt strömen mehr hungernde Bauern in ohnehin schon überfüllte Städte, um dem Elend des Landlebens zu entgehen.

Indiens Bauern – mit 78 Prozent immer noch die überwiegende Mehrheit des Volkes – sind die Stiefkinder der Nation geblieben. Nicht Gleichgültigkeit hat sie an den Rand geschoben, sondern eine trügerische Hoffnung der Regierenden: Indiens Industrie könne nach westlichem Vorbild Überfluß erwirtschaften, und diese Segnungen würden auf Umwegen den unterentwickelten Dörfern zugutekommen. Wie trügerisch diese Hoffnung ist, wissen wir spätestens seit der Ölkrise von 1973: Nachdem die Erdölpreise in bisher ungewohnte Höhen geschossen sind, leiden gerade die ölhungrigen Industrien zahlungsschwacher Entwicklungsländer besonders unter der Verteuerung und versagen als «Motor des Fortschritts».

Indira Gandhi setzte, kaum an der Macht, zu einem weiteren – westlich inspirierten – Versuch an, Indiens Landwirtschaft zu reformieren. Was in Gang kam, ist unter dem Schlagwort «Grüne Revolution» bekannt geworden. Auf den ersten Blick haben sich in der Tat beachtliche Erfolge eingestellt: Seitdem steigen die Ernteerträge rascher als das Bevölkerungswachstum, und Indien produziert in witterungsgünstigen Jahren längst soviel Reis und Getreide, daß es seine Bevölkerung ausreichend ernähren könnte. Dies ist möglich geworden, seit agrartechnische Forschungsinstitute in westlichen Industriestaaten überdurchschnittlich ertragreiche Reis- und Getreidesorten züchten konnten. Aber trotzdem hungern Millionen Inder, und ihre Zahl ist noch im Steigen begriffen. Wie das?

Die vielgerühmte «Grüne Revolution» ist ganz auf die Bedürfnisse der sehr wohlhabenden Bauern eingestellt. Denn nur sie können Geld für das wissenschaftlich gezüchtete Saatgut, den industriell hergestellten Kunstdünger und die landwirtschaftlichen Maschinen aufbringen. Nur sie verfügen über weitausgedehnte Felder, auf denen Erntemaschinen auch rationell einzusetzen sind. Bezeichnenderweise hat sich Indiens Agrarwirtschaft nur dort eindrucksvoll verbessern lassen, wo man nach dem Vorbild amerikanischer Großfarmen reformierte. Dagegen hat dieser Fortschritt im westlichen Sinn den indischen Kleinbauern und Pächtern keinen Segen gebracht. Im Gegenteil. Seit Großgrundbesitzer mit modernsten Maschinen arbeiten lassen, sind viele der bisher notwendigen Landarbeiter überflüssig geworden; man hat sie von einem Tag auf den anderen weggeschickt, und sprunghaft schnellte so in den betroffenen Gebieten die Armutsgrenze von 20 Prozent auf fast das Doppelte. Wiederum hat sich so das Heer beschäftigungsloser Dorfbewohner verstärkt, die auf der Suche nach neuer Arbeit ihr Heil nur noch in den Städten zu finden glauben.[20]

Indiens Großgrundbesitzer sind auf fragwürdige Weise «modern» geworden: Sie haben sich vom mittelalterlichen Feudalherren zum westlichen Kapitalisten ohne soziale Kontrolle entwikkelt. Der Grundherr fühlt sich nicht mehr wie einst verpflichtet, für seine untertänigen Bauern (wenigstens minimal) zu sorgen, er kann sie, ganz wie ein Fabrikant, entlassen, wenn er sie nicht mehr braucht. Reis wie Getreide verkauft er am liebsten gewinnbringend ins Ausland. Wie der indische Großindustrielle, so produziert auch der Großagrarier bevorzugt für die arabischen Erdölstaaten, dort sitzen die begehrten Abnehmer mit voller Geldbörse, während in Indien selber zahlungskräftige Käufer viel schwerer zu finden sind. Hunger bei vollen Scheunen! Nicht wegen technischer, sondern in erster Linie wegen sozialer Schranken hat sich für Indien diese paradoxe Situation ergeben.

Noch hat kein Regierungschef die Kraft und auch das Konzept gefunden, diese fehlgelaufene Entwicklung zu stoppen. Auch Rajiv Gandhi nicht. Er spricht zwar von wirtschaftlicher «Revolution», meint aber damit die «Computer-Revolution»; er will, so sagt er, Indien den technologischen Anschluß an das 21. Jahrhundert ermöglichen. Rajiv Gandhi hat Pläne in diese Richtung bereits auffällig vorangetrieben. Anders als seine Vorgänger lädt er multinationale Konzerne ein, neue Technologien nach Indien zu transferieren und mit einheimischen Großfirmen zusammenzuarbeiten. Seine Offerten haben im Ausland auch schon ein positives Echo gefunden. Man spart in Westeuropa, den USA und Japan nicht an Lob über soviel «pragmatische Vernunft» und erklärt sich zur «Kooperation» bereit. Denn, so lautet allgemein das Fazit kühler Rechner in hochentwickelten Industrienationen, Indien mag zwar zu den 25 ärmsten Ländern der Welt zählen, aber immerhin sind zehn Prozent seiner Bevölkerung wohlhabend genug, so daß man sie als potentielle Käufer westlicher Waren einplanen kann – immerhin rund 70 Millionen Konsumenten, ein Absatzmarkt größer als in der Bundesrepublik Deutschland oder in Frankreich.

Ein weiterer Schritt nach vorne! Aber für wen?

Fremd im eigenen Volk: der landflüchtige Bauer

Wie tief reicht der Schock, wenn ein landflüchtiger Bauer oder Tagelöhner im überfüllten Zug bei der Einfahrt nach Bombay zwei Stunden oder länger an Häusern, Wellblechbuden und Fabrikhallen vorbeifährt? Muß ihn beim Anblick dieser endlos zersiedelten, von Menschen überquellenden Landschaft nicht das blanke Entsetzen packen, das Gefühl, in dieser völlig ungewohnten Umgebung restlos die Orientierung zu verlieren? Gestern war er noch im Dorf, das sich innerhalb einer viertel Stunde zu Fuß durchmessen ließ, eine Siedlung, in der jeder jeden kennt – heute ist er in einer Stadt, einem lärmenden, scheinbar grenzenlos weiten Gebilde mit hektischen Maschinen und nicht mehr überschaubaren Menschenmassen...

Es gibt noch keine Untersuchungen darüber, wie Bauern nach ihrer Ankunft in eine derartige Stadt reagieren. Nur soviel dürfte gewiß sein: Solche Menschen, die nicht selten aus abgelegenen

Dörfern anreisen, werden sich angesichts der Metropole Bombay mindestens so fremd fühlen wie ein türkischer Gastarbeiter, der aus dem innersten Anatolien nach Frankfurt, Düsseldorf oder Wuppertal kommt. Indien ist ein riesiges Land mit derart schroffen Gegensätzen von Stadt und Land – hochtechnisierte Arbeitswelt in den Großstädten, Holzpflug und Schöpfbrunnen in den Dörfern wie vor tausend Jahren –, daß Europa in seiner ganzen Weite bis hin zur Türkei keine größeren Kontraste zu bieten vermag.

Wie also verkraften landflüchtige Bauern die Umstellung? Nähert man sich mit der Eisenbahn oder dem Überlandbus dem industriellen Ballungsraum Bombay (es könnte auch Ahmadabad, Kalkutta, Rourkela, Faridabad südöstlich von Dehli sein), so zeigen sich im Vorbeifahren Szenen nicht überbietbarer Extreme. Vor rußgeschwärzten Fabrikmauern und qualmenden Schornsteinen, vor modernen Werkhallen und Raffinerien sieht man nicht nur monoton sich gleichende, wellblechgedeckte Backsteinbauten, nicht nur Behausungen aus Brettern und Säcken, sondern auch Hütten aus Lehm und Stroh, vor deren Eingängen Kühe und Ziegen lagern, Hunde lungern und Hühner scharren. Man gewinnt den Eindruck, daß nicht wenige Zuwanderer versucht haben, sich möglichst viel von ihrem Dorf in dieser ungewohnten Umwelt zu erhalten oder wieder neu zu schaffen.

Man kann sich vorstellen, daß solche Menschen lange Zeit verstört, letztlich ohne jedes Verständnis, auf hektisch ratternde Maschinen und exakt einzuhaltende Arbeitszeiten reagieren. Sie, die zwar das harte Arbeiten gewohnt sind, aber dem Zyklus der Natur unterworfen waren, sie, die innerhalb des klar abgegrenzten Dorfes alle Arbeitsgänge überblicken konnten, sind nun an Maschinen zu endlos monotonen Handreichungen gezwungen und verfertigen hierbei Spezialteile, deren Sinn ihnen oft genug rätselhaft bleibt. Kommen solche Bauern zudem noch aus höheren Kasten, bei denen es streng verpönt ist, «schmutzige Arbeit» zu verrichten, so sehen sie sich nun in einen Konflikt von bisher unvorstellbaren Ausmaßen gestürzt. Stammen sie aber aus niedrigen Kasten, denen «schmutzige Arbeit» ohnehin Schicksal ist, so sind sie oft nicht gewohnt, denkend einen Arbeitsgang zu überprüfen oder sich gar in theoretische Grundlagen zu vertiefen. Sie werden nicht fähig sein, jemals den Status eines Hilfsarbeiters zu übersteigen, man wird ihnen kaum die gewissenhafte Pflege einer Maschine anvertrauen können. Solche Zuwanderer – und sie machen die erdrückende Mehrzahl aus – werden schwerlich die so dringend benötigten Facharbeiter für Indiens Industrie stellen können. So ist es Schicksal vieler Fabriken, daß Maschinen schlecht oder gar nicht gewartet werden – Ursache für zahlreiche Arbeitsunfälle, ja Katastrophen (die chemische Apokalypse von Bhopal ist nur ein herausragendes Symptom unter vielen). Um so drohender, um so unheimlicher muß diesen Menschen die Welt der Technik und der modernen Hochzivilisation sowie die Parole vom «Fortschritt» anmuten.

Die Zuwanderer haben aber auch Schwierigkeiten, die alteingesessenen Einwohner Bombays zu begreifen. Die westlich gebildeten Inder erscheinen ihnen fremd; sie weichen ihnen scheu aus. Fremd bleiben ihnen oft genug auch Menschen der eigenen Klasse – die anderen Hilfsarbeiter, kleine Händler, Handwerker, Rikschakulis, die ebenfalls «Niedergeborenen».

Da ist zunächst einmal die Sprache. Indien, dieser riesige Subkontinent, kennt neben 15 Hauptsprachen und amtlich zugelassenen Schriften an die 720 teils stark voneinander abweichende Dialekte; manche dieser Sprachen sind oft weniger miteinander verwandt als das Deutsche mit dem Französischen, das Italienische mit dem Griechischen. Diese Vielfalt sammelt sich im Schmelztiegel von Bombay, wohin Arbeitsuchende aus allen Teilen Indiens strömen, auf engstem Raum. In der Elfmillionenstadt finden sich neben der ursprünglich ansässigen Sprache Marathi und der Geschäftssprache Englisch noch das Hindi, Gujarati, Sindhi, Kannada, Mayalam, Telugu, Tamil, Urdu, Konkani – Grund genug für alle neuankommenden Inder, zunächst einmal zutiefst irritiert zu sein. Sie sehen sich einer noch viel fremderen, paradoxeren Situation ausgesetzt als etwa die türkischen Gastarbeiter in einer westdeutschen Industriestadt: Denn ein Türke in Frankfurt muß sich nur mit einer einzigen Fremdsprache herumschlagen, ein Inder in Bombay aber mit mindestens 10 Hauptsprachen und 50 verschiedenen Dialekten. Ein Bauer, der aus Kerala kommt, dunkelhäutig ist und Mayalam spricht, muß einen hellhäutigen Bauern aus Andra Pradesh, der nur das Hindi beherrscht, wie einen Ausländer empfinden; fremder könnte ein Sizilianer keinen Schweden erleben. Wenn solch verschiedene Volksgruppen miteinander ins Gespräch kommen wollen, dann schaffen sie dies nur über das Englische, jene über alle Grenzen hinweg verbindende Schul- und Amtssprache der Inder. Aber je geringer die Zugewanderten gebildet sind, um so weniger werden sie in der Lage sein, mit anderssprachigen Landsleuten zu verkehren – um so mehr sind sie darauf angewiesen, Menschen aus der eigenen Bevölkerungsgruppe zu treffen und in ihrem Umkreis zu leben. Andernfalls droht ihnen seelisch und geistig der Absturz in tödliche Isolation. Fremd bleiben sie unter den eigenen Landsleuten.

So verschieden die Sprachen, so unterschiedlich sind auch die Lebensgewohnheiten, Sitten und Bräuche dieser aus vielen Teilen Indiens kommenden Zuwanderer. Trennend kann die Religion sein. In Bombay leben Hindus, Moslems, Jains, Parsen, Sikhs, Buddhisten und Christen – ein getreues Abbild der Religionsvielfalt Indiens. Der prozentuale Anteil der einzelnen Gruppen verschiebt sich nur unwesentlich gegenüber dem des ganzen Subkontinents: 70 Prozent Hindus in Bombay (82 Prozent in Indien), 15 Prozent Moslems (12 Prozent in Indien); die übrigen Religionsgemeinschaften bilden kleine Randgruppen, wobei die Parsen und Jains im Gegensatz zu den übrigen Minderheiten in Bombay stark das wirtschaftliche und kulturelle Leben beeinflussen. Aber auch innerhalb derselben Religionsgruppen klaffen Unterschiede, besonders bei den Hindus. Nicht nur die vielen Sprachen trennen die Hindus untereinander, es sind auch unterschiedliche Götter und Kulte, vor allem aber die Kasten mit ihren teils stark voneinander abweichenden Regeln und Lebensgewohnheiten.

Wie werden die Zuwanderer mit dieser verwirrenden Vielfalt fertig?

Eine erste Antwort erhält man, wenn man mit offenen Augen durch die Altstadtviertel geht und auf Äußerlichkeiten achtet. In den einzelnen Vierteln leben die Einheimischen keineswegs zufällig und wahllos nebeneinander, sondern streng geordnet nach Religion und Sprachgruppe. Für den Europäer noch leicht auszumachen sind die deutlich gegeneinander abgegrenzten Hindu-

und Moslemviertel. Von einem Meter auf den andern wandelt sich sichtbar das Bild. Bestimmten eben noch die schreiend bunten Fassaden von Hindutempeln die Szenerie, zierte fast noch jede Straßenecke ein Altar mit Glocke, wo die Gläubigen kurz bimmelnd anschlagen und ihr Gebet verrichten, sah man eben noch in den Basargewölben die Farbdrucke von Shiva, Vishnu, Ganesh und Parvati hängen, trugen die Frauen einen roten Punkt auf der Stirn und tauchten im Volksgemenge immer wieder aschebeschmierte Yogis auf – so sieht man einen Straßenzug weiter plötzlich Moscheekuppeln über das Häusergewirr ragen, hängen in den Basargewölben Farbdrucke der Kaaba von Mekka, fehlt bei den Frauen der rote Punkt auf der Stirn und tragen viele Männer weiße Kappen, das Kennzeichen indischer Moslems. Und wenn man als Betrachter etwas genauer die Kleidermoden der verschiedenen indischen Provinzen kennt, entdeckt man auch in Bombay von Viertel zu Viertel erstaunliche Übereinstimmungen: Plötzlich trifft man bei Frauen gehäuft auf Salwars (Pumphosen), einem darüber fallenden Umhang und einen lose um die Schulter geworfenen Seidenschal, dann weiß man sich in einem Stadtviertel von Zuwanderern aus dem Punjab oder Kaschmir, oder man sieht gehäuft leuchtend bunte Turbane, dann deutet dies auf Rajastan hin. Ein Sprachkundiger vermag auch festzustellen, daß in jedem Viertel ein anderer Dialekt vorherrscht, ein Religionskundiger, daß in den einzelnen Hindutempeln verschiedene Lokalgottheiten stehen.

Kommt ein landflüchtiger Bauer neu nach Bombay, ist er innerhalb der weitausgedehnten Stadt so lange unterwegs, bis er in jenes Viertel gefunden hat, in dem die eigene Sprache gesprochen, die eigene Religion und Tradition gelebt wird. So geschieht dies in der Altstadt wie in den Vorortslums. Gerade für Neuankömmlinge ist die Suche nach klar überschaubaren Gruppen wichtig, um nicht vom Schock einer bisher unbekannten Stadtzivilisation gelähmt, vernichtet zu werden.

Dieses Phänomen erinnert an den «Schmelztiegel» New York. Dort, wo ein Jahrhundert lang wie in keiner anderen Stadt der USA sich Einwanderer unterschiedlichster Nationen erstmals in einer fremden Zivilisation zurechtfinden mußten, sammelten sich diese Gruppen in eigenen Stadtvierteln und bildeten eigene

«Towns»: «China Town», «Little Italy», «Harlem» und andere sind ja zu Synonymen für ganz bestimmte Bevölkerungsgruppen innerhalb der «Amerikaner» New Yorks geworden. So wie sich in New York gleich einem Brennpunkt die ganze Bevölkerungsvielfalt der USA auf engstem Raum sammelt, so in Bombay die nicht mindere ethnische Farbigkeit Indiens. New York auf indisch, Bombay wird auch in dieser Hinsicht dem Prädikat gerecht.

Die Zuwanderer brauchen aber noch stärkere Gruppenstützen als die eigene Sprache, Religion und Tradition. Sie ziehen, wenn möglich, zu Verwandten oder wenigstens Bekannten, die schon früher den Absprung aus dem Dorf oder der Kleinstadt in die Metropole gewagt haben. Und so können wir das gleiche Phänomen wie auch in vielen Großstädten der islamischen Welt beobachten: Kaum ein Bauer oder Tagelöhner verläßt seine Heimat, ohne nicht die Aussicht zu haben, in der Fremde bereits von Sippenmitgliedern erwartet zu werden oder nicht bald Verwandte in die Großstadt nachzuholen. Auch in Indien bleiben die Menschen derart stark in verwandtschaftliche Bande eingeflochten, daß sich die meisten gar nicht vorstellen können, allein, «unabhängig», eine Existenz aufzubauen. Die wenigsten Inder möchten länger als unbedingt nötig außerhalb ihres Klans leben, sie brauchen das Gefühl familiärer Einbettung, um sich nicht als verloren, als hoffnungslos isoliert zu empfinden; ihnen bieten selbstgewählte Freundschaften allein noch keine Geborgenheit. In Bombay leben daher die meisten Menschen nicht nur innerhalb der eigenen Volksgruppe mit derselben Religion und denselben Lebensgewohnheiten, sondern sie suchen zusätzlich noch den schützenden Rahmen der eigenen Sippe und Familie.

Bombay ist also nicht, wie wir es von westlichen Industriestädten gewohnt sind, eine Großstadt mit überwiegend anonymer Bevölkerung, in der sich jeder nach ganz individuellen Maßstäben seine Freunde sucht – Bombay besteht vielmehr aus einer Ansammlung Tausender von geschlossenen Sozialsystemen, eben der Sippen, innerhalb derer man seine Freizeit verbringt, die Feste feiert, sich gegenseitig hilft, aber auch gegenseitig streng die «Moral» überwacht. Die Sozialsysteme funktionieren wie in den Dörfern: Was außerhalb des eigenen, überschaubaren Kreises existiert, wird mißtrauisch beäugt und gefiltert; was den eigenen Maßstäben widerspricht, versucht man fernzuhalten.

Die Sippenverbände und Familienklans halten meist noch die Verbindung zu ihren Herkunftsorten aufrecht. Briefe wandern zwischen Großstadt und Dorf hin und her, Freunde und Bekannte besuchen sich gegenseitig – die einen, um im Dorf die zu Hause gebliebenen Großeltern zu unterstützen, die anderen, um in der Großstadt ihre Chancen auf eine bessere Arbeit zu prüfen. Alle Reisenden aber sind zugleich Kuriere, selbst bei größten Entfernungen. Meist werden so die Dorfbewohner bestens unterrichtet, was mit ihren Verwandten und Bekannten in der Großstadt geschieht. Immer wieder kommt es vor, daß der Sippenälteste aus dem Dorf noch über Hunderte von Kilometern hinweg seine Ratschläge den Brüdern, Söhnen, Töchtern und Enkeln in der Stadt erteilt, nicht selten schickt er auch strengen Tadel, falls ihm Nachrichten über «unmoralisches» Verhalten zu Ohren kommen sollten. Soziale Kontrolle funktioniert auf diese Weise selbst über weite Entfernungen. Und so bleiben die meisten Zuwanderer eher den engen, überschaubaren Maßstäben ihres Dorfes verhaftet, als daß sie sich der ideellen Vielfalt der «Weltstadt» Bombay öffnen wollten – es ist ein fast unumgänglicher Schutzmechanismus für bäuerliche Analphabeten, um in der Millionenstadt nicht seelisch den Boden unter den Füßen zu verlieren.

Wie fremd nimmt sich gegen solch ein Verhalten die verwestlichte Oberschicht in Bombay aus, die über geistige Trends in Europa und den USA oft besser informiert ist als über einheimische, volkstümliche Traditionen.

Kairo: Der unregierbare Koloß

«Schlagendes Herz»

Al Kahira, «die Siegreiche» – dies ist der Name, den die Araber der neugegründeten Stadt am Nil im Jahr 969 gegeben haben. Die Inspiration hierzu lieferte ein für die Gründer symbolträchtiger Zufall: An jenem Tag der Grundsteinlegung querte der Planet Mars den Meridian; auf arabisch heißt er El Kahir, «der Siegreiche». Der Name ist verzerrt als «Kairo» durch venezianische Kaufleute nach Europa gekommen, und so hat er sich der Welt eingeprägt.

Ein Name, ein Programm. «Siegen» sollte die Stadt in allen Bereichen, dies hatten sich ihre ersten Herrscher, die ehrgeizigen Herrscher der Fatimiden-Dynastie, vorgenommen: Al Kahira sollte den maßgebenden Zentren des islamischen Raums nicht nur gleichkommen, sondern sie an Bedeutung noch übertreffen. Die Kalifen ließen, um ihren Willen auch auf kulturellem Gebiet zu unterstreichen, eine Universität mit dem beziehungsreichen Namen Al Azhar, «die Blühende», errichten; zu ihr sollten die Studenten aus allen Teilen der islamischen Welt strömen, an ihr sollten die bedeutendsten wissenschaftlichen Größen lehren...

Kairo ist während des Mittelalters tatsächlich eines der maßgebenden Zentren geworden. Bereits um das Jahr 1000 waren mehrere hundert Bibliothekare nötig, um die Büchermassen der zwei großen kalifischen Bibliotheken zu betreuen: Sie registrierten 2,2 Millionen Bände, dies entspricht dem Zwanzigfachen des Buchbestandes der legendären Bibliothek von Alexandria; und davon entfielen allein auf die Philosophie 18000, auf die Mathematik 6500 Werke.[1] In keiner Metropole des christlichen Abendlandes wäre damals auch nur eine annähernd vergleichbare Sammlung schriftlich fixierten Wissens denkbar gewesen. Damals konnten in Europa bestenfalls Mönche, eine kleine Schicht von Kaufleuten und adliger Herren lesen und schreiben. Bibliotheken fanden sich nur in Klöstern und waren der Masse des Volkes, den 95 Prozent Analphabeten, verschlossen. Kairo aber – und mit ihr etliche andere islamische Metropolen wie Bagdad und Cordoba – unterhielt an die 100 öffentliche Schulen, Büchereien, wissenschaftliche Institute, zugänglich für einen Großteil der Einwohner mit Bürgerrecht. Überrascht und betroffen mußten europäische Kaufleute, die seit dem 13. Jahrhundert zunehmend Ägyptens Hauptstadt aufsuchten, den kulturellen Vorsprung gegenüber der eigenen Heimatstadt anerkennen. Jahrhunderte sollte es noch dauern, bis am Übergang zur Renaissance auch abendländische Metropolen wie Venedig, Pisa, Mailand, Paris, Köln und Augsburg eine ähnliche Strahlkraft erlangten.

Das ganze Mittelalter hindurch blieb Kairo eines der wichtigsten Kulturzentren des Mittelmeerraums, ja der Welt. Viele Errungenschaften gaben dessen Wissenschaftler, Künstler und Kaufleute an die europäischen Nachbarn – und damit an deren Stadtkultur – weiter. Während man zur Jahrtausendwende im christlichen Abendland kaum etwas von chemischen Gesetzmäßigkeiten wußte und viele Naturabläufe mit Aussagen der Bibel und der Kirchenväter zu erklären versuchte, wurde an der Al-Azhar-Universität im Jahr 1005 der Unterricht in (Al-)Chemie eingeführt. Und während man Mitte des 12. Jahrhunderts in Europa noch immer lieber den Priester als den Arzt an das Krankenbett rief, weil man eher dem Gebet als ärztlicher Kunst vertraute, entstand zu dieser Zeit in Kairo das modernste Krankenhaus der Welt, in dem man bereits – einmalig für damalige Verhältnisse – experimentell medizinische Forschung großen Stils betrieb. Einer der dort arbeitenden Chefärzte entdeckte während des 13. Jahrhunderts den kleinen Blutkreislauf und nahm damit die europäische Entdeckung um vier Jahrhunderte vorweg. Und während in Klöstern christliche Gelehrte die Wissenschaft nur als bloße «Magd der Theologie» gelten lassen wollten, begründete an der Al-Azhar-Universität der auch bei uns hinreichend bekannte Philosoph und Universalhistoriker Ibn Khaldun Ende des 14. Jahrhunderts eine soziologisch ausgerichtete, empirisch fundierte Geschichtsschreibung, wozu europäische Historiker erst seit der Aufklärung fähig sein sollten. Damals war die Al

Azhar zum bedeutendsten wissenschaftlichen Begegnungsort der Welt aufgestiegen. Und so darf es für westliche Ohren keinenfalls übertrieben klingen, wenn während des 14. jahrhunderts eben jener Ibn Khaldun über Kairo sagte: «Ich betrat die Metropole der Welt im Garten Allahs.»

Aber nicht nur eines der wichtigsten Kulturzentren war Kairo damals. Ägyptens Hauptstadt bildete vom 13. bis zum 15. Jahrhundert auch die entscheidende Handelsdrehscheibe zwischen Asien, Afrika und Europa, galt vor allem als wichtigster Umschlagplatz für östliche Gewürze, die von dort aus ihren Weg in Europas Küchen nahmen. Zu dieser Zeit unschätzbaren Reichtums entstanden unter der Schirmherrschaft der Mamluken-Dynastie viele jener Bauwerke, die auch heute noch den älteren Stadtteilen ihr unverwechselbares Gepräge geben: Moscheen, Koranschulen, Bibliotheken, Bäder, Markthallen, prächtige Bürgerhäuser. Hunderte von gerippten Steinkuppeln und reichhaltig verzierte Minarette bereicherten die Stadtsilhouette, kunstvoll geschnitzte Holzdecken und Balkone schmückten Moscheen wie Villen der reichen Handelsherren. «Tor des Islam», «Thron der Könige», «erleuchtet von den Sternen und dem Mond der Weisheit», dies waren die schwelgerischen Attribute, die man damals Ägyptens Hauptstadt am Schnittpunkt bedeutsamer Handelsstraßen verlieh.

Doch dann kam die Krise. 1488 umsegelten portugiesische Schiffe Afrika und erschlossen damit einen neuen Handelsweg nach Osten. Kairo als zentraler – und teurer – Umschlagplatz verlor folgerichtig für Europa seine Bedeutung. Besonders schwerwiegend: Ägypten büßte auf diese Weise sein überaus ertragreiches Gewürzmonopol ein. Nicht minder folgenreich sollten die Jahre 1516 und 1517 werden; damals eroberte der türkische Sultan Selim I. Ägypten und gliederte es für nahezu vier Jahrhunderte dem osmanischen Großreich ein. Nun hatte Kairo endgültig seine politische, wirtschaftliche und kulturelle Bedeutung eingebüßt, nun sank «die Siegreiche» auf das Niveau einer verschlafenen Provinzhauptstadt ab, verkümmerte im Schatten der weltstädtischen Metropole Istanbul. Mehr noch: Ganze Straßenzüge und Wohnviertel zerfielen, Armut griff um sich, ihr folgte die Lethargie - ein Schicksal, das in den folgenden Jahrhunderten auch viele andere islamische Metropolen mehr oder weniger stark ereilte.[2]

Zentrum weit über die eigenen Staatsgrenzen hinaus zu sein, ein unumstrittener Anziehungspunkt selbst für Völker aus entfernten Ländern, ein Schmelztiegel verschiedenster geistiger Strömungen – diesen hochfliegenden Träumen ist Ägyptens Hauptstadt erst wieder im 20. Jahrhundert nahegekommen. Eine paradoxe Situation. Kairo «siegte» erneut ausgerechnet dann, als die islamische Zivilisation längst weltweit vom Zerfall gezeichnet war und die Moslems betroffen die größere Dynamik und Wendigkeit der Europäer zur Kenntnis nehmen mußten – genau umgekehrt wie sieben Jahrhunderte zuvor. Vor allem in Kairo begannen sich innerhalb der islamischen Welt Energien zu regen, um diesen Schock zu verarbeiten und wieder Selbstbewußtsein aus dem Erbe der eigenen Kultur zu schöpfen. Ein wichtiger Impuls kam von der Al-Azhar-Universität, die sich anschickte, das maßgebliche Zentrum einer «religiösen und kulturellen Erneuerung» zu werden. Seit den dreißiger Jahren strömen mehr Studenten denn je, von Marokko bis Indonesien, in ihre Hörsäle, und die Zahl ist ständig im Steigen begriffen: Schrieben sich 1932 an die 2000 Studenten ein, so waren es 1945 bereits 11 000, Ende der siebziger Jahre zählte man schon über 30 000.[3]

Auch politisch ist Kairo zu einem überragenden, wenn auch nicht unangefochtenen Zentrum geworden. «Schlagendes Herz der arabischen Nation» wurde ihr Ehrenname, nachdem Gamal Abd Al Nasser als Präsident des volkreichsten arabischen Landes sich zum Führer der panarabischen Bewegung aufgeschwungen hatte. Zwar sind die Träume vom großen Machtblock mit Kairo als «Kopf» an den Realitäten der heilos zerstrittenen Nahoststaaten längst zerbrochen, aber der Anspruch, «Zentrum» zu sein, bleibt bestehen, allen Rückschlägen zum Trotz. Kein Präsident versäumt es, in Reden und Interviews immer wieder erneut die Führungsrolle Ägyptens und damit seiner Metropole Kairo gegenüber allen anderen arabischen Hauptstädten zu bekräftigen. So auch der sonst großen Sprüchen eher abgeneigte Präsident Hosni Mubarak, der 1986 in einem Gespräch mit westdeutschen Journalisten diesen Anspruch folgendermaßen begründete: «...weil Ägypten Sitz der Azhar-Universität, der wissenschaftlichen Hochburg des Islam ist, weil den 50 Millionen Ägyptern zwölf Universitäten offenstehen, die mehr Studenten aufnehmen als die Universitäten aller übrigen arabischen Staaten, weil Ägypten über mehr Fachkräfte als die restliche arabische Welt verfügt, weil Ägyptens Professoren an allen arabischen Universitäten lehren, weil unsere Ingenieure überall in der arabischen Welt anzutreffen sind...»[4]

Kulturell kommt Kairo tatsächlich seinem Ziel nahe, Bindeglied und Schmelztiegel einer «arabischen Einheit» zu werden. Aus den gegensätzlichsten Staaten strömen Araber an seine Fachhochschulen und Universitäten, denn kein «arabisches» Diplom, sei es nun für Medizin, Rechtswissenschaften, Ökonomie, oder Technik zählt mehr als das der ägyptischen Hauptstadt. Nicht zufällig ziehen von Kairo auch Ägypter aus, um in «unterentwickelten» Regionen anderer arabischen Länder als Ingenieure oder Lehrer tätig zu sein, so besonders in den gut zahlenden Golfscheichtümern und in Saudi-Arabien.

Das moderne Kairo kann sich noch weiterer Superlative rühmen: Es besitzt einen der größten Radiosender und eines der fleißigsten Filmstudios der Welt; in den ägyptischen Ateliers werden mehr Spielfilme als in Hollywood produziert, Filme, die die Kinos von Marokko bis in den Senegal, von Syrien bis Malaysia versorgen.

Und noch ein Superlativ, mit dem Kairo längst alle anderen moslemischen Großstädte hinter sich gelassen hat: die Einwohnerzahl. Während der zwanziger Jahre unseres Jahrhunderts hatte Kairo die Millionengrenze überschritten und war zur größten Stadt Afrikas wie des nahen Ostens geworden. Zu Beginn der sechziger Jahre zählte die Metropole bereits 3,5 Millionen, Ende der siebziger Jahre 8 Millionen – dies entsprach in etwa Paris und London –; 1984 aber schätzte man Kairo schon auf 12 Millionen Einwohner, und damit ist Ägyptens Hauptstadt dabei, New York zu überflügeln und neben Tokyo, Mexico City und Shanghai zu einem der massivsten Ballungszentren unserer Gegenwart zu werden.

Längst ist den Ägyptern die Lust vergangen, stolz auf das Superlativ der Einwohnerzahl zu sein. Denn dieser Rekord bedeutet Kairos schwerste Bürde.

Ich habe Kairo während der siebziger Jahre mehrmals besucht; der Eindruck war faszinierend, verwirrend, bedrückend.

Faszinierend sind beim Anflug auf die nächtliche Stadt die scheinbar endlosen Lichterketten der Häuser und Straßen, bis die Maschine zur Landung ansetzt; nichts könnte die Ausdehnung der Metropole besser veranschaulichen. Im Taxi geht es zur Innenstadt, vorbei an modernen Betonwohnblocks, Bürohochhausfassaden und bunten Neonleuchtreklamen – kaum ein Merkmal, das sich in der Dunkelheit wesentlich von einer westlichen Millionenstadt unterscheidet, abgesehen davon, daß die in Fünferreihen sich dahinschiebenden Autos unaufhörlich schrill hupen und es auf den Straßen selbst noch um Mitternacht von Menschen wimmelt.

Bei meiner ersten Ankunft stieg ich in der Nähe des Opernplatzes in einem Mittelklassehotel ab, dessen Zimmer in den beiden oberen Stockwerken eines vierzehnstöckigen Hochhauses liegen. Aber kaum hatte ich im Erdgeschoß das teppichbelegte Foyer betreten und an der Rezeption den Zimmerschlüssel erhalten, bekam ich bereits einen Eindruck davon, was es heißt, in einer zu schnell gewachsenen, überlasteten Gigantenstadt des Orients angekommen zu sein. Das elektrische Licht erlosch, wir standen im Dunkeln. Auch die Hausfassade, die eben noch durch das große Fenster mit einer Flut von Leuchtreklame geflimmert hatte, wirkte plötzlich schwarz und tot. Kerzen flammten auf, das Hotelpersonal lächelte, man schien an derartige Zwischenfälle gewöhnt zu sein. Der Liftboy schulterte mein Gepäck, ein anderer ging mit einer Petroleumlampe am Aufzug vorbei die Treppe voran, vierzehn Stockwerke hoch. Auf meinen Vorschlag, lieber zu warten, lachten beide; niemand wisse, wann das Haus wieder Strom habe. Mit einer Kerze im Zimmer ließen sie mich allein. Vom Balkon aus sah ich, daß das ganze Viertel in Dunkel getaucht war, nur Autoscheinwerfer und Lärm verrieten noch pulsierendes Leben.

Das Stadtpanorama, wie es sich am nächsten Morgen vom hochgelegenen Zimmer aus bot, brachte die nächste Überraschung. Ich blickte auf Dächer etwa zehnstöckiger Betonwohnblocks, deren Alter schwer zu schätzen ist, denn ihre Fassaden erscheinen fleckig, rissig, die Fenster schmutzig, Drähte hängen lose und in Knäueln neben rostigen Wasserrohren über grauen Wänden. Es scheint so, als ob diese Mietskasernen, kaum errichtet, auch schon wieder verwahrlosen, weil das Geld für auch nur die nötigsten Reparaturen fehlt. Das frappierendste Bild aber bieten die Flachdächer: Auf ihnen sind Hütten aus Stroh, Brettern und Wellblech errichtet, Wäsche flattert im Wind, Frauen in schwarzen Umhängen schleppen Blechkanister, halbnackte Kinder krabbeln auf dem Boden, Ziegen und Hühner suchen zwischen reichlich verstreutem Abfall nach Nahrung – dort quirlt Dorfleben, zehn Stockwerke über brausendem Autoverkehr.

Ich trat vom Balkon zurück und befand mich in einem Hotelzimmer mit WC, Dusche, Radio und Telefon, alles blitzblank, ganz westlicher Standard. Ich benützte den Lift, der nun wieder funktionierte, betrat ein Foyer, wie es in jedem Mittelklassehotel der Welt hätte eingerichtet sein können, sah durch die Großraumfenster auf Hochhausfassaden und vorbeigleitende Autos – für Minuten war die Illusion perfekt, mich in einer westlichen Millionenstadt zu befinden.

Aber kaum verließ ich das Hotel, stürzte die Realität voll auf mich ein, wie sie sich vom Balkon aus bereits angedeutet hatte.

Hochhäuser aus Beton und Glas wechseln abrupt mit niederen Bauten im englischen Kolonialstil der Jahrhundertwende, graue Betonwohnblocks ragen neben windschiefen, im Alter nur schwer bestimmbaren Backsteinbauten, breite Boulevards durchschneiden das Labyrinth von winkligen, ungepflasterten Gassen. Ein Teil der Häuser wirkt wie Ruinen, zerfallen oder nie zu Ende gebaut. Entsprechend kontrastreich auch das Straßenleben. Schafherden tauchen unvermutet zwischen Autokolonnen auf und bringen den Verkehr zum Erliegen, während junge Burschen in gestreifter Galabijah und Turban, unbeeindruckt von allem Hupen, die Tiere gemächlich von einer Straßenseite zur anderen dirigieren. Eselskarren, vollbepackt mit Melonen, Zuckerrohr oder Kartoffeln, zockeln neben Lastwagen und Omnibussen her, Männer mit schweren Gepäckballen auf dem Rücken bahnen sich barfuß ihren Weg vorbei an träge sich vorwärtsschiebenden Autokolonnen und schwarzrußenden Auspuffrohren.

In den Verkehrslärm dröhnt aus den Minarettlautsprechern der Gebetsruf der Muezzins, Minuten später sind Gehwege übersät mit Betenden, die sich knieend in Richtung Mekka verneigen. Betende sah ich während der nächsten Tage in den Schalterhallen von Bahnhöfen, an Bushaltestellen, vor den Portalen von Banken, Postämtern und Hotels, auf Autoparkplätzen und manchmal auch mitten auf der Straße, wo der infarktbedrohte Verkehr dann vollends zum Stillstand kam. Es scheint so, als ob die Moscheen längst nicht mehr für die Masse der Gläubigen ausreichten.

Und viele Bettler: alte, ausgemergelte Männer und Frauen, nicht weniger aber junge Leute, meist an Armen oder Beinen verkrüppelt, viele Blinde mit rot entzündeten Augen und deutlichen Symptomen der Unterernährung. Besonders fallen Kinder auf, die sich aufdringlicher als alle anderen an die Fersen von wohlhabend anmutenden Passanten heften. Auch diese traurige Erscheinung teilt die ägyptische Metropole mit den meisten anderen zu schnell gewachsenen Millionenstädten der Dritten Welt.

Es gibt zuviele Menschen in Kairo, diesen Eindruck wird selbst der flüchtige Besucher nicht los. Ganz gleich zu welcher Tageszeit hängen Menschen aus den offenen Türen vorbeifahrender Autobusse, kauern auf den Kupplungen zerbeulter, völlig überlasteter Straßenbahnen. Die Gehsteige fluten über von Passanten, besonders am späten Nachmittag, vor allem aber am Abend nach Arbeitsschluß; die Innenstadt gleicht dann einem wimmelnden Ameisenhaufen, in dem jeder dem andern ohne Drängen und Stoßen mit traumwandlerischer Sicherheit ausweicht. Der verwirrte Besucher aus westlichen Industriestaaten mag, obwohl an Menschenanballungen in eigenen Millionenstädten gewohnt, angesichts dieser überquellenden nächtlichen Straßen fragen: Sammeln diese Leute sich zu einer Demonstration? Man kann nur antworten: Es ist ein normaler Abend in Kairo.

Es gibt auch ruhige, beschauliche, erholsame Winkel. Dies sind die hübsch angelegten Parks mit Blumenrabatten, tropischen Bäumen und Freiluftcafés, von denen man einen Ausblick auf meist weißverputzte, verschnörkelte Hausfassaden im englischen Kolonialstil hat. An solch raren Plätzen, die nicht sehr bevölkert sind, weil sich nur wohlhabende Ägypter und Touristen an den gepflegten Tischchen eine Ruhepause bei einer Tasse Kaffee leisten können, ist noch ein Hauch jener Eleganz erhalten, wie ihn die Briten um die Jahrhundertwende für ein modernes, maßvoll bevölkertes Kairo anstrebten.

Die winkligen Medinagassen strapazieren die Nerven weniger als die breiten Boulevards der «modernen» Neustadt. Zwar drängen sich auch hier die Menschen, hinzu kommt der starke, verwirrende Duft aus unzähligen Garküchen und der Gestank rasch verfaulender Abfälle, aber es fehlen weitgehend Motorenlärm, Abgase und die chaotische Verkehrshektik; fast nur Eselskarren bahnen sich gemächlich ihren Weg durch den Menschenstrom. Paradoxerweise ist so in den engen Gassen das Brodeln einer übervölkerten Metropole weniger bedrängend. Erst als ich im Altstadtzentrum das Minarett der Barkuk-Moschee bestieg und von dort aus über die Gassen, die ineinandergeschachtelten Häuserwürfel, Türme und ornamentverzierte Moscheekuppeln bis hin zur alles beherrschenden, auf einem Hügel gelegenen Zitadelle mit der Mehemed-Ali-Moschee blickte, wurde mir wieder klar, was Überbevölkerung heißt: Auf fast allen Flachdächern der Altstadthäuser stehen Hütten aus Brettern, Wellblech, ja aus Lehm und Stroh, suchen Ziegen, Hühner und Schafe zwischen unkrautüberwachsenen Nischen und allerlei Gerümpel nach Nahrung – auch dies Wohnstätten von landflüchtigen Bauern, die vielleicht erst vor ein paar Jahren in das ohnehin schon drangvolle Kairo geströmt sind und soviel «Dorf» wie möglich im Großstadtlabyrinth erhalten wollen.

Zu viele Menschen

Statistiken vermitteln eine Ahnung von den Ursachen, die Ägypten, vor allem sein Ballungszentrum Kairo, so chaotisch, so anstrengend, so verwirrend machen. Wie in vielen Ländern der Dritten Welt erweist sich als eine wesentliche Triebkraft die Bevölkerungsexplosion.

Zu Beginn des 19. Jahrhunderts zählte Ägypten nicht mehr als 2,5 Millionen Menschen – soviel, wie heute bereits ein übervölkerter Vorort in Kairo beherbergt –, 1850 waren es 5,2 Millionen,

1900 an die 10 Millionen, 1950 hatte sich die Zahl auf etwa 20 Millionen verdoppelt. Es brauchte demnach eineinhalb Jahrhunderte, um mit Hilfe verbesserter Medizin und Hygiene die ursprünglich kleine Bevölkerungszahl zu verachtfachen. Seitdem aber, in nur dreieinhalb Jahrzehnten, haben sich diese 20 Millionen mehr als verdoppelt: auf rund 50 Millionen. Die Steigerungsrate hat beängstigende, nicht mehr kontrollierbare Ausmaße erreicht. Alle 30 Sekunden wird am Nil ein Kind geboren, so war es bereits in Statistiken von 1979 zu lesen, pro Stunde vermehrt sich Ägypten um etwa 100 Menschen, pro Tag um 2700, jedes Jahr hat das Land eine Million Ägypter mehr zu versorgen.[5]

Die Regierung sieht diesem lawinenartigen Zuwachs der Geburten keineswegs tatenlos zu, sie fördert die Vergabe kostenloser Antibabypillen, läßt Aufklärungsschriften über Verhütungsmittel drucken, schickt Ärzte und Sozialarbeiter in die Nildörfer, um den Fellachenfrauen den Sinn von Pille und Pessar zu erklären, aber der Erfolg ist im Vergleich zum Aufwand gering. Noch immer sehen es die Bauernfamilien als vorteilhaft an, wenn möglichst viele Söhne und Töchter als kostenlose Arbeitskräfte auf den Feldern mitarbeiten, noch immer gilt «Fruchtbarkeit» als die größte Tugend der Frau – ein traditionelles Denken, das zumindest die zahlreichen Konservativen unter den Geistlichen bis hinauf zu ranghohen Autoritäten der Al-Azhar-Universität lebhaft bejahen, erst recht die Angehörigen der radikalen Moslembruderschaft.

Alle Fortschritte in der Landwirtschaft, verbesserte Anbaumethoden und Versuche einer Bodenreform werden durch die Bevölkerungsexplosion wirkungslos. Die Zahl der Menschen wächst rascher als die ebenfalls steigenden Ernteerträge. In den wenigen fruchtbaren Anbaugebieten von 40 000 Quadratkilometern entlang des Nils, in einem sonst wüstenhaft leeren Land, drängten sich bereits 1979, von Kairo abgesehen, an die 36 Millionen Menschen zusammen. Hierbei hat sich die Bevölkerungsdichte auf dieser Fläche innerhalb von nur 14 Jahren (1966 bis 1980) von 845 auf 1145 Einwohner pro Quadratkilometer erhöht.[6] Dies sind erschreckende Zahlen. Aber das bedrohliche Ausmaß wird erst anschaulich, wenn man sich klar macht, daß besagtes Gebiet kaum größer ist als das für deutsche Verhältnisse dichtbesiedelte Bundesland Baden-Württemberg, nur daß in Ägypten auf derselben Fläche viermal soviel Menschen leben. Um die hungrigen Mäuler zu stopfen, muß das fruchtbare Agrarland Ägypten heute Lebensmittel importieren, was Milliarden an wertvollen Devisen verschlingt.

Aus den übervölkerten Dörfern strömen die notleidenden Bauern in die Ortschaften, wo Industrie oder Touristenhotels Arbeit und Brot verheißen – ein Zustrom mit bisher unabsehbaren Folgen. An die 1000 Hektar fruchtbaren Bodens verschwinden jährlich durch die sich ausdehnenden Kleinstädte unter Asphalt und Stein;[7] innerhalb eines einzigen Jahrzehnts haben sich so über 400 Dörfer in Städte mit unkontrollierbarem Wildwuchs verwandelt. Lebten 1960 nur 38 Prozent der Ägypter in den Städten, so waren es 1979 bereits 45 Prozent[8] und 1984 schon knapp über die Hälfte aller Ägypter – und die Zahl wird weiter steigen.

Die meisten der landflüchtigen Bauern strömen nach Kairo; ein Viertel aller Ägypter lebt bereits in diesem gigantischen Ballungsraum. Pro Tag muß Kairo mit etwa 1000 neuen Zuwanderern aus der Provinz rechnen, so schätzten schon 1978 vorsichtig die Behörden.[9] Kairo stellt für den kleinen Kaufmann aus der Provinz ebenso einen Mythos von Reichtum und Fortschritt dar wie für den arbeitsuchenden Bauern, Tagelöhner und Laufburschen. Kein Wunder: Mehr als ein Drittel aller Industrien sind in Kairo angesiedelt, mehr als die Hälfte aller Universitäten, Fachhochschulen und Hospitäler haben ihren Standort in der ägyptischen Hauptstadt – Hoffnung für viele, wenigstens einen Platz als Hilfsarbeiter auf den zahlreichen Baustellen zu finden; und privilegiert muß sich schon fühlen, wer eine Anstellung als Hausmeister oder Dienstbote im umfangreichen Verwaltungsapparat bekommt.

Schon über 13 Millionen Menschen drängen sich 1987 in Kairo auf einer Fläche von 150 Quadratkilometern, und dies bei 50 Millionen Ägyptern im ganzen Land. Wie sehr sich hierbei die Einwohnerstruktur verzerrt, indem die Volksmassen in geradezu erschreckender Dichte bevorzugt an wenigen Orten leben (außer in Kairo noch in Alexandria mit rund 3 Millionen Einwohnern), zeigt erst ein Vergleich zur Bundesrepublik Deutschland. Dort, bei 62 Millionen Gesamtbevölkerung, sind die Ballungsräume

– an ägyptischen Verhältnissen gemessen – klein, dagegen weit gestreut: so Berlin (West) mit 2,02 Millionen Einwohnern, Hamburg mit 1,6 Millionen, München mit 1,4 Millionen, um nur die größten zu nennen.

Viele Zuwanderer finden in Kairo keine Wohnung; sie ziehen zu Freunden und Verwandten in die ohnehin schon engen, baufälligen Häuser der Medina oder in bereits abgewirtschaftete moderne Wohnblocks; sie bevölkern auch zu Tausenden die Flachdächer, wo sie unter freiem Himmel ihr Essen kochen und schlafen. Andere mieten für ein paar Piaster Schlafplätze in den Slums, wo ein Bett an drei Schläfer vergeben wird, die im festgelegten Turnus schichtweise das ärmliche Matrazenlager benutzen müssen.

All das mag vielen von uns unglaublich erscheinen. Dabei liegen in unserer Zivilisation ähnliche Verhältnisse gar nicht so weit zurück. Wir kennen noch vom Beginn des 20. Jahrhunderts, als noch immer notleidende Bauern massenhaft in die industriellen Ballungszentren strömten, die sogenannten «Bettgeher», Proletarier, die in den übervölkerten Mietskasernen Schlafplätze nur stundenweise mieten konnten, um diese dann für einen anderen freizumachen, der todmüde aus der Schichtarbeit zurückkam. Die Zahlenbeispiele sind zwar nicht so schockierend hoch wie heute in vielen Entwicklungsländern, aber auch sie müssen zu denken geben. So besaßen noch um 1900 in der Kaiserstadt Wien mit ihren damals 2,1 Millionen Einwohnern 170 000 Menschen keine eigene Bettstatt.

Wenn man abends durch die Medina von Kairo geht und einen Blick durch die Fenster in die hellerleuchteten Räume wirft, dann sieht man die meist schlauchartig engen, niedrigen Zimmer gesteckt voll von Menschen. Man kann sich vorstellen, daß dort die Böden nachts dicht mit Matrazen belegt sind; Platz für eine Intimsphäre in unserem Sinn ist da undenkbar. Im Stadtteil Bab ash-Sharya, dem «Tor des Gesetzes», drängen sich, so schätzen die Statistiker, auf jedem Quadratkilometer an die 153 000 Menschen in unwürdigsten Wohnverhältnissen – dies ist selbst für übervölkerte Slums ein Rekord, zählt man doch im Altstadtzentrum von Kalkutta pro Quadratkilometer «nur» 50 000 Menschen.[10] (Im Vergleich dazu eine westdeutsche Großstadt: In

Frankfurt kommt man bei der gleichen Fläche auf 2900 Einwohner.)[11]

Kairo platzt endgültig aus den Nähten. Seit die Innenstadt nicht mehr fähig ist, neue Zuwanderer aufzunehmen, strömen Wohnungssuchende in die ausgedehnte Gräberstadt der Mamluken-Sultane, in deren Gewölbe bisher nur die Toten ihre Bleibe hatten; heute schätzt man die Zahl der dort Wohnenden auf 600 000, so habe ich mir von Ägyptern sagen lassen. Weitere Zehntausende leben in dürftigen Zelten oder in ausrangierten Bussen der städtischen Verkehrsbetriebe, die Ärmsten der Armen aber auf den Müllkippen im Osten der Stadt.

Kairo ist von den Städteplanern der dreißiger Jahre für höchstens zwei bis drei Millionen Einwohner angelegt worden; Straßen, Plätze, Kanalisation und Stromversorgung waren für diese Dimensionen konzipiert. Man zeigte sich damals optimistisch. Ende der vierziger Jahre blieben nur noch wenige Altstadtviertel und Slumsiedlungen vom Wasserrohr- und Stromnetz ausgeschlossen, und es schien nur noch eine Frage der Zeit zu sein, bis auch das letzte Haus von den Segnungen des Fortschritts erfaßt sein würde – da aber wurde Kairo von der Bevölkerungslawine überrollt. Die viel zu vielen Menschen einerseits, der kostspielige Rüstungsetat und die Kriege mit Israel andererseits sind die Hauptursachen, wieso die ägyptische Hauptstadt bis heute nicht über den Entwicklungsstand vor vierzig Jahren hinausgekommen ist – ja, zunehmend hinter die damalige Stabilität zurückfällt. Defekte Wasserrohre werden aus Geldmangel nicht repariert, neue Rohre für die rasch wachsenden Wohnviertel und Slums am Stadtrand gar nicht mehr gelegt; das Stromnetz ist überlastet und bricht bei der Überalterung seiner Leitungen immer häufiger zusammen. Wo früher die Straßen sauber waren, stinken heute oft genug trübe Wasserlachen nichtkanalisierter Abwässer, kommt die Müllabfuhr bei der Abfallbeseitigung nicht mehr nach. Deutlich sichtbar entgleitet der Stadtverwaltung die Kontrolle über diesen immer unförmiger werdenden Stadtkoloß; Kairo droht unregierbar zu werden – oder ist es bereits.

Unter solchen Bedingungen muß der Lebensstandard notgedrungen äußerst niedrig bleiben. Nach wie vor zählt Ägypten zu den berüchtigten «Armenhäusern» der Welt, daran haben weder die Revolution von 1952, noch ehrgeizige Entwicklungsprojekte unter Nasser und Sadat, noch ständig steigende Tourismuseinnahmen etwas ändern können. Nach der offiziellen Einkommensstatistik von 1977 mußten 19 Prozent aller ägyptischen Familien mit einem Monatseinkommen von umgerechnet nur 100 Mark leben, 37 Prozent gar nur mit 70 bis 80 Mark,[12] und daran hat sich bis heute wenig geändert, im Gegenteil, die Verhältnisse verschlechtern sich noch. Hinzu kommen die Millionen Unterbeschäftigten und Gelegenheitsarbeiter, die sich mit noch wesentlich geringeren Einkünften durchzuschlagen haben, oft unter dem gesetzlich garantierten Mindestlohn von umgerechnet 40 Mark – und dies bei inflationär steigenden Preisen.

Fernsehen in der Lehmhütte

Kairo ist eine Stadt, die mit all ihren schroffen, grotesken Gegensätzen wehtut – und dann doch wieder fasziniert. Kairo ist unerschöpflich an Paradoxien, ein Nebeneinander unvereinbarer Zeitalter.

Mir wurde dies auch im persönlichen Kontakt mit Ägyptern bewußt. Besonders hat sich mir in dieser Hinsicht die Begegnung mit einem etwa dreißigjährigen Deutschlehrer der Al-Azhar-Universität eingeprägt. Er, westlich mit Blazer und Krawatte bekleidet, sprach mich nahe dem Ägyptischen Museum an und lud mich ein, ihn doch am nächsten Tag zu besuchen. Treffpunkt sollte das Portal der Al-Azhar-Moschee sein, von dort aus würden wir dann in seine Wohnung gehen. Neugierig, mehr über die Lebensgewohnheiten eines gebildeten ägyptischen Stadtbewohners zu erfahren, der zudem noch westlichen Besuchern gegenüber aufgeschlossen ist, willigte ich ein. Mein Entschluß sollte Überraschungen bringen.

Der Zufall wollte es, daß ich während eines Altstadtbummels drei Stunden vor der verabredeten Zeit am Portal der Al-Azhar-Moschee vorbeikam, und so betrat ich den geräumigen, architektonisch eindrucksvollen Innenhof und fragte dort einen koranlesenden Theologiestudenten, der mit gekreuzten Beinen nahe dem Eingang saß, nach dem Deutschlehrer. Der junge Ägypter, noch mit der traditionellen Galabijah bekleidet, nannte den Lehrer seinen Freund und bot mir an, mich zu dessen Wohnung zu führen. Wir gingen durch winklige Medinagassen, bogen aber nicht, wie ich erwartete, in Richtung der modernen Neustadt ab, sondern erreichten ein Wohnviertel mit niedrigen, meist fensterlosen Häusern aus lehmgebrannten Ziegeln. Dort begegnete uns auf den ungepflasterten Straßen kein Auto, um so mehr aber lastenbepackte Maulesel mit ihren Treibern; es war ein Viertel, das eher an ein großräumiges Fellachendorf als an die Dreizehnmillionenstadt Kairo erinnerte. Die Männer trugen hier fast alle noch Turban und Galabijah, die Frauen bedeckten ihre untere Gesichtshälfte mit einem Zipfel ihres knöchellangen schwarzen Umhangs, sobald sich ihnen ein Fremder näherte.

Europäer scheinen hier nicht gerne gesehen zu sein, wie mir teils unmutige, teils feindselige Blicke verhießen. Auf geradezu bestürzende Weise mußte ich dies erfahren, als ich meine Kamera hob, um eine der mir «malerisch» erscheinenden Gassen mit Minarett und Moscheekuppel zu fotografieren. Sofort waren wir von einer schimpfenden, kreischenden Menschenmenge umringt, Hände schlugen gegen meine Fototasche, und schon war ein Polizist zur Stelle, der sehr barsch meinen Paß verlangte und schließlich auch den Ausweis des Al-Azhar-Studenten. Nach einem längeren Wortwechsel auf arabisch zwischen dem Polizisten und meinem Begleiter durften wir endlich weitergehen, aber noch geraume Zeit folgten uns Männer mit betont mißtrauischen, unfreundlichen Gesichtern. Auf meine Frage, ob man hier fremdenfeindlich sei, vielleicht aus verständlichen Gründen einen Haß auf «reiche» Ausländer habe, wiegte mein Begleiter verlegen den Kopf und antwortete: Das, was eben geschehen sei, habe nichts zu bedeuten, es handle sich um «ungebildete» Leute.

Wir erreichten die Wohnung des Lehrers, einen Backsteinbau mit dem auffallenden Luxus von großen Fenstern und Holzläden, aber wir trafen den Gesuchten nicht an, also lud mich der Student zu sich nach Hause ein. Seine Wohnung wirkte wesentlich bescheidener: ein zur Gasse hin fensterloser Lehmziegelbau mit einem kleinen Hof, in dem uns gackernd Hühner auswichen und eine Ziege neugierig hergetrottet kam. Das niedrige Haus bestand nur aus zwei Räumen, einem Schlafraum, den ich nicht zu sehen bekam, und einem Wohnraum, wo auf dem bloßen Lehmboden ein Tischchen und mehrere Hocker gruppiert waren, seitlich befand sich eine Feuerstelle mit einem Kocher, und in der Ecke – ein Fernsehapparat.

Der Student, in fortgeschrittenem Semester, war verheiratet und lebte von einem staatlichen Stipendium. Seine Frau, unverschleiert, aber mit dem traditionellen schwarzen Umhang, servierte Tee, während der neunjährige Sohn sich vor uns aufbaute, auswendig eine ganze Reihe Koranverse zitierte und vom Vater das Lob erhielt: Auch der Sohn werde als Erwachsener den ganzen Koran im Gedächtnis haben, Wort für Wort, auch er werde dann den Ehrentitel «Hafis» (Koranbewahrer) tragen dürfen.

Ob es erlaubt sei, den Fernsehapparat einzuschalten, fragte er. Ein ägyptisches Liebesdrama mit viel Theatralik und Sentimentalität, weit abgehoben von den Niederungen des Alltagslebens, flimmerte über den Bildschirm. Angelockt von dem Lautsprecher strömten Frauen und Kinder verschiedenen Alters in den Raum – ob aus der weitverzweigten Großfamilie oder der Nachbarschaft, konnte ich nicht feststellen –; sie kauerten als Zuschauer auf dem bloßen Lehmboden. Dem Spielfilm folgten Werbespots, die unverkennbar aus einer amerikanischen Produktion übernommen und nur synchronisiert waren: Eine blonde Amerikanerin bietet lächelnd Lippenstift an, ein Weihnachtsmann (!) mit rotem Mantel und Kapuze packt aus seinem Geschenksack schmunzelnd Transistorradios und Kassettenrekorder aus. Währenddessen verirrte sich die Ziege aus dem Hof in das Wohnzimmer, verdeckte mit ihrem mageren Körper den Fernsehschirm und wurde mit einem Klaps verscheucht.

Schließlich betrat der Deutschlehrer den Raum, vom Sohn des Studenten herbeigeholt. Wie am Tag zuvor erschien er mit Blazer und Krawatte. Er bat darum, draußen im Hof fotografiert zu werden, worauf sich der Student der Bitte anschloß. Der letztere verschwand im Schlafraum, und als er zurückkehrte, trug er einen westlich geschnittenen Anzug. Er ließ sich nicht dazu bewegen, doch gerade für das Foto in der «malerischen» Galabijah aufzutreten, im Gegenteil, er sah mich verständislos, schließlich gar unwillig an. Seinen neunjährigen Sohn, der sich eilig der Galabijah entledigt hatte und nun im T-Shirt und kurzen Hosen dastand, ließ er mit aufs Bild. Anschließend zogen sich beide wieder um und saßen in ihren traditionellen Umhängen vor dem Fernsehgerät.

Am Abend waren wir alle, auch ich, der Europäer, zu einer Geburtstagsfeier in der Nachbarschaft eingeladen. Girlanden mit bunten Glühbirnen hingen zwischen den Lehmmauern über die Gasse, Mädchen aus der Familie führten Bauchtänze vor, angefeuert durch das rhythmische Händeklatschen der Männer; im abgeschlossenen Kreis ihres Klans kannten die Frauen nicht die scheue Zurückhaltung wie außer Haus. Schließlich tanzten die Männer, ich mußte mich in ihren Reigen einfügen und sollte dann zur Erheiterung der Zuschauer den Bauchtanz der Frauen nachahmen. Es wurde viel gescherzt und gelacht, Umarmungen folgten, die Gastgeber reichten Tee und honiggesüßten Kuchen. In dieser Atmosphäre überschäumender Herzlichkeit und Fröhlichkeit inmitten dörflich wirkender Lehmziegelhäuser erschien die Dreizehnmillionenstadt Kairo mit ihren Problemen unendlich fern. Während die Männer gerade einen Stocktanz aufführten und mit ihren zerfurchten Gesichtern und weißen Umhängen wie Nilbauern aus einer ganz anderen Epoche anmuteten, erklärte mir der ägyptische Deutschlehrer, daß er zur Zeit an seiner Magisterarbeit über Lessings Minna von Barnhelm schreibe. Widersprüchliches Kairo.

Es war schon nach Mitternacht, als mich der Deutschlehrer zu einer breiten Asphaltstraße brachte, die das winklige Gewirr von Gassen wie ein Messerschnitt teilte, und mir dort ein Taxi in Richtung Neustadt suchte. Er verabschiedete sich.

Und wieder begegnete mir ein anderes Kairo.

Der Taxifahrer war mager und wirke abgearbeitet, er beobachtete mich während der Fahrt durch den Innenspiegel schweigend aus stechenden Augen, barfuß betätigte er das Gaspedal. Wahrscheinlich war er ein Tagelöhner, der für einen lächerlich geringen Lohn das Taxi eines reichen Ägypters steuerte. Während ich ihn beklommen musterte, wurde es unter meinem Sitz lebendig: Zwei Knaben, vielleicht sechs oder sieben Jahre alt, schmutzig und zerlumpt, wahrscheinlich seine Kinder, krochen hervor und hielten bettelnd die Hände auf, zerrten an meinen Hosenbeinen und der Jacke. Die Münzen, die ich ihnen gab, ermutigten sie zu weiterem Bitten; anscheinend sahen sie die seltene Chance, endlich einmal ausgiebig Mitleid bei einem «reichen» Ausländer zu erregen, der ihnen nicht mit raschen Schritten davongehen konnte.

Das Volk hautnah

Was Armut bei Ägyptern heißt, bekam ich am eindringlichsten zu spüren, als ich Kairo in einem Zugabteil zweiter Klasse verließ. Ungeachtet der Warnung deutscher Reisehandbücher, es sei «unzumutbar» für einen Europäer, «ägyptisch» zu reisen, ließ ich mich auf das Wagnis ein. Meine Wahlmöglichkeiten waren in jenem November 1978 ohnehin sehr beschränkt, denn damals hatte für die Moslems der Dsul-Hidschra, der Pilgermonat, begonnen, zu dessen Höhepunkt Alt und Jung in die Heimatorte auf Verwandtenbesuch fährt, ähnlich wie bei uns an Weihnachten. Auf zehn Tage hinaus waren sämtliche Sitzplätze der ersten und zweiten Klasse ausgebucht. Wenn ich also nicht eineinhalb Wochen warten wollte, so mußte ich mich wohl oder übel auf den Versuch einlassen, in einem der Waggons ohne Platzreservierung mitzukommen – zusammengepfercht mit dem weniger zahlungskräftigen «einfachen» Volk.

An jenem Spätnachmittag fuhren zwei Fernzüge die tausend Kilometer bis Assuan. Der erste verließ noch bei Tageslicht Kairo, ich sah seine Wagen drei Bahnsteige weiter vorbeigleiten: moderne, teils klimatisierte Coupés, aus deren geräumigen Fenstern großenteils westlich gekleidete Ägypter und auch Europäer, Touristen, blickten – die Waggons sämtlich erster Klasse.

Eineinhalb Stunden später war die Abfahrt für den nächsten Zug nach Assuan angesetzt, er allein mit Waggons der zweiten und dritten Klasse und ausnahmslos mit unreservierten Sitzen. Was sich nun abspielte, sprengt alle europäischen Maßstäbe und Sehgewohnheiten. Auf dem Bahnsteig drängte sich eine unübersehbare Menschenmenge, Männer in abgewetzten Jacken und Hosen aus den bereits europäisierten Wohnvierteln, Männer in Turban und Galabijah, Frauen in ihren weiten schwarzen Umhängen, und zwischen aufgetürmten Gepäckballen zahlreiche

Kinder aller Altersstufen, meist halbnackt. Es schienen Tausende von Menschen zu sein, angesichts derer ich mich bang zu fragen begann, ob sie denn alle denselben Zug benützen wollten. Und als dann die lang erwartete Bahn nach Anbruch der Dunkelheit mit beträchtlicher Verspätung aus Alexandria eintraf – klapprige, sehr alte Waggons, durch jahrzehntelange Überbeanspruchung längst abgenutzt, die Fenster ohne Scheiben, an ihren Öffnungen schon die Köpfe zahlreicher Reisender, ein vollbesetzter Zug, so schien es –, da kam Bewegung in die unübersehbaren Menschenmassen auf dem Bahnsteig. Die Wartenden sprangen auf, drängten sich schiebend, stoßend vorwärts zu den Eingängen, vor denen sie sich stauten, Männer zerrten sich an den Ärmeln, ja, an den Haaren, stießen sich mit den Ellbogen zur Seite, Frauen kreischten, Kinder weinten – es war, als flüchte die Menge vor einem anrückenden Feind in den letzten erreichbaren Zug. Etliche versuchten durch die glaslosen Fensteröffnungen ins Innere zu steigen, wo sie von bereits sitzenden Fahrgästen zurückgestoßen wurden. Polizisten tauchten auf und droschen mit Schlagstöcken auf Köpfe und Rücken ein, auch sie mit Gebrüll, während etliche Männer bereits auf das Dach kletterten und sich dort für die Nachtfahrt ausstreckten.

Ich wurde mehr geschoben und gestoßen, als daß ich in der wogenden Menge selbst meine Schritte hätte lenken können, und so erreichte ich das Wageninnere, wo die Menschen schon dichtgedrängt in den Gängen standen. Ich weiß nicht, wie ich zu einem Sitzplatz gekommen bin, plötzlich fand ich mich auf einem harten Brett, andere drängten nach. Sechs Personen kauerten auf der Bank, die nur für vier bestimmt war, alle hatten sie die Beine hochgezogen, teils bis zur Brust, denn der Boden war längst mit Gepäckstücken vollgepropft. An den Fenstern vorbei turnten weitere Männer auf das Dach, das unter den Tritten immer neuer Füße trommelte. Ein paar Halbwüchsige schließlich machten sich auf dem Fenstersims breit, die Füße nach draußen hängend, sie belegten die letzten noch verfügbaren Plätze.

Ein Abteil zweiter Klasse. Elektrisches Licht kannten die Waggons nicht, die Fahrgäste kauerten im Dunkel, manche behalfen sich mit Kerzen. Auch die Händler, die sich zeitweilig mit erstaunlicher Ausdauer durch die Enge kämpften, hatten auf ihren

Bauchläden Kerzen brennen, nur die Schaffner verfügten über den Luxus einer Taschenlampe.

Es wurde eine unruhige Fahrt. Stellenweise holperte der ungefederte Waggon so, daß man vom Sitz hochgeschleudert wurde und recht unsanft auf das harte Brett zurückfiel. Ständig klang das Scheppern lockerer Eisenstangen, Blechteile und Holzplanken in den Ohren, Kerzen kippten ab und zu bei den heftigen Stößen um. Staub und Sand trieben durch die offenen, unverschließbaren Fenster, machten die Lippen rauh und klebrig, aber der frische Luftzug milderte wenigstens den nur schwer erträglichen Mief aus Tabakqualm, Schweiß, Knoblauch und – Urin. Wir kauerten in einem Abteil ohne sanitäre Anlagen, die Menschen entleerten sich durch die Fenster oder (bei der drangvollen Enge, die kaum Bewegung zuließ) in einer Wagenecke. Dem saturierten, komfortgewohnten Mitteleuropäer mögen solche Szenen traumatische Erinnerungen an Kriegselend und überfüllte Flüchtlingszüge wachrufen, für die Mehrheit aller Ägypter aber bedeutet ein derartiger Zustand Alltag mitten im tiefsten Frieden.

Ein Abteil zweiter Klasse. Welche Bedingungen bot dann erst die dritte Klasse? Hier, in diesem Waggon, reisten keineswegs die wirklich Armen, denn die dreizehnstündige Fahrt nach Assuan von nahezu tausend Kilometern kostete für die zweite Klasse umgerechnet an die 14 Mark; dies entsprach ungefähr einem Drittel des gesetzlich garantierten Monatsmindestlohnes. Mich überraschte der Gleichmut, ja die Fröhlichkeit der Reisenden. Kein Schreien, kein Zorn, wenn während des jähen Holperns der ungefederten Wagen zeitweilig Fahrgäste übereinanderpurzelten. Zwischendurch Gelächter und Scherzen. Mein Nachbar ahmte zur Erheiterung der anderen den Ritt auf einem störrischen Maulesel nach. Die Männer im flackernden Kerzenschein mir gegenüber packten gelassen Brotfladen, hartgekochte Eier und Gemüsetöpfe aus und boten mir Essen an, ich war ihr Gast.

Bei Tageslicht zeigte sich die Szenerie mit einer neuen Nuance. Die Männer in meiner Umgebung – während der Nacht noch teilweise in westlich geschnittenen Hemden, Pullovern und Jakken, dem typischen Kennzeichen des Großstadtbewohners aus «besseren» (?) Vierteln – hatten sich auf verblüffende Weise gewandelt: Alle trugen sie nun den Turban und die Galabijah, den langen Überwurf der Fellachen; anscheinend würden sie in ihren Dörfern, wohin sie für ein paar Tage während des Pilgermonats zurückkehrten, mit ihrer westlichen Kleidung nicht akzeptiert werden.

Draußen zog die zauberhafte Landschaft Oberägyptens vorbei: Palmenhaine, Reisfelder, Zuckerrohrpflanzungen, als weiße Tupfer Kraniche und Störche und immer wieder funkelte hinter lehmbraunen Dörfern mit hellgetünchten Minaretten türkisfarben der Nil. Auf den Feldern gingen Bauern hinter dem Holzpflug her, Frauen in weiten Umhängen schleppten Krüge von den Brunnen. Ein Bild scheinbar tiefen Friedens, das so abrupt im Gegensatz stand zum übervölkerten Kairo mit seiner nur oberflächlichen Modernisierung, im Kontrast aber auch zum überfüllten Zug, der nun bald seinen Menscheninhalt in die Provinzbahnhöfe entleerte.

Aber Ägyptens Niltal, sogar weit weg von den unkontrolliert wuchernden Städten, ist längst nicht mehr so intakt, wie es während des Durchfahrens auf weite Strecken beim flüchtigen Anblick noch scheint. Gerade aus den «noch» so idyllisch anmutenden, an die Palmenufer des Nil hingeschmiegten Dörfern wandern ja viele Bauern in die Städte ab.

Verlorenes Gleichgewicht in den Dörfern

Noch immer kennen die meisten Nildörfer nur das Schöpfrad und nicht die Motorpumpe, den holprigen Lehmweg und nicht die Asphaltstraße, Lehmhütten statt Backsteinbauten, das Lastkamel statt des Lastautos, den Tonkrug statt des (schon nicht mehr ganz so seltenen) Blechkanisters. Vieles hat zur Pharaonenzeit nicht grundsätzlich anders ausgesehen, denn die später eindringende Zivilisation der Griechen, Römer und Araber konnte nur manche Erscheinungsformen an der Oberfläche verändern. Welch ein Gegensatz zu Ägyptens Städten.

Drei Jahrtausende lang hatte sich in den Dörfern nur wenig verändert. So weit sich ägyptische Geschichte zurückverfolgen läßt, brauchten sich die Fellachen in ihrem Lebensrhythmus allein nach den jahreszeitlich bedingten Überflutungen des Nils zu richten. Wenn in den mittelafrikanischen Quellgebieten die monsunartigen Sommerregen fielen, führte der riesige Strom während des Spätsommers und Herbstes reichlich Wassermassen nach Ägypten, dagegen zeigte er während der Trockenzeit ein wesentlich schmaleres, relativ wasserarmes Bett. Solange die Fluten die Felder überschwemmten und sich in Bewässerungskanälen speichern ließen, waren die Bauern mit Pflügen, Säen und Ernten beschäftigt, dann aber mußten sie sich bis zum nächsten Monsun gedulden.

Dieser stetige Wechsel von Flut und Trockenperiode schrieb den Bauern auch ihre Sozialordnung vor – wie es schien, für alle Zeiten unumstößlich. Bodeneigentum in unserem Sinn war nicht möglich, denn die jährliche Überschwemmung verwischte, ja zerstörte die Parzellengrenzen, so daß die Dorfschulzen und königlichen Beamten jeder Familie wieder neu eine Nutzungsfläche von etwa zwei Hektar zuweisen mußten. Nominell gehörte der Boden dem König oder dem Gaufürsten, und ihnen hatten die Fellachen auch einen Teil ihrer Ernte abzuliefern. Diese Feudalordnung blieb über Jahrtausende stabil, weil die Grundherren die Bauern im großen und ganzen gleichmäßig mit Abgaben belasteten – und nicht überlasteten.[13]

So bis ins 19. Jahrhundert. Bis zum Zusammenprall mit der westlichen Zuvilisation. Nun aber sollten nicht nur die Städte unter dem Ansturm neuer Techniken, Lebensformen und Denkmuster ihr Gesicht wandeln, nun wurden auch erstmals Ägyptens Dörfer in den Sog der Veränderung gerissen.

Die ersten Signale setzte der türkische Statthalter Mehemed Ali, der von 1805 bis 1849 regierte. Er gehört neben seinem nominellen Oberherrn, dem Osmanensultan Mahmud II., zu den Pionieren unter den moslemischen Herrschern, die sich von der westlichen Zivilisation tief beeindruckt zeigten und daraus Konsequenzen für die eigene Politik zogen. Mehemed Ali ließ Schulen und Fabriken nach europäischem Vorbild errichten, schickte Schüler und Studenten nach Deutschland, Frankreich und Großbritannien, aber er griff auch als erster folgenreich in das bisher unveränderbar erscheinende System der Landwirtschaft ein. Er wollte Ägypten, bis dahin ein bloßes Selbstversorgerland, nach agrarkapitalistischen, exportorientierten Prinzipien umformen.

Baumwolle sollte im Nildelta weit über den Eigenbedarf hinaus angebaut werden, mit dem Ziel, den begehrten Rohstoff gewinnbringend in den Industriezentren Europas abzusetzen. Um aber Baumwolle in großen Mengen in Ägypten heimisch zu machen, brauchte man ganzjährig bewässerte Böden – und folgerichtig einen Staudamm, der eine solch gleichmäßige Wasserzufuhr regelte. Der Gouverneur setzte sich über den Widerstand islamischer Geistlicher hinweg, die ihn beschworen, doch nicht den natürlichen Wechsel von Flut und Trockenperiode zu zerstören, denn damit greife er in die Ordnung Allahs ein und fordere dessen Strafe heraus. Mehemed Ali empfand solchen «Aberglauben» als lächerlich, er ließ 1835 durch französische Ingenieure südlich von Kairo den «Barrage du Nil» anlegen. Dieser Staudamm war ein Vorläufer des Assuandammes, den die britischen Kolonialherren 1902 in wesentlich größeren Dimensionen bauten. Beide Dämme, vor allem aber der letztere, halfen entscheidend die Ernteerträge steigern – Ägyptens Landwirtschaft war unwiderruflich in Bewegung gekommen.

Anfangs erschien der vielpropagierte Fortschritt tatsächlich als durchschlagender Erfolg. Bisher unfruchtbare Böden konnten nun bewässert werden, die Ernteerträge verdoppelten sich im Durchschnitt, ja, stiegen in manchen Gegenden auf das Dreifache. Selbstverständlich setzten die Reformer Baumwolle an die Spitze der Produktionsskala, denn an deren Ausfuhr verdiente nicht nur eine schmale Schicht von Großgrundbesitzern besonders gut, sondern auch einige Minister der ägyptischen Regierung und später die britischen Kolonialherren. Mit den vermehrten Einnahmen wuchsen aber auch die Risiken, die Gefahren. Je mehr der Rohstoff Baumwolle den Reis, das Gemüse und das Getreide von den Feldern Unterägyptens verdrängte, sahen sich die Bauern dort einer zunehmenden Lebensmittelknappheit ausgesetzt, und damit zerfiel ihr bisher funktionierendes System einer Selbstversorgergesellschaft. Die Plantagenbesitzer aber, die durch den Baumwollhandel immer reicher wurden, blieben ebenfalls nicht von Risiken verschont: Der Gedeih und Verderb ihres Geschäfts hing von den Bedarfsschwankungen des Weltmarkts ab.

Mit dem Bau der Staudämme hatte sich in vielen Dörfern das

Leben grundsätzlich geändert – einschneidend wie nie zuvor in Ägyptens viertausendjähriger Geschichte. Nun blieb in immer größeren Landesteilen die jährliche Überschwemmung aus, so daß nicht jedes Jahr die Felder erneut den Bauern zugeteilt zu werden brauchten; nun, bei gleichmäßiger Bewässerung, blieben die Parzellengrenzen ungefährdet, und so stand einer dauerhaften Eigentumsverteilung nichts mehr im Weg.

Ein Fortschritt? Es hätte die Chance bestanden, die ägyptische Landwirtschaft mit diesem Wandel durchgreifend, auch sozial, zu modernisieren. Aber was tat die Regierung? Sie vergab neugewonnenes Kulturland an «Fachleute», die als Agrarkapitalisten «modern» wirtschafteten und die bisherige Feldervielfalt durch die Monokultur Baumwolle ablösten. Diese neuen Grundherrn, meist Günstlinge der Regierung, von vornherein mit erheblicher ökonomischer Macht gegenüber den Kleinbauern auf ihren durchschnittlich zwei Hektar Land ausgestattet, setzten alles daran, um die selbständigen Fellachen in ihre Abhängigkeit zu zwingen. Wo lukrative Versprechungen nichts fruchteten, half oft genug die Drohung, ja massiver Druck nach, daß die Bauern ihren kümmerlichen, «unrentablen» Landbesitz verkauften und als Lohnarbeiter auf die Plantagen überwechselten. Und so verlor im Verlauf von nur knapp einem Jahrhundert eine Bauerngesellschaft mit relativ ausgeglichenen – bescheidenen – Besitzverhältnissen ihr Gleichgewicht. 1950, kurz vor der Revolution, bot sich ein erschreckendes Bild: Sechs Prozent der Landeigentümer besaßen zwei Drittel (!) aller Anbauflächen, während sich 94 Prozent der Bauern mit dem restlichen Drittel begnügen mußten.[14]

Das Ergebnis typisch orientalischer Despotie?

Im Prinzip: ja. Die ägyptische Regierung hatte sehr viel dazu beigetragen, daß es durch ihre schrankenlose Günstlingswirtschaft zu diesem Ungleichgewicht kam. Aber die Chance dazu bot sich erst durch die «moderne» Anbaumethode.

Und die britischen Kolonialherren?

Es muß zu denken geben, daß die Briten, die sich doch als Sendboten einer «überlegenen Zivilisation» betrachteten, nichts an diesem «mittelalterlichen», «rückständigen» Feudalsystem geändert haben. Im Gegenteil: Sie brachten den Baumwollhandel unter ihre Kontrolle und machten britische Firmen und Banken zu den Großaktionären der riesigen Plantagen – unter britischer Herrschaft schufteten somit die ägyptischen Pächter und Tagelöhner nicht weniger entbehrungsreich als unter dem Regiment der einheimischen Feudaldespoten. Die Briten taten nichts dazu, jenen verhängnisvollen Prozeß zu stoppen, der eine kleine Schicht Großgrundbesitzer immer reicher und die Masse der Bauern immer ärmer werden ließ. Am Ende dieser Fehlentwicklung steht der proletarisierte Tagelöhner, den die Tristesse seines Landlebens dazu verleitet, in die Stadt abzuwandern, dorthin, wo man angeblich um vieles besser lebt. Ägyptens «Modernisierung» der Landwirtschaft und die sogenannte Landflucht in die Städte hängen eng miteinander zusammen. Die Fortschrittsdynamik offenbart ihre Kehrseite.

Das krasse soziale Unrecht schrie nach Reform. Und sie kam mit der Revolution von 1952. Der «Bund der freien Offiziere» unter Führung von Gamal Abd Al Nasser stürzte nicht nur das korrupte Regime König Faruks, sondern verdrängte auch den britischen Einfluß. Die neue Regierung sah eine der vordringlichsten Aufgaben in der Bodenreform: den Großgrundbesitz wesentlich zu verringern und Land an 30 000 Bauernfamilien zu verteilen. Die Reform wurde auch tatsächlich durchgeführt – aber mit einer wesentlichen Einschränkung: Nicht erfaßt von der Umverteilung wurden all jene kapitalistischen Großbetriebe, die Baumwolle und Südfrüchte für den Bedarf kaufkräftiger Industriestaaten produzierten. Und so blieb gerade die Macht der einflußreichsten Großgrundbesitzer ungebrochen. Nasser wagte es nicht, diese Schicht radikal zu bekämpfen, denn aus ihren Reihen kamen die meisten Ingenieure, Techniker, Lehrer, Ärzte, Rechtsanwälte – und die waren für den raschen Aufbau eines modernen Staatswesens unersetzlich. Angesichts eines solchen Dilemmas mußte auch eine Revolutionsregierung Kompromisse schließen, durfte sie jene nicht völlig verprellen, die bisher überwiegend die Bildungsschicht stellten. Waren es zu große Kompromisse?

Für die Masse der Kleinbauern blieb, auf lange Sicht, eine grundsätzliche Besserung aus. Zwar hatten bis 1960 die Großbauern in ihrer Gesamtheit 12 Prozent an Land verloren, aber 60 Prozent der Bauern mußten sich noch immer mit nur 3,5 Prozent des anbaufähigen Bodens begnügen. Und dieses verbliebene Ungleichgewicht setzte bald wieder jenen Mechanismus in Gang, daß die landwirtschaftlichen Großbetriebe Fellachen mit kleinem Grundbesitz zunehmend durch ihre Konkurrenz erdrückten. 1972 registrierte man bereits 1,5 Millionen landlose Familien, und die Zahl der unter der Armutsgrenze vegetierenden Bauern stieg von 900 000 im Jahr 1964 auf 1,8 Millionen im Jahr 1974.[15]

Abd Al Nasser versuchte, als seine Landreform nach vielversprechenden Anfängen an Schwung verlor und schließlich weit hinter dem gesteckten Ziel zurückblieb, das Problem auf andere Weise in den Griff zu bekommen. Amerikanische wie europäische Technokraten bestärkten ihn in der Absicht, die Misere durch eine technische «Pioniertat» zu beheben:

Bei Assuan sollte mit Hilfe westlicher Industriestaaten ein neuer, noch größerer Staudamm entstehen, um in einem bisher nicht vorstellbaren Maß neues Kulturland gleichmäßig bewässern zu können. Er bat die USA um «Entwicklungshilfe», aber die Amerikaner lehnten aufgrund ihres Mißtrauens gegenüber dem ägyptischen «Revolutionär» ab, und so sah sich Nasser gezwungen, die Sowjetunion zu bitten, und die Russen sagten zu. 1960 leitete der ägyptische Präsident mit dem symbolischen ersten Spatenstich den Baubeginn des gigantischen Projekts ein, 1970 war das «Wunder» fertiggestellt. Die ganze zivilisierte Welt feierte damals diese Leistung als echten Fortschritt – dies noch zu einer Zeit, da man auch in hochentwickelten Industriestaaten noch relativ unbedenklich alles für technisch machbar hielt und sich über ökologische Folgen wenig Gedanken machte. Kaum jemand, von wenigen Warnern abgesehen, hätte damals geglaubt, daß der Damm mehr neue Probleme schaffen als alte beseitigen würde.

Inzwischen ist es mit dem Jubel vorbei. Eineinhalb Jahrzehnte nach der Einweihung des neuen Assuandammes beginnen einheimische wie ausländische Experten das technische Großprojekt als das «größte Problem Ägyptens» zu bezeichnen. Die ökologischen Folgen haben sich bei den Superlativen dieser Anlage zu einem weitreichenden Sündenkatalog ausgewachsen. Die Fruchtbarkeit der Böden nimmt ab, weil der Damm den Nilschlamm als natürlichen Dung zurückhält; dagegen läßt das schlammarme und mit chemischen Düngemitteln angereicherte

Wasser die Felder zunehmend versalzen, ja ertragsunfähig werden; außerdem zersetzen die chemischen Zusätze im Wasser Fundamente und unterspülen Böschungen, während die giftigen Rückstände die Trinkwasserqualität wesentlich beeinträchtigen und zuweilen die Gesundheit bereits erheblich gefährden. Hinzu kommt, daß die Bauern nun noch das ihre dazu beitragen, um den fruchtbaren Boden zu vermindern: Weil kein Schlamm mehr angeschwemmt wird, formen die Fellachen aus Ackererde die dringend benötigten Lehmziegel für den Hausbau. Zwar konnte Ägypten seit dem Bau des neuen Assuandammes noch einmal landesweit die Ernteerträge steigern, aber der Nutzen bleibt angesichts der Nachteile weit hinter den ursprünglichen Hoffnungen zurück. Es wird nun Aufgabe einheimischer sowie ausländischer Experten sein, zu retten, was noch zu retten ist. Eine Fehlplanung. Hier aber haben nicht in erster Linie Agrarexperten des «Entwicklungslandes» Ägypten versagt, sondern die Lehrmeister aus westlichen Industriestaaten und dem Ostblock. Ökologie hatte im Bewußtsein dieser Technokraten noch keinen Platz.

Der Ernüchterung folgte das Entsetzen. 1984 wurde Ägypten von einer der schlimmsten Rattenplagen seiner Geschichte heimgesucht. Schwärme von freßgierigen Nagern fielen über Felder und Dörfer her und verzehrten vor den Augen der hilflosen Bauern mehr als ein Drittel der Ernte. Auch dies eine Folge des Assuandammes: Seit nun endgültig landesweit die jährlichen Überschwemmungen ausbleiben, ertrinken viele der Ratten nicht mehr wie bisher in den Fluten, sondern können sich ungestört weiter vermehren. Die nächste Katastrophe ist also vorprogrammiert.

Katastrophenstimmung hat inzwischen auch die Fischer an der Deltaküste erfaßt. Seit die Fischschwärme der Küste fernbleiben, weil sie im schlammarmen Nilwasser keine Nahrung mehr finden, sind viele Fischer arbeitslos geworden. Wo aber sollten sie hin? Sie handeln nicht anders als die Fellachen, deren Felder bei fehlendem Nilschlamm zunehmend versalzen: Sie suchen verzweifelt Arbeit und Wohnung im ohnehin schon übervölkerten Kairo.

Auf die Großstadt nicht vorbereitet

Wenn ein Fellache schweren Herzens sich entschließt, in Kairo Arbeit und Unterkunft zu suchen, weil dort angeblich wesentlich bessere Lebensverhältnisse auf ihn warten, dann kehrt er seinem Dorf fast nie als Einzelner den Rücken. Er mag zwar den oft kilometerweiten Fußmarsch auf staubigem, holprigen Pfad zum Bahnhof alleine antreten und dann im überfüllten Waggon dritter Klasse zur fernen Millionenstadt fahren – vielleicht gar auf dem Wagendach kauernd, an der Tür außen hängend, damit er den Fahrpreis nicht zu entrichten braucht (und tatsächlich beachten die Kontrolleure solche meist zu armen Schlucker nicht) –, aber der landflüchtige Bauer möchte außerhalb seines Dorfes nicht zu lange alleine bleiben. Entweder weiß der Abwanderer bereits, welchen Onkel oder welchen Bruder er aufsuchen muß, um bei ihnen im schon drangvollen Quartier nun auch noch Unterschlupf zu finden. Oder ihm schwebt vor, sobald wie möglich Frau, Kinder, Brüder und Schwäger nachzuziehen, wenn er in der Stadt Arbeit gefunden hat – was ihm gewiß erscheint bei den vielen märchenhaften Berichten über Reichtum und «Fortschritt» der Hauptstadt, Berichte, die in den verzerrtesten Formen bis in die entlegensten Dörfer dringen.

Kein Fellache, ja kaum ein Ägypter möchte länger als unbedingt nötig außerhalb seines Klans leben, er braucht das Gefühl familiärer Einbettung, um sich selber nicht als verloren, als hoffnungslos isoliert und ausgeliefert zu empfinden. Dies ist eine Mentalität, die der durchschnittliche Ägypter noch mit vielen traditionsgeleiteten Völkern der Dritten Welt teilt. (Welch ein Gegensatz zum Individualismus im westlichen Sinn: Der moderne Abendländer nimmt sich dagegen als eine einmalige Sondererscheinung innerhalb der Hochkulturen aus.)

Was aber, wenn sich unter dem Druck der Großstadt in der Fellachenfamilie der Zusammenhalt lockert, ja auflöst? Die so ganz anderen Lebensbedingungen anonymer Millionenstädte mit ihrer nicht mehr faßbaren Vielfalt an Menschen, Wertvorstellungen und sozialen Mechanismen bedeuten Gefahr besonders für einen Nilbauern, dem gerade die Einfachheit und Überschaubarkeit seiner Sozialordnung selbstverständlich ist.

Anlässe, daß sich althergebrachte Familienordnungen lockern und lösen, gibt es viele. So etwa, wenn der Vater, unantastbares Oberhaupt, seine Arbeit als schlechtbezahlter Tagelöhner verliert; dafür aber bringen die Kinder plötzlich an einem einzigen Tag den halben Wochenlohn eines Hilfsarbeiters nach Hause – «erarbeitet» durch Betteln auf belebten Boulevards, in der Nähe großer Hotels, in touristischen Zentren. Diese Kinder bleiben allerdings nicht lange ungeschoren, denn organisierte Banden zwingen sie, in ihre Dienste zu treten oder den Platz zu räumen – meist entscheiden sich die Bedrängten, oft sogar auf Betreiben des (arbeitslosen) Vaters, für das erstere. Und damit lösen sich die Kinder zunehmend aus der Oberaufsicht der Familie, an Stelle der Eltern als höchste Autorität treten bald Aufpasser einer Bettlergilde.

Unsicherheit und wachsende Bedrohung müssen bald aber auch Mann und Frau in ihrem Zusammenleben empfinden. Kleinstädter und Bauern sind es gewohnt, Frau und Töchter unter totaler Aufsicht zu haben. Nach wie vor ist es in der ägyptischen Provinz, besonders in Dörfern, üblich, daß allein die Eltern die Heirat von Söhnen und Töchtern vermitteln; undenkbar, daß sich die jungen Leute selber kennenlernen, und falls sie es versuchen, so sieht sich die Familie gezwungen, das Mädchen wegen «Entehrung» zu töten. Allerdings sind Dörfer und Kleinstädte überschaubarer, und genug wachsame Augen vermögen alle Schritte außer Haus zu kontrollieren, deshalb kommt es dort gar nicht so häufig zu jenen «Fehltritten», die unweigerlich die Katastrophe nach sich ziehen. Wie aber in den Großstädten mit ihren teils anderen Moralvorstellungen und ihren labyrinthischen, weit ausgedehnten Wohnbezirken?

Kairo kennt moderne Boulevards, die sich mit ihren Wohnblocks, Bürohochhäusern, ihrem Autoverkehr und auch den westlich gekleideten Ägypterinnen, die ungeniert alleine unterwegs sind, kaum von einer südeuropäischen Metropole unterscheiden. Für einen Zuwanderer aus der Provinz irritierend, eine Herausforderung. Mag der Kleinstädter oder Bauer auch versuchen, sich in der Medina oder den Slums von allen modernen Einflüssen abzuschirmen, so dringen diese Signale spätestens am Arbeitsplatz einer Großbaustelle oder auf der Suche nach kärglichen Verdienstmöglichkeiten in Neubauvierteln immer wieder ins Bewußtsein, werden ständig erneut als latente Bedrohung empfunden. Nun muß er mit dem Tatbestand fertig werden, daß sich andersartige Verhaltensmuster und Wertvorstellungen in einer Millionenstadt nicht so leicht ignorieren lassen wie im schützenden, ideell nach außen hin mehr oder wenig abgeschotteten Dorf.

Kairo ist eine Metropole, in der sich die Politiker und reichen Kaufleute relativ früh, nicht anders als in der Türkei, westlichem Denken geöffnet haben – auch in der Frage der Frauenemanzipation. Seit der Revolution von 1952 versuchen die Regierenden, diese Neuerungen zu «demokratisieren», sie auch über die schmale Oberschicht hinaus den Volksmassen nahezubringen. Landesweit sind Aufklärungskampagnen und Erziehungsprogramme gegen «rückständiges» Denken, gegen «fortschrittsfeindliche» Traditionen angelaufen. Der Revolutionär Abd Al Nasser förderte zudem auch eine Spielfilmproduktion, die sich überaus realistisch mit den Zuständen in Kleinstädten und Dörfern auseinandersetzt. Ich habe eine Reihe dieser Filme gesehen und war überrascht über die nüchterne, schonungslos sozialkritische Optik, mit der hier die Regisseure so heikle Themen wie die Hinrichtung «entehrter» Frauen durch den Familienklan, materielle Not und geistige Enge des Landlebens schilderten.[16] Aber gerade solche Filme – in der aufklärerischen Tendenz westlichen Vorbildern nachempfunden – offenbaren besonders deutlich die Diskrepanz zwischen dem archaischen Bewußtsein breiter Volksmassen und dem Aufbruchswillen einer kleine Minderheit in die (westlich ausgerichtete) Moderne.

In den ägyptischen Städten, besonders in Kairo, registrieren die Behörden heute wesentlich mehr Hinrichtungen junger «entehrter» Mädchen als etwa in Dörfern. Und dies nicht etwa nur, weil die Polizei in Landgegenden die Bluttat moralisch meist billigt und deshalb an übergeordnete Dienststellen oft nicht weitermeldet. In Großstädten sterben tatsächlich beträchtlich mehr Mädchen unter dem Dolch eines eifersüchtigen Vaters oder Bruders; meist genügt schon der bloße Verdacht oder die üble Nachrede von Nachbarn, um das «Urteil» zu vollstrecken. Reizbarkeit und Mißtrauen gedeihen gerade dort erschreckend, wo traditionsgeleitete Familien gehäuft mit westlich beeinflußten Moralvorstellungen konfrontiert sind und sich unfähig zeigen, dieses so ganz andere Denken zu verarbeiten. Die selbsternannten Henker lassen sich durch kein noch so strenges Gesetz eines modernen Staates von ihrer «Tat der Ehre» abhalten. Ein solches Verhalten ist vereinzelt sogar bis hinauf in Familien der Oberschicht zu beobachten, die teilweise schon europäische Länder bereist haben – um wieviel mehr aber müssen sich landflüchtige Bauern angesichts einer völlig ungewohnten Umwelt verunsichert fühlen.[17] Keiner der arbeitsuchenden Analphabeten aus den Dörfern ist geistig auch nur oberflächlich auf das vorbereitet, was ihn in Großstädten erwartet.

Der Modernitätsschock trifft die Fellachen aber auch, wenn sie mit den Arbeitsanforderungen einer dynamisch wachsenden Industriestadt fertig werden sollen. Nicht nur, daß ihnen die Vorbedingungen fehlen, um acht Stunden lang präzise eine Maschine zu bedienen oder gar zielstrebig zum Facharbeiter aufzusteigen (in dieser Sparte hat Kairo trotz seiner zu vielen Menschen den Bedarf noch immer nicht gedeckt) – die Dorfbewohner bringen seelisch und charakterlich meist auch gar nicht die Voraussetzungen mit, eine entsprechende Ausbildung anzustreben. Überwiegend fehlt es ihnen an der nötigen Disziplin und der Bereitschaft zu selbstverantwortlichem Handeln, wie die Praxis immer wieder aufs neue zeigt. Dabei müssen die Fellachen solche Fähigkeiten vor Jahrhunderten einmal besessen haben, denn eine komplizierte Bewässerungsstruktur, die in der Antike und auch noch während des Mittelalters als «hochentwickelt» galt, hätte ohne selbständig denkende Bauern gar nicht entstehen können.

Diese Fähigkeiten erscheinen heute weitgehend verkümmert. Kein Wunder. Auf Druck der Großgrundbesitzer waren die meisten Bauern zu rechtlosen Pächtern geworden, und als solche mußten sie den überwiegenden Teil ihrer Ernte dem Feudalherrn abliefern. Es lohnte nicht mehr, Ideen zu haben, um das Bewässerungssystem ständig zu verbessern, denn großenteils hätte der Grundherr auch noch die Früchte dieser vermehrten Arbeitsleistung für sich vereinnahmt. Arbeit konnte daher nur noch als Zwang empfunden werden, den man möglichst umging, nicht als die Chance, das eigene Leben interessanter und angenehmer zu gestalten. Und diese drückende Erfahrung, über Jahrhunderte immer wieder auf das deprimierendste bestätigt, hat zu jenem berüchtigten «orientalischen Fatalismus» geführt, den man besonders Ägyptens Fellachen nachsagt. In eben diesem Fatalismus müssen heute westlich beeinflußte Reformer eine nur schwer überwindbare Barriere sehen.

Dieses verhängnisvolle Erbe einer fortschrittshemmenden Tradition hat sich wie Blei in die Mentalität vieler Landbewohner gesenkt und zeichnet ihr weiteres Schicksal auch in der Großstadt nahezu zwangsläufig vor. Sie, seit Jahrhunderten zu trägen Arbeitssklaven verformt, können gar nicht mehr anders, als wieder nur Arbeitssklaven auf den untersten Rängen zu werden, herumgestoßen von den sozial und geistig Überlegenen – jetzt aber in einer völlig fremden Umgebung, deren Grundgesetze sie oft nicht einmal im Ansatz zu verstehen vermögen; und dies verschärft noch ihre ohnehin drückende Lage.

Ägyptens Fellachen, die nach Kairo strömen in der Hoffnung, dort endlich am vielgepriesenen «Fortschritt» teilzuhaben, begreifen Schlagworte westlicher Herkunft nur schwer in ihrem eigentlichen Sinn. «Fortschritt» bedeutet ihnen etwa nicht, wie dem Europäer, eine höher entwickelte Gesellschaft, sondern nur genügend Essen, Arbeit, einen gesicherten Wohnplatz. Im Grunde sehen sie das Leben in dem immer gleichen, gewohnten Rhythmus – wie Saat und Ernte – abrollen, ohne sich einen grundsätzlichen Wandel überhaupt vorstellen zu können. Um so bedrohlicher müssen sie die Millionenstadt mit ihrem dynamischen Wandel erleben, mit ihren Zukunftsperspektiven bisher nie dagewesener Verhältnisse. Konflikte, ja schwere seelische Erschütterungen sind nahezu vorprogrammiert – an ihrem Ende steht das soziale Beben.

Der Konflikt zwischen Tradition und Moderne verschärft sich nirgends so wie in den übervölkerten, von Verelendung bedrohten Großstädten. Abwehrmechanismen entwickeln sich viele. Wie aber sehen sie bei Bauern aus, die angesichts von Hochhäusern und Autostraßen, beengten Altstadtquartieren und Betonslums weiterhin so leben möchten, wie sie es seit Jahrhunderten gewohnt sind?

An hohen religiösen Festtagen, wie sie etwa den Fastenmonat Ramadan abschließen oder einem landesweit verehrten Heiligen gelten, sind in Kairo ganze Straßenzüge für den Autoverkehr gesperrt. Ja, dann haben es selbst Fußgänger schwer, weiter zu kommen, denn auf geräumigen Moscheevorplätzen drängen sich Besuchermassen, auch wogt es in den benachbarten Straßen und Gassen von Gläubigen. Wer als Europäer das Glück hat, während solcher Festtage in der verwinkelten Altstadt eine der farbenprächtigen Prozessionen anzutreffen, lernt eine volkstümliche Variante islamischer Religiosität kennen, die über das pittoresk Bunte einer christlichen Prozession südeuropäischer Länder hinausgeht und an die exotische Fremdheit Indiens oder – naheliegender – des schwarzafrikanischen Kontinents erinnert. Musikanten mit Trommeln, Flöten, Schalmeien, Tamburinen erzeugen ohrenbetäubende ekstatische Musik, Tänzer wirbeln in atemberaubendem Rhythmus, Stocktänzer führen akrobatisch geschickt Scheingefechte auf, andere drehen sich unter den mit Koransprüchen bestickten Fahnen in Trance.

Viele in den wogenden Menschenmassen sind mit Turban und der weißen oder blauen Galabijah bekleidet, wie man sie heute fast noch durchweg bei Kleinstädtern und Bauern findet. Man kann in diesen Gläubigen Provinzbewohner vermuten, die aus der näheren oder weiteren Umgebung angereist sind, um in Kairo am Fest eines bedeutenden Heiligen teilzunehmen. Diese nach alter Sitte gekleideten Menschen haben sich aber meist schon in Kairo selbst angesiedelt – in der überfüllten Medina, in Vorortslums, in Gräberstädten –, Landflüchtige der ersten und zweiten Generation. Sie tragen viel dazu bei, daß die Prozessionen nichts von ihrer Farbe, ihrer überschäumenden Vitalität, ihrem bizarren Brauchtum verlieren, ja, daß ein Stück unverfälschtes Leben aus Nildörfern und Kleinstädten hereingetragen wird in die Großstadthektik von Kairo.

Eine massive Art von Selbstschutz: Hineingeworfen in eine fremd und bedrohlich erscheinende Millionenstadt, suchen die Zuwanderer in vertrauten Riten Zuflucht wie in einem wärmenden, schützenden Gehäuse. Mögen auch die modernen Stadtviertel mit ihrem international genormten Betonstil das volkstümlich-orientalische Flair zurückdrängen, so schaffen diese Menschen stets von neuem, beharrlich, in Ägyptens Hauptstadt ein massives Gegengewicht zur Fassade der Verwestlichung.

Was die Provinzbewohner hartnäckig an Tradition beibehalten, ist oft archaisch. Nicht nur Europäer mögen da erstaunt oder zuweilen gar ablehnend reagieren, sondern auch Ägypter, sofern sie an westlich beeinflußten Schulen ihre Ausbildung bekamen. Befremdet müssen sich zeitweise aber auch orthodoxe Moslems fühlen, die an städtischen Koranschulen unterrichtet wurden, denn sie sehen viele dieser dörflichen Glaubensformen als «unislamisch» an. Männer wie Frauen treffen sich in Wohnungen, in Höfen und bei Raumnot in den Gassen oder auf Plätzen und versuchen mit Musik, Tanz und magischen Beschwörungsformeln Dämonen zu bannen, ja, manchmal sammeln sie sich in Moscheen, um dort nach festgefügtem Ritual böse Geister gnädig zu stimmen oder für die jungen Ehefrauen Fruchtbarkeit zu erflehen. Meist sind es Bräuche, wie sie in den Nildörfern schon zur Pharaonenzeit üblich waren und von moslemischen Missionaren keineswegs unterbunden werden konnten (ähnlich wie in Lateinamerika heidnische Glaubenselemente der Indios nur mit einem dünnen christlichen Firnis überdeckt sind).

Manche dieser Bräuche sind allerdings noch sehr jung. Etwa der sogenannte «Zar»-Kult, der erst seit dem 19. Jahrhundert von Äthiopien über den Sudan in oberägyptische Dörfer gelangt ist. Seine Praktiken sind zwar in den Savannen und Regenwäldern schon lange heimisch, stellen aber für den Fellachen eine neue Variante in der Palette magischer Riten dar. Und gerade dieser Kult hat sich in Ägypten auffallend verbreiten können, ist längst über die Dörfer hinausgedrungen und hat selbst in nördlichen Großstädten Fuß gefaßt – besonders in Kairo, dort, wohin es die meisten landflüchtigen Bauern zieht. Mögen auch westlich gebildete Ägypter in überraschender Eintracht mit orthodoxen Moslems vor allem gegen diesen «Aberglauben» wettern, sie ändern wenig an der Beliebtheit des ursprünglich schwarzafrikanischen Kultes in den unkontrolliert ausufernden Ballungsräumen von Kairo und Alexandria.

Unter «Zar» versteht man eine besondere Art von Dämonen,

die vor allem Frauen befallen und ihnen körperliche – aber auch seelische – Krankheiten bescheren. Man sagt, der «Zar»geist «reitet» auf der kranken Person. Häufig behaupten Frauen, von einem solchen Dämon «ergriffen» zu sein, wenn sie eheliche Probleme nicht bewältigen, sich alleingelassen fühlen in einer ungewohnten Umwelt und das dumpfe, sprachlose Unbehagen als depressive Verstimmung empfinden. Um solchen «bösen» Einfluß zu bannen, trifft man sich am Lager der Kranken unter der Leitung einer «Zar»-Priesterin bei ohrenbetäubendem Lärm von Trommeln und Tamburins zu Ekstasetänzen; die Kranke wird mit Blut von Opfertieren bespritzt, die Tänzer drücken die Hände auf ihren Rücken und steigern sich durch den monotonen und doch aufpeitschenden Musikrhythmus in Trance...

Trance und Magie! Keineswegs sind solche Tendenzen zum Aussterben verurteilt, sobald sie den emotionalen Wurzelboden ihrer dörflichen Umgebung verlassen haben, im Gegenteil: Ägyptens rasch wachsende Großstädte mit modernen Wohnsilos, Betonslums und unübersehbaren Hüttenbezirken geben diesem Drang zum zutiefst Irrationalen sogar Auftrieb, verstärken ihn gar noch weit über seine frühere Bedeutung hinaus. Diese Menschen – eben erst aus dem anderen Jahrhundert einer noch archaischen Dorfgesellschaft entrissen und irritiert durch zuviele unverstandene Signale ihrer neuen Umgebung – flüchten um so tiefer in vertraute Kulte, mit deren Hilfe sie bisher bedrohliche und nicht faßbare Mächte zu bannen hoffen.

Flucht in die Religion?

Der orthodoxe Moslem würde eine solche Frage zurückweisen, denn ihm erscheinen viele dieser Beschwörungsrituale als bloßer Aberglauben. Trotzdem äußert sich in dieser angstbesetzten Neigung zu Trance und Magie eine Form der Religiosität.

Orthodoxe Moslems formieren ihren Protest gegen eine unverstandene Moderne, gegen bedrohende Fehlentwicklungen auf eine völlig andere Weise – aktiver, politischer. Je mehr der Fortschritt moderner Stadtzivilisation seine Krisen offenbart, um so mehr wächst das Selbstbewußtsein und die Anhängerschaft solcher konservativer, aktivistisch gesinnter Kritiker. In Ägypten steht diese Entwicklung unter dem Zeichen der Moslembruderschaft.

«Ich glaube, daß das Geheimnis der Rückständigkeit der Moslems mit ihrer Entfernung von ihrer Religion erklärt werden muß.» So ist es im «Glaubensbekenntnis der Moslembrüder» zu lesen. Und das Fazit aus einer solchen Sicht der Dinge: «Jede Neuerung, die sich nicht auf die Religion stützt, führt vom rechten Weg ab, ihr muß mit allen Mitteln Widerstand geleistet werden, sie ist mit allen Mitteln zu bekämpfen.»[18]

Aus dieser Anklage spricht ein Protest, wie er nur aus der islamischen Tradition heraus verständlich ist. Mohammed selbst hat das Vorbild dafür abgegeben, daß in einem idealen Staat Geistliche und Politiker eine untrennbare Einheit zu bilden hätten. An diesem Anspruch haben die Moslems über Jahrhunderte festgehalten, selbst dann noch, als sie sich gezwungen sahen, in einer immer komplizierter werdenden Gesellschaft die Staatsführung aufzuteilen; denn dann bestimmte zwar ein weltlicher Machthaber die Richtlinien der Politik, aber ein Gremium geistlicher Rechtsgelehrter wachte darüber, daß diese Richtlinien nicht von den Anweisungen des Koran abwichen. An dieser Ordnung wagte niemand zu rühren – bis zum Zusammenprall mit der europäischen Zivilisation. Atatürk, «Vater der modernen Türkei», war der erste, der 1928 eine Trennung von Politik und Religion nach westlich liberalem Vorbild in der Verfassung eines islamischen Landes verankern ließ, weil, so argumentierte er, es nur mit dieser Reform gelinge, Anschluß an das Niveau des fortschrittlichen Abendlandes zu finden.

Im selben Jahr 1928 ist in Kairo die radikale Organisation der Moslembruderschaft «(Al Ichwan Al Muslimun») entstanden. Datum und Gründungsort sind kein Zufall. Denn im Kairo der zwanziger Jahre fanden sich innerhalb der Oberschicht schon viele westlich gebildete Ägypter, die Verständnis für das Reformwerk Atatürks zeigten. Sie, tonangebende Intellektuelle, waren trotz allem politischen Vorbehalt von der militärischen und technischen Überlegenheit der britischen Kolonialherren fasziniert und lernten daher rasch, das eigene Land mit den Augen der europäischen Sieger zu sehen: nämlich als «rückständig», mit «nicht mehr zeitgemäßen Traditionen» belastet. Sie sollten zu den eifrigsten Verfechtern eines Fortschritts nach westlichem Muster werden – zugleich aber zur Provokation für das traditionsgeleitete Volk und auch zur Herausforderung für die religiösen Autoritäten der Al Azhar-Universität.

Die Moslembrüder sahen und sehen sich als die radikale Spitze des Protests gegen «Verwestlichung» – und doch: Sie lassen sich nicht bruchlos in die konservative Widerstandsfront einreihen. Scharf grenzen sie sich von Dämonenglauben und magischen Ritualen des einfachen Volkes ab, weil sie solche Praktiken nicht durch den Koran gerechtfertigt sehen. Sie werfen den Fellachen vor, «nicht genug Moslem» zu sein, vor allem, daß sie viel zu passiv blieben gegenüber dem Unheil, das sich in den Großstädten durch das Gebaren «ungläubiger» Politiker zusammenbraue. Sie tadeln aber auch orthodoxe Moslems bis hin zu den Rechtsgelehrten der Al Azhar. Denn ihrer Ansicht nach sind die konservativen Theologen dieser «Hochburg des Islam» bei aller Kritik an den Politikern noch viel zu kompromißbereit gegenüber Neuerungen nach westlichem Vorbild. Gerade den ranghohen Theologen nehmen die Moslembrüder übel, daß sie nicht schroff sämtlichen Einfluß abendländischer Moderne ablehnen.

Bei soviel Vorbehalt muß es nicht wundernehmen, daß diese kompromißlosen Fanatiker lange Zeit nur eine Minderheit sektiererischer Außenseiter blieben. Noch während der fünfziger Jahre konnten sie sich auf nicht mehr als einige hunderttausend Anhänger stützen. Aber: Anfang der achtziger Jahre sammelten sich unter ihren Parolen bereits eine Million kampfentschlossener Radikaler, und weitere sechs Millionen Ägypter demonstrieren mehr oder weniger offen ihre Sympathie. Wie das?

Aus westlicher Sicht ist dies ein erstaunlicher, keineswegs vorhersehbarer Wandel. Doch die Anhängerschaft radikal antiwestlicher Moslems wächst in dem Maß, wie auch die Slums in den Städten wuchern und deren schreiende Armut alle Fortschrittsparolen widerlegt.

Als 1952 eine Gruppe junger Offiziere das Regime des korrupten Königs Faruk stürzte, zählte Kairo an die 2,5 Millionen Einwohner. Die Revolutionäre sahen bereits in dieser Menschenkonzentration einen unhaltbaren Zustand, daher erklärten sie zu ihrem ersten Ziel, die Landflucht zu stoppen und in den Dörfern bessere Lebensbedingungen zu schaffen. Dynamischer Motor dieser Revolution war Gamal Abd Al Nasser. Wirksam verbreitete er die Ideologie, der Staat werde «gesunden», wenn es den Ägyptern nur überlassen sei, frei von kolonialer Bevormundung ihr Land zu regieren. Wortreich versprach er, Ägypten ganz aus der Abhängigkeit von westlichen Industriestaaten zu lösen, und verkündete einen «eigenen Weg». Hiermit fand er Beifall auch bei orthodoxen Moslems und Radikalen. Aber Nasser forderte von eben jenen Staaten, deren «Imperialismus» er verurteilte, «Entwicklungshilfe», er bekannte sich somit zum Fortschritt nach westlichem Vorbild, nur eben ohne die düsteren Begleiterscheinungen kolonialer Abhängigkeit. In diesem Denken führte er die Landreform durch – ökonomisch, technokratisch –, und fing an, mit Hilfe westlicher Ingenieure eine «nationale» Industrie aus dem Boden zu stampfen.

Westlich orientiert blieb Nassers Reformwerk auch dann noch, als er, von den Amerikanern zurückgewiesen, sich an die Sowjetunion mit der Bitte um «Entwicklungshilfe» wandte. Denn der ägyptische Präsident erwartete von den russischen Technokraten den «Aufbau Ägyptens» nach den Prinzipien eines wachstumsorientierten Industriestaates. Nasser versäumte zwar nicht, sich demonstrativ zum Islam zu bekennen, aber er distanzierte sich doch verächtlich von vielen «fortschrittsfeindlichen Traditionen» – und nahm es gelassen in Kauf, daß sich viele orthodoxe Moslems brüskiert fühlten.

Abd Al Nasser bezog gar offen Front gegen die Moslembruderschaft, deren Ziele er als «reaktionär» und «rückständig» abkanzelte. Vor allem wehrte er sich gegen den Anspruch, Religion und Politik als eine untrennbare Einheit zu begreifen, denn dies würde ja heißen, einen geistlichen Schiedsrichter, einen Zensor politischer Maßnahmen über sich zu dulden. Und er konnte sich diese Abwehr leisten, denn gegen sein Charisma als Revolutionsführer hatten die religiösen Fanatiker keine Chance. Ihre Kritik mußte allerdings nur so lange verpuffen, als Nassers propagandistisch geschickt verpackte Reformen nach westlichem Vorbild Erfolg versprachen.

Anders unter Nassers Nachfolger Anwar As Sadat. Er, der sich 1973 vom sowjetischen Einfluß löste und westeuropäische wie amerikanische Firmen ins Land holte, wollte den Fortschritt noch rascher vorantreiben und aus Kairo endgültig eine «moderne» Metropole machen. In der Tat trat nun ein Wandel ein, wie er in diesem jähen Tempo noch nie das Land erfaßt hatte – aber über deren Folgen sollten Sadat wie auch seine westlich inspirierten Ratgeber bald die Kontrolle verlieren.

Mit den Geschäftsleuten aus Westeuropa und den USA floß Geld ins Land, erfaßte Dynamik das stagnierende Wirtschaftsleben. Mehr als je zuvor entstanden nun Industriebetriebe an den Stadträndern, wuchsen Hochhäuser aus Stahlbeton über die altvertraute Silhouette von Moscheekuppeln, Minaretten und Basargewölben. All dieser Wandel schien zunächst nur Gutes zu bringen, so sah dies ein Großteil der westlich gebildeten Ägypter, so las man es auch vielfach in den Berichterstattungen der westlichen Presse. Die Regierungspropaganda vom «aufstrebenden», «modernen» Ägypten verfehlte auch bei den Bauern in den entlegensten Nildörfern zunächst ihre Wirkung nicht – aber da die Fellachen in ihrer dörflichen Umgebung wenig vom «Fortschritt» zu spüren bekamen, strömten um so mehr Hungernde dorthin, wo sie sich dem verheißenen Aufschwung am nächsten glaubten: nach Kairo.

Eine Dynamik mit verheerenden Folgen: Zwar hatte auch Nasser, der Revolutionär, die Landflucht nicht wirkungsvoll eindämmen können, doch erst unter Sadat schnellte die Einwohnerzahl Kairos in bisher unvorstellbare Höhen: innerhalb eines einzigen Jahrzehnts von 4 auf 10 Millionen. Und wenn die Entwicklung nicht bald gebremst wird, könnte Kairo während der nächsten vier Jahrzehnte auf 20 Millionen Einwohner anwachsen, so lauten die Prognosen einer UN-Statistik von 1982. Eine bestürzende Zuspitzung, die zu Beginn der Regierungszeit Sadats kein westlicher Experte prophezeit hätte. Dabei hatte Sadat nur einen jener Fehler begangen, wie sie für viele Machthaber der Dritten Welt typisch geworden sind und in allen diesen Ländern eine ähnliche Dynamik in Bewegung setzen: Er vernachlässigte die Landwirtschaft und förderte einseitig die Industrialisierung.

Dieser Wandel war um so verhängnisvoller, als er zwar Fortschritt sichtbar machte – aber eben nur bei einer kleinen Schicht ohnehin schon vermögender Geschäftsleute, denen durch den staatlich geförderten Westhandel bessere Gewinne als je zuflossen. Ägyptens Kapitalisten, vom Volksmund verächtlich «fette Katzen» getauft, konnten sich nun alle nur denkbaren Statussymbole aus westlichen Industriestaaten leisten – Autos, Fernsehapparate, klimatisierte Luxusvillen –, und sie scheuten sich nicht, diesen neu erworbenen Wohlstand auch noch protzig zur Schau zu stellen. Nichts hätte die immer größer werdende Kluft zwischen Reich und Arm schmerzlicher ins Bewußtsein rücken können als dieses Verhalten. Für das einfach Volk, das nach wie vor in Lehmdörfern oder in Großstadtslums ohne ausreichende Ernährung, ohne sanitäre Einrichtungen, ohne wirksame medizinische Hilfe dahinvegetierte, mußte so das Wort «Fortschritt» zunehmend einen bitteren Beigeschmack erhalten, ja, mußte schließlich wie Verhöhnung anmuten.

Der ideale Nährboden für Agitation. Und wo läge sie näher als in den Slums.

Slums als Nährboden des Radikalismus

Die vom Fortschritt enttäuschten Slumbewohner sind in doppelter Weise betroffen: Nicht nur, daß sie unter teilweise unmenschlichen Wohnverhältnissen nahe glitzernder Hochhausfassaden und Autostraßen ihr Leben fristen – sie haben sich, der Not gehorchend, aus ihrer vertrauten Sozialordnung gelöst und sehen sich nun einer Welt gegenüber, die sie nicht fassen, nicht verarbeiten können. Nichts vermag mehr Angst auszulösen als ein Modernitätsschock dieser Art – eine solche Angst blockiert aber auch das Verständnis für moderne Sozialreformen. Alle Ideen müssen nun abgewehrt werden, die im Verdacht stehen, von «fremden», «westlichen» Einflüssen inspiriert zu sein. Aus diesen Enttäuschten rekrutiert sich überwiegend die Gefolgschaft radikal-islamischer Gruppen.

Klug wissen die radikalen Prediger ihre Chance zu nutzen. Sie begeben sich in die Slums, helfen den Verzweifelten bei der Wohnungs- und Arbeitssuche, stehen den sozial und seelisch Entwurzelten mit Rat und Tat zur Seite – während es die Regierung oft genug bei halbherzigen Reformversuchen, gutgemeinten

Absichtserklärungen oder gar nur bloßen Lippenbekenntnissen zu sozialem Fortschritt bewenden läßt. Die Moslembrüder haben es daher leicht, als die eigentlichen Nothelfer zu erscheinen und ihre Heilslehre als den wahren Ausweg aus der Krise anzubieten.

«Fortschritt», dieses Schlagwort aus dem Westen, setzen die radikalen Prediger gleich mit «seelenlosem Materialismus», mehr noch: mit «unmenschlicher» Moral. Aber was aus unserer Sicht als plumpe, klischeehafte Vereinfachung anmutet, ist an ägyptischen Verhältnissen gemessen durchaus nicht wirklichkeitsfremd. Die Moslembrüder brauchen nur auf korrupte Geschäftsleute und Politiker anzuspielen, die allein von dem Wirtschaftsboom profitiert haben – und schon stimmen ihnen die Zuhörer aus der übervölkerten Medina und den Slums wütend zu.

Diese reichen «Materialisten» seien von einer «fremden», «unislamischen» Gesinnung infiziert; der häufige Kontakt mit Geschäftsleuten aus Europa und den USA habe sie verdorben, und je mehr Ägypter sich von der «Dekadenz» dieser abendländischen Moral anstecken ließen, um so heftiger strafe Allah das ganze Volk mit sozialem Niedergang, mit Verelendung. Das Volk müsse wieder zur Religion in ihrer ursprünglichen «Reinheit» zurückkehren, wie sie vor dem Eindringen westlichen Denkens bestanden habe – idealistisch und spirituell – und die Politiker müßten ihre Gesetze wieder durchweg auf die Anweisungen des Koran stützen und alle späteren Zusätze, alle ausländischen Einflüsse tilgen, erst dann ließen sich die drängenden sozialen Probleme lösen.

Allerdings klagen die Moslembrüder nicht nur den «gottlosen Materialismus» abendländischer Moderne an, sie ereifern sich ebenso, wie schon erwähnt, über die magischen Rituale und den Beschwörungszauber der Fellachen. Allah strafe auch diejenigen mit Armut und Not, die weiterhin an solchen «unislamischen» Praktiken festhielten.

Inwiefern dieser Tadel die Fellachen beeindruckt und verunsichert, ist ungewiß. Womöglich jubeln viele Slumbewohner den Erneuerungsparolen der Moslembrüder zu, ohne aber auf den Dämonenaustreiber am Krankenbett zu verzichten. Was sie trotzdem mit den fanatischen Predigern eint, ist die Neigung, die Welt in stark vereinfachte Gegensätze von gut und böse, richtig und falsch zu teilen. Ungebildete, «abergläubische» Fellachen wie auch besser gebildete, radikale Moslems neigen dazu, allein in «fremden» Einflüssen den Keim der Zerstörung zu wittern, dagegen begreifen sie die eigene überschaubare Umwelt als ursprünglich konfliktfrei, als «gesundes» Gemeinwesen, das man nur intensiv genug gegen geistige «Seuchen» von außen zu schützen braucht.

Vereinfachungen dieser Art können gefährliche Folgen zeitigen. Wir kennen eine ähnliche Haltung aus dem übersteigerten Nationalismus europäischer Völker, wo der Faschismus schließlich am radikalsten den «fremden», modernen «Zeitgeist» abgewehrt hat, ohne auch nur im geringsten zwischen verschiedenen Strömungen zu differenzieren. Islamische Völker antworten mit ihnen gemäßen Vereinfachungsmechanismen, um ihre Angst vor einer unkontrollierten Fortschrittsdynamik abzureagieren. Aufhorchen lassen muß, wenn ein radikaler Moslem die politische Welt folgendermaßen teilt: «Es gibt nur die Partei Allahs und die Partei des Satans.» So 1985 in einer Moschee gesprochen von Scheich Hafis Salama, einem führenden Prediger der Moslembruderschaft.[19]

In der Diktion nicht viel anders hat wenige Jahre zuvor Ajatollah Khomeini allem «fremden» Einfluß, allem demokratischen Meinungsaustausch, allem politischen Interessenausgleich eine Absage erteilt. Folgerichtig hat er im Iran das Modell eines totalitären Gottesstaates durchgesetzt.

Teheran, die Hauptstadt des Iran, weist zu Kairo zumindest eine beklemmende Parallele auf: Auch Teheran ist eine rasch wachsende Metropole mit ausufernden Slums, und mehr als die Hälfte ihrer Bewohner wurde nicht dort geboren, sie sind landflüchtige Bauern – sozial und geistig entwurzelt, um den verheißenen «Fortschritt» betrogen und so empfänglich geworden für die Parolen eines demagogisch begabten «Erlösers».

Revolution auf Raten?

Brennende Autos, zertrümmerte Schaufenster vornehmer Geschäfte, zersplitterte Türen von Luxushotels, eine randalierende

Volksmenge in der Innenstadt und den Vororten... So bot sich Kairo im Februar 1986 dar.

Was war geschehen? In Ägyptens Hauptstadt hatte wieder einmal das Gerücht kursiert, die Regierung wolle den Brotpreis erhöhen, sie wolle das Haushaltsdefizit auf Kosten der Armen «sanieren». Schon das bloße Gemunkel konnte bei mehr als der Hälfte aller Einwohner Schrecken auslösen, war doch noch die Erinnerung an das Jahr 1977 lebendig, als Sadat eine solche Maßnahme angekündigt hatte. Damals hatte ein blutiger Aufruhr den Präsidenten veranlaßt, die Preiserhöhung zurückzunehmen.

Explosionsherd Kairo. Gerade in der ägyptischen Hauptstadt verbringen viele Ägypter mit einem Monatseinkommen von umgerechnet 40 Mark täglich mehrere Stunden in Warteschlangen vor staatlichen Läden, denn sie können sich nur noch das dort erhältliche, stark verbilligte Brot und die Hirse leisten. Es ist ein demütigendes Warten voll angestauter Wut über das oft selbstherrliche Gebaren staatlicher Lebensmittelverteiler – wie ein Funke ins Pulverfaß muß hier die Nachricht einer Teuerung lebensnotwendiger Güter wirken.

Nun, im Februar 1986, loderten aus sechs der großen Luxushotels die Flammen, drei davon brannten bis auf die Grundmauern nieder; Nachtklubs und Luxusrestaurants mit Alkoholausschank gingen in Trümmer; aus den Nobelvierteln nahe den Pyramiden flohen aufgeschreckt die Villenbesitzer, einheimische wie ausländische Geschäftsleute, meist Araber der Golfstaaten. 107 Tote und 719 Verletzte forderten die blutigen Februartage, so heißt es in den offiziellen Verlautbarungen. Erstmals seit der Revolution von 1952 hatten Panzer das Straßenbild von Kairo drohend beherrscht – ein Beweis dafür, wie ernst Präsident Mubarak die Unruhen genommen hat.

Junge Polizeirekruten lösten die Revolte aus; bei ihnen hatte noch ein zusätzliches Gerücht die Wut geschürt: Ihre dreieinhalbjährige Dienstzeit sollte ohne besondere Vergünstigungen um ein weiteres Jahr erhöht werden. Tausende dieser Polizisten strömten als erste auf die Straße, warfen Brandfackeln in Autos, Luxusrestaurants, Hotelfoyers, Casinos und Diskotheken und rissen mit ihren Gewaltakten die Anwohner aus den Elendsvierteln mit sich.

Wer aber hatte die Lunte zum Aufruhr gelegt? Die ägyptische Regierung – und in ihrem Gefolge Journalisten – glaubten bald die allein verantwortlichen Drahtzieher nennen zu können. In der Tat hat man bei rund 2000 festgenommenen Rebellen Bündel von druckfrischen Banknoten gefunden, und die Gefragten gaben vereinzelt zu, die anonymen Spender seien Moslembrüder gewesen. Auch hatten bärtige und weißgekleidete Prediger aus Autos mit eilig aufmontierten Lautsprechern die Aufständischen angefeuert, die «gottlose Regierung» zu stürzen und der «Herrschaft des Satans» ein Ende zu bereiten. In dieser Radikalität formulieren nur Moslembrüder, denen ein Präsident Mubarak ebenso verwerflich erscheint wie sein Vorgänger Sadat, weil auch unter seiner Führung trotz aller angekündigten Reformen die «fetten Katzen» weiterhin Reichtümer scheffeln und kaum belangt werden. Ohne Zweifel sind also religiöse Fanatiker am Aufstand beteiligt gewesen, hatten ihn gar nach Kräften geschürt – aber hätten sie mit ihren Parolen ein sattes, zufriedenes Volk aufputschen können?

Um zu verstehen, was den Zorn der Polizeirekruten auslöste, braucht man nur ihre Lebensbedingungen zu studieren. Diese jungen Leute sind alle zum Dienst gezwungen und in äußerst ärmliche Verhältnisse gepreßt worden. Sie schlafen eng zusammengepfercht in Baracken oder gar Zelten, müssen die Uniformen selber waschen und erhalten als Monatsgeld umgerechnet nicht einmal ganz 20 Mark. Zwar haben sie regelmäßig zu essen und ein festes Dach über dem Kopf, und dies bedeutet viel angesichts der zahlreichen Slumbewohner, die froh wären, wenigstens diese minimalen Sicherheiten zu genießen; außerdem stammen die meisten Rekruten aus Dörfern, wo sie nicht viel besser leben – aber: In Militärlagern hausen sie losgerissen aus dem vertrauten dörflichen und familiären Milieu, waren völlig unvorbereitet auf das total andere Umfeld großer Städte, und dieser Begegnungsschock nährte die Ressentiments.

Es ist kein Zufall, daß der entscheidende Funke nicht im Barackencamp einer ägyptischen Provinzstadt übersprang, sondern im Ballungszentrum Kairo – und dort bei den Pyramiden von Gizeh, wo die zum Polizeidienst gepreßten Fellachen so kraß wie nirgends sonst auf eine völlig fremde Lebensweise treffen. Nahe dem großen Luxushotel sind etliche tausend Polizeirekruten in Barakken angesiedelt, mit dem erklärten Zweck, das weltberühmte Touristenziel und die angrenzenden Villenviertel «sauber» zu halten. Im Klartext: Sie sollen lästige Bettler, Slumbewohner und fremdenfeindliche Radikale durch ihre Gegenwart einschüchtern und fernhalten. Aber anscheinend hatte keiner der verantwortlichen Vorgesetzten daran gedacht, was in einem uniformierten Fellachen vorgeht, der sein Leben lang in einer Lehmhütte wohnte, in einem einzigen Raum mit nahezu zwanzig Menschen das Strohlager teilte, nie zuvor seine dörfliche Umgebung verlassen hat und nun durch Villenviertel patroullieren muß, wo die Luxuslimousinen ägyptischer Geschäftsleute und Ölscheichs aus den Golfstaaten stehen, wo nachts die Leuchtreklamen von Night Clubs zu Bauchtanz und Alkoholkonsum locken – Viertel, in denen reiche Araber und westliche Touristen einträchtig in dieselben Casinos und Tanzlokale strömen, teilweise auch in denselben Hotels übernachten und sich von denselben Kellnern Bier, Wein oder Whisky servieren lassen. Für eine Flasche Bier in einem Luxushotel müßte ein Polizeirekrut mehr als einen Wochensold hinlegen, für eine Flasche Whisky gar drei bis vier Monatssolde. Er kann beobachten, wie Gäste an Theken und Souvenirständen Summen hinblättern, die ihm märchenhaft hoch erscheinen, und wenn es gar für Alkohol ist, so muß er sich als Moslem außerdem über die «Unmoral» entsetzen. Reiche Araber trinken so ungeniert Whisky wie vermögende Touristen aus Europa und den USA, ja, betrinken sich gar häufiger. Haben sich etwa Einheimische vom Gebaren der «Ungläubigen» anstekken lassen und leben es noch schlimmer aus?

Einem jungen Polizeirekruten, der zuvor nur sein eigenes Lehmdorf gekannt hat, wird die Klage der Moslembrüder über «zersetzende» Einflüsse aus dem «moralisch dekadenten Westen» nur allzu begründet erscheinen. Je reicher anscheinend ein Moslem ist, um so mehr öffnet er sich der fremden Zivilisation – und um so «sittenloser» wird er. Wenn dann ein uniformierter Fellache den Auftrag hat, Touristen und Geschäftsleute auch noch vor Bettelei und Anfeindungen ärmlich gekleideter Menschen zu schützen, so ballen sich die Widersprüche endgültig zu einer explosiven Mischung.

Kairo, vielbesuchtes Touristenziel – wie lange noch unbeschadet angesichts hungernder Volksmassen, deren Zahl eher zunehmen als sich verringern wird?

Die Medina zerfällt

Jenes Kairo, in dem immer neue Hochhäuser aus Stahlbeton am Nilufer entstehen, Banken, Verwaltungsbauten, Luxushotels, teure Appartements, muß um seine Altstadt fürchten. Für jahrhundertealte Häuser der Medina mit ihren holzgeschnitzten Erkern und feinziselierten Fenstergittern, ihren reichverzierten Portalen und Balkonen im altarabischen Stil fehlt nicht nur das Geld, um durch rasche Renovierung den Zerfall zu stoppen – meist fehlt es an verantwortlicher Stelle auch am Interesse, solche Häuser zu retten. Es ist ein Merkmal vieler «Entwicklungs»länder: Die westlich ausgerichtete Bildungsschicht hat gelernt, auch die eigene Bautradition mit den Augen westlicher Technokraten zu sehen, nämlich als «überholt», am besten durch «moderne», «zweckmäßigere» Architektur zu ersetzen. Vorbild ist hier jener Trend, den man bei uns inzwischen als bedenklich einseitig, ja als «kulturlos» einstuft: das rein funktionale Bauen mit nüchtern glatten Fassaden, mit international genormten Fertigteilen, ohne jede Rücksicht auf historisch gewachsene Traditionen.

Ein Ende dieses Trends ist in Ländern der Dritten Welt (noch) nicht abzusehen. Vereinzelt setzt sich allerdings bei Einheimischen schon die Einsicht durch, daß das so «praktische» moderne Bauen so praktisch nicht sein muß. Stahlbeton und große Glasfenster heizen sich im Wüstenklima mit Schattentemperaturen um 50 Grad Celsius und mehr in einer Weise auf, daß der Hitzestau das Wohnen und Arbeiten in den Räumen nur schwer erträglich macht, es sei denn, Air Condition schafft kühle Luft. Diese Anlagen werden aber immer teurer, besonders seit für viele Entwicklungsländer steigende Erdölpreise die Wirtschaft belasten; auch kostet die sorgfältige Überwachung viel Geld, und nicht selten werden hierzu ausländische Fachkräfte gebraucht. Auf diese Weise machen sich Regierungen, die sich doch politisch von aller fremden Bevormundung lösen wollen, selbst in solch banalen Nebensächlichkeiten der Bau- und Klimatechnik wirtschaftlich immer mehr von westlichen Industriestaaten abhängig. «Modernes» Bauen in tropischem oder subtropischem Klima verschlingt mehr Geld als in unseren Breiten – Geld, das dann für die Erhaltung historisch wertvoller Häuser fehlt.

Es gehört zur bitteren Ironie, daß gerade die vom Zerfall bedrohten alten Häuser in vieler Hinsicht dem extremen Klima besser und billiger Rechnung tragen als alle importierte «moderne» Architektur, denn in den traditionellen Bauformen steckt die jahrhundertealte Erfahrung, wie man Bewohner vor Hitze und Staub schützen kann.

Kairo mit seinen extrem heißen Sommern hat inzwischen schon genug negative Erfahrungen mit Häusern aus Betonfertigteilen sammeln können. Die Klimaanlagen in den Verwaltungsbauten, Geschäftshäusern und Luxuswohntürmen arbeiten auf Hochtouren und verbrauchen sehr viel Erdöl und Strom – zuviel technischer Aufwand für einen Staat, dessen Haushalt ohnehin auslandsverschuldet ist –, andererseits bricht bei dem ständig überlasteten Stromnetz die Energiezufuhr für ganze Stadtviertel immer wieder zusammen. Abhängigkeit von komplizierter Technik kann hier zur schweren Bürde werden, vor allem, wenn es an Geld fehlt. Viele Betonbauten in den neueren Stadtteilen zeigen demnach auch bereits erste Spuren der Verwahrlosung, es wird zuwenig repariert.

Am meisten gezeichnet vom Niedergang, von nicht bewältigter Stadterhaltung bleibt allerdings die ausgedehnte Medina mit ihren seit langem vernachlässigten alten, «unmodernen» Häusern. Wenn man in Kairos Altstadt auf ein Minarett steigt (gegen ein Bakschisch beim Moscheewärter ist dies jederzeit auch für einen Europäer möglich) und von dort über Dächer und Gassen sieht, dann wird mit einem Blick klar, welch wertvolle historische Bausubstanz hier bedroht ist.

In der Medina wurde einst ein Baustil geschaffen, der sowohl den praktischen als auch den ästhetischen, künstlerischen Bedürfnissen Rechnung getragen hat. Die gewundenen, unregelmäßig verlaufenden Gassen schützen wie die ineinander verschachtelten Häuserwürfel vor der Sonne, speichern innerhalb ihres Labyrinths die kühle Nachtluft lange bis in die Vormittagsstunden. Innenhöfe bieten Ruhe vor dem quirligen Treiben auf den Straßen, außerdem schaffen sie mit ihren Wasserbehältern aus porösem Ton und Pflanzentöpfen den ganzen Tag über eine angenehme Temperatur, die mindestens zehn Grad unter der Hitze außerhalb des Hauses liegt – ganz im Gegensatz zu hoflosen Betonbauten –, und dies, ohne auch nur eine einzige Kilowattstunde Strom zu benötigen. Plätze mit Brunnenhäusern wie auch die kuppelgekrönten Basare sind angenehme Kommunikationszentren für Fußgänger, denn in diesen Gewölben steigt die heiße Luft nach oben, während aus schattigen Höfen kühle Luft nachströmt und durch diesen Sog jeden stickigen Stau verhindert – auch dies eine problemlose, durch keine technische Störung bedrohte Klimaregulierung. Dazu der ästhetische Reiz: keine großräumigen, monoton geradlinigen Flächen, sondern ein ständiger Wechsel von Nischen, Erkern, Torbögen, Flachdächern, Kuppeln und Minaretten.

Allerdings wäre es weltfremde Romantik, wollte man in diesem alten Kairo die allein richtige Stadtkultur erblicken, ganz im Gegensatz zu den Neubauvierteln des 20. Jahrhunderts. Kairo als vielfache Millionenstadt sprengt zwangsläufig den historisch gewachsenen Altstadtorganismus, muß einen Großteil seiner vitalen Energien außerhalb der Medinamauern entfalten. Aber: Die Medina kann als Wohngegend und Heimstatt des Kleinhandels und Kleinhandwerks sehr wohl weiterhin funktionsfähig bleiben – und noch ist sie es, wenn auch die wirtschaftliche Basis dieser Menschen immer brüchiger wird. Viele der Händler und Handwerker sitzen nur noch in gemieteten Basargewölben und müssen drei Viertel ihrer Einnahmen an den Besitzer, ihren Patron, abliefern, so daß ihnen selbst lediglich ein Hungerlohn bleibt – sie leben damit in einer ähnlich drückenden Abhängigkeit wie die Bauern gegenüber dem Großgrundbesitzer –, und gerade solche Verhältnisse zeigen, daß Kairos traditioneller Basar ökonomisch so gesund nicht mehr ist. Trotzdem: Noch gibt es in der weit ausgedehnten Altstadt genug Kunden für orientalisch gearbeitete Ware, und solange deren Formsinn nicht ausstirbt (nichts deutet darauf hin, bei allen teils schon bedenklichen Zugeständnissen an den «modernen» Massengeschmack), so garantieren sie den Basaris zumindest das Überleben. Dies bedeutet viel in einem

Land, wo die Volksmassen sich hart am Rand des Existenzminimums durchkämpfen müssen. Den Bewohnern der Medina ergeht es sogar in einer entscheidenden Hinsicht besser als den landflüchtigen, in Slums vegetierenden Fellachen – denn sie leben weiterhin in einer vertrauten Umgebung, wie sie die Ägypter seit Jahrhunderten gewohnt sind. Ihnen bleibt wenigstens der Zwang erspart, sich völlig unvorbereitet auf eine radikal neue, ihnen völlig unverständliche Umwelt einstellen zu müssen.

Die Voraussetzungen, in der Medina zu leben, werden allerdings immer schwieriger, seit die Bausubstanz der Altstadt zu zerrütten beginnt. Auch dies erkennt man, wenn man von einem der Minarette über das Häusermeer blickt. Bei nicht wenigen oberen Stockwerken sind die Plafonds eingebrochen, und manchmal fehlen sogar ganze Wände; manche Türen stehen bedenklich schief, daneben klaffen deutlich sichtbare Risse im Mauerwerk; Balkone und Balustraden zeigen häufig Löcher.

Der äußere Anschein verrät hierbei nur einen Teil der erschreckenden Realität. Aus Zeitungen erfährt man, daß jeden Monat irgendwo in der Medina eine Mauer zusammenbricht oder eine Kuppel niederdonnert, ja, zuweilen stürzen Häuser ein. Als Hauptursache werden meist Wasserschäden angegeben: Je mehr in den bereits übervölkerten Wohnvierteln neue Zuwanderer sich ansiedeln und nun zusätzlich die ohnehin schon brüchigen Wasserleitungen benutzen, so daß immer öfter altersschwache Rohre bersten, um so mehr dringt Feuchtigkeit in Gebäudefundamente ein und zersetzt den festen Grund. Kaum einer der Schäden wird behoben, denn den meisten betroffenen Bewohnern fehlt das Geld, um auch nur die nötigsten Reparaturen zu bezahlen – ein deprimierendes Phänomen, wie wir es ja in vielen historisch bedeutsamen Altstädten des Orients vorfinden. Bei Einsturzgefahr bleibt den Familien nichts anderes übrig, als fluchtartig ihre Behausungen zu verlassen und von nun an in Mauernischen öffentlicher Plätze, in Moscheehöfen oder gar Grabkammern zu kampieren; viele aber haben nicht mehr das Glück, rechtzeitig fliehen zu können, und werden unter Trümmern begraben.

Vom rapiden Zerfall bedroht sind aber nicht nur traditionell gebaute Wohnhäuser, sondern auch Moscheen. Manche der Minarette dürfen wegen Einsturzgefahr nicht mehr betreten werden, in Gebetshallen und Vorräumen bröckelt der Putz, verrotten kostbare Ornamente unter einer Schmutzschicht. Für die dringende Renovierung fehlt auch hier das Geld, und dies teilweise für künstlerisch unersetzliche Architektur aus dem 13. und 14. Jahrhundert, der kulturellen Glanzzeit des alten Kairo.

Dieser Zerfall hat allerdings schon lange vor der massiven Begegnung mit westlicher Zivilisation eingesetzt, wie Berichte europäischer Reisender bereits aus dem 18. Jahrhundert belegen. Schon damals konnten viele Kaufleute nicht mehr die Mittel aufbringen, ihre kunstvollen Bürgerhäuser in alter Pracht zu erhalten; ein Großteil von ihnen war verarmt, seit Kairo abseits der großen Handelsstraßen lag und als Provinzhauptstadt des Osmanischen Reiches dahindämmerte. Die verbliebene reiche Oberschicht zeigte wenig Sinn, Moscheen und Wohnhäuser im arabischen Stil zu restaurieren, sie verwendete ihre Einkünfte lieber, um ausgedehnte Luxusreisen durch Europa zu unternehmen und sich Villen nach europäischem Vorbild zu errichten. Als Ägyptens Großstädte sich Ende des 19. Jahrhunderts unter dem Druck der britischen Kolonialherrschaft endgültig dem «Westen» zu öffnen begannen, beschleunigte dieser Vorgang noch den Zerfall der Medina, verursachte ihn aber nicht. Der «Westen» setzte auf «moderne» Entwicklung: Er sparte gegenüber Ägypten nicht an «Entwicklungshilfe», ließ diese Gelder jedoch vorrangig in technische Projekte oder neue Bauvorhaben fließen; historisch gewachsene Altstädte zu sanieren, rückte kaum ins Bewußtsein.

An dieser Ignoranz hat sich während der letzten zwei Jahrzehnte einiges geändert. Seit man in Europa begonnen hat, den bloß funktionalen Baustil mit seiner nüchternen Uniformität als Gefahr für jede lebendige Stadtentwicklung einzustufen, sind wirtschaftlich potente Geldgeber bereit, nun auch eine andere Form von «Entwicklungshilfe» anlaufen zu lassen. 1979 erklärte die Unesco das gesamte mittelalterliche Kairo für «schutzbedürftig», und bereits ein Jahr später schlug die Kulturorganisation der Vereinten Nationen vor, im Rahmen eines «Notstandsplanes» mit den dringendsten Restaurierungsarbeiten zu beginnen. Inzwischen beteiligen sich verschiedene europäische Staaten, in Zusammenarbeit mit der Ägyptischen Altertumsverwaltung, an der

Sanierung der Medina: so die Bundesrepublik Deutschland, Frankreich, Italien, Dänemark und Polen. Die Aufgaben sind beträchtlich. In der Medina, so haben Untersuchungen ergeben, müssen 300 bis 400 Moscheen und Koranschulen, Dutzende von Palästen, öffentlichen Bädern und Brunnenhäusern restauriert werden, von den weitausgedehnten Wohnvierteln ganz zu schweigen.

Diese Maßnahmen finden inzwischen auch bei einheimischen Nationalisten Beifall. Denn sie fordern neuerdings nicht nur, vom Ausland politisch und wirtschaftlich unabhängig zu sein, sondern auch, man solle auf allen Gebieten, auch der Architektur, «eigene Wege suchen», man sollte aufhören, sklavisch fremde Stile nachzuahmen, dafür müsse man an der heimischen Tradition anknüpfen: die «islamisch» gebaute Stadt! Bekenntnisse dieser Art bekommt man während der letzten Jahre immer häufiger zu hören – zögernder Beginn eines neuen Selbstverständnisses.

Radikal-islamische Gruppen denken hier nicht viel anders, müssen es noch viel entschiedener begrüßen, daß man anfängt, «islamische» Baudenkmäler zu restaurieren. Doch gerade sie bringt diese Entwicklung in Verlegenheit. Sie möchten ja jeglichen «westlichen» Einfluß aus Moslemstaaten verdrängt sehen, denn sonst geben sie einer «Gesundung» der eigenen Kultur keine Chance. Aber: Kairos prächtigste Moscheen werden (vorerst) durch Gelder aus dem vielgeschmähten Westen vom Zerfall gerettet.

Pharaonenkultur und Abgase

Wandert man von den Pyramiden bei Gizeh ein Stück hinaus in die Wüste und wendet den Blick zurück, so erscheint das eindrucksvolle Panorama noch ungetrübt schön. Von weit draußen sieht es (fast) so aus, als umgebe die viertausend Jahre alten Monumente wie eh und je majestätische Einsamkeit: ockergelber Wüstensand, Stille, in der Ferne als schmaler Grünstreifen Palmenhaine des Niltals. Nur ab und zu bewegt sich über die Sanddünen eine Kamelkarawane – auch sie nicht störend, fügt sich doch ihr Anblick vor der mächtigen Pyramidenkulisse nach unserem Empfinden lückenlos in die Atmosphäre unantastbarer Zeitlosigkeit ein (und bei genügendem Abstand vermag man ja in den Reitern keine Touristen zu erkennen). Parkende Autobusse, Asphaltstraßen und Häuser mit Telegraphenmasten bleiben durch Hügel verdeckt. Nichts also, das von hier draußen die Nähe einer Dreizehnmillionenstadt ahnen ließe. Oder doch?

Der Himmel hinter den Pyramiden, dort wo Kairo liegt, ist häufig grau und trüb: Smog. Und die Häuserflut selbst hat sich fast schon bis zu den berühmten Stätten pharaonischer Kultur ausgedehnt, die wenigen noch freien Felder zwischen den einzelnen Vierteln von Gizeh werden auch bald von Häusern bedeckt sein: überall Baugerüste. Den Pyramiden am nächsten erheben sich, in Gärten eingebettet, Luxushotels für Touristen und die Villen reicher Geschäftsleute.

Kairo wächst unaufhaltsam, auch in Richtung Pyramiden. Und doch: Als romantikhungriger Tourist kann man sich noch mancherlei Illusionen hingeben. Man braucht nur, um zu den 15 Kilometer entfernten Stufenpyramiden von Sakkara zu gelangen, nicht die Asphaltstraße mit dem bequemen Taxi zu wählen, sondern für den Ausflug ein Kamel zu mieten. Der Treiber führt dann über Feldwege vorbei an Dörfern, wo die Bauern fast noch wie zu pharaonischen Zeiten in fensterlosen Hütten aus Lehm und Stroh hausen, vorbei an Bewässerungsschöpfrädern, deren Göpelwerk von endlos im Kreis trottenden Rindern oder Kamelen angetrieben wird, nicht anders, als dies schon während des dritten vorchristlichen Jahrhunderts in Ägypten geschah. Aber das 20. Jahrhundert platzt oft unvermutet auch hier in die Atmosphäre angeblicher Zeitlosigkeit. Vom Kamelrücken aus, über Lehmdörfer und Schöpfräder hinweg, sieht man bei klarem Wetter deutlich den 18 Kilometer entfernten Schornsteinqualm des Stahlwerks und der Zementfabriken von Heluan, ausgedehnte Industrieanlagen, deren erste noch unter Abd Al Nasser mit deutscher Hilfe errichtet wurde. Die giftigen Gase steigen ungefiltert in den Himmel, der an vielen Tagen längst nicht mehr blau und klar, sondern grau und dunstverhangen ist.

Die Trabantenstadt Heluan bietet nur eine der vielen Industrien, wie sie während der letzten drei Jahrzehnte im Einzugsbereich von Kairo hochgezogen wurden. Manche dieser Anlagen hat man gar unbedenklich nahe an jahrtausendealten Pharaonengräbern errichtet. So entstand mitten im ausgedehnten Gräberfeld von Dashur während der siebziger Jahre eine Erdölraffinerie, 15 Kilometer südlich der berühmten Stufenpyramiden von Sakkara. Den entsetzten Archäologen blieb gerade noch Zeit, an die 600 der noch unerforschten Gräber zu registrieren, nicht aber, das Vorgefundene auszuwerten oder gar durch weitere Grabungen auf zusätzliche wichtige Entdeckungen zu stoßen, denn die Bulldozer der Baukommandos waren schneller. Dieses Industriezentrum dehnt sich von Jahr zu Jahr weiter aus, ohne Rücksicht auf die noch möglichen Kunstschätze im Wüstensand. Und: Auch die Ölraffinerie von Dashur stößt Tag für Tag große Mengen giftiger, ungefilterter Abgase in die Luft.[20]

Was sich in und um Kairo an Umweltgefahren zusammenbraut, ist lange Zeit unbeachtet geblieben. Die einheimischen Ingenieure haben solchen Problemen ebensowenig Bedeutung beigemessen wie die Behörden, denn in Ägypten gilt – nicht anders als in den meisten «unterentwickelten» Ländern – Umweltschutz als bloßer Luxus, den sich allenfalls reiche Industriestaaten leisten können. Ausländische Ratgeber und Industrieplaner äußern sich hierzu meist auch nicht kritisch – sei es, daß sie aus voller Überzeugung drohende Gefahren als Hirngespinst abtun, sei es, daß sie, zynisch genug, nur daran interessiert sind, in einem «Entwicklungsland» ohne gesetzliche Kontrollbestimmungen leichter Geld zu verdienen, ohne sich um negative Folgen scheren zu müssen. Womöglich hätte noch lange niemand Alarm geschlagen, wäre nicht plötzlich eine der berühmtesten Fremdenverkehrsattraktionen akut bedroht worden: die Sphinx im Pyramidengelände von Gizeh. Nun, da es um Belange zahlungskräftiger, devisenbringender Touristen, mehr aber noch um die Interessen devisenhungriger, gutverdienender Hoteliers geht, ist es mit der Gleichgültigkeit vorbei.

Die Sphinx, dieser steinerne Löwenleib mit dem markanten Königskopf, von ihren Erbauern vor 4000 Jahren als Schutzfigur gegen Dämonen am Eingang des Totenreichs gedacht, ist schutzlos Industrieabgasen und dem immer dichter werdenden Großstadtsmog des nahen Kairo preisgegeben. Unaufhaltsam fressen sich die Säurepartikel in den Stein und tragen pro Jahr einen Millimeter ab, so haben Experten errechnet. Und auf diese Weise werden die Konturen der lächelnden Sphinx immer undeutlicher, erschreckend rasch. Es ist ein Phänomen, wie man es ähnlich auch in abgasverseuchten Großstädten Europas an Kathedralen und Schlössern beobachten kann.

Eine weitere, bisher kaum erwartete Gefahr droht der Sphinx seit eineinhalb Jahrzehnten durch die Feuchtigkeit. Genaues Datum: 1970. Seit der neue Assuandamm fertiggestellt ist und den Zufluß des Nilwassers reguliert, steigt der Grundwasserspiegel, dringt Nässe in den Leib ein und lagert dort Salze ab, die den Stein zerfressen und ihn zusehends zu Staub zerfallen lassen. Abgase und Feuchtigkeit, beides eine unerwünschte Nebenwirkung modernen Fortschritts, sorgen so dafür, daß innerhalb von nur wenigen Jahren eine weltberühmte Skulptur zerfällt – natürliche Erosion würde hierzu Jahrhunderte benötigen.

Man ruft nach Abhilfe, fordert Experten aus dem Ausland an, um Strategien für die Rettung dieses «einmaligen Kulturdenkmals» zu ersinnen – ein Unterfangen, dem herbeigeeilte Wissenschaftler aus Europa und den USA inzwischen skeptisch gegenüberstehen. Denn gar zu schwierig, ja aussichtslos erscheint es, innerhalb kürzester Zeit die Luft zu entgiften und den erhöhten Grundwasserspiegel zu senken. Die ägyptische Bürokratie arbeitet langsam. Kairo aber – und mit ihm seine Industrie – dehnt sich rasch und unaufhaltsam weiter aus...

Fes: Abschied von 1001 Nacht

Der Orient, aus dem die Träume sind

Fes, ein «Juwel» unter den orientalischen Städten: Reiseprospekte verheißen in schöner Eintracht mit kulturhistorischen Sachbüchern, Fes biete noch, wie sonst selten eine islamische Großstadt von heute, den Abglanz großer Vergangenheit. Wer anschaulich nachvollziehen wolle, wie moslemische Völker im Mittelalter gelebt haben, zu welchen Aufschwüngen ihre Stadtzivilisation fähig gewesen ist, der solle die guterhaltene, weitausgedehnte Medina von Fes besuchen. Schwärmerische Geister beschwören gar die Atmosphäre von 1001 Nacht, um dem Fluidum dieser alten Metropole gerecht zu werden – schränken dann aber meist doch vorsichtig ein: «Noch» sei sie lebendig, diese Atmosphäre von 1001 Nacht.

Am besten beginne man den Besuch, so empfehlen verliebte Kenner der Stadt, indem man gegen Nachmittag bei schräg fallendem Sonnenlicht (gut fürs Fotografieren!) ein Stück die 15 Kilometer lange Panoramastraße entlanggehe. Diese berühmte «Route de Fès» gewährt zwischen Olivenhainen, Kakteenstauden und Agaven hindurch immer neue prächtige Ausblicke hinab auf das Gassengewirr und die ineinander verschachtelten Häuserwürfel; man sieht eine weite lehmfarbene Fläche, aus der die grün glasierten Ziegeldächer von Moscheen, Koranschulen und Palästen wie spitze Inseln ragen. Nicht anders als vor Jahrhunderten umschließt eine nahezu vollständig erhaltene Stadtmauer die Medina, die zu ihrer Glanzzeit neben Kairo Kulturzentrum des westlichen, nordafrikanischen Islam gewesen ist.

Eine traditionsreiche Stadt. Gegründet wurde sie im Jahr 808 durch den Emir Moulay Idriss II., einen Zeitgenossen Karls des Großen, und von ihm erhielt sie den Namen Fes (arabisch: Beil), weil der Fürst, so will es die Sage, auf der Suche nach einer geeigneten Lage für seine neue Residenz am Ufer des heutigen Oued Fes ein kostbares Beil fand und dies als ein Zeichen Allahs wertete. Der «Segen Gottes», vielzitiert und vielbeschworen, hat dieser Stadt während der folgenden Jahrhunderte tatsächlich einen einmaligen Aufschwung beschert – die noch immer erhaltenen Moscheen und Paläste werden von den Chronisten als Beweis gewertet –, und selbst als der Höhepunkt ihrer Geschichte längst überschritten war, hat ein gnädiges Schicksal die Metropole vor größerer Zerstörung bewahrt. Ja, ihr Erscheinungsbild ist bis weit in unsere Gegenwart herein kaum durch moderne Eingriffe beeinträchtigt worden. Keine klotzig aufragenden Betonwohnblocks verschandeln das ehrwürdige historische Panorama, denn die neuen Stadtviertel mit den Attributen unserer westlichen Zivilisation sind von der aussichtsreichen «Route des Fès» nicht zu sehen, sie bleiben durch Hügel verdeckt.

Es ist eine typische Touristenperspektive, Städte des Orients auf diese Weise zu betrachten. Man sucht, was man im eigenen Kulturkreis so «unverfälscht» nicht mehr zu finden glaubt, eine Welt, die uns schon seit Jahrhunderten entschwunden ist, durch Legenden verklärt (oder gar verstellt?). Und doch ist es eine Perspektive, der man – auf den ersten Blick – ihren Realitätsgehalt nicht abstreiten kann.

Man soll, so die Kenner, von der Panoramastraße aus auf Maultierpfaden hinab in die Medina wandern, kein besserer Einstieg biete sich für das «malerische» Fes. Man gelangt in das kilometerweite Labyrinth winkliger Gäßchen, die mit ihrer drangvollen Enge jeglichem Autoverkehr auch weiterhin verschlossen bleiben; dort sieht man noch immer, nicht anders als vor Hunderten von Jahren, vorwiegend Maulesel die schweren Lasten transportieren, hört man noch durchweg aus den Basargewölben das metallene Hämmern der Handwerker, das monotone Klappern der Handwebstühle; dort trifft man auf verschleierte Frauen, die noch aus farbenfroh gekachelten Brunnen in Gassennischen Wasser schöpfen und sich mit den Tonkrügen auf den Köpfen entfernen. Man ist fasziniert von den unvermutet sich ergebenden Ausblicken auf Minarette mit maurischer Ornamentik, auf Torbögen und Dachfirste mit kunstvollen Verzierungen. Zahlreiche Gebäude aus der Glanzzeit des 14. und 15. Jahrhunderts sind noch erhalten. Betritt man die Koranschulen Attarine und Bou Inania, Prachtbauten des Spätmittelalters mit buntverfliesten Innenhöfen, Marmorbrunnen und feinziseliertem Stuck, so fühlt man sich an die grandiose Atmosphäre der Alhambra erinnert...

Realität von heute

Ich kenne Fes von zwei Besuchen: 1967 und 1984. Dazwischen liegen siebzehn Jahre – mir scheint es wie eine ganze Epoche. Die Stadt hat sich während dieser kurzen Zeit in ihrem sozialen Gefüge so entscheidend verändert, daß es selbst für unbeirrbare Romantiker und Zivilisationsflüchtlinge zur Farce wird, in der «orientalischen» Atmosphäre von Fes noch immer ein wärmendes Gegenbild zur vielbeklagten «nüchternen Kälte» unserer Betonstädte zu suchen. Was sich in Fes heute vollzieht, ist symptomatisch für zahlreiche einst glanzvolle Zentren des Orients. Wie im Zeitraffer beschleunigen sich für alle sichtbar die Zerfallserscheinungen, radikalisieren sich die Widersprüche.

Die «Route de Fès» wird nach wie vor als ideale Einstimmung gerühmt. 1967 sind mir auf dem schmalen Asphaltband fast nur Fußgänger und Mauleselreiter begegnet, die mich als Fremden kaum beachteten und höchstens schüchtern oder verhalten freundlich grüßten. Autos fuhren selten. Und seitlich, in den weitausgedehnten Olivenhainen und Agavenfeldern, sah ich Hirten mit Schaf- und Ziegenherden, hörte ich in der Abendstille Zikaden zirpen.

Eine vorindustrielle Idylle.

Ich habe die Szenerie damals mit einer gewissen Wehmut betrachtet, in der Ahnung, daß sich hier ein bis zwei Jahrzehnte später manches geändert haben könnte: möglicherweise eine breitere, hektische Autostraße, eventuell Villen und riesige Hotelbauten; manches vom bisherigen «Zauber» würde unwiderruflich verloren sein. Ich war Romantiker. Dabei entging mir nicht, daß viele der Menschen hier ausgefranste, dutzendfach geflickte Burnusse, Djellabahs und Turbane trugen (weil sie sich wohl ein halbes Leben lang keine anderen Kleidungsstücke leisten können) und viele auch mager und ausgemergelt wirkten. Romantiker konnte ich demnach, bei genauerem Hinsehen, nur mit schlechtem Gewissen bleiben. Jeder Tagelöhner und Hirte würde schließlich eine weitausufernde Baustelle inmitten unberührter Olivenhaine bejahen, könnte er auf diese Weise endlich einen Arbeitsplatz als Maurer, Hilfsarbeiter, Hausmeister oder Parkplatzwächter finden, Brot genug für die ganze Familie, er würde hierfür auch die häßlichsten und monotonsten Betonwohnblocks in Kauf nehmen. Hunger kennt keine Ästhetik...

1984 ging ich die berühmte Panoramastraße wieder. Und sie hatte sich tatsächlich verändert, war «moderner» geworden, aber anders, als sich dies meine Phantasie siebzehn Jahre früher hätte ausmalen können.

Autohupen und Motorradknattern auf einer verbreiterten, stark befahrenen Straße; hangaufwärts Hütten aus rohen Lehmziegeln, Brettern, Wellblech, Plastikteilen, wie eine Krebsgeschwulst in die grüne Landschaft eingefressen. Lärmend stob eine Horde Kinder aus vom Regen aufgeweichten Lehmgassen zur Asphaltstraße, kaum nachdem sie mich, den Ausländer, entdeckt hatten. An die dreißig Hände von schmutzigen und zerlumpten Jungen und Mädchen streckten sich mir entgegen; «Flus! Flus!» kreischten die Kinder auf arabisch, «D'argent!», «Money!», «Un dirham!», kommentierten sie laut und unmißverständlich für jeden Fremden. Etliche Halbwüchsige verstellten mir die Aussicht auf die Stadt, die sich mir durch den Kamerasucher noch immer verführerisch schön präsentiert hatte. «Un dirham pour un photo!» riefen die Halbwüchsigen und drängten sich breitbeinig vor meine Kamera. Auf der Straßenseite gegenüber blieben die ersten Erwachsenen stehen, auch sie verschmutzt und zerlumpt, ihre Blicke verrieten Verlegenheit und Ablehnung. Ich entfernte mich mit großen Schritten, während mir die Kinderhorde kreischend folgte. Ein alter Mann verscheuchte sie schließlich. Aber Steine flogen, klatschten hinter und neben mir auf den Asphalt. «Tourist, go home!» schrie einer der Halbwüchsigen, «Fuck you!» ein anderer.

Eine schockierende Aggression. Aber überraschen muß sie nicht. Über den weitausgedehnten Slums, in schönster Aussichtslage, erhebt sich wuchtig und protzig das Luxushotel «Les Mérinides». Wegen dieses glitzernden Prunkbaus aus Beton und Glas, so erfuhr ich später, ist die Straße verbreitert worden; und auf ihr verkehren nun weit mehr Autos als früher: meist Taxis, klimatisierte Touristenbusse, Mietwagen für Touristen, Privatwagen reicher Marokkaner, die überwiegend zur geschlängelten Auffahrt des Luxushotels abbiegen. Heute ist diese Auffahrt – einst gesäumt von agavenbestandenen Wiesen – auf ihrer ganzen Länge flankiert von einem Slum, aus dessen abfallübersäten Wegen sich bettelnd Kinder und Halbwüchsige nähern, falls es einem Ausländer tatsächlich einfallen sollte, hier zu Fuß zu gehen.

«Entwicklung» in einem sogenannten «Entwicklungs»land?

Das Luxushotel «Les Mérinides» ist während der siebziger Jahre entstanden: in der Absicht, dem zahlungskräftigen Touristen direkt vom Schlafzimmer aus eines der schönsten Stadtpanoramen Marokkos zu bieten. Damals, als die Bauherren den Berggipfel für ihr ehrgeiziges Projekt verplanten, war die grüne Hügellandschaft ringsum noch weitgehend unberührt. Aber kaum standen hier die ersten Baracken für die Arbeiter und kaum begannen Bulldozer die Fläche zu planieren, errichteten in Baustellennähe Zuwanderer aus Dörfern weitere Hütten, weil sie hofften, hier könnte auch für sie eine Arbeitsstelle abfallen. Und ihre ärmlichen, aus Brettern und Wellblech zusammengezimmerten, wäscheverhangenen Behausungen wirkten wiederum wie ein Sog auf weitere Zuwanderer – landlose Bauern, hungernde Tagelöhner.

Nicht wenige dieser ungebetenen Neuankömmlinge fanden auf der ausufernden Baustelle meist auch noch ein Unterkommen als Hilfsarbeiter, aber nur kurzfristig; sie mußten sich spätestens dann in ihren Hoffnungen enttäuscht sehen, sobald das Hotel fertig gebaut war. Kaum hatte man in dem mondänen Gebäudekomplex die letzten Fenster eingesetzt, die letzten Teppiche gelegt und sich für den Empfang der ersten Gäste zu rüsten begonnen, schickte man die ungelernten Handlanger weg, denn für die nun anfallenden Dienstleistungen, angefangen vom Kellner über den Portier bis hin zu den Wäscherinnen und Zimmermädchen, verlangten die Planer ein anderes Personal: Französisch sprechend, möglichst noch in einer weiteren Fremdsprache angelernt, «mit guten Manieren», allein den Bedürfnissen devisenschwerer

Ausländer angepaßt. Man konnte es sich leisten, unter den Bewerbern anspruchsvoll auszuwählen, drängt sich doch in Marokkos Großstädten ein Überangebot arbeitsloser Jungakademiker – typisches Schicksal der Dritten Welt –, selbst der Posten eines Kellners oder Gepäckträgers läßt sich noch mühelos mit dem fremdsprachengewandten Absolventen der Geschichte oder Literatur besetzen. Aber um so nötiger ist es dann geworden, an den Eingängen des Hotelgeländes Wächter gegen «zudringliche» Arbeitssuchende aus den Elendsbezirken aufzustellen.

Trotzdem harren viele Zuwanderer nahe dem Hotel in ihren ärmlichen Hütten aus, wohl in dem Glauben, dann eben bald auf einer anderen Baustelle Arbeit zu bekommen, in Hotelnähe (vielleicht würde noch eine ganze Hotelstadt entstehen), oder weiter weg in den modernen Vierteln (dort wird ja unaufhörlich gebaut). Sie bleiben – und ziehen wiederum Zuwanderer an. Ein Slum beginnt zu wachsen, dehnt sich mehr und mehr aus – gerade dort, wo es am wenigsten in die Pläne von Marokkos Tourismusmanagern paßt.

Für die Behörden ist es ein aussichtsloses Unterfangen, einmal entstandene Hüttenkolonien durch Polizeitrupps gewaltsam räumen zu lassen; zu heftig könnte der Widerstand der verbitterten, ohnehin schon aggressiven Slumbewohner ausfallen. Sinnvoller erscheint es, die elenden Hütten aus Brettern und Wellblech durch saubere Backsteinhäuser zu ersetzen, und teilweise ist dies auch geschehen, aber an den Siedlungsrändern entstehen über Nacht bereits wieder neue Elendshütten. Und in ihnen darben Arbeitslose, Bettler…

Die Bettler wurde ich erst los, als ich eilig auf den Eingang des ummauerten, festungsartig abgeschirmten Hotelgeländes zuging und dort ein Wächter unmißverständlich den Weg für Einheimische ohne Geld versperrte. Aber ich sah noch von den großräumigen Foyerfenstern aus, über den schmalen Hotelgarten und seine Mauer hinweg, die Hütten mit ihren zerlumpten Bewohnern. Und von der Aussichtsterrasse mit Blick über Fes entdeckte ich erst das ganze Ausmaß der in die grünen Hügel eingefressenen Elendssiedlungen.

In «Les Mérinides» kostet eine Übernachtung umgerechnet an die 150 Mark im Doppelzimmer – dies entspricht ungefähr dem

Monatsverdienst einer marokkanischen Durchschnittsfamilie, dürfte aber das schmale Einkommen der hier am Stadtrand vegetierenden Slumbewohner um ein Vielfaches übertreffen.

Mir erschien es ratsam, den Rückweg in die Medina nicht mehr zu Fuß anzutreten. Ich zog es wie die anderen Touristen vor, gut abgeschirmt auf dem Hotelgelände in eines der wartenden Taxis zu steigen. Die ärmlichen Hütten glitten rasch vorüber, die zerlumpten Menschen hielten Abstand; vom Autofenster aus erschienen die Kontraste weniger beklemmend.

Zunehmende Verelendung

Vor den Toren der vielgerühmten Altstadt erwarten den Fremden ähnlich schockierende Eindrücke. Besonders am Bab Boujeloud. Dieses markant blau verflieste, schön ornamentierte Portal gilt mit seinem stets bunten Menschengewimmel und dem Durchblick auf Minarette und grün glasierte Ziegeldächer als eines der besonders «malerischen» Fotomotive von Marokko, weshalb Touristen dieses Tor bevorzugt als Ausgangspunkt zum Besuch der mittelalterlichen Medina wählen. Straßenhändler und Souvenirverkäufer hat es hier schon während der sechziger Jahre gegeben; nun aber ist ihre Zahl nicht nur erheblich gestiegen, hinzu kommen jetzt eine große Anzahl Jugendlicher, die, unterbeschäftigt oder gar arbeitslos, sich mehr als den halben Tag in Tornähe aufhalten.

Diese Jugendlichen sind meist flinker als die professionellen Straßenhändler, wenn es gilt, einen Fremden zu erspähen und auf ihn zuzustürzen. Oft schließt sich sofort ein dichter Kreis von Burschen um den neuankommenden Touristen, und dann übertönen sie sich schreiend, ihm ihre Dienste als «Guide» durch die verwinkelte Medina anzubieten. «Dix dirham pour trois heures, quatre heures!» Zehn Dirham für drei, vier Stunden Führung – eine Summe, die umgerechnet 3,50 Mark entspricht; davon kann sich ein Marokkaner der bürgerlichen Mittelklasse gerade eine Mahlzeit in einem kleineren Restaurant leisten. Aber ein Großteil der Einheimischen muß mit so viel Geld tagelang seine Ernährung bestreiten – vermutlich auch diese Jugendlichen.

«You american? Du deutsch? Ja, deutsch, das ist gut!» Ihr Gebaren wirkt eher aufdringlich als herzlich, wenn sie dem Fremden auf die Schulter klopfen und ihn mit «Mon ami», «My friend», «Hallo, Freund» anreden. Ungeduld klingt in ihren Stimmen, so, als seien sie bereits durch allzuviele Abweisungen verunsichert, verärgert, enttäuscht. Und je mehr der Fremde vor einem solch geballten Ansturm zurückweicht und nach anfänglich höflicher Ablehnung schließlich schroff «No!» antwortet, um so heftiger schlägt ihm die Aggression entgegen. «Fuck you!», «Rassiste!», «Dreckschwein!», «Du hast nichts zu suchen in Marokko!»...

Englisch, französisch und deutsch schallen dann dem Fremden die Schimpfwörter nach, während bereits andere Jugendliche neben ihm hergehen, ihn an der Jacke zupfen und vorerst noch freundlich zu lächeln versuchen. «S'il vous plaît, un guide...» Wie ein Spuk verschwinden sie, sobald Polizeiuniformen auftauchen. Aber kaum haben die Polizisten dem Place Boujeloud den Rücken gekehrt, nähern sich die ersten Bittsteller erneut. «Do you want a guide?», «Du deutsch? Altstadt, Altstadt. Führung billig...» Und wieder die Flüche, sobald man den Kopf schüttelt. «Tourist, go home!»

Eine solch explodierende Wut gegenüber Ausländern wäre zwei Jahrzehnte früher noch undenkbar gewesen – eine Wut, die dem Besucher heute auch in anderen marokkanischen Städten ähnlich heftig entgegenbrandet.

In den winkligen Altstadtgassen bleibt man allerdings nach wie vor unbelästigt. Aber auch dort hat sich manches auffällig und beklemmend verändert. Fes ist bevölkerter und zugleich ärmer geworden. Wo man vor zwei Jahrzehnten in Ruhe, ohne Beengung gehen konnte, fühlt man sich heute ständig bedrängt, geschoben, angerempelt von Menschen, die ebenfalls Mühe haben, sich in den überfüllten Gassen einen Weg zu bahnen. Auch ist der Geräuschpegel von Schreien, Hämmern, Fuhrwerkrattern und Karrenholpern beträchtlich angeschwollen. Die Medina von Fes beherbergt in ihren ohnehin engen Quartieren nun wesentlich mehr Bewohner als noch vor siebzehn Jahren, und es scheint, als ob diese neue Generation noch weniger Geld, Zeit und Sinn dafür aufzubringen vermag, altersbedingte Schäden an den Häusern zu reparieren – als ob die geringen Einnahmen ganz und gar nur noch für das Notwendigste, Essen und Kleider, drangegeben werden müßten. Viele Häuser mit ihren prächtigen Portalen und Vordächern, viele Torbögen und bunt verflieste Brunnen erscheinen wesentlich baufälliger als noch zwei Jahrzehnte zuvor. Die Wände zeigen Risse und sind verschmutzt, einst sorgfältig gearbeitetes Dachgebälk hängt morsch herunter, wobei die fehlenden grünglasierten Ziegel, wenn überhaupt, durch Wellblech ersetzt sind. Wertvolle, unersetzliche Bausubstanz kunstvoller Bürgerhäuser geht so, allen Anpreisungen der Touristikwerbung zum Trotz, rascher als bisher dem Zerfall entgegen. Ästhetik und Kunstsinn scheinen im Fes des ausgehenden 20. Jahrhunderts nicht mehr finanzierbar, sieht man einmal vom Beispiel weniger großer Moscheen und Koranschulen ab.

Daß sich in Marokko während der letzten zwei Jahrzehnte manches zum Nachteil verändert hat, darauf war ich durch verschiedenste Zeitungsberichte und wissenschaftliche Artikel vorbereitet, auch kannte ich zur Genüge die statistischen Daten, die erschreckend sind. Aber Zahlen nehmen sich abstrakt und vage aus, wenn der konkrete Augenschein fehlt.

Marokko hatte 1925 an die 6 Millionen Einwohner. Es dauerte 30 Jahre, bis sich diese Anzahl um weitere 3 Millionen vermehrt hatte. Dann aber, seit Mitte der fünfziger Jahre, brauchte es nur noch einmal 30 Jahre, bis aus den 9 Millionen 21 Millionen geworden waren.[1] Die jährliche Zuwachsrate beträgt an die 3 Prozent; sie wird in Nordafrika nur noch von der Ägyptens übertroffen. Eine enorme, immer steiler ansteigende Wachstumskurve. Aber nachvollziehen konnte ich diese Tatsache erst, als ich 1984 die engen, von Menschen überquellenden Straßen hautnah erlebte und mich hierbei an die wohltuende «Leere» siebzehn Jahre früher erinnerte.

Ein Großteil dieser sich so rapide vermehrenden Marokkaner ist bettelarm. 9,5 Millionen Einwohner, so läßt sich einer Studie der Weltbank entnehmen, erreichten Anfang der achtziger Jahre nicht einmal das Überlebensminimum, das für Marokko, den dortigen Lebenshaltungskosten entsprechend, auf täglich umgerechnet 1,14 Mark pro Familie (!) festgesetzt ist. Mehr als 40 Prozent aller Erwerbsfähigen sind arbeitslos oder unterbeschäftigt[2]; sie müssen sich mit raren Gelegenheitsjobs durchschlagen. Viele davon sind Jugendliche. Die Volkszählung von 1982 registrierte unter den Fünfzehn- bis Vierundzwanzigjährigen nur ein gutes Viertel, das einer regelmäßigen Beschäftigung nachgehen kann.[3] Auch dies sind erschreckende Zahlen. Aber das Explosive dieser Situation ist mir erst voll bewußt geworden, als ich die um Dienstleistung bettelnden Burschen in den Slums und vor den Stadttoren aggressiv fordernd um mich hatte.

Noch leben an die 60 Prozent aller Marokkaner in Dörfern; ihre Zahl verringert sich jedoch zusehends. Um etwa 5 bis 6 Prozent pro Jahr vermehren die Städte ihre Einwohnerzahl, teils durch Geburtenzuwachs, teils durch Zuzug verelendeter Bauern und Landarbeiter.[4] Das Beklemmende dieser Situation wurde mir erst plastisch vorstellbar, nachdem ich die heute slumübersäten, zwei Jahrzehnte zuvor noch unberührt grünen Hügel von Fes gesehen hatte. Fes zählte 1967, bei meinem ersten Besuch, 220 000 Einwohner. Siebzehn Jahre später waren es 430 000. Um 1925 sind es erst über 70 000 gewesen.

Fes – mit seinen jähen, bei der räumlichen Enge so überschaubaren Kontrasten – ist ein besonders geeignetes Anschauungsobjekt. Aber andere Städte Marokkos zeigen ein ähnliches, ja teilweise noch rascheres Wachstum. So zählte Marrakesch, die vielgerühmte «Perle des Südens», 1925 nur 45 000 Einwohner, 1964 aber 243 000 und 1984 schließlich 435 000. Nicht viel anders Meknes innerhalb desselben Zeitraums: Dort vermehrten sich die Bewohner von 37 000 auf 176 000, schließlich auf 403 000. Noch drastischer sind die Steigerungsraten in Rabat. Seit 1912 Hauptstadt und Verwaltungszentrum, zieht sie seither naturgemäß immer mehr Zuwanderer in ihren Ballungsraum. Rabat zählte 1925 gerade 31 000 Einwohner, 1964 bereits 227 000, und 1984 sind es schon 704 000.

Noch viel krasser verhält es sich mit Casablanca, einer erst von den Franzosen massiv geförderten Handelsmetropole. 1925 lebten dort 102 000 Menschen, 1987 sind es 2,5 Millionen. Casablanca ist ein Sonderfall für marokkanische Verhältnisse, aber es ist aufschlußreich, ihn mit dem «Normalfall» Fes zu vergleichen.

An Fortschrittsoptimismus fehlt es vielen jüngeren, gebildeten Marokkanern trotz aller deutlich sichtbaren Widersprüche und Krisen nicht; ich konnte dies immer wieder bei Gesprächen in den französisch ausgestatteten Cafés feststellen. Die Zukunftshoffnungen dieser jungen Männer gehen fast alle in dieselbe Richtung. Sie, meist Studenten und Söhne wohlhabender Kaufleute und Techniker, zieht es weg von Fes, Marokkos ältester und traditionsreichster Großstadt, ihnen erscheint die zerfallende Medina als «rückständig» und die moderne Ville Nouvelle als «zu provinziell»; mit Stolz preisen sie eine Stadt, die in ihren Augen allein allen Ansprüchen gerecht werden kann: Casablanca.

Ein Technikstudent, der während der Semesterferien seine Eltern in Fes besuchte, drückte diese Sehnsucht fortschrittswilliger Marokkaner bezeichnend aus. In Casablanca, so sagte er, sei wirklich Kultur vorhanden, denn nur an der dortigen Universität könne man alle Fächer studieren, auch besitze nur diese Stadt geistig ein internationales Flair, angefangen von dem Angebot in Fachbuchhandlungen bis hin zum Theaterprogramm; Casablanca sei «Gegenwart», Fes sei «Museum». An Fes störe ihn die Enge, der Blick sei hier «zurück», nicht «in die Zukunft» gerichtet.

In Gesprächen wie diesen wird der ganze Zwiespalt des Entwicklungslandes Marokko deutlich – ein Zwiespalt, der aber durch fast alle Staaten der Dritten Welt geht: Die jungen Technokraten zeigen wenig innere Beziehung zu den Wurzeln ihrer eigenen Kultur; sie bevorzugen Städte, die sich möglichst in nichts mehr von denen der westlichen Industriestaaten unterscheiden. Was an orientalischer Tradition noch lebendig geblieben ist – in der Kunst, in der Architektur, erst recht in den Lebensformen – beurteilen sie längst aus dem Blickwinkel europäischer Technokraten und tun es oft mit dem gleichen Achselzucken als «Mittelalter» ab.

Die Rivalität zwischen Fes und Casablanca ist kaum sieben Jahrzehnte alt, und sie hat nicht zufällig erst begonnen, als die Franzosen 1912 das Land besetzten. Bis dahin war Fes Hauptstadt und kulturelles Zentrum des Sultanats gewesen, Casablanca nur ein unbedeutendes Provinznest. Allerdings lag zu Beginn des 20. Jahrhunderts die Blüte der geschichtsträchtigen Metropole schon weit zurück – ein matter Abglanz noch in der Erinnerung der traditionsverhafteten Bewohner.

Fes hatte um das Jahr 1350 an die 200 000 Einwohner gezählt – für das Hochmittelalter eine enorme Zahl, wenn man bedenkt, daß zur gleichen Zeit in Europas größten Kultur- und Handelszentren wie Paris, Mailand und Venedig jeweils an die 150 000 Menschen wohnten. Fes besaß während des 14. und 15. Jahrhunderts ein wesentlich prächtigeres Stadtbild als die heutige Medina vermuten läßt, die Chronik spricht von 785 Moscheen, 80 öffentlichen Brunnen und 93 öffentlichen Bädern. Besonders strahlte der Ruhm der Kairaouine-Universität, sie galt neben der Al Azhar von Kairo über Jahrhunderte als das zweite maßgebliche Zentrum des (sunnitischen) Islam. An ihren Fakultäten lehrten nicht nur führende Theologen und geistliche Rechtsgelehrte, sondern auch bedeutende Mathematiker, Astronomen, Mediziner und Geographen, die im wissenschaftlichen Rang keinen Vergleich mit zeitgenössischen europäischen Größen zu scheuen brauchten. Im Gegenteil, manche übertrafen die damalige Prominenz im christlichen Abendland an Bedeutung, sie waren – um es mit einem Begriff unserer Zeit zu charakterisieren – «moderner», zukunftsweisender. Man trieb in Fes unter der weltoffenen Schirmherrschaft der Meriniden-Sultane lange vor Europas Medizinern experimentelle Forschung, wußte lange vor europäischen Mathematikern mit dem Zehnerzahlensystem, Algebra und komplizierten Wurzelrechnungen umzugehen. Ebenso selbstverständlich betrieb man – damals nicht gehemmt durch dogmatische Bevormundung engstirniger Theologen – soziologische, historische und völkerkundliche Studien auf der Basis reiner Erfahrungswissenschaften. Hierfür stehen so große Namen wie der des Weltreisenden Ibn Battuta, der für damalige Verhältnisse beispiellos exakte Berichte über Nordafrika, den Vorderen Orient, Indien, China und Südostasien lieferte, und der Historiker Ibn Khaldun, der in Fes seine Laufbahn als Begründer einer rationalen, empirisch-kritischen Geschichtsschreibung begonnen hatte. Fes, das kräftig vom Erbe maurischer Kultur in Spanien zehrte und Cordoba als Zentrum des islamischen Westens abgelöst hatte, konnte sich während des Spätmittelalters noch zu Recht in einer Reihe mit den bedeutendsten Metropolen der Welt sehen.

Nichts mehr davon um 1900. Nun hatte sich die Einwohnerzahl geradezu halbiert, von den einst 785 Moscheen existierten noch 130, prächtige Bürgerhäuser standen verlassen und zerfielen, und die Kairaouine-Universität blieb allein noch für stockkonservative Korangelehrte interessant. Keine fremden Eroberer hatten die Metropole geschwächt, Verfall und Niedergang nahmen in der eigenen Gesellschaft ihren Anfang: Marokkos kulturelles Leben war während der letzten Jahrhunderte – wie in vielen islamischen Ländern – erstarrt, die schöpferische Phantasie verödet, die wirtschaftlichen Energien erschlafft. Europäische Reisende wußten um 1900 zu berichten, daß die marokkanische Hauptstadt keine einheitliche Verwaltung mehr besaß und die ungepflasterten Straßen niemals gereinigt wurden, so daß bei Regen sämtliche Wege in übelriechendem Schlamm versanken.[5]

Als dann 1912 die Franzosen Marokko zum «Protektorat» erklärten und aus strategischen Erwägungen den Sultan zwangen, seine Residenz von Fes in die leichter beherrschbare Küstenstadt Rabat zu verlegen, blieb der Widerstand der marokkanischen Oberschicht verhältnismäßig schwach – Fes hatte seine unwiderstehliche Anziehungskraft als Mittelpunkt des Landes ohnehin schon verloren gehabt. Rabat, bisher zweitrangige «Königsstadt», überflügelte nun unter der Schirmherrschaft der Franzosen rasch die einstige Residenz.

Noch mehr aber machte sich die Regie der Kolonialherren bemerkbar, als sie das Provinznest Casablanca, bisher einziger europäischer Handelsstützpunkt, zu einem florierenden Hafen nach ihren Bedürfnissen ausbauten. Hatte der Ort um die Jahrhundertwende nicht mehr als 20000 Einwohner gezählt, so waren es 1930 bereits an die 130000, um 1945 eine halbe Million, 1971 bereits 1,5 Millionen. 1986 sind es über 2,5 Millionen – Casablanca zählt damit nicht nur mehr Einwohner als die vier marokkanischen «Königsstädte» Fes, Marrakesch, Rabat und Meknes zusammen, sie ist nach Kairo und Alexandria die drittgrößte Stadt Nordafrikas geworden. Nicht alte Moscheen, maurische Paläste und zinnenbewehrte Mauern bestimmen ihr Erscheinungsbild, sondern Hochhäuser bis zu 20 Stockwerken, breite Autostraßen und Industrien, es ist eine durch und durch modern geprägte Stadt und zugleich Marokkos Wirtschaftszentrum.

Fes wird nie wieder werden, was es zu seinen Glanzzeiten gewesen ist: ein geistiges, wirtschaftliches und politisches Zentrum, das weit über die Landesgrenzen hinaus Maßstäbe setzt. Fes ist durch den Einbruch westlicher Zivilisation in seinem ohnehin geschwächten Lebensnerv doppelt getroffen worden. Nicht allein die neuen Handelszentren Casablanca und Rabat ließen die Basarviertel der traditionellen Handelsmetropole Fes verkümmern. Härter noch traf die bis dahin relativ wohlhabenden Gilden der Weber, Schreiner, Schmiede, Töpfer, daß die Kolonialmacht Frankreich die marokkanischen Städte mit billiger Importware, Massengütern aus der Fließbandproduktion französischer Fabriken, zu überschwemmen begann. Den modernen Produktionsmethoden hilflos unterlegen, mußten zahlreiche Handwerker ihre Werkstätten schließen und ihr Auskommen als Tagelöhner oder Gelegenheitsarbeiter suchen. Viele der bis dahin noch stabilen Zünfte lösten sich auf, ganze Stadtviertel verproletarisierten. Lediglich die reichsten Handelsherren überstanden schadlos die Krise – aber nur, weil sie die schnell verarmende Stadt verließen, ihr Quartier im rasch aufstrebenden Casablanca aufschlugen und Fes bestenfalls noch als Filiale betrachteten.

Es sieht nach nostalgischem Trotz aus, wenn die Stadtverwaltung an den Ortseinfahrten von Fes Transparente in arabischer, französischer und englischer Sprache hat aufstellen lassen mit dem Gruß: Willkommen in der geistigen Hauptstadt Marokkos! Der Technikstudent, mit dem ich im Café gesprochen habe, hat für Maßnahmen dieser Art nur ein müdes Lächeln übrig. Geistige Hauptstadt ist und bleibt für ihn – wie für viele Angehörige der modernen Intelligenz – Casablanca. Bezeichnenderweise nennt er die Hafenstadt mit jenem Namen, den ihr einst spanische Kaufleute verliehen haben; die arabische Entsprechung Dar el-Beida «(Weißes Haus») hat sich bei den Einheimischen nicht wirklich durchsetzen können. Ein Zufall? Vor allem die technokratisch gebildeten Marokkaner, aber auch die Kaufleute stoßen sich nicht an dem westlichen Namen, sie scheinen sich daran gewöhnt zu haben, daß ihre größte Stadt keine arabisch-islamische Vergangenheit besitzt und mit dem Blick ganz auf Europa ausgerichtet ist.

Casablanca hat aber das alte Fes nicht nur an Einwohnerzahl und wirtschaftlicher Bedeutung längst überholt, sondern auch mit den aufbrechenden Widersprüchen. Casablanca als pulsierendes Zentrum zieht viel stärker Arbeitssuchende in der Hoffnung auf ein besseres Leben an als Fes: Aus ganz Marokko, vor allem dem dürrebedrohten Süden, strömen verarmte Bauern und Landarbeiter, ja auch Nomaden in die Metropole, die sie meist nur aus märchenhaft verzerrten Lobpreisungen kennen. Die älteren Stadtteile abseits der modernen Stadtviertel sind hoffnungslos überfüllt, und an ihren Rändern haben sich kilometerweit Hüttenviertel aus Blech, Holzabfällen, Pappe und Schilf ausgedehnt, die unter dem Namen «Bidonvilles» («Kanisterstädte») einen traurigen Ruhm genießen. Casablanca beherbergt heute 70 Prozent seiner Einwohner in slumähnlichen Unterkünften[6] – eine Masse sozial Benachteiligter, Unzufriedener, Enttäuschter, deren Zahl noch wachsen wird. Kein Wunder, daß in dem politisch instabilen, von wirtschaftlichen Krisen geschüttelten Marokko Unruhen zuerst und am heftigsten immer in Casablanca ausbrechen, wo der Schock über moderne Fehlentwicklungen am tiefsten sitzt, am schmerzhaftesten erlitten wird.

Landflucht fahrlässig gefördert

Wenn man in Marokko durch ländliche Gebiete fährt, begreift man rasch, warum die Bauern immer massenhafter in die Städte abwandern. Man braucht sich dazu nicht einmal in die wasserarmen, ausgedörrten Schararegionen oder die steinigen Hochebenen des Atlasgebirges zu begeben, man gewinnt düstere Eindrücke sogar im fruchtbaren, regenreichen Norden, ja bereits in der üppig grünen Umgebung von Fes.

Die Landschaft um Fes mit ihren Wiesen, Getreidefeldern und Obstbaumkulturen erinnert streckenweise an Deutschland, und wo sich Olivenhaine und Agavenfelder dazwischenschieben, an

Italien oder Spanien. Aber inmitten dieser fruchtbaren Weite Nordmarokkos finden sich verhältnismäßig wenig Dörfer – und diese Dörfer bestehen oft genug nur aus strohgedeckten Lehmziegelhütten und Wellblechbuden, dazwischen verlaufen abfallübersäte Lehmwege, die sich bei Regen in Morast verwandeln. In solchen ärmlichen Flecken wohnen Pächter und Kleinbauern, die sich auf den Gütern von Großgrundbesitzern abrackern und im Extremfall bis zu 90 Prozent ihrer Ernte dem Pachtherrn abliefern müssen. Gerade die ertragreichsten Böden sind in Marokko, wie in vielen anderen Ländern der Dritten Welt, unter wenige mächtige Familienklans aufgeteilt, während ein Großteil der Bauern entweder auf steinigen Trockengebieten Kleinstbesitz beackert oder um einen Hungerlohn unter der feudalen Obhut eines Plantagenbesitzers schuftet. 20 Prozent der Landbesitzer haben 60 Prozent des Agrarlandes fest in ihrer Hand.[7]

An diesen verkrusteten Sozialverhältnissen hatten die Franzosen nichts geändert. Im Gegenteil. Sie, die ihre Kolonialherrschaft offiziell als «fortschrittlich» und «segensreich» für jedes «unterentwickelte» Volk definierten, enteigneten zwar eine Reihe Feudalherrn, stellten aber dieses Land unter die «Verwaltung» französischer Firmen, ja Großbanken. Die «modernen» Arbeitgeber zahlten dann den marokkanischen Landarbeitern oft noch einen schlimmeren Hungerlohn als die «mittelalterlichen», «rückständigen» Gutsherren – um so billiger konnten die Franzosen Getreide, Orangen, Zitronen, Oliven und Weintrauben ins Mutterland liefern.

Heute sind diese überaus ertragreichen Ländereien wieder «nationalisiert», doch was sich als «Bodenreform» ausgab, entpuppte sich nur als Feudalherrschaft in neuem Gewand. Sultan Mohammed V., erster Regent des unabhängigen Marokko, hat zwar während der Jahre 1957 bis 1959 Gesetze erlassen, wonach die Bauern das Recht bekamen, die ehemals französischen Besitzungen zu kaufen. Aber welcher Kleinbauer sollte in der Lage sein, mit seinen geringen Geldmitteln auch nur einen Quadratmeter Boden mehr zu erwerben? Naturgemäß kamen bei so gearteten «Reformen» nur die ohnehin vermögenden Großbauern zum Zug, jene, die während der Kolonialzeit meist sogar mit den Franzosen zusammengearbeitet hatten – sie kauften einen

Großteil der nun brachliegenden Felder auf. Mehr noch: Sie taten alles, um auch noch Parzellen wirtschaftlich schwacher Mittel- und Kleinbauern an sich zu reißen. Und so ist während der sechziger und siebziger Jahre die Landfläche der Großbauern insgesamt von 30000 auf 75000 Hektar gestiegen.[8] Angesichts dieses Machtzuwachses blieben den Kleinbauern noch weniger Chancen, ihre Äcker gewinnbringend zu bearbeiten.

Sultan Hassan II., seit 1961 an der Macht und Sohn des Vorgängers, hat von diesem Ankaufsrecht den üppigsten Gebrauch gemacht und sich damit zum größten Grundherrn Marokkos aufgeschwungen. Folgerichtig förderte solch ein Sultan, der zuerst einmal sich selber bereicherte, besonders die ihm verbundene Klasse, die Großgrundbesitzer. Gegenüber den übrigen Bauern tritt der Sultan als Feudalherr alten Stils auf: Abgaben fordernd, patriarchalisch bevormundend und «schützend»; an ihrer ökonomischen Entfaltung zeigt er wenig Interesse.

So muß es auch nicht wundern, daß die staatlichen Agrarkredite vor allem den ohnehin schon kapitalkräftigen Bauern zugutekommen. Nur etwa 10 Prozent aller Bauernfamilien haben Anspruch auf einen solchen Kredit, denn nur sie können die verlangten Garantien bieten, werden als «kreditwürdig» betrachtet. 91 Prozent aller Förderungsgelder gingen bisher an die Großgrundbesitzer.[9]

Dem Ausland gegenüber präsentiert sich Marokkos absolut regierender Monarch aber als aufgeschlossener «Westler», der alles tut, um devisenbringende Touristen ins «gastfreundliche» Land zu holen. Noch mehr Interesse zeigt er allerdings, ausländische Großfirmen zu ermuntern, größere Summen als bisher in seinem «unternehmerfreundlichen» Staat zu investieren, nicht beschränkt durch gewerkschaftliche Kontrolle und Opposition. Damit verstärkt der Sultan noch Marokkos Abhängigkeit von fremden Wirtschaftsmächten, hofft aber gleichzeitig, mit dem Zuzug internationaler Konzerne die einheimische Industrialisierung zu beleben. Wie viele Machthaber der Dritten Welt hält es auch Hassan II. für vorrangig, den Bau von Fabriken und technischen Großprojekten zu fördern. In diesem Sinne gingen beim Fünfjahresplan von 1973 37 Prozent der Gesamtinvestitionen an die Industrie, dagegen nur 16 Prozent an die Landwirtschaft.[10] An diesem Zahlenverhältnis hat sich bis heute nur wenig geändert. Es ist eine verhängnisvoll einseitige Entscheidung – gefördert durch eine kleine, aber maßgebliche Elite, die an westlichen Universitäten technokratisch ausgebildet wurde und in das Agrarland Marokko das Dogma mitgebracht hat: Industrialisierung allein schafft «Fortschritt», befreit von Armut und «Unterentwicklung».

Noch verhängnisvoller für das Schicksal der Landwirtschaft sollte sich der 1975 begonnene «vaterländische» Krieg um die ehemalige spanische Kolonie Westsahara auswirken. In diesem Krieg mit dem Nachbarn Algerien und der auf Unabhängigkeit bedachten Befreiungsbewegung Polisario geht es Sultan Hassan letztlich ebenfalls nur um Marokkos Zukunft als Industrienation: Er will mit allen Mitteln die in der Westsahara lagernden riesigen Phosphatvorkommen an sich reißen – Reichtümer, mit denen er im Kreis der Industrienationen eine größere Rolle zu spielen hofft. Aber die vielen Millionen Dollar, die seitdem durch Waffenkäufe ins Ausland abfließen, fehlen für dringend notwendige Bewässerungsprojekte, für verbesserte Anbaumethoden in Trokkengebieten.[11]

Die Folgen sind verheerend. Kleinbauern mit ihren veralteten Ackergeräten fühlen sich ohne Regierungshilfe nicht in der Lage, den Kampf gegen drohende Austrocknung der Felder erfolgreich zu führen, und Großbauern pressen noch mehr Abgaben aus ihren Pächtern heraus, um eigene Verluste auszugleichen. Viele ohnehin rechtlose Landbewohner sehen dann nur noch eine Möglichkeit, um diesem vermehrten Druck auszuweichen – sie wandern in die Städte ab und hoffen, im Einzugsbereich neu entstandener Industrien erträglichere Arbeitsbedingungen zu finden. Und so verkommen immer mehr entvölkerte Ländereien wegen mangelnder Pflege, und damit gehen auch die Ernteerträge drastisch zurück. Das Agrarland Marokko, das 1962 noch 5 Millionen Doppelzentner Getreide exportieren konnte, mußte 1979 bereits 17 Millionen Doppelzentner einführen.[12]

Die Großstadtslums sind überfüllt von landflüchtigen Familien, von ehemaligen Bauern, die inzwischen aber so verarmt sind, daß sie sich nur noch Brot und gesüßten Tee als Nahrung leisten können – es sind die einzigen vom Staat niedrig gehaltenen Lebensmittelpreise. Und je mehr Zuwanderer sich an den Stadträndern oder in der ohnehin schon übervölkerten Medina ansiedeln, ohne ausreichend Arbeit zu finden und damit genauso hungern wie zuvor im Dorf, um so aggressiver reagieren sie auf den protzigen Reichtum angesichts der vollen Schaufenster in den Neustadtvierteln. Für wohlhabende Städter, ja selbst für Menschen mit bescheidenem Besitz droht damit zunehmend Gefahr – auch für Touristen, die immer aufdringlicher von Hungernden und Arbeitslosen angebettelt und schließlich angepöbelt werden.

Die Situation hat sich innerhalb von zwei Jahrzehnten auf paradoxe Weise gewandelt. 1967 traf ich hauptsächlich in ländlichen Notstandsgebieten auf aggressiv bettelnde Kinder und Jugendliche – nun aber, da sich jene Regionen zunehmend entleeren, verlagert sich das Verhalten mit dramatischer Wucht in die Städte und ihre ausufernden Slums.

Fes ist keine Ausnahme, sondern die traurige Regel.

Trügerische Fassaden der «Ville Nouvelle»

In der Neustadt von Fes ist – auf den ersten Blick – nichts von Elend zu bemerken. Breite Autostraßen, palmenbestandene Boulevards, weißgetünchte Häuser im Kolonialstil, moderne Verwaltungsbauten aus Beton, großräumige Schaufenster gepflegter Geschäfte, Kinos mit durchweg westlichem Programm, Straßencafés unter gestutzten Ahornbäumen – dies alles erinnert im Fluidum an eine mittelgroße südfranzösische Stadt. Und wenn man hier europäisch gekleidete Marokkaner, mit Aktenmappe und zusammengerollter Zeitung unter den Arm geklemmt, in eiligen Schritten die Straße überqueren sieht, wenn hier Männer und Frauen wie in einer europäischen Großstadt zur Bushaltestelle hetzen, so fällt es schwer zu glauben, daß nur fünfzehn Autominuten entfernt, hinter grünen Hügeln verborgen, das islamische Mittelalter beginnt mit Männern in Turban, Burnus und Djellabah, verschleierten Frauen, Mauleselreitern im winkligen Gassenlabyrinth.

Die «Ville Nouvelle» ist das Marokko, wie es die französischen

Kolonialherren ab 1916 in Kontrast zur historisch gewachsenen Altstadt errichtet und nach ihrem Abzug 1956 hinterlassen haben – ein Marokko, mit dem sich aber die hier lebende Generation zu identifizieren scheint. In den Restaurants sitzen die Männer bei Wein und Bier, was in der Medina unter dem streng gehandhabten Alkoholverbot undenkbar wäre; französische Schlagermusik säuselt aus den Lautsprechern; über den Theken hängen Kalender mit freizügigen Farbdrucken von Bikini-Mädchen. Zuweilen sieht man jüngere Leute mit Mopeds vorbeifahren, wobei die Frauen längst nicht mehr mit den traditionellen Kapuzenmänteln bekleidet sind, sondern nicht anders als ihre Schwestern in Europa modische Blusen, Blue Jeans oder kurze Röcke tragen. Mehr noch: Zuweilen sieht man, wie sich Mädchen während der Mopedfahrt, auf dem Rücksitz kauernd, allen Blicken ausgesetzt, an ihrem Freund festklammern – in vielen anderen islamischen Ländern noch undenkbar. Je wohlhabender und jünger, desto westlicher im Gebaren, so scheint es. Allerdings: Fast nur Männer bevölkern die Cafés und bilden die Warteschlangen an den Kinokassen; dieser Freizeitbereich scheint Frauen durch ein ungeschriebenes Gesetz noch weiterhin verwehrt. Deutlich schimmern zumindest hier unter dem dünnen Firnis westlicher Anpassung alte Gewohnheiten durch.

Bei allen Ungereimtheiten dieses halb westlichen, halb orientalischen Lebensstils drängt sich doch der Eindruck auf, daß viele Bewohner der Ville Nouvelle nicht an die winklige Enge der Medina erinnert werden möchten – erst recht nicht an die archaischen Lebensverhältnisse in den Dörfern. Es scheint so, als ob sie jeden Gedanken an «Rückständigkeit», an Not und Elend, an unbewältigte Probleme eines lebendig gebliebenen, zutiefst erstarrten Mittelalters aus ihrem Bewußtsein verdrängen wollen.

Aber solche übermächtigen Probleme lassen sich nicht verdrängen. Im Gegenteil. Für alle sichtbar zerfällt der schöne Schein, wenn sich gegen Abend die Boulevards mit Müßiggängern bevölkern, denn dann verwandelt sich das «südeuropäische» Straßenbild dieser adretten, fortschrittsoptimistisch sich gebenden Neustadt: Turban, Djellabah und Gesichtsschleier schieben sich ins Blickfeld, manchmal so gehäuft, daß man beklommen wegschaut, denn meist sind ihre Träger – Bettler.

Solche Bilder prägen sich ein: Verschleierte Frauen kauern an der Hausmauer, oft ein schlafendes Kind im Arm, nicht selten noch weitere Kinder auf einer schmutzigen Decke neben sich, und manchmal kippen sie übermüdet vornüber, wobei die bettelnde Hand beharrlich geöffnet bleibt. In schmerzendem Kontrast sitzen sie vor den Schaufenstern von Supermärkten und Autosalons, unter den Leuchtreklamen von Kaufhäusern und Banken, vor grellen Werbeplakaten für Transistorradios und Kosmetik. Sie betreten geräuschlos die Läden und bitten die Kunden mit stummen, eindringlichen Blicken, sobald diese an der Theke ihre Geldbeutel zücken; sie sind fast immer in Bäckerläden zu finden und bitten dort die Verkäufer um ein Stück Brot. Meist bekommen sie Brot, vom Vortag übriggebliebene Schnitten oder Laibe, solange der Vorrat reicht, vermutlich extra für Bettler bereitgelegt.

Auch zahlreiche Männer betteln, oft in zerschlissenem, ja zerrissenem Umhang und nur noch einem schmutzigen Fetzen als Turban, meist schon graubärtig und faltig, die Auszehrung läßt sie häufig älter erscheinen, als sie tatsächlich sind; sie gehen durch die Restaurants und Cafés. Ich erlebte es täglich während meines Frühstücks in einem sehr französisch anmutenden Café mit Korbstühlen, verschnörkelten Tischchen und holzvertäfelten Wänden, daß sich mir innerhalb einer Viertelstunde bis zu zehnmal bettelnde Hände über Teller und Tasse streckten. Niemand hindert die Bettler, manche Gäste geben kleine Münzen, denn das Almosenspenden für die Armen gehört zu den fünf Grundgeboten des Islam. Andere winken ab, es sind zuviele Bettler. Schon ihre Kleidung weist aus, woher sie kommen: aus der mittelalterlich geprägten Medina, aus den ihr benachbarten Slums, aus Dörfern, die nicht mehr das Lebensnotwendige bieten. Bettler findet man weniger in der Altstadt selber; sie treibt es dorthin, wo Hochhäuser, gefüllte Schaufenster und chromblitzende Autos von Reichtum künden.

Slums kennt allerdings auch bereits die Ville Nouvelle. Bretterhütten und Wellblechbuden haben sich schon längst an den baumbestandenen Hügeln zwischen der Medina und den modernen Wohnvierteln festgefressen, es wird nur eine Frage der Zeit sein, bis sie den ausgedehnten Grünstreifen zwischen beiden

Stadtteilen vollends überzogen haben – bis also noch mehr Bettler gegen Abend, wenn die reicheren Marokkaner und Touristen auf den Boulevards bummeln, in die Neustadt strömen.

Die Medina jenseits der Romantik

Wie die Medina von Fes bewerten?

Viele der gebildeten Marokkaner betrachten das enge Gassenlabyrinth der Altstadt als eine bedauernswerte «Rückständigkeit» und streben hinaus in die modern angelegten Neustadtviertel. Dagegen zieht es Touristen, gerade die gebildeten, in die Medina, und dies wegen der winkligen, unregelmäßigen Gassen, der «altertümlichen» Bauten und der «Atmosphäre». Man fragt sich angesichts der zuwiderlaufenden Tendenzen, ob den Marokkanern nicht der Sinn für das historisch Gewachsene, den Touristen aber der Blick für die harten sozialen Realitäten hinter den so malerisch erscheinenden Kulissen fehlt.

Um die Marokkaner zu begreifen, die, sobald man über die Medina spricht, verlegen den Blick senken oder gar verächtlich die Nase rümpfen, muß man nur an einem Regentag durch die weitverzweigte Altstadt von Fes gegangen sein. Viele Hausfassaden wirken bei trübem Himmel noch rissiger und schmutziger, der überall herumliegende Abfall riecht stärker, und jetzt erst, nachdem man unvermutet immer wieder mit dem Schuhwerk in knöcheltiefen Morast geraten ist, wird einem bewußt, wieviel ungepflasterte Lehmwege selbst im Zentrum verlaufen. Düster ist es in den von oft fensterlosen Mauern flankierten Gassen, modriger Geruch strömt aus den Hauseingängen, was eine Vorstellung davon vermittelt, wie feucht und kalt viele der übervölkerten Wohnquartiere sein müssen. Doch dann öffnen sich die winkligen Sträßchen wieder zu baumbestandenen Plätzen mit bunt verfliesten Brunnen und Portalen, wird der Blick frei auf reich dekorierte Fassaden von Moscheen, Koranschulen und vornehmen Bürgerhäusern, und schon beginnt man jene zu verstehen, die die Medina gerade in ihrer historischen Substanz erhalten wollen.

Eine Altstadtsanierung ist bisher nur zögernd in Gang gekommen. 650 Millionen Dollar wären nach Schätzungen der internationalen Hilfsorganisation Unesco nötig, um auch nur die künstlerisch bedeutsamsten Bauten sorgfältig zu restaurieren. Dies erscheint als eine einschüchternd hohe Summe, sie nimmt sich aber bescheiden aus angesichts der Tatsache, daß der seit 1975 andauernde Krieg um die rohstoffreiche Westsahara auf dem Höhepunkt seiner Eskalation den Staat eine halbe Million Dollar pro Tag (!) kostete.[13]

Die Regierung leugnet allerdings nicht, daß es notwendig sei, die Altstadt rasch zu sanieren. Handfeste Wirtschaftsinteressen stehen für Marokko auf dem Spiel, und dies dürfte, so ist zu hoffen, letzten Endes den Ausschlag geben, wenn schon Traditionsbewußtsein und ästhetisches Empfinden allein nicht ausreichen: Die Altstadt von Fes muß vor allem wegen der immer zahlreicher ins Land strömenden Touristen renoviert werden; bei weiterem Zerfall würden die kunstsinnigen – oder besser: devisenbringenden – Besucher zunehmend ausbleiben. In diesem Sinn hat man auch schon mit den Restaurierungsarbeiten begonnen. Ob man die mittelalterlichen Medersen (theologische Hochschulen), die heute nur noch Museen sind, aus Pietät oder aus Rücksicht auf ausländische Besucherströme sorgfältig von allen Zerfallserscheinungen befreit, bleibt dahingestellt; aber unbezweifelbar für Touristen restauriert worden sind eine Reihe maurischer Paläste und Pavillons, sie hat man zu luxuriösen Souvenirshops oder Restaurants umfunktioniert. Ein Essen in derartigen Restaurants, wo man – laut Reiseprospekt – bei orientalischer Musik und Bauchtanz «speist wie ein Sultan», kostet umgerechnet zwischen 100 und 150 Mark, eine für die meisten Marokkaner märchenhaft hohe Summe. Ein Landarbeiter müßte sich, um eine Rechnung von einer solchen Höhe zu begleichen, bei seinem gesetzlich garantierten Tagesmindestlohn von 7,25 Dirham (3,60 DM)[14] mehr als fünf Wochen abrackern. Daher müssen es sich Reisegruppen, die solche Palastrestaurants aufsuchen, schon gefallen lassen, daß die Medinabewohner in den Gassen provozierend vor ihnen ausspucken.

Sorgsam gepflegt erscheinen auch so manche prächtige Bürgerhäuser, deren Familien längst in die Neustadt oder gar nach Casablanca abgewandert sind. Denn zuweilen kehren die Besitzer für Stunden oder Tage zurück, um in der gewohnten traditionellen Umgebung religiöse und familiäre Feste zu feiern. Sonst aber macht die Altstadtsanierung vor den Wohnvierteln halt. Viele der reichen Kaufleute und Basarhändler haben ihre leerstehenden Wohnungen an ärmere Familien vermietet, und jenen fehlt das Geld, um gegen Mauerrisse, morsches Holz und Schimmelpilz wirksam anzugehen.

Wie arm ein Großteil der verbliebenen Altstadtbewohner ist, ersieht man am Angebot der Verkaufsgewölbe abseits der Touristenpfade. Dort, wo die meisten Einheimischen kaufen, ist nichts von jener «erlesenen kunsthandwerklichen Tradition» zu spüren, die in Reiseprospekten so gerne an den Souks von Fes gerühmt wird. Billigster Ramsch, oft Ausschuß westlicher Fließbandproduktion, beherrscht hier den Markt, und selbst diese Ware muß vielen Marokkanern teuer erscheinen.

Je länger man als europäischer Besucher das Altstadtlabyrinth durchstreift und immer neue Viertel und Gassen entdeckt, je genauer man den Alltag ihrer Menschen beobachtet, um so mehr drängt sich die Armut ins Blickfeld. Jeder nostalgische Schimmer verfliegt.

Von meinem Führer, einem jungen Araber im traditionellen Umhang der braunweiß gestreiften Djellabah, erfuhr ich, daß die meisten Maulesel als Lasttiere nicht den Benutzern gehören, denn der Kaufpreis dieser Tiere sei für mehr als die Hälfte aller Medinabewohner unerschwinglich. Der Führer zeigte mir düstere, übelriechende Ställe, in denen Hunderte von Mauleseln zum Vermieten abgestellt sind. Die Tiere wirken abgemagert, viele von ihnen zeigen Geschwüre und schlecht verheilte Schlagwunden auf dem räudigen Fell; keiner der Benützer scheint Interesse und womöglich auch nur die paar Groschen zu haben, selbst kurzfristig die gemieteten Lasttiere ausreichend zu verpflegen. Auf meine Frage, wo die Besitzer solcher «Tier-Herbergen» wohnten, kam die Antwort: meist in der Neustadt.

Wir besuchten Webereien in ehemals stattlichen Karawansereien mit Säulengängen, Galerien und (nun sehr desolat wirkenden) Brunnen in der Hofmitte. Der Führer erklärte mir, die Weber müßten ihren eigenen Handwebstuhl mitbringen und Miete für den Arbeitsplatz bezahlen. Auf meine Frage, wo die Hausbesitzer dieser mittelalterlich anmutenden Gewerbebetriebe ihren Wohnsitz hätten, erhielt ich wiederum die Antwort: meist in der Neustadt.

Wir betraten nach dem Streifzug durch enge, düstere Gassen einen prunkvollen Teppichverkaufspalast im maurischen Stil des 15. Jahrhunderts, mit den Ornamenten und dem Farbenarrangement der kunstvoll angeordneten Teppiche ein Augenschmaus. Aber als wir durch ein schmales Treppenhaus in die oberen Stockwerke stiegen, um auch die Arbeitsräume zu besichtigen, trafen wir auf wahrhaft deprimierende Bedingungen: In kahlen, schmutzigen Räumen mit nur mäßigem Licht, gespeist von nackten Glühbirnen, die an Drähten von der Zimmerdecke hingen, saßen vor Knüpfgestellen Mädchen, meist jünger als zehn Jahre, sie wirkten alle sehr gedrückt und erschöpft, ja kränkelnd bei den mageren Gliedmaßen, der blaßgelblichen Haut und den oft entzündeten Augen. Später erfuhr ich, daß solche Mädchen unter der Drohung von Stock und Peitsche bis zu 72 Stunden in der Woche arbeiten. Fast immer stammen diese bedauernswerten Geschöpfe aus sehr armen Familien und werden gegen ein spärliches Entgelt an die Teppichfabrikanten «vermietet»; oft tritt hierbei noch ein Mittelsmann auf, der einen Teil der Miete kassiert, so daß den armen Familien nur noch ein Rest der ursprünglich in Aussicht gestellten Summe bleibt. Die Besitzer dieser Teppichmanufakturen betreten aber nur noch zuweilen ihre Betriebe in der Medina von Fes, sie schätzen den modernen Komfort in der Neustadt.

Überall in der Medina haben sich noch feudale Besitz- und Arbeitsverhältnisse erhalten, wie wir sie gewöhnlich einem «rückständigen» Mittelalter zuschreiben. Tatsächlich ist es aber den Handwerkern und selbst den Tagelöhnern von Fes während des Mittelalters, ja bis ins 19. Jahrhundert herein, wesentlich besser ergangen als heute. Erst seit die Importschwemme billigster Fließbandausschußware aus den westlichen (und inzwischen auch fernöstlichen) Industriestaaten die Preise der mühseligen Handarbeit unterbietet und viele mittelständischen Handwerker dadurch hat verarmen lassen, und erst seit sich die reichen Großbürger flexibel genug erweisen, Zwischenhändler dieses neuen Warenstroms zu werden – erst seit diesem Zeitpunkt ist das soziale Gleichgewicht ernsthaft erschüttert. Und je reicher die in der Neustadt und in Casablanca lebenden Handelsherren werden, um so willkürlicher können sie, bei mangelhafter staatlicher Kontrolle, ihren Arbeitskräften in der Medina Hungerlöhne bezahlen, und um so abhängiger machen sie die Verarmten.

«Fortschritt» auf dem Fernsehschirm

Noch stand der Eindruck der schlecht beleuchteten, schlecht belüfteten, modrigen Arbeitsräume mit klapprigen Handwebstühlen vor mir, noch haftete schwach der Geruch von Eselsmist und Abfall an meinen gesäuberten Schuhen, da saß ich wenige Kilometer entfernt von der Medina im Hotelfoyer vor dem Fernsehapparat. Vom Bildschirm lächelte eine westlich gekleidete, blonde (!) Frau, sie pries Lippenstift, Puder und Creme für Modebewußte an; ein Mann im sportlichen Sakko und modisch gebundenem Halstuch öffnete eine Autotür, stieg in einen Wagen französischen Fabrikats ein, lehnte sich auf dem Polstersitz zurück und empfahl durch das offene Fenster augenzwinkernd den Kauf... Es war Werbefernsehen nach westlichem Stil, etliche Spots hatte man sogar unverändert aus der französischen Produktion übernommen. Fernsehen für wen?

Ein Lehrfilm unterbrach die Werbung. Man sah jetzt Marokkaner, die achtlos Abfälle in Kanäle und auf die Straße warfen; belehrend warnte eine Stimme vor Seuchengefahr, während durch eine Trickaufnahme die Abfälle wieder in die Hände der gedankenlosen Wegwerfer zurückwanderten – ein kurzer pädagogischer Ausflug in die marokkanische Wirklichkeit.

Eine amerikanische Komödie folgte. Es dominierten schmucke Landhäuser, glitzernde Autos, Liebespärchen auf Motorrädern. Fernsehen für wen?

TV-Geräte stehen nicht nur in Hotelfoyers, teuren Restaurants und den Wohnungen gutsituierter Neustadtbewohner, man findet sie ebenso in Cafés der Ville Nouvelle, aber auch in manchen Teestuben der Medina, ja, sogar in manchen Altstadtwohnungen. Das Programm sieht der westlich gekleidete, gut verdienende Geschäftsmann ebenso wie der unterbeschäftigte Gelegenheitsarbeiter in Turban und Burnus, der stundenlang vor seinem längst geleerten Glas in einer Teestube sitzen bleibt. Was muß ein Mann, der pro Tag vielleicht umgerechnet ein bis zwei Mark verdient, empfinden, wenn ihm vom Bildschirm herab per Werbespot versichert wird, erst mit Motorrad oder Auto beginne das Leben «lebenswert» zu werden? Und was geht angesichts solch westlich geprägter Slogans erst in den Jugendlichen vor, die arbeitslos die Teestuben bevölkern? Müssen sie sich nicht provoziert fühlen durch eine Werbung, die dem Elend von zwei Dritteln aller Marokkaner Hohn spricht und nur auf die Bedürfnisse einer schmalen Ober- und Mittelschicht ausgerichtet ist?

Unruhige Jugend

Ein reicher Marokkaner, Orangengroßhändler, mit dem ich in einem Café der Ville Nouvelle ins Gespräch kam, furchte die Stirn, als ich ihn auf das Problem einer anscheinend «unzufriedenen» Jugend ansprach. Er, vielleicht sechzig Jahre alt, trug einen westlichen Anzug mit Krawatte, dazu aber den roten Fes, zum Zeichen, daß ihm Tradition noch etwas galt. Er erklärte mit einer für ihn unfreiwilligen Selbstentlarvung: Dem «unverdorbenen», traditionsbewußten Gläubigen stelle sich nicht die Frage, warum er arm sei, er nehme sein Schicksal ergeben als den Willen Allahs hin und lebe deshalb zufrieden, dies unterscheide ihn grundsätzlich von dem Bedürftigen in Europa. Direkt unwillig fügte er hinzu: Wenn ein Armer unzufrieden werde und mit seinem Geschick zu hadern beginne, dann habe er sich durch schlechte Einflüsse aus Europa verführen lassen. Er hob warnend den Zeigefinger, sein Mienenspiel drückte Sorge aus: Er fürchte, es werde in Marokko noch «Probleme» geben.

Da wird er wohl recht haben. Die Jugendlichen, die arbeitslos vor Stadttoren, Hoteleingängen und in Busbahnhöfen lungern und dort vergeblich den Reisenden, besonders westlichen Touristen, ihre Dienstleistungen anbieten, und sei es nur als Gepäckträger, Führer in die Altstadt, Zuträger von Fahrtauskünften – diese Jugendlichen fügen sich längst nicht mehr in die herkömmliche Schicksalsergebenheit. Sie, nicht selten Söhne landflüchtiger Bauern, in Slums aufgewachsen, ohne je in der Großstadt Fuß gefaßt zu haben, wurzeln weder fest in der Tradition, noch finden sie überzeugende neue Leitbilder. «Geld haben» bleibt oft die einzige Wunschvorstellung der sozial extrem benachteiligten Slumbewohner, deren Zahl noch weiter steigt, und ihre Träume werden nicht zuletzt durch häufig gesehene Fernsehwerbespots angeheizt. Gerade diese Jugendlichen legen Wert auf modische westliche Kleidung und verachten demonstrativ den herkömmlichen Umhang der Djellabah, auch wenn ihre Blue Jeans, T-Shirts und Kunststoffjacken mangels Geld oft schon sehr abgetragen, ja unansehnlich wirken. Um so aggressiver müssen sie reagieren, wenn jede erneute Arbeitssuche, jede angebotene Dienstleistung von «reichen» Touristen gleichgültig, ja «arrogant» zurückgewiesen wird. Ihr Haß gegen die Ausländer verstärkt sich, je selbstverständlicher und offensichtlicher die Fremden jene begehrenswerten Statussymbole zur Schau tragen, die einem Slumbewohner so unerreichbar erscheinen. Sie setzen alle in Marokko reisenden Europäer und Amerikaner mehr oder weniger gleich mit der Wohlstandsglitzerwelt von Villen, Wohnkomfort, Autos und modischer Extravaganz, deren betörende Bilder durch seichte französische und amerikanische TV-Unterhaltungsware bis in die Teestuben verwinkelter, zerfallender Medinas strahlen.

«Tourist go home!» «Fuck you!» Gerade unter marokkanischen Jugendlichen wächst die Aggression, paradoxerweise am stärksten unter jenen, die nur oberflächlich mit Ausländern in Berührung kommen und am liebsten die Fremden in all ihren Lebensgewohnheiten nachahmen würden – wenn sie bloß das Geld dazu hätten.

Aber noch entschiedener richtet sich der Haß gegen die Oberschicht im eigenen Land. Denn deren Ausbeutungsmethoden, kaum durch staatliche Kontrollen gemildert, werden hautnah und real erfahren. Letztlich hat jedoch der eine wie der andere Haß dieselbe Ursache: Aus der Sicht des durchschnittlichen Marokkaners rücken die «reichen» Ausländer in eine Front mit den einheimischen Großverdienern, verkehren schließlich viele Hoteliers und Teppichhändler vornehmlich mit Besuchern aus dem westlichen Ausland, betreiben Plantagenbesitzer wie Fabrikanten mit europäischen Abnehmern ihre besten Geschäfte.

In einer Teestube fragte mich ein (westlich gekleideter) Student, wie mir denn Fes, wie mir Marokko gefalle. Ich antwortete: Die historisch bedeutsamen Bauten beeindruckten mich sehr, und schloß mit der Bemerkung, Fes sei eine schöne Stadt, Marokko ein schönes Land. Das war taktvoll, wie man es von einem Gast erwarten sollte. Der Marokkaner aber lächelte mit einem Anflug von ironischer Bitterkeit und antwortete: «Euch Touristen gefällt Marokko, uns Marokkanern nicht.» Nach einem längeren Gespräch, das wir in gedämpftem Tonfall in einer abgelegenen Nische der Teestube führten, erklärte der Student mit einem vorsichtigen Seitenblick: Das Land sei reif für eine Revolution.

Unruhige Jugend – in den Slums wie in akademischen Kreisen. Eine gefährliche Kombination. Und da die Zahl der Jugendlichen bei dem raschen Bevölkerungswachstum unaufhaltsam zunimmt, viele von ihnen aber ohne zufriedenstellende Arbeitsmöglichkeiten bleiben müssen, verstärkt sich unweigerlich auch das soziale Beben. Heute sind bereits an die 60 Prozent aller Marokkaner unter 20 Jahre alt.[15]

Explosion in den Slums

1981 kam eine schockierende Nachricht aus Marokko: Aufruhr in den Slums. Aus den Elendsgebieten der Großstädte fluteten die Volksmassen in die vornehmeren Viertel, zertrümmerten Schaufenster, plünderten Warenlager, steckten Autos und öffentliche Gebäude in Brand. Vor allem in Casablanca, Marokkos größter Stadt, der am schnellsten wachsenden Metropole mit den ausgedehntesten Slums. Ein Zufall? Der Aufruhr tobte auch in Fes, aber dort, gemäß seiner kleineren Elendsviertel, mit geringeren Folgen. Die Revolte wütete in allen Städten, die durch den Zustrom immer neuer Arbeitsuchender überschwemmt waren und längst nicht mehr ihre Einwohner ausreichend ernähren konnten. Panzer fuhren auf, Hubschrauber beschossen aus der Luft die Aufständischen... Die Bilanz: mehr als 600 Tote, ein Vielfaches an Verletzten.

1984 wiederholten sich ähnlich beklemmende Szenen. Wieder strömten die Menschen aus den Slums, brannten Häuser nieder, zündeten Autos an, und wieder schlugen Polizeitruppen erbarmungslos zurück. Allerdings gab es nicht so viele Tote wie drei Jahre zuvor, «nur» an die 100 Erschossene blieben auf den trümmerübersäten Straßen liegen, aber wieder belief sich die Zahl der Verletzten auf Tausende. Auch in Fes brannten Autos und Gebäude…

Nicht «Verschwörer», «Marxisten» oder «religiös Verirrte» waren am Werk, wie dies die Regierungspropaganda anfangs lautstark verkündete, keine ausländischen Mächte hatten durch «Agenten» und «Provokateure» das Volk aufgehetzt, um einem Linksregime oder andererseits moslemischen Fanatikern an die Macht zu verhelfen – die Ursachen waren viel simpler, aber auch tiefgreifender: Das Volk hungerte. Entsprechend auch der Anlaß: Beide Male, 1981 wie 1984, hatte Sultan Hassan II., beeinflußt durch westliche Ratgeber, den Brotpreis heraufsetzen lassen, und durch diese Maßnahmen sahen sich Millionen Slumbewohner über Nacht gezwungen, den Gürtel noch enger zu schnallen. Indem nun der letzte staatlich subventionierte Lebensmittelpreis fiel, war für die Massen chronisch Unterernährter die längst angestaute Wut zum Überkochen gebracht. Dabei hätten die Politiker wissen müssen, wie hoch das Risiko ihrer Entscheidung angesichts der ohnehin schon gärenden Slums ist; warum aber gingen sie trotzdem auf das Risiko ein?

Der Entschluß, den Brotpreis beträchtlich zu erhöhen, kam durch ausländischen Druck zustande. Hassan II. und seine Minister folgten einer «Empfehlung» des «International Monetary Fund» (Internationaler Währungsfond). Diese Institution ist 1944 auf Anregung der Vereinten Nationen in den USA gegründet worden mit dem Ziel, weltweit die Wirtschaftsabläufe zu koordinieren und damit krisensicherer zu machen, und zu diesem Zweck vergibt sie an ökonomisch schwache, vor allem «unterentwickelte» Länder Notkredite. Als Geldgeber besitzt der Währungsfond – unter Führung der USA, der bedeutendsten Wirtschaftsmacht – beträchtliches politisches Gewicht, denn der Fond vergibt Kredite nur, wenn seine «Empfehlungen» befolgt werden. Entsprechende Auflagen hatten die Geldgeber auch Marokko gemacht. Für das Sultanat mit seinem desolaten, von Auszehrung bedrohten Staatshaushalt lautete die Devise zur «Sanierung»: Die öffentlichen Ausgaben müßten erheblich gesenkt werden, vor allem hätten die Zuschüsse für künstlich niedrig gehaltene Lebensmittelpreise wegzufallen. Diese Maßnahme bedeutete nur die letzte Steigerung eines ohnehin schon rigorosen Sparprogramms; schließlich waren in Marokko seit 1981 die Löhne eingefroren, die Preise jedoch um 100 Prozent gestiegen. Der Währungsfond versuchte hier mit äußerster Härte einen Weg durchzusetzen, an dessen Ende durchaus ein ökonomischer Erfolg stehen könnte: Indem die Lebensmittelpreise nach oben klettern, spart der Staat nicht nur seine hohen Zuschüsse, vielmehr können dann die Bauern Getreide, Gemüse und Obst wieder gewinnbringend auf den Märkten verkaufen; und gerade dies würde für die Landbewohner einen Anreiz bedeuten, in ihren Dörfern wohnen zu bleiben, anstatt verhängnisvoll in die Großstadtslums abzuwandern.

Aber die Ratgeber des Währungsfonds setzen sich bei aller wirtschaftlichen Logik über fundamentale Gegebenheiten der Dritten Welt hinweg. Nicht nur, daß die Finanzexperten reicher westlicher Industriestaaten ein noch krasseres Elend in den schon vorhandenen Slums kaltblütig als «vorübergehend» einplanen – die sogenannte notwendige schmerzhafte «Therapie» für die spätere «Gesundung» –; sie unterschätzen auch die Gefahren solcher Maßnahmen.

Die Regierungen in Entwicklungsländern haben allen Grund, die Slumbewohner uferlos wachsender Großstädte mehr zu fürchten als die Bauern; schließlich lassen sich Habenichtse im Spannungsfeld von Elendsbuden und modernen Hochhäusern, von abfallübersäten Lehmwegen und breiten Autostraßen – diesen unerträglich klaffenden Widersprüchen von «unterentwikkelter» und «entwickelter» Sphäre – leichter für Revolutionsparolen gewinnen als traditionsverhaftete Provinzler. Aus dieser Überlegung heraus sehen viele der verantwortlichen Politiker nur eine Überlebensstrategie als sinnvoll an: zuerst einmal die Städter zufriedenzustellen mit Industrieansiedlung, um weitere Arbeitsplätze zu schaffen, und ihnen künstlich niedrig gehaltene Lebensmittelpreise zu garantieren – notfalls auf Kosten der friedlicheren, passiveren Bauern.

Ein fataler Zirkelschluß. Denn sobald den Landbewohnern die

Not zu drückend erscheint, fordern sie zwar nicht Umsturz und Revolution, aber sie wandern in die Städte ab – und damit gesellen sie sich zu den Unzufriedenen in den Slums, die ohnehin schon genug Gefahr für die bestehende Ordnung bedeuten.

«Empfehlungen» des Internationalen Währungsfonds, die Staatsausgaben zu kürzen und Lebensmittelpreise zu erhöhen, haben in fast allen Ländern der Dritten Welt bisher zu ähnlich verhängnisvollen Folgen wie in Marokko geführt – so, um nur zwei weitere durch Schlagzeilen bekannte Beispiele zu nennen, 1977 in Ägypten, 1983 in Tunesien. Auch dort brandeten die Aufstände los, gab es Hunderte von Toten und Verletzten, und die erschreckten Politiker sahen sich gezwungen, die Lebensmittelpreise wieder zu senken. Auch dort ist nach den explosionsartigen Unruhen alles beim alten geblieben, nur daß die Regierungsautorität ernstlich ins Wanken gekommen ist, vielleicht mit dauerhaftem Schaden. Und hier wie dort setzen Politiker weiterhin zuerst auf den Ausbau von Industrie, um die soziale Zeitbombe der Städte durch ein paar Arbeitsplätze mehr zu entschärfen – eine nur vordergründig greifende Maßnahme, denn weiterhin bagatellisieren sie das Elend in den Dörfern und negieren damit den Ausgangspunkt vieler Krisen.

Fehlt es an gutem Willen? An der nötigen Einsicht?

In Marokko verweist die Regierung auf die «leere» Staatskasse, um das Ausbleiben von Reformen zu rechtfertigen. Gleichzeitig aber erhebt Sultan Hassan auf die ehemalige spanische Kolonie Westsahara Anspruch und leistet sich einen Krieg, der viele – geliehene – Millionen Dollar kostet, mit dem Argument: Die Bodenschätze dort würden, sei dieses Gebiet dem Königreich Marokko erst mal einverleibt, den «Aufschwung» bringen.

Zweifach entwurzelt: heimgekehrte «Gast»arbeiter

«Rassist!» Dieses Schimpfwort bekommen westliche Besucher zunehmend von aggressiven Jugendlichen zu hören, sobald sie, der ständig aufdringlichen Bitten um Dienstleistung überdrüssig, abwehrend den Kopf schütteln. «Rassist» ist ein immer wieder gehörter Vorwurf – der Situation völlig unangemessen, so erscheint es. Aber: Jugendliche Marokkaner sind informiert über die Situation ihrer Landsleute, die als «Gast»arbeiter in Frankreich und auch anderen Ländern Westeuropas ihr Geld verdienen.[16] Viele dieser Fremdarbeiter sind inzwischen aus Europa zurückgekehrt, weil man sie infolge der verschlechterten Konjunkturlage abgeschoben hat – die meisten voller Enttäuschung, ja Haß über die Anfeindungen im Ausland. Sie sprechen von Rassendiskriminierung, der sie überall, besonders in Frankreich, auf Schritt und Tritt am Arbeitsplatz, in den Mietskasernen, auf der Straße begegnen. Eine bloße Übertreibung?

Ich reiste im Frühjahr 1984 das dritte Mal ausgiebig durch Marokko. Zu dieser Zeit waren westeuropäische Zeitungen voll mit Nachrichten über «Rassismus» in Frankreich, damals hatten in französischen Industriestädten die Ausschreitungen gegen nordafrikanische Fremdarbeiter ihren Höhepunkt erreicht. Nicht nur, daß man den ins Land geholten Arabern slumähnliche Wohnungen zu überhöhten Mietpreisen überließ, ihnen meist die schmutzigste, gesundheitsschädlichste und gefährlichste Arbeit zuwies, zu der sich die Franzosen selbst längst nicht mehr hergeben wollten, und man ihnen außerdem noch geringere Löhne zahlte als französischen Arbeitern – nun traten rechtsradikale Schlägerbanden in Erscheinung, erschossen «Nicht-Europäer» aus dem Hinterhalt, erschlugen sie mit Eisenstangen («Organisierte Hinrichtungswelle», so eine der Schlagzeilen). Letzte Steigerung dieser schockierenden Vorgänge: Die Täter wurden durch die Polizei meist nur lax verfolgt. «Afrikaner raus aus Frankreich!» Immer mehr Franzosen forderten die «Abschiebung» in der Meinung, die «Farbigen» nähmen bei der angespannten Wirtschaftslage den Einheimischen die Arbeitsplätze weg, mehr noch: ruinierten die französische Wirtschaft, ja: gefährdeten durch ihre «fremden Sitten» die französische «Kultur» und «Moral».

Nachrichten über solche Vorgänge (mit traurigen Parallelen in Deutschland und Großbritannien) treffen in allen nordafrikanischen Ländern auf besonders empfindliche Ohren. Mit einem Mal hat sich im Bewußtsein der Araber wieder das Bild vom häßlichen Europäer geformt, wird die Erinnerung an koloniale Ausbeutung und schmerzende Menschenverachtung geweckt.

Trotzdem reißt in Marokko der Strom von Bewerbern nicht ab, die in Europa arbeiten möchten. Wie das?

Selten erfährt man als ausländischer Besucher Näheres über die Beweggründe solcher Menschen. Zu groß ist die emotionale Kluft, die im Alltag marokkanischer Städte Europäer und Einheimische voneinander trennt, zu rasch werden schon die kleinsten Gebärden gegenseitig beargwöhnt, mißdeutet. Ich bin trotzdem zu längeren Gesprächen gekommen, bezeichnenderweise jedoch in Deutschland, wo Marokkaner Tausende Kilometer entfernt von der Heimat gerne einem Europäer über ihre Lebensumstände erzählen, sobald man ihnen genug Aufgeschlossenheit, das nötige Interesse entgegenbringt.

Details aus der weitgefächerten Frustration habe ich zwar nur in schmalen Ausschnitten erfahren können, denn meine Gesprächspartner waren überwiegend Abiturienten, Angehörige der bürgerlichen Mittelklasse oder eines Kleinbürgertums, dem zumindest durch Staatsstipendien der Weg zu höheren Schulen geöffnet ist. Sie, von denen man landläufig kaum soziale Not erwartet, wußten zu erzählen, daß in Marokko die Verelendung immer weitere Kreise zieht. Sie, mit abgeschlossener Gymnasialausbildung, könnten bei der hohen Jugendarbeitslosigkeit zu Hause großteils nur als geistiges Proletariat ihr Leben fristen. Also würden sie es vorziehen, um jeden Preis ins Ausland abzuwandern, auch wenn sie dort nur weit unter ihrer Qualifikation Arbeit fänden; dies sei – zumindest gegenwärtig – immer noch die bessere Ausgangslage. Sie stammten aus Fes, Meknes, Casablanca, Tanger und Marrakesch, ihre Schicksale aber sind nahezu austauschbar.

Sobald eine Stelle im marokkanischen Verwaltungsdienst oder für kaufmännische Angestellte ausgeschrieben ist – und viele qualifizierte Schulabgänger oder gar Universitätsabsolventen können nur bei solchen Posten auf eine Chance hoffen, denn das Entwicklungsland Marokko bietet noch zu wenig Entfaltungsmöglichkeiten für seinen geburtenstarken Bildungsnachwuchs –, dann drängen sich um eine einzige Stelle oft hundert und mehr Bewerber. Hierbei beginnen die Probleme bereits mit alltäglichen Banalitäten, wie sie für einen Mitteleuropäer unvorstellbar sind.

Etwa: Wie kommt man zu einem Anzug, um bei einem Bewerbungsgespräch «angemessen» aufzutreten? Einer der Marokkaner erzählte mir: Er hatte sich bei einer Bankfiliale einer Nachbarstadt als Lehrling beworben und daraufhin eine Einladung bekommen, im Personalbüro vorzusprechen. Da er selbst aber keinen Anzug besaß, sondern nur eine abgetragene Jacke, die zuvor seinem älteren Bruder gehört hatte, und zerschlissene Hosen, mußte er Verwandte und Freunde bitten, ihm doch die dringend benötigten Kleidungsstücke zu leihen. Von einem Vetter bekam er die Jacke, von einem Freund ein neues weißes Hemd, von einem anderen Freund die Hose. Sie alle, so kommentierte der Erzählende, würden keinen kompletten Anzug besitzen, sondern müßten sich bei entsprechendem Anlaß ebenfalls die verschiedensten Kleidungsstücke zusammenbetteln. Und viele der jungen Marokkaner, die man auf den Boulevards oder unterwegs zu einem Amt im adretten Anzug sehe, seien in geliehener Garderobe unterwegs. Er reiste also in die Nachbarstadt, hatte aber nicht das Geld, um eine Hotelübernachtung zu bezahlen, also verkroch er sich nachts in einem Park unter einem Busch, packte Anzug und Hemd in einen Plastikbeutel und legte sich in der Unterwäsche nieder, damit die unersetzlichen Kleidungsstücke nicht beschmutzt würden. Den Beutel schob er unter Kopf und Nacken, klemmte ihn dort fest und konnte kaum schlafen aus Angst, daß ihm die wertvollen Sachen gestohlen werden könnten. Die begehrte Lehrlingsstelle allerdings bekam er nicht, denn sie war bereits vergeben, vielleicht durch Protektion, wie der Erzählende bitter ergänzte.

Die Akzente können auch dramatischer – und tragischer – sein. Ein Marokkaner erzählte mir vom Schicksal seines älteren Bruders. Dieser hatte sich, nach vielen vergeblichen Vorsprachen bei verschiedensten Dienststellen, um einen Verwaltungsposten im Verteidigungsministerium beworben und war nach einer schwierigen Aufnahmeprüfung unter den nahezu fünfhundert Anwärtern in die engere Auswahl von letztlich zehn Bewerbern gerückt. Nun gab es nur noch eine Hürde zu nehmen: Er mußte gewogen werden und durfte hierbei nicht ein Mindestgewicht unterschreiten, andernfalls galt er für einen Militärposten als «körperlich ungeeignet», und dies, obwohl er eine reine Verwaltungsarbeit zu verrichten hätte. Es war die schwierigste Hürde, denn sein Bruder, mittelgroß, aber bedenklich mager, wies das erforderliche Gewicht nicht auf. Was also tun? Der Vater kam auf die rettende Idee: Man solle die Schuhe mit einer Lage schwerem Sand füllen, um die fehlenden zwei Kilogramm vorzutäuschen. Der Sohn trat also vor dem Amtsarzt mit sandgefüllten Schuhen auf die Waage, und tatsächlich zeigte sie die erforderliche Meßzahl an – aber: Als er das Zimmer überglücklich wieder verlassen wollte, hinterließ er bei jedem hastigen Schritt eine Spur Sand, weil an einem der beiden schon reichlich strapazierten Schuhe durch die allzurasche Bewegung eine Naht aufgeplatzt war. Das böse Nachspiel: drei Monate Gefängnis wegen Betrugsversuch. Und damit war die ohnehin schwierige Suche nach einem Arbeitsplatz vollends verbaut.

Wie man sich denn in Deutschland als «Gast»arbeiter fühle?

Die Gefragten ließen keinen Zweifel daran, daß sie von den Deutschen oft genug als Menschen zweiter Klasse behandelt würden, aber im eigenen Land ergehe es ihnen nicht besser. Im Gegenteil. Man gelte als ein «Stück Dreck» in Marokko, wenn man weder Arbeit noch Geld vorweisen könne, und von den eigenen Landsleuten herumgestoßen zu werden, sei noch deprimierender. Schwierigkeiten bekomme man als Marokkaner sogar, sobald man aus Deutschland, Frankreich oder anderen Ländern nach Hause zurückkehre. Man müsse sich hüten, den im Ausland billig gekauften Anzug, das mitgebrachte Transistorradio, die Kamera und das Tonbandgerät allzusehr herumzuzeigen, denn dies errege den Neid bei all jenen, die niemals die Chance hatten, im Ausland als Arbeiter oder kleiner Angestellter eine Stelle zu bekommen. Besonders von arbeitslosen Jugendlichen werde man dann um allerlei Mitbringsel, ja um Geld angebettelt, und sobald man ablehne, werde man als «Lakai» beschimpft, der sich nicht schäme, für die «Ausbeuter» in Europa sich abzurakkern. Also treffe die Aggression nicht nur «reiche» Touristen – mehr von den Anfeindungen seien Marokkaner betroffen, die ursprünglich ärmlich gelebt hätten, dann aber «reich» aus dem Ausland zurückgekehrt seien. Man könne sich zu Hause, im eigenen Land, nicht mehr geborgen fühlen.

Solche Auskünfte aus der Sicht meist sehr gebildeter, aber sozial deklassierter Bürgersöhne lassen ahnen, wie tief die Krise tatsächlich ist. Um wieviel mehr muß der Schock der Entwurzelung solche Fremdarbeiter treffen, die, ungebildet, noch viel weniger darauf vorbereitet sind, mit so ganz anderen Lebensformen einer fremden europäischen Zivilisation fertig zu werden. Wenn sie, nach Marokko zurückgekehrt, auch noch erleben müssen, in der Heimat fremd zu sein, von den eigenen Landsleuten als Außenseiter beargwöhnt zu werden, dann fühlen sie sich seelisch vollends isoliert und noch labiler als zuvor.

Diese zweifache Entwurzelung: ein weiterer Nährboden für Radikalität…

Das Unbehagen an einer fremden Kultur

Was für eine Art Revolution könnte in den Slums übervölkerter marokkanischer Städte ausbrechen? Eine soziale, um endlich gerechtere Eigentumsverhältnisse herzustellen? Oder auch eine kulturelle, um «islamischen» Traditionen wieder zu mehr Einfluß zu verhelfen?

Reformwillige und Revolutionäre sind – wie in vielen islamischen Staaten heute – vor allem durch zwei Positionen gespalten.

Auf der einen Seite finden sich westlich ausgebildete Studenten, Intellektuelle; sie halten bei aller Enttäuschung über das realpolitische Verhalten von Europäern und Amerikanern doch an deren Idealen unverrückbar fest: In einem «rückständigen» Land könne sich die Lage dauerhaft nur durch soziale Chancengleichheit, Demokratisierung und Industrialisierung bessern. Diese Unzufriedenen bezeichnen sich entweder als «liberal», «sozialistisch» oder gar «kommunistisch» und können zumindest im Einzugsbereich von Industriezentren und westlich geprägten Ausbildungsstätten auf einen starken Anhang bei Arbeitslosen wie schlechtbezahlten Angestellten und Arbeitern rechnen.

Auf der anderen Seite aber formieren sich zunehmend «Revolutionäre», deren Enttäuschung über den «Westen» so tief reicht, daß sie als Ausweg nur noch die radikale «Rückkehr» zu «traditionellen Werten», zum «Fundament der Religion» predigen. Sie machen einseitig den westlichen Einfluß verantwortlich für allen

Niedergang der letzten zwei bis drei Jahrhunderte. In der islamischen Welt finden sie offene Ohren überall dort, wo es den Politikern nicht gelingt, die Widersprüche von Tradition und Fortschritt angesichts der krebsartig wuchernden Slums zu mildern. Und je mehr sich die Widersprüche verschärfen, um so leichter gewinnen radikal-islamische Prediger geistig entwurzelte Stadtbewohner für ihre Sache, um so mehr vermögen sie die Sehnsucht nach einer klaren, überschaubaren Ordnung zu schüren. Auch wenn die verheißene Ordnung starr, eng und drückend sein sollte, so erlöst sie doch von Haltlosigkeit, von fehlender Orientierung.

Anlaß für eine Rückbesinnung auf «islamische Werte» bietet sich genug, denn gar zuviele Widersprüche klaffen bereits im äußeren Erscheinungsbild marokkanischer Städte, vor allem in den Villes Nouvelles. Besonders augenfällig: einerseits zahlreiche verschleierte Frauen, andererseits aufreizende Sexreklamen für westliche Filme, einerseits das religiös begründete Alkoholverbot, andererseits der ungenierte Ausschank in teuren Restaurants, wo reiche Marokkaner sich das leisten, was den Armen verboten bleiben muß. Der Tee sei «der Whisky der Medina», erklärte mir mein Führer in der labyrinthischen Altstadt von Fes mit ironischem, fast schon aggressivem Lächeln. Er war noch traditionell gekleidet und ließ keinen Zweifel daran, daß ihm der «moderne» Lebensstil in der Neustadt in vielerlei Hinsicht ein Greuel war. Kopfschüttelnd beklagte er, daß in den marokkanischen Neustädten der Sonntag als Ruhetag gelte, während nur noch in den Medinas nach traditionellem Brauch am Freitag die Geschäfte geschlossen blieben; Marokko sei aber keine französische Kolonie mehr. – Warum sich an all diesen Gegensätzen nichts ändere, wollte ich wissen, die Regierung hätte doch die Macht hierzu? Der Gefragte bekam harte Lippen, dann deutete er am Eingang einer Teestube erregt auf das obligate Wandbild des Sultans: «Fragen Sie den da!»

Abneigung gegen den Sultan ist oft zu spüren – einerseits von modern gesinnten, sozialreformerisch angehauchten Studenten, andererseits von konservativen Moslems, denen Hassan II. nicht islamisch genug ist. Einem ähnlichen Zweifrontenkrieg ist einst der Schah des Iran ausgesetzt gewesen, sein Ende ist bekannt. In einem wesentlichen Punkt unterscheidet sich allerdings der marokkanische Sultan von Mohammed Reza Pahlevi: Hassan II. versteht sich nicht nur als politischer, sondern auch als religiöser Führer seines Landes und betont seine direkte Abstammung von Mohammed. Auch veranlaßt er im sonst überwiegend westlich geprägten Fernsehen lange Koranlesungen, um seine islamische Gesinnung zu unterstreichen.

Dieser religiöse Anspruch macht aber die Stellung des Sultans um so brisanter, denn gerade dadurch provoziert er, an strengen Islamidealen gemessen zu werden. Für radikale Moslems ist er der Mann, der – nachdem die Franzosen als Kolonialherren längst abgezogen sind – weiter französischen Einfluß zuläßt, ja teilweise fördert und damit für den gegenwärtigen Modernitätsschock mitverantwortlich ist, unter dem gerade die ärmeren Marokkaner zu leiden haben: konfrontiert zu sein mit einer fremden Kultur und Zivilisation, die die eigenen Traditionen erschüttert und umformt, aber ausgeschlossen zu sein vom technologischen und sozialen Fortschritt, der nur wenigen Reichen nützt.

Für viele Marokkaner bleibt Fortschritt, wie er aus Europa und den USA importiert wird, etwas Drohendes. Allein die Wohlhabenden profitieren vom Handel mit dem «Westen», und diesen Vorsprung wissen sie trefflich auszunützen: die Reichen werden noch reicher, die Armen noch ärmer. Der explosive Fremdenhaß vieler Slumbewohner läßt aufhorchen, weil jene den Sachverhalt nicht nur am eigenen Leib verspüren, sondern manche Zusammenhänge auch bereits vage begreifen.

Geben und Nehmen

Morgens gegen vier Uhr im Busbahnhof des Place Boujeloud. Über der nächtlichen Silhouette der zinnenbewehrten Stadtmauer hatte sich der Himmel rötlich aufgehellt und kündigte die Sonne an, während eine Reihe Männer fröstelnd in dicken Mänteln und Burnussen auf den Überlandbus in die Sahara warteten. Mein Abschied von Fes …

Diese letzte halbe Stunde brachte eine neue Facette in den ohnehin schon schillernden Eindruck der widersprüchlichen

Stadt. Zu dieser frühen Uhrzeit hatten sich noch keine arbeitslosen Jugendlichen eingefunden, um den Reisenden ihre Dienstleistungen anzubieten; nur ein einziger Händler ging behäbig, mit kehligen Rufen, über den Platz. Vor mir, neben einem schmalen Gepäckbündel, saß ein alter Mann, seinem etwas linkischen, unsicheren Gebaren nach zu schließen vermutlich aus einem entlegenen Dorf. Er, mit einem reichlich zerschlissenen, ausgefransten Burnus bekleidet, hielt ein Stück Brot in der Hand und winkte schließlich nach einigen zögernden Bewegungen dem Händler, der sich mit dem Essenskorb bei ihm niederkauerte. Ein langes Feilschen begann, der alte Mann prüfte sorgfältig die ausgebreiteten Waren, Orangen, Erdnüsse, hartgekochte Eier, und wiederholt griff er nach den Eiern, wog mit der Hand überlegend eines nach dem andern, verglich sie in ihrer Größe, um sie dann wieder zurückzulegen. Seine Finger wirkten schwielig und abgearbeitet, und als er sich schließlich doch für eines der Eier entschied und dem Händler zwei kleine Münzen gab, schien es, als ringe er noch immer mit sich, ob er es verantworten könne, das hart erarbeitete Geld für den bescheidenen Genuß auszugeben. In Gedanken versunken betrachtete er das Ei und konnte sich noch nicht entschließen, es zu schälen – da begegneten sich unsere Blicke. Er musterte mich überrascht, sah mich mit leeren Händen sitzen, und plötzlich, in einer spontanen Regung, bot er mir sein Ei an, anscheinend in der Meinung, ich hätte ihn hungrig beobachtet. Er lächelte dabei schüchtern. Ich wehrte verlegen ab, er aber gab mir mit Zeichensprache zu verstehen, er habe ja noch Brot für sich. Ich deutete auf meinen Proviantbeutel, der am Rucksack hing, und wollte ihm von meinen Essensvorräten etwas abgeben. Er aber dankte verneinend, nickte nun verstehend und begann endlich das Ei für sich selber zu schälen.

Eine Stunde später, ich saß im fahrenden Bus, holte ich zum Reisefrühstück Brot und Tomaten aus meinem Beutel. Neben mir räusperte sich ein Fahrgast – auch er ein alter Mann, auch er in zerschlissenem, vielfach geflickten Burnus – und streckte nach kurzem Zögern bittend die Hand her. Er hatte Hunger.

Sanaa: Sturz in den Fortschritt

Das Mittelalter endete 1962

Der Blick vom Dach des Nationalmuseums ist überwältigend. Kilometerweit reihen sich vor kahlen, felsigen Bergen sechs- bis achtstöckige Wohnhochhäuser aus gebrannten Lehmziegeln mit prächtig ornamentierten, unregelmäßig geschachtelten Terrassen, Dachzinnen, Fenstern und Balustraden. Dazwischen ragen Dutzende schlanke, reichverzierte Minarette. Bei greller Mittagssonne leuchten die Mauern ockergelb, im Schein der Abendsonne beginnt der Lehm von Brauntönen ins Rötliche zu schimmern, dann zeichnen sich die kreidegeweißten Ziegelornamente noch schärfer vom Mauergrund ab und erinnern mit ihrem feinziselierten Geflecht an kunstvolle Stickerei. Je tiefer die Sonne sinkt, um so himmelstrebender erscheinen dem Betrachter die Wohntürme. Ein Manhattan auf altarabisch...

Reisende, die einmal dieses grandiose Panorama bewundert haben, geraten gerne ins Schwärmen. Und Farbfotos in bereits zahlreichen Bildbanddokumentationen wecken für andere die Sehnsucht, wenigstens einmal dieses «Wunder» im entlegenen Süden der arabischen Halbinsel mit eigenen Augen gesehen zu haben.

Sanaa – «die Schöngebaute», wie sich ihr arabischer Name übersetzen läßt – besitzt eine Architektur mit dem Ruf, noch kaum durch unsachgemäße moderne Eingriffe zerstört zu sein und eines der schönsten geschlossenen Stadtbilder einer längst vergangenen Epoche zu repräsentieren, hierin vielleicht Venedig vergleichbar. 14 000 Lehmziegelhochhäuser, zwischen zwanzig und fünfzig Meter hoch, stehen noch vollständig erhalten innerhalb der alten Stadtmauern, viele von ihnen seit dem Mittelalter. Aus diesem Grund ist Sanaas Altstadt 1984 von der Unesco als «besonders schutzbedürftig» eingestuft worden; nach ihren anspruchsvollen Maßstäben sollen keine Kosten gescheut werden, um sie vollständig in ihrer historischen Form zu konservieren – wie Venedig.

Was aber Sanaa, die Hauptstadt der Republik Nordjemen, an legendärem Ruhm über alle anderen altehrwürdigen Städte hinaushebt: Der Baustil weist noch hinter altarabische Traditionen zurück – auch schon im Jemen der Königin von Saba wurde ähnlich gebaut, und noch früher in Babylon. Der Sage nach ist Sanaa die älteste Stadt der Welt; sie soll von Sem, Noahs ältestem Sohn, nach der Sintflut erbaut worden sein. Mehr als ein halbes Jahrtausend lang galt Sanaa, die «Perle Arabiens», wie Poeten sie besingen, neben Mekka und Medina als der bedeutendste Rastplatz großer Kamelkarawanen auf der berühmten «Weihrauchstraße» nach Damaskus und Kairo. Diese langdauernde wirtschaftliche Blüte hat wesentlich dazu beigetragen, daß sich eine derart einmalige Architektur in solcher Ausdehnung entfalten konnte. Und der nachfolgenden Abgeschiedenheit dürfte es zu danken sein, daß sich der «Juwel» unverändert über alle Stürme der Jahrhunderte erhalten hat.

Wie aber wird es weitergehen?

Die Wirklichkeit von heute entspricht längst nicht mehr dem Wunschbild kulturbeflissener oder gar romantikhungriger Europäer, gar zu sehr hat schon das 20. Jahrhundert seinen Tribut gefordert.

Fotos zeigen nur Ausschnitte, nie das Ganze, und damit verzerren sie. Diese Binsenweisheit wird jedem bewußt, der auf der Dachterrasse des Nationalmuseums steht und von dort den Ausblick über das Häusermeer von Sanaa genießt – so auch mir, als ich 1978 erstmals das Panorama betrachtete.

Alle Fotos, die ich bis dahin aus Bildbänden und Magazinen kannte, hatten das berühmte Motiv nur aus einem gefälligen Blickwinkel erfaßt und den weniger schönen Vordergrund ausgespart. Vor der wuchtigen Kulisse ornamentverzierter Lehmziegelhochhäuser dehnt sich nämlich eine lange Front zwei- bis dreistöckiger Betonbauten: Behörden, Banken, ein Postamt, ein Supermarkt, sie alle mit jener zweckbetonten, monotonen Nüchternheit errichtet, wie man sie heutzutage schon in fast allen Großstädten der Welt antrifft. Auf einer vierspurigen Asphaltbahn braust hektischer Autoverkehr, die Fußgänger wirken gehetzt und haben Schwierigkeiten, die Straße zu überqueren; auch dies wie in fast allen Großstädten der Welt. Der moderne Boulevard mit seiner gesichtslosen Häßlichkeit wirkt wie ein brutaler Schnitt in die verwinkelte Lehmarchitektur der Umgebung – ein Schnitt, der, wenn er noch länger gezogen wird, den Stadtkörper als Ganzes verwunden könnte.

In den Räumen des Nationalmuseums erinnern ausgehängte Fotos an Sanaas unmittelbare Vergangenheit: nirgends Asphalt, nur lehmige Gassen, Kamele und Maulesel einzig als Transportmittel für Lasten, nirgends ein Auto, nirgends Beton. Die Jahreszahlen unter den Fotos: 1955, 1958, 1960 … Das 20. Jahrhundert hatte zu dieser Zeit in Sanaa noch nicht begonnen.

Bis 1962 galt der Nordjemen als «verbotenes Land». Strikt hielten die dort regierenden Imame, geistliche und politische Führer zugleich, den Staat gegenüber allen ausländischen Einflüssen verschlossen. Wer Zeitungen und Bücher ins Land schmuggelte, wer ein Radio erwerben wollte, riskierte sein Leben. Ertappte ihn die Polizei, dann hatte er auf dem Marktplatz vor einer schaulustigen Menge zu knien und der Scharfrichter trennte ihm mit einem Krummsäbel den Kopf vom Rumpf. Der Nordjemen war ein noch tief in Rückständigkeit schlummerndes Land fast ohne ärztliche Versorgung, nahezu ohne Schulen, das Volk in seiner Mehrheit bettelarm. Niemand verhungerte zwar, viele aber blieben bei karger, einseitiger Kost unterernährt und starben früh; die durchschnittliche Lebenserwartung lag zwischen 30 und 40 Jahren.

Autos besaßen nur die Herrschenden: Luxuslimousinen und Jeeps der Imam und die ihm ergebenen Stammesführer, Jeeps und Lastautos mit aufmontierten Maschinengewehren das Militär. Solche Errungenschaften bedeuteten das einzige Zugeständnis an die Fortschrittsdynamik des 20. Jahrhunderts, und auch nur, weil die Despoten erkannten, daß sich mit Hilfe moderner Technik Macht besser sichern ließ.

Bis 1962 lag der Nordjemen abseits der weltpolitischen Interessensphären, strategisch und wirtschaftlich unwichtig, weil man weder im gebirgigen Hochland, noch im Tiefland entlang des Roten Meeres Erdöl vermutete. Und so duldeten die Großmächte die hermetisch abgeriegelten Grenzen als Kuriosum. Bis dahin hatte noch kaum ein westlicher Ausländer seinen Fuß in das entlegene Imamat gesetzt, und wenn, dann nur wagemutige Forschungsreisende, die als Einheimische verkleidet ihr Leben riskierten, oder Militärberater als geladene Gäste des Imam.

1962 rückte der Nordjemen erstmals ins Licht der Weltöffentlichkeit. Offiziere, vom Fortschrittsidealismus der panarabischen Bewegung erfaßt, stürzten den Imam und riefen die Republik aus. Massiv unterstützt von Truppen und Bomberflugzeugen Gamal Abd Al Nassers, des ägyptischen Revolutionshelden und Vorkämpfers einer großarabischen Nation, führten sie einen verlustreichen Krieg gegen die imamtreuen Bergstämme. Einen überzeugenden Sieg brachten sie nicht zustande, denn das Königreich Saudi-Arabien versorgte die Gegner mit Waffen und Geld, und so folgte dem Bürgerkrieg im März 1969 ein Kompromißfrieden: Ein Staat ohne Imam, jedoch auch nicht «sozialistisch», wie dies die Revolutionäre nach dem Vorbild Nassers gewünscht hatten. Seitdem nennt sich der Nordjemen «Republik». Dieser Name und andere westlich importierte Begriffe dürfen jedoch nicht dazu verleiten, eine moderne Staatsform zu erwarten. Es herrscht das Militär: Der Oberbefehlshaber der Streitkräfte ist zugleich «Generalsekretär» eines «Allgemeinen Volkskongresses» und «Staatspräsident». Parteien sind verboten. Dagegen entsenden die einzelnen Distrikte ihre Vertreter in den «Kongreß», sie aber sind identisch mit den Scheichs, den Stammesführern. Weil jedoch das Militär noch immer nicht alle Bergstämme unter seinen Einfluß hat zwingen können, kontrollieren nach wie vor schwerbewaffnete Polizeiposten Tag und Nacht die Verbindungsstraßen zwischen den größeren Städten. Eine «Republik» im nur unzugänglich ausbalancierten Gleichgewicht, vielleicht im Übergangsstadium – wohin?

Seit dem Kompromißfrieden von 1969 ist es endgültig vorbei mit der Abgeschiedenheit. Schon während des siebenjährigen Bürgerkrieges rollten auf neu gebauten Asphaltstraßen Lastwagenkolonnen mit Entwicklungsgütern ins Land: Maschinen für Brunnenbohrungen, den Bau von Krankenhäusern, Schulen, Kleinindustrie. Lieferant war anfangs Ägypten, dessen Präsident Nasser einen Verbündeten gegen das konservative Königreich

Saudi-Arabien wünschte. Ihm folgte Saudi-Arabien, das einen wirkungsvollen Pufferstaat gegen revolutionäre Bestrebungen im Südjemen schaffen wollte. Dann aber, nachdem der Nordjemen plötzlich im strategischen Poker der arabischen Welt interessant geworden war, konnte es nicht ausbleiben, daß auch westliche wie östliche Industriestaaten im zunehmend dynamisch gewordenen Kräftespiel mitzumischen trachteten. Amerikaner, Deutsche, Japaner und Chinesen preschten mit massiver Wirtschaftshilfe vor, um in dem total unterentwickelten Land neue Absatzmärkte zu schaffen: Unter ihrer Anleitung entstanden Straßen, moderne Siedlungen, weitere Kleinindustrien. Zudem machten sich Techniker großer Ölkonzerne auf die Suche, um auch in diesem Teil der arabischen Halbinsel fündig zu werden.

Die Republik Nordjemen ist damit unumkehrbar in den Strudel großräumiger Wirtschafts- und Politikinteressen gezogen. Zwar konnte die lang hinausgezögerte Begegnung mit dem 20. Jahrhundert ohnehin nicht auf die Dauer ausbleiben – aber mußte sie in diesem Land bei der bisherigen Abgeschiedenheit nicht kontrastreicher, schroffer und widersprüchlicher ausfallen als in jedem anderen unterentwickelten Staat unserer Erde?

«Jahrhunderte überspringen!»

Sanaas neue Hauptstraße, die Abdul-Mourni-Street (benannt nach einem Märtyrer der Revolution), ist erstes Symbol eines jähen Umbruchs. Ägyptische Baumeister und Ingenieure, bereits während des Bürgerkrieges von Abd Al Nasser nach Sanaa geschickt, ließen Stadtmauern samt ihren kunstvoll verzierten Toren zwischen zwei angrenzenden Vierteln niederreißen, um Bauplatz für die «Straße des Fortschritts» zu gewinnen. Nach dem Willen ihrer Erbauer und der jemenitischen Auftraggeber sollte diese Straße mit ihrer Phalanx nüchterner Betonbauten die Entschlossenheit demonstrieren, daß der Nordjemen gewillt sei, innerhalb weniger Jahre nicht nur Jahrzehnte, sondern Jahrhunderte in der Entwicklung zu überspringen – das moderne Kairo vor Augen. «Entwicklungshilfe» einer arabischen Brudernation!

Mühevolle Überredungskunst der Unesco hat die ungestümen

Erneuerer von ihrem Plan abbringen können, nun auch noch angrenzende «störende» Lehmziegelhochhäuser mit ihrem Ornamentschmuck niederzureißen und durch Betonbauten im monotonen Zweckstil zu ersetzen. Sanaas neue vierspurige «Prachtstraße» wird sich daher (vorerst?) nicht weiter in das verwinkelte Gassengewirr der Altstadt vorfressen. Falls die Argumente der Unesco für die jemenitischen Machthaber ihre Überzeugungskraft behalten, wird es bei diesem einzigen Versuch überstürzter, falsch verstandener Modernisierung bleiben.

Modernisiert wird trotzdem. Auf jemenitisch. Was das heißt, begreift man spätestens dann, wenn man von der hektischen, autoverstopften Abdul-Mourni-Street in die engen, oft nur lehmig holprigen Altstadtstraßen abbiegt. Autos und Motorräder meist japanischer Herkunft schieben sich in nicht aufhörenden Kolonnen sogar durch die winkeligsten Gassen und drängen die Fußgänger an die Hausmauern, ja, streifen sie zeitweilig auch dann noch mit ihren Kotflügeln. Nur wenn Nischen oder tiefliegende Haustüren Schutz bieten, hat man die Chance, nach oben zu blicken und geruhsam die schmucken Lehmhochhausfassaden zu betrachten.

Geräumige Plätze, einst Marktflecken und Treffpunkte des öffentlichen Lebens, an denen besonders prachtvolle Herrschaftshäuser vergangener Jahrhunderte in den Himmel ragen, sind verstellt durch Autos, befinden sich in ständiger Unruhe durch knatternde, aus- und einparkende Wagen. Einheimische haben es seitdem schwer, nach alter Gewohnheit auf den einst lauschig intimen Plätzen miteinander zu sprechen, sie sind eingekeilt in sehr eng bemessenen Zwischenräumen von sperrigem Blech, ihre Worte werden übertönt durch Motorengedröhn und Hupen; der Lärm verstärkt sich wie in einem Trichter durch die hohen Hauswände. Keine Ruhe scheint es mehr in einer Stadt zu geben, die zwei Jahrzehnte zuvor als lautestes Verkehrsgeräusch nur das Holpern eines Handkarrens, das Tappen von Maultierhufen und den Ruf eines Treibers gekannt hat. Die Medina, einst nur für Fußgänger und bestenfalls für Lasttiere und Fuhrwerke angelegt, hat innerhalb von nur zehn Jahren den Sprung ins hektische Autozeitalter vollzogen – dies in einer Konsequenz, die wie ein Zerrbild unserer eigenen zivilisatorischen Fehler anmutet.

Während aber in den hektischen Autostädten unserer westlichen Industriegesellschaft längst Fußgängerzonen Innenstädte wieder freundlicher machen, ihnen zuweilen wieder einen Charme der Gemächlichkeit, ja einen ästhetischen Reiz zurückgeben, scheint ein solches Ziel der Stadtverwaltung von Sanaa fremd zu sein. Sanaa steht mit dieser Gleichgültigkeit im Gegensatz zu den meisten großen orientalischen Metropolen – selbst zur hektischen Dreizehnmillionenstadt Kairo, deren winkelige Altstadtgassen überwiegend für Motorfahrzeuge gesperrt bleiben. Paradoxerweise entfaltet sich damit heute in vielen arabischen Hauptstädten, die schon seit mehr als einem Jahrhundert mit unserer westlichen Zivilisation verflochten sind, buntere Basaratmosphäre als in Sanaa.

Schizophrenie des Fortschritts

Woher aber kommt das Geld für die ins Land geflutete, alles überschwemmende Motorisierung? Das Geld hierzu wird nicht im Land selber erwirtschaftet. Saudi-Arabien und die bevölkerungsarmen Emirate am Golf verlangen ständig nach neuen Arbeitskräften für die Ölfelder, Raffinerien und Großbaustellen ihrer Städte – und was läge näher, als dafür Männer zu holen aus dem «Arabien ohne Erdöl», wie man den Nordjemen bis Mitte der achtziger Jahre noch mitleidig genannt hat. Aus Zeitungsberichten und Büchern war ich darauf vorbereitet, daß mehr als ein Viertel aller erwerbstätigen Jemeniten in den Erdölstaaten arbeitet und dort das Fünf- bis Zehnfache von dem verdient, was ein Landarbeiter oder sogar ein Handwerker im städtischen Basar Sanaas an Einkommen bezieht. Aber die Konsequenzen für den Alltag vermochte ich mir nicht konkret genug vorzustellen. Ägypter hatten mir in Kairo vor meinem Abflug nach Sanaa erklärt, unter der Herrschaft der Imame hätten die meisten Jemeniten nicht einmal Sandalen, geschweige denn ein Reittier besessen, sie seien daher das ärmste arabische Volk gewesen. Was also, so kann man folgern, muß es für einen bis dahin barfüßigen Wanderarbeiter bedeuten, wenn er in den Erdölstaaten plötzlich mit all jenen Konsumgütern unserer westlichen Zivilisation konfrontiert ist – Uhren, Transistorradios, Kassettenrekordern, Fernsehapparaten, Motorrädern, Autos – und nun etliches von diesem glitzernden Reichtum selbst erwerben kann? Es muß den etwa 800 000[1] nordjemenitischen Gastarbeitern wie ein Traum aus 1001 Nacht anmuten, daß sie sich mit einem Mal nicht nur ein Reittier, sondern sofort ein Auto zu kaufen vermögen – bisher nur Machtsymbol der Imame und der Armee. Man kann sich keine besseren psychologischen Voraussetzungen für jene dröhnende, hektische Motorisierungshölle vorstellen, in die sich das winkelige Gassengeflecht von Sanaa verwandelt hat.

Die Gastarbeiter bringen aber folgerichtig aus den Erdölstaaten nicht nur die dort leicht erschwinglichen Konsumgüter in ihre Heimat mit, sie importieren auch die seelische Haltung ihrer reichen Arbeitgeber – in aller Widersprüchlichkeit. Aufgeschlossen zeigen sie sich für die Annehmlichkeiten der technischen Zivilisation, ja, begrüßen selbst noch deren Schattenseiten naiv als das «Neue» – lehnen jedoch tiefergreifende Neuerungen ab.

Sanaas Gassenbild ist entsprechend kontrastreich. Waffen waren zur Zeit meines Besuches 1978 noch allgegenwärtig, selbst inmitten der sich langsam vorschiebenden Autokolonnen. Krummdolche steckten in den Schärpen der Fußgänger wie der Autofahrer, Gewehre baumelten auf dem Rücken der gemütlich dahinschlendernden Männer ebenso wie sie neben dem Steuerrad lehnten, Schußwaffen vom altertümlichen Vorderlader bis zum neuesten Modell einer Maschinenpistole. So beliebt Auto und Motorrad bei gut verdienenden Gastarbeitern auch sein mögen, die Statussymbole des 20. Jahrhunderts haben noch nicht die des jemenitischen Mittelalters verdrängen können. Nach wie vor fühlen sich die meisten Jemeniten erst ernst genommen, wenn sie mit Waffen, zumindest einem Krummdolch, auftreten, sonst würde ihnen die «Würde» fehlen. Sanaas waffenstarrende Männer, fast alle noch mit struppigen Bärten und Turbanen, über der arabischen Bluse meist eine Jacke westlichen Zuschnitts, erweckten so noch 1978 den Eindruck, als sei selbst in Nordjemens Hauptstadt das Zeitalter der Stammesfehden und Blutrachen nicht zu Ende, als müsse man noch jeden Moment auf den Angriff feindlicher Sippen gefaßt sein. 1984, sechs Jahre nach meinem Besuch, las ich in der Zeitung, daß Waffentragen in Sanaa verboten worden sei, mit Ausnahme des traditionellen Dolches. Wieder einen raschen Schritt zum 20. Jahrhundert?

Frauen sind nach wie vor dicht verschleiert und huschen scheu an den Hausmauern entlang, als schämten sie sich für ihre flüchtige Gegenwart auf der Straße. Manchmal sind bereits siebenjährige Mädchen völlig vermummt und wirken wie wandelnde Zelte; dieser Ballast macht sie ganz unkindlich in ihren Bewegungen. Während meines Aufenthalts habe ich nicht ein einziges Mal das Gesicht einer jemenitischen Frau gesehen[2] – eine solche Abschirmung wäre heute in fast allen anderen islamischen Ländern undenkbar. Kein Wunder, daß bei so viel Beharrungsvermögen das Bildungswesen in seinen Anfängen steckenbleibt und kaum 30 Prozent der Jugend die neugegründeten Schulen besuchen; davon sind ein Prozent Mädchen.[3]

Überraschen muß es nicht, daß dieser plötzlich hereingebrochene Reichtum die schroffen Gegensätze von Reich und Arm nicht ausgleicht, sondern eher noch verschärft. Zur schmalen Gruppe der immens vermögenden Großgrundbesitzer und Scheiche kommen nun an die 800 000 Gastarbeiter, die sich nicht minder deutlich als die Feudalherren gegen die arm gebliebenen Handwerker, Bauern und Tagelöhner abgrenzen. Ja, die Neureichen tragen ihren rasch erworbenen Wohlstand protziger zur Schau als die alteingesessene Herrschaftsschicht und machen damit den Armen um so schmerzlicher ihr Elend bewußt. Schlimmer noch: Da nun plötzlich eine bisher nicht vorhandene Masse wohlhabender Käufer durch die Straßen vor allem der Hauptstadt strömt, schrauben die Händler ihre Preise hoch, wodurch nicht nur Stoffe und Handwerksgeräte für weniger gut verdienende Familien unerschwinglich werden, sondern auch viele der bisher billigen Lebensmittel den Geldbeutel eines Handwerkers oder Tagelöhners überfordern. Die Armen sind damit noch ärmer geworden.

Der Geschmack heimkehrender Gastarbeiter, am Konsum der Erdölstaaten orientiert, begünstigt andererseits die Einfuhr billiger Massenproduktion für die ärmere Bevölkerung: Eimer, Becher, Töpfe und Sandalen aus Plastik, Stoffe aus Kunstfasern. Bei diesem Angebot handelt es sich jedoch meist um Ausschußware reicher Industriestaaten, die in den Armenhäusern der Welt selbst noch den letzten Ramsch loswerden wollen. Gerade dies aber ist geeignet, das einheimische Handwerk, besonders das Kunstgewerbe, zu ruinieren. Man hat es demzufolge schwer, in Sanaa noch den vielgerühmten einheimischen Schmuck aufzustöbern: So findet man etwa statt der reich ornamentierten Armreifen aus Silber oder Kupfer fast durchweg nur noch buntes Plastikzeug – und dies ausgerechnet in einem Land, von dem man angesichts seiner jahrhundertelangen Abgeschiedenheit und altehrwürdigen Tradition einen besonders unbeschadeten Kunstsinn erwarten sollte. Der traditionelle Geschmack scheint sich lediglich bei der Dschambija, dem sorgfältig ornamentverzierten Krummdolch erhalten zu haben; aber dieses Erzeugnis ist, sofern es nicht von Generation zu Generation vererbt wird, im Basar sehr teuer geworden, wie ich bei eigenen Nachfragen erfuhr: je nach Qualität umgerechnet einige hundert Mark.

Der jäh importierte Wohlstand aus den benachbarten Erdölstaaten verschärft auch das ohnehin schon prekäre Hygieneproblem der Hauptstadt. Sanaas Gassen sind angehäuft mit achtlos weggeworfenen Plastiktüten, zerrissenen Kartons, zertretenen Konservendosen, zerfetzten Autoreifen, und zeitweilig rosten auf freien Plätzen oder in Mauernischen Reste von Motorrädern oder Autowracks. Alles Zivilisationsmüll, der aber nicht mehr so rasch verrottet wie der Abfall von einst!

Zwar lebten die Jemeniten zwei Jahrzehnte zuvor noch in mittelalterlicher Armut, warfen Küchenabfälle, Palmfasern wie Baureste auf die Straße und benutzten ungeniert jede Hausecke als Klosett, und damit verhielten sie sich auch nicht hygienebewußter als die Europäer im Mittelalter; Seuchen hat es demzufolge hier wie dort gegeben – aber heute vergrößert sich die Seuchengefahr, indem sich zu den Küchenabfällen, dem Kot und Urin noch der wesentlich haltbarere Zivilisationsmüll gesellt und für Bakterien aller Art die Brutstätten beträchtlich erweitert. Hinzu kommt, daß vorbeifahrende Autos nicht selten Abfälle aufwirbeln, wodurch beißender Staub in die Schleimhäute dringt. Sanaa dürfte heute zu den schmutzigsten Städten der Welt gehören – paradoxerweise, weil die nordjemenitische Metropole rasch reich geworden ist. Zu rasch reich. Die Jemeniten sind auf negative Wohlstandsfolgen am allerwenigsten vorbereitet.

Wohlstand im Zeichen des 20. Jahrhunderts schafft noch zusätzliche Umweltprobleme. Früher besaß jedes Haus einen Ziehbrunnen im rückseitig gelegenen Garten, wo die Familien in mühevoller Arbeit mit Ziegenfellkübeln Wasser schöpfen mußten; heute lassen Motorpumpen das Wasser viel müheloser, vor allem in größeren Mengen fließen – mit dem Erfolg, daß der Grundwasserspiegel seit zehn Jahren unablässig sinkt. Der Tag wird nicht mehr fern sein, bis den ohnehin spärlichen Gärten mit ihren stets verstaubt wirkenden Bäumen die Dürre droht.

Rettung der altarabischen Architektur?

Angesichts der autoverstopften Altstadtgassen, der Abfallberge und der überall knatternden Motorpumpen drängt sich zumindest westlichen Besuchern die bange Frage auf, ob die Einheimischen überhaupt noch genug Schönheitssinn für ihre grandiose Architektur aufbringen, oder ob sie nicht irgendwann – trotz des bisher erfolgreichen Einspruchs der Unesco – doch noch beginnen, ihre fast noch gänzlich erhaltene Altstadt durch rücksichtslose, wenig einfühlsame Eingriffe zu zerstören. Die Jemeniten haben ja Gelegenheit genug, solche Praktiken in den vielbewunderten reichen Erdölstaaten zu beobachten.

Im Nachbarstaat Saudi-Arabien etwa fallen selbst solche Stadtviertel, die kunstsinnige Europäer begeistert als Kleinode arabischer Architektur einstufen, den Bulldozern und Spitzhacken zum Opfer. Lehmziegelbauten und verwinkelte Gassen gelten heute aus der Sicht der Saudis nur noch als «rückständig» und daher nicht erhaltenswert. Dies ist die Folge davon, daß die Araber – übrigens in allen reichen Erdölstaaten – längst mit den Augen westlicher Technokraten sehen gelernt haben und sich ihrer eigenen Vergangenheit zu schämen beginnen. Aus diesem Grund stirbt beispielsweise Stück für Stück die einst wegen ihrer Schönheit berühmte Altstadt von Djedda, bedeutendster Handelshafen am Roten Meer, und weicht einer Wohnblockuniformität, gesichtslos und steril wie man sie heute in allen Großstädten der Welt antrifft. Djedda liegt von Sanaa eine knappe Flugstunde entfernt...

Erleichtert stellte ich fest, daß für Sanaa diese Gefahr – vorerst – nicht droht. Stets nickten mir die Jemeniten freundlich zu, wenn ich die turmhohen Lehmhäuser durch das Kameraobjektiv betrachtete, und forderten mich in Zeichensprache auf, doch noch mehr prachtvolle Fassaden zu fotografieren. Alle scheinen sie stolz auf ihre traditionsreiche Architektur zu sein. Vielleicht erst, seit zeitweilig Touristen staunend vor den schönen Bauten stehen?

In vielen Ländern der Dritten Welt ist zu beobachten, daß die Einheimischen die Ästhetik ihrer alten Bauwerke wieder mehr zu schätzen beginnen, seit fremde Besucher sie in Scharen bewundern. Doch in Scharen kommen Touristen noch nicht in den nördlichen Jemen. 1978, als ich die verschiedensten Städte und Dörfer im gebirgigen Hochland bereiste, zählte man pro Jahr nicht mehr als 3000 Ausländer aus dem Westen.[4] Zur Illustration: Im Flugzeug nach Sanaa war ich der einzige Tourist, außerdem flogen noch zwei deutsche Ingenieure und ein griechischer Geschäftsmann mit, die übrigen waren Araber. 1986, so lese ich in der Zeitung, ist die Zahl der Fremden inzwischen auf 13 000 angestiegen, davon etwas mehr als die Hälfte Touristen (fast alle in organisierten Gruppenreisen), den Rest bilden Geschäftsreisende und Firmenvertreter.[5] Die Zahl von etwa 7000 Urlaubern nimmt sich spärlich aus im Vergleich zu dem Ansturm auf die allseits bekannten «Traumziele» der Exotik: Marokko und Ägypten verzeichnen jährlich zwei Millionen Touristen, und selbst die kleine Insel Bali kann pro Jahr mit einer halben Million ausländischer Besucher rechnen.

Die Touristen haben demnach im Nordjemen kaum den entscheidenden Anstoß gegeben, die traditionsreiche Architektur zu hegen und zu pflegen. Der Stolz der Jemeniten auf ihre einzigartigen Bauwerke muß sich aus älterer Zeit herübergerettet haben; touristische Begeisterung könnte höchstens ohnehin vorhandene Gefühle bestärken und rechtzeitig immun machen gegen den Wunsch, nun doch in großem Stil unkritisch die monotone Allerweltsarchitektur nachzuahmen. Ein gutes Omen. Ganz im Gegensatz zu den völlig verschmutzten Straßen erschienen mir, als ich 1978 stundenlang durch das Gassenlabyrinth im ausgedehnten Zentrum ging, ein Großteil der Fassaden selbst in den unscheinbarsten Seitenwegen sauber hergerichtet, viele frisch getüncht. Ja, auch bei oft ärmlichen, niedrigen Lehmziegelhäusern der Vororte blieb noch der Respekt vor der Tradition zu spüren. Zwar war hier und dort ein Betonbau nach westlichem Vorbild errichtet, aber niedrig und unauffällig, es fehlten die blockigen Hochhäuser aus Stahlbeton und genormten Fertigteilen, mit deren massigem Erscheinungsbild man etwa die Lehmarchitektur hätte übertrumpfen wollen. Verwaltungsgebäude waren oft, wenn teilweise auch vergröbert, den mittelalterlichen Vorbildern prächtiger Bürgerhäuser und Paläste nachempfunden. Nichts also, was die traditionelle Stadtsilhouette ernsthaft gefährden könnte.

Meinen optimistischen Eindruck von 1978 schmälern allerdings jüngere Berichte der Unesco (1985). Aus ihnen geht hervor, daß ein Drittel der Lehmhochhäuser bereits verlassen ist und die Besitzer der übrigen Wohnburgen sich auch nicht mehr viel um deren Erhaltung kümmern, seit Anfang der achtziger Jahre die Regierung begann, Steuern für jedes Haus einzutreiben. Nun schieben die erbosten Eigentümer ob dieser ungewohnten Forderung jegliche Initiative zur Renovierung den Behörden zu.[6] Der äußere Schein relativer Pflege täuscht über die drohende Brüchigkeit der Fundamente hinweg.

Aber wie in vielen Ländern der Dritten Welt ist es dem Staat unmöglich, genügend Mittel bereitzustellen, um die kostbare Architektur zu erhalten. Die arme Republik Nordjemen kann nach eigenen Auskünften bestenfalls 500 000 Dollar für die dringend erforderliche Stadterneuerung aufbringen. Demnach müssen den Hauptteil der Kosten ausländische Geldgeber tragen. Und wieder einmal ist es die Unesco, die helfend in die Bresche springt: Die Kulturorganisation der Vereinten Nationen will sich die Rettung der «Schöngebauten» – zweieinhalb Jahrtausende kostbarer Bautradition – an die 220 Millionen Dollar kosten lassen.[7] Ein Bericht von 1987 ist allerdings geeignet, den Optimismus noch einmal zu dämpfen. Nach offiziellen Schätzungen wären umgerechnet etwa zwei Milliarden Mark nötig, um den alten Kern der nordjemenitischen Hauptstadt dauerhaft zu sanieren. Bisher sind jedoch nur symbolische Beträge für dieses Projekt aufgetrieben worden, aus einem alarmierenden Grund: Die Unesco, sonst potentester Geldgeber für derartige Rettungsaktionen, befindet sich in einer Finanzkrise.[8]

Werden also Sanaas unvergleichliche Lehmziegelhochhäuser doch nicht unbeschadet das 21. Jahrhundert erleben?

Ein weiterer Unsicherheitsfaktor könnte dieser Befürchtung Nahrung geben. Falls der Zustrom landflüchtiger Bauern nicht bald abebbt, verschärft sich in der zunehmend übervölkerten Stadt die ohnehin gespannte Wirtschaftslage – dann wird man noch entschiedener von knappen Geldmitteln reden.

Noch (!) sind die meisten Jemeniten Bauern

Sanaa zählte im Revolutionsjahr 1962 an die 55 000 Einwohner. Dann warf die moderne Zivilisation ihre ersten Schatten, im Guten wie im Bösen. Am Anfang überwog der Schrecken: Im Bürgerkrieg, als man die altertümlichen Vorderlader durch Maschinenpistolen und Maschinengewehre, die munitionstransportierenden Lastkamele durch geländegängige Militärfahrzeuge ersetzte und gar erstmals Bombenflugzeuge einsetzte – «Entwicklungshilfe» von «fortschrittlichen», «freundschaftlich gesinnten» Nationen –, da rissen moderne Vernichtungswaffen einen Großteil des Volkes aus seinen mittelalterlich behäbigen Lebensformen. Dörfer rebellischer Bergstämme sanken unter dem Bombenhagel ägyptischer Kampfflugzeuge in Schutt, Felder verödeten – mit der Folge, daß unter diesem Eindruck eines bisher nicht vorstellbaren Schreckens erstmals massenweise Bauern schutzsuchend in die Städte, vor allem nach Sanaa, strömten. 1969, am Ende des siebenjährigen Bürgerkriegs, war Sanaa um ein Drittel gewachsen, die Hauptstadt zählte nun 80 000 Einwohner.

Es ist eine Entwicklung, wie wir sie heute in noch krasserer Form im kriegszerrissenen Afghanistan beobachten können: Dort ließ der Flüchtlingsstrom aus zerstörten Dörfern die Hauptstadt Kabul innerhalb von nur sieben Jahren – 1979 bis 1986 – von 800 000 auf 2,5 Millionen Einwohner anschwellen.[9] Wie sich diese Dynamik einmal in Friedenszeiten fortsetzen wird, bleibt abzuwarten.

Der Nordjemen bietet in dieser Hinsicht beklemmende Perspektiven. Als ich vierzehn Jahre nach dem Bürgerkriegsende Sanaa besuchte, hatte sich die Einwohnerzahl innerhalb dieser äußerst kurzen Zeit sogar verdoppelt: von 80 000 auf 160 000 Menschen. Und nur noch einmal sieben Jahre brauchte es, bis wieder eine neue, erschreckende Steigerungsrate sich abzeichnete. 1985 schwankten die Angaben in den Lexika und Zeitungspublikationen zwischen 275 000 und 450 000 Einwohnern, je nachdem, ob man die rasch wachsenden Vororte und umliegenden verstädterten Dörfer mitzählte oder nicht. Damit ist der Nordjemen, auch was das unkontrollierte Städtewachstum anbetrifft, vom Mittelalter ins 20. Jahrhundert gestoßen worden und scheint den Weg aller Entwicklungsländer zu gehen.

Noch leben 90 Prozent der Jemeniten in Dörfern, so verrät das 1984 erschienene Lexikon der Dritten Welt,[10] andere Berichte sprechen von etwa 80 Prozent.[11] Beide Zahlen wären im Vergleich zu den meisten Staaten noch sehr hoch. Dieser respektable Prozentsatz dürfte allerdings längst rückläufig sein; das rasche Wachstum Sanaas – und auch anderer größerer Städte wie Taiz und Hodeida – läßt es ahnen.

In den Dörfern ist das Mittelalter noch nicht zu Ende. Dies merkt man als Besucher, kaum nachdem man mit einem der zahlreichen Sammeltaxis auf gut ausgebauter Asphaltstraße Sanaa verlassen hat. Nur 14 Kilometer entfernt, im gebirgigen Tal des Wadi Dar, wo auf einem vorspringenden Felsen die kunstvolle Wohnburg der ehemaligen Imame aufragt, endet der Asphalt, und dort bearbeiten die Bauern noch mit primitiven Hacken wie vor einem halben Jahrtausend die Felder, zertreten Maulesel und Kamele auf den Dreschplätzen im endlosen Kreisgehen wie eh und je das Korn, wirken die Lehmdörfer noch immer so befestigt, als müßten sie gegen die Angriffe feindlicher Sippen gerüstet sein. Und wenn man auf schmalen Maultierpfaden zu Dörfern wandert, die wie Schwalbennester an den Felsen kleben, dann scheint die Zeit vollends stehengeblieben zu sein. Dort gehorcht der Bauer allein dem Stammesführer, nicht der Regierung in Sanaa, dort kennt man noch kein Bargeld, sondern bezahlt in Naturalien, nicht selten mit Patronen. Nur 15 Prozent des bearbeiteten Bodens gehört Kleinbauern, der Rest verteilt sich auf Scheiche und religiöse Oberhäupter, die von ihren Pächtern hohe Abgaben fordern.[12] Daran hat sich trotz des erklärten Fortschrittswillens der Regierung nichts geändert, denn kein Minister wagt es bisher, an den Privilegien der Stammesführer zu rütteln. Die Armut in den ländlichen Gebieten ist so drückend, daß der nördliche Jemen trotz der 800 000 gut verdienenden Gastarbeiter laut Statistik der Weltbank noch immer zu den «unterentwickeltsten» Ländern der Welt gehört.

Und doch kündigt sich auch bereits in den Dörfern das Beben einer neuen Zeit an. Zuerst in jenen Ortschaften, zu denen sich die verkehrshektischen Asphaltstraßen vorgefressen haben, etwa an den Verbindungsrouten Taiz–Sanaa–Saada oder Hodeida–Sanaa. Kleinstädte wie Ibb und Amran sind heute genauso wie die Metropole von Motorrädern und Autos der Gastarbeiter überschwemmt; Maulesel oder Kamel als Transportmittel sind dort fast schon verdrängt. Von solchen Ortschaften aus dringt am schnellsten die Nachricht des Reichtums der Hauptstadt Sanaa mit ihrer Masse an Autos, Transistorradios und Fernsehgeräten ins Landesinnere. Jede neue Kunde bestärkt bei armen Bauern und Landarbeitern die trügerische Hoffnung, in Sanaa warte auf alle Zuwanderer ein besseres Leben.

Wie sehr das Wissen über Konsumartikel unserer modernen Zivilisation schon in Dörfer gedrungen ist, wohin man nur auf holprigen Pisten gelangt, habe ich immer wieder feststellen können. Während einer meiner Fußwanderungen traf ich Bauern, die neben einem Dreschplatz lagerten, auf dem Maulesel ihre endlosen Kreisbahnen zogen. Die Bauern luden mich zu einem spärlichen Mahl aus gesäuerten Sojabohnen und Brotfladen ein. Wir saßen um einen großen Blechtopf, schaufelten mit der Brotflade Bohnenbrei zum Mund oder rührten im Gemüse mit den Fingern, die wir anschließend geräuschvoll abschleckten. Es war eine Szenerie, wie sie sich ein Jahrtausend früher nicht viel anders abgespielt hätte. Aber kaum hatten wir gegessen, so baten mich die Bauern auf arabisch um ein «sura», ein Bild, und deuteten auf meine Kamera. Ich fotografierte sie und wunderte mich dann über die angebliche Einfalt, mit der sie mich sofort um das fertige Foto baten – bis ich begriff, was ein anfangs nur unverständlich klingendes Wort meinen sollte: Polaroid. Beim Abschied baten mich die Kinder um Kugelschreiber.

Noch mehr aber als Nachrichten über Sanaa erregen die Menschen in der kargen Provinz Informationen über die Arbeitsmöglichkeiten auf den Ölfeldern Saudi-Arabiens und der Golfscheichtümer. Diese Neuigkeit eröffnet in der Tat vielen besitzlosen Bauern und Tagelöhnern die Chance, dem stumpfsinnigen Elend des Landlebens zu entgehen. Die Erdölstaaten benötigen immer mehr Arbeiter, besonders Hilfsarbeiter, und dieser Ruf beginnt wie ein Sog gerade auf die bettelarmen Regionen zu wirken. Immer zahlreicher strömen Bauern, von der Regierung sogar dazu ermuntert, aus den Dörfern des Nordjemen hinaus in eine Industrielandschaft inmitten der Wüste – eine bisher kaum vorstellbare, völlig ungewohnte Umgebung. Inwieweit die Abwanderer den radikalen Wandel ihrer Lebensgewohnheiten als Schock erleben, ist schwer zu beurteilen, es fehlen hierüber bisher jegliche Daten. Aber daß diese Gastarbeiter wohlhabend in ihre Dörfer zurückkehren – vermögend zumindest im Vergleich zu ihrem vorherigen Elend –, ist unbestritten. Man könnte von daher vermuten, der verstärkte Geldzufluß gerade in ärmere Regionen müßte das bisherige soziale Gefälle zwischen Stadt und Land auffällig mildern. Doch diesem Vorteil steht eine Gefahr entgegen, die langfristig sehr bedrohlich werden könnte – und diese Bedrohung teilt der Nordjemen mit vielen Erdölstaaten der Dritten Welt: die Landwirtschaft verödet.

Fruchtbare Oasen in den steinigen Hochebenen und kunstvoll angelegte Terrassenkulturen mit Bewässerungskanälen an den steilen Gebirgshängen haben bis vor kurzem noch ausreichende Ernteerträge für die Jemeniten geliefert. Nun aber, da in manchen Gegenden schon zu viele Bauern ihre Dörfer verlassen haben, um auf den Ölfeldern leichter ihr Brot zu verdienen, fehlen die Menschen, um das ausgeklügelte Bewässerungssystem in Gang zu halten. Kanäle und Terrassenmauern zerfallen, die heftig niederstürzenden Sommerregen schwemmen die fruchtbaren Böden ins Tal und lassen die Berghänge unter der unerbittlich brennenden Sonne verkarsten. Aber auch die Tiefebenen mit ihren Viehweiden und die Fischerdörfer am Roten Meer sind in Gefahr, denn Hirten und Fischer folgen ebenfalls in großer Zahl dem Ruf aus den Erdölstaaten. Notgedrungen werden daher Lebensmittel schon in großen Mengen importiert: Reis aus Asien, Äpfel aus

Frankreich, Haferflocken aus Großbritannien, Rindfleisch aus Australien, Ölsardinen aus Jugoslawien.

Paradebeispiel für den Zerfall der Landwirtschaft ist der Kaffeeanbau. Noch Anfang des 19. Jahrhunderts galt der Jemen als Hauptlieferant für Kaffee in orientalische wie westliche Länder. Inder, Perser, Türken und auch Briten, Holländer und Franzosen trafen sich als Aufkäufer der begehrten braunen Bohnen in der Hafenstadt Mocha. Heute aber zeugt von der zentralen Bedeutung dieser einst blühenden Handelsmetropole nur noch die Tatsache, daß wir deren Namen einst auf den besonders stark gebrauten Kaffee übertragen haben: Mokka. Der Kaffeeanbau spielt auf jemenitischem Boden keine Rolle mehr – vielmehr beziehen die Einheimischen überwiegend Pulverkaffee aus Europa!

Noch glaubt es sich die Regierung leisten zu können, dem Niedergang ihrer Landwirtschaft tatenlos zuzusehen und die Einfuhr teurer Konserven zu fördern, denn noch überweisen gutverdienende Gastarbeiter aus den Erdölstaaten genug Geld an ihre Familien zu Hause, um den Mangel auszugleichen. Was aber, wenn auf dem Weltmarkt dramatisch der Ölpreis stürzen sollte und auch aus dem bisher stabilen Saudi-Arabien Gastarbeiter in ihre Heimatländer zurückgeschickt werden?

Wenn Allah Erdöl schenkt…

180 Kilometer sind es von Sanaa nach Marib, der einstigen Residenzstadt der legendären Königin von Saba. Für den Touristen ist der Abstecher interessant; denn wenn auch die Ortschaft mit ihrer unverwechselbaren «Skyline» von Lehmhochhäusern während des Bürgerkriegs sehr gelitten hat, so finden sich dort trotzdem ein paar stolze Wohnburgen aus mittelalterlicher Zeit, auf deren Türstürzen man sogar noch sabäische Inschriften entdekken kann. (Die Unesco hat die vom Zerfall bedrohte Siedlung, parallel zu Sanaa, zum schützenswerten Kulturdenkmal erklärt.) In der Nähe des Ortes ragen noch die antiken Säulen eines der Mondgöttin geweihten Tempels auf. Aber für Archäologen und Historiker besonders anziehend und rätselhaft zugleich sind sandverwehte, heute noch über 20 Meter hohe Mauerreste eines

einst riesigen Staudamms: er bewässerte in der Antike eine von 30 000 Menschen bewohnte Oase und galt als «Weltwunder», als eine der maßgeblichen technischen Genieleistungen der Menschheit. Der Stausee hatte das Reich von Saba zum fruchtbaren Garten gemacht, zu jenem «Arabia felix», dem «glücklichen Arabien», wie die Römer den Jemen einst bewundernd nannten. Es war ein Ruhm, der bis ins sechste Jahrhundert unserer Zeitrechnung gestrahlt hat, dann, wenige Jahrzehnte vor Mohammeds Geburt, brach der Damm, und da das Reich von Saba ohnehin von Zerfall bedroht war, fand sich niemand mehr, die Schäden zu beheben. Das Land verödete, wurde zu der menschenfeindlichen Wüste von heute.

In diesem legendengetränkten, geschichtsträchtigen Gebiet, das bis Anfang der achtziger Jahre nur auf holprigen Pisten zu erreichen war, ist 1985 ein Suchtrupp Erdölingenieure fündig geworden. Und nun bleibt die Zeit absehbar, daß neben den jahrhundertalten Lehmburgen bald Bohrtürme, eine Stadt aus genormten Fertigteilen, ein Netz von Asphaltstraßen und ein groß ausgebauter Flugplatz sich erstrecken.

Die Republik Nordjemen, volkreichstes Land der arabischen Halbinsel, wird Erdölstaat. Bald werden die Zeiten vorbei sein, da man voll Neid auf die vom Ölreichtum gesegneten Nachbarn blickt; vielleicht werden die Jemeniten schon in wenigen Jahren nicht mehr darauf angewiesen sein, Arbeit in Saudi-Arabien und den Golfstaaten zu suchen. Ein Geschenk Allahs, so wird es der fromme Jemenite interpretieren. Und dem historisch Gebildeten mag es als ein bedeutungsschweres Symbol erscheinen, daß das Öl ausgerechnet in der Nähe jenes Staudamms hervorquillt, der einst für den antiken Jemen als Quelle allen Wohlstands galt. Nun auch für diesen Landstrich ein zweites Mal «glückliches Arabien»?

Von Regierungsseite äußert man sich vorsichtig, scheut man enthusiastische Stellungnahmen, hält man sich auch vor übereilten Maßnahmen zurück. Zunächst soll nur soviel Rohöl gefördert werden, als für den Eigenbedarf erforderlich ist, dann will man die Produktion allmählich steigern – falls die unterirdischen Quellen ergiebig genug sind! Solange man diese Untersuchungen nicht abgeschlossen hat, erscheint es völlig ungewiß, ob der bisher bettelarme Staat seinen Fortschritt tatsächlich auf Öl bauen kann – ob er einerseits ausreichend Arbeitsplätze im Umkreis eigener Bohrtürme zu bieten hat und andererseits mit dem erwirtschafteten Reichtum dringend nötige Sozialprojekte zu fördern vermag. Zurückhaltung und Skepsis der Politiker stehen in wohltuendem Gegensatz zur bisherigen Sorglosigkeit, mit der man angesichts des Ölbooms in den Nachbarstaaten die Landwirtschaft veröden ließ. Ansatz zu einem Umdenken?

Die Beispiele Saudi-Arabiens und der Golfstaaten, mehr aber noch die der weiter entfernten Erdölproduzenten – etwa Libyen, besonders Nigeria –, müßten ja warnen. Überall dort hat sich mehr oder weniger gezeigt, daß der Ölboom nach einem anfänglichen Konsumrausch Ernüchterung brachte, ja, existenzbedrohende Gefahren schuf. Denn die «noch» mittelalterlich strukturierten Sozialordnungen tun sich schwer, den Modernitätsschock zu verkraften, wie ihn der allzurasche Umstieg vom Kamel zum Auto, vom Ackerbau zur Industrie, von der selbstversorgerischen Stammeswirtschaft zur profitorientierten Geldwirtschaft mit sich bringt. Sturzflutartig brechen neue Lebensformen über traditionsorientierte Gesellschaften herein und zerstören in der Wucht ihres Aufpralls oft zu schnell das «Alte», ohne selber schon etwas verläßliches Neues für die Dauer zu schaffen.

Der Nordjemen steht, bei allem Anlaß zur Freude, vor immens schwierigen Problemen. Auch die heimkehrenden Gastarbeiter aus den benachbarten Erdölstaaten haben ja nicht nur «Fortschritt» mit nach Hause gebracht.

Die Droge Qat – Fluchthilfe aus der Moderne?

Im jemenitischen Bergland gedeiht ein Strauch, der die Höhe eines Spalierobstbaumes erreichen kann und von den meisten Einheimischen weit mehr geschätzt wird als jedes Obst: Qat. Seine Blätter enthalten ein Alkaloid, das beim Kauen ein rauschhaftes Wohlgefühl erzeugt und Hunger wie Elend für Stunden vergessen läßt; häufiger Genuß macht süchtig. Ursprünglich in Äthiopien beheimatet und von dort erst in den Jemen gebracht (wie auch der Kaffee), hatte dieser Strauch lange Zeit nur eine untergeordnete Rolle in den Städten und Dörfern gespielt. Heute aber nimmt Qat eine überragende Bedeutung im Bewußtsein der Jemeniten ein, mehr noch: Qat ist als Droge und Narkotikum zur großen Volksseuche geworden, wie Kritiker inzwischen warnen, zu einer ernsten Gefahr nicht nur für die körperliche, sondern auch die seelische Gesundheit – und letzten Endes für das Sozialgefüge.

Paradoxerweise erscheint diese Gefahr erst als existenzbedrohend, seit die moderne Zivilisation in den Jemen eindringt. Parallel zum sozialen Wandel von bisher unvorstellbarem Tempo steigt auch der Rauschgiftkonsum. Ein bloßer Zufall?

Bis vor kurzem war Qat nur für die reiche jemenitische Oberschicht erschwinglich, der Anbau blieb deshalb auf wenige Flächen beschränkt, ja, ein beträchtlicher Teil wurde aus dem benachbarten Äthiopien eingeführt. Nun aber sind rund 800 000 gutverdienende Gastarbeiter, bisher arme Schlucker, in der Lage, das exklusive Vergnügen der Feudalherren und Großkaufleute nachzuahmen – und sie tun es ebenso begierig, wie sie Auto und Motorrad als Statussymbole der einst unerreichbaren Oberschicht übernahmen. Der rasche technische Wandel tut ein übriges. Seit mit Hilfe der Bundesrepublik Deutschland, der Sowjetunion und der Volksrepublik China das ganze Land von einem modernen Straßennetz überzogen worden ist, und seit die Japaner mit ihrem billigen Autoangebot von Toyota, Datsun und Mitsubishi innerhalb weniger Jahre das langsame Kamel als Transportmittel verdrängt haben, erreicht das am frühen Morgen geerntete Qat noch taufrisch die städtischen Märkte. Bessere Verdienstmöglichkeiten, bessere Verkehrsmöglichkeiten – beide sind zwar kaum die Ursachen für den plötzlich landesweiten Rauschgiftkonsum, aber ohne diese modernen Erleichterungen würde die Droge nicht soviele Menschen erreichen können.

Die Konsequenz: Durch die rapid gestiegene Nachfrage wird immer mehr Ackerland für Qat freigemacht, der Anbau wichtiger Grundnahrungsmittel geht noch einmal drastisch zurück und macht den einstigen Selbstversorger Nordjemen noch abhängiger von Lebensmittellieferungen aus dem Ausland. Die Folgen für die Städte, für das öffentliche Leben sind nicht weniger dramatisch.

Gegen Nachmittag versinkt Sanaa in Lethargie, sitzen die Händler mit qatgefüllter Backe träumend in ihren Basargewölben, für niemanden mehr ansprechbar. Dann weigern sich auch die meisten Taxichauffeure, Fahrgäste zu befördern, und lehnen sich schläfrig in ihre Sitze zurück, dann bleiben Geschäfte und Behörden geschlossen. Nur hier und da rasen Autos durch die Straßen, schneller als sonst, unkontrollierbarer, gefährlicher, denn auch ihre Fahrer kauen meist das stimulierende grüne Kraut – Rausch am Steuer.

Starker Genuß aber, so warnen die Ärzte, führt zu Nebenwirkungen wie erhöhtem Blutdruck, Herzrhythmusstörungen, Schilddrüsenerkrankungen und Schlafstörungen, bei jahrelangem Suchtverhalten schließlich zu völliger Abstumpfung, Depression und Impotenz; Qat macht die Menschen frühzeitig zu Greisen. Die Warnung, im jemenitischen Rundfunk und Fernsehen häufig genug propagiert, fruchtet wenig. Zum einen können die Mahner ihre Ausführungen nicht religiös untermauern, denn Mohammed scheint dieses Rauschgift nicht gekannt zu haben und hat es deshalb auch nicht in sein Verbot von Rauschmitteln einbeziehen können; zum andern ist die Sucht im Volk inzwischen so stark geworden, daß Argumente wie Verbote nur an der Oberfläche wirken.

Allen düsteren Prophezeiungen zum Trotz bemühen sich inzwischen sogar schon kleine Händler, Lastträger und Tagelöhner um die Droge und verzichten dafür lieber auf einige kärgliche Bohnenmahlzeiten. Qatgenuß greift wie eine Seuche um sich; hunderttausende von Arbeitsstunden werden im Rausch vertrödelt und gehen der Gesamtwirtschaft dadurch pro Jahr verloren. Für ein paar Stunden Trance werden Energien verschleudert, die dringend für den Aufbau des Landes gebraucht würden und eingesetzt werden müßten, um die überall aufbrechenden Widersprüche zwischen Tradition und Fortschritt zu bewältigen.

Qatgenuß ist ein soziales Phänomen, hierin sind sich Soziologen und Ethnologen inzwischen einig, nur über Details der Interpretation streitet man sich noch. Hunger und Not zu vergessen, dies kann lediglich für die ärmeren Jemeniten das maßgebliche Motiv bedeuten. Nicht aber für die 800 000 Erdölarbeiter. Sie, die Gutverdienenden, die dem Rauschgift erst den Weg zu einer

Massendroge ebneten, müssen auf ihrer Flucht in den Rausch von anderen Kräften getrieben sein. Sie, die vor wenigen Jahren noch größtenteils hermetisch abgeschlossen in mittelalterlich geprägten Dörfern lebten, heute aber im Schatten von Bohrtürmen und Raffinerien arbeiten, sie sind wie sonst keine soziale Schicht im Nordjemen hin- und hergerissen zwischen widersprüchlichen Anforderungen von Tradition und Moderne. Es ist zu vermuten, daß besonders sie sich danach sehnen, zeitweilig aus dem atemberaubenden Tempo aller Wandlungen auszusteigen und innezuhalten, sei es auch nur in der trügerischen Zeitlosigkeit des Rausches.

Der drohende Kollaps

Bevölkerungsexplosion – Motor der Krise?

Großstädte in Entwicklungsländern leiden unter einem Babyboom: An die 60 Prozent aller Einwohner werden in den ohnehin schon übervölkerten Städten selbst geboren – ein Großteil von ihnen in Elendsvierteln –, und nur an die 40 Prozent sind arbeitsuchende Zuwanderer aus Dörfern und Kleinstädten, die durch ihre Ankunft dazu beitragen, daß die Wohnviertel vollends aus allen Nähten platzen. Dies hat 1980 eine Studie des amerikanischen Bevölkerungsexperten Samuel Preston ergeben.[1] Es ließe sich nun folgern: Man müsse die Slumbewohner wie auch die notleidenden Bauern nur davon überzeugen, daß sie ihre soziale Lage entscheidend verbessern könnten, sobald sie einen zu üppigen Kinderreichtum nicht mehr als gottgewollt hinnähmen, sondern Verhütungsmittel anwendeten – dann würden die bisher uferlos wachsenden Slums sehr rasch an Einwohnerzahlen verlieren.

Ein einleuchtendes Argument?

Auf den ersten Blick will es so scheinen. Die bisher vorgeführten Beispiele Indien, Ägypten, Marokko und Nordjemen bestätigen ja: Je schneller sich die Menschenmassen in Städten und Dörfern vermehren, um so weniger bleibt Spielraum und Kraft für Reformen. Und doch: Es wird im folgenden zu zeigen sein, daß nicht die Bevölkerungsexplosion die Hauptprobleme schafft – sie ist vielmehr selbst erst Nachwirkung einer tieferliegenden, sozialen Krise.

Die Wachstumszahlen sind alarmierend. Nach einer Statistik der Weltbank von 1983 nimmt die Weltbevölkerung jährlich um 87 Millionen Menschen zu (mehr als die Bundesrepublik Deutschland, die Schweiz und Österreich zusammen Einwohner zählen). Täglich muß unsere Erde an die 240 000 Esser mehr verkraften. 1986 ist schließlich die Grenze von 5 Milliarden Menschen überschritten worden. Und schon zur Jahrtausendwende werden es voraussichtlich 6 Milliarden sein, innerhalb weiterer vier Jahrzehnte gar 10 Milliarden.

Diese Zukunftsvision ist beklemmend, wenn man bedenkt, daß es zur Zeit von Christi Geburt schätzungsweise nur 250 Millionen Menschen gab – ein Drittel von dem, was heute allein Indien an Einwohnern zählt. 1650 hatte sich die Menschheit auf 545 Millionen vermehrt, drei Jahrhunderte später auf 2,5 Milliarden.[2] Bis 1950 war demnach die Bevölkerungszahl nur allmählich angestiegen. Erst während der letzten dreieinhalb Jahrzehnte (!) ist sie, alle bisherigen Dimensionen sprengend, steil nach oben geschossen: Die Menschheit hat sich zwischen 1950 und 1986 von 2,5 auf 5 Milliarden verdoppelt. Die meisten Geburten zählt man hierbei in den Entwicklungsländern. *Jede Minute* werden – nach einer Schätzung des UNO-Bevölkerungsfonds von 1984 – weltweit 234 Babies geboren: 136 in Asien, 41 in Afrika, 23 in Lateinamerika, 34 in allen modernen Industriestaaten zusammengenommen.[3] Dagegen wird sich in Westeuropa, das doch während des 19. Jahrhunderts Hauptschauplatz der Bevölkerungsexplosion gewesen ist, die Einwohnerzahl ständig verringern: Bis zum Jahr 2000 werden dort nur noch 4,5 Prozent der Weltbevölkerung wohnen, bis zum Jahr 2025 gar nur 3,3 Prozent.[4]

Nach landläufiger Meinung gibt es keine grundlegenden Unterschiede zwischen dem heutigen Geburtenüberschuß in den Entwicklungsländern und jenem Geburtenboom, der Europa vor zwei Jahrhunderten erfaßt hatte. Bei näherer Betrachtung muß man aber dieses Urteil korrigieren. In Europa war die Wachstumsrate bis zu ihrem allmählichen Absinken um 1900 nie über einen jährlichen Zuwachs von 0,6 Prozent hinausgekommen – was sich bescheiden ausnimmt gegenüber der «Explosion» in der Dritten Welt heute: Dort registriert man pro Jahr eine Steigerungsrate von durchschnittlich 2 bis 4 Prozent.[5] Woher der Unterschied?

In Europa konnten sich die Menschen nicht so ungehemmt vermehren wie in den Entwicklungsländern, weil viel mehr soziale und politische Barrieren ein solches Wachstum hemmten. So war, wie schon erwähnt, die Heirat an verschiedene Bedingungen gebunden: Nur wer einen gewissen Besitzstand vorweisen konnte, durfte eine Ehe schließen; hierzu waren im Europa des 19. Jahrhunderts die Vorschriften entschieden strenger als heute in den meisten Ländern Asiens, Afrikas und Lateinamerikas. In den aufstrebenden Industriestaaten zur Zeit ihres stärksten Bevölkerungswachstums blieben zehnmal mehr Frauen ledig als gegenwärtig in den Entwicklungsländern. Noch entscheidender für eine wesentliche niedrigere Geburtenrate war aber das durchschnittlich höhere Heiratsalter in Europa; späte Heirat kürzte die Ehedauer und damit den zeitlichen Spielraum des Kindergebärens ab.[6]

Soziale Gegebenheiten, nicht bloße Biologie, hatten in den Industriestaaten dann auch das starke Absinken der Geburtenzahl bewirkt. Die Geburtenziffern gingen (und gehen!) überall dort zurück, wo das Familieneinkommen stieg (und steigt); solche Zusammenhänge stellte erst 1984 wieder ein Bericht der Weltbank mit Blick auf die aktuelle Situation fest.[7] Überall dort, wo der Staat für die arbeitsunfähigen Alten, Kranken und sozial Schwachen ein stabiles Rentensystem geschaffen hat, fühlen sich die Ehepaare nicht mehr genötigt, zur Alterssicherung möglichst viele Kinder in die Welt zu setzen. Überall dort nimmt auch der Einfluß traditioneller Fruchtbarkeitskulte ab. Zunehmend gelangen dann die Betroffenen zur Einsicht, daß viele Kinder die erreichte Sicherheit eher gefährden als stabilisieren, und sind aufgrund dessen zum Gebrauch von Verhütungsmitteln bereit. Dieses Bewußtsein hat sich zuallererst in den hochindustrialisierten Regionen Europas und Nordamerikas durchgesetzt. Kein Zufall: Dort ist ja auch am frühesten Wohlstand für breite Bevölkerungskreise möglich geworden.

Erfolgreiche Geburtenkontrolle zeigt sich heute aber auch schon in einer ganzen Reihe von Fernost-Staaten, wo der erwirtschaftete Reichtum ebenfalls schon breitgestreut der Bevölkerung zugute kommt: in Japan, zunehmend auch in Taiwan, Südkorea und Singapur. Erfolge lassen sich sogar in relativ armen Staaten beobachten, sofern es dort nur gelingt, einen sozialen Ausgleich zwischen Armen und Reichen zu schaffen. Das überzeugendste Ergebnis hat in dieser Hinsicht bisher die Volksrepublik China geliefert.

Inzwischen gibt es genug Literatur, die diese Zusammenhänge

im einzelnen aufzeigt. Für den hier gesteckten Rahmen soll der Hinweis genügen, daß nicht die sogenannte Bevölkerungsexplosion das Elend verursacht, sondern umgekehrt: Miserable soziale Verhältnisse verhindern eine vernünftige Geburtenregelung. Unter diesem Gesichtspunkt allein können wir an die Frage herangehen, weshalb heute in vielen Entwicklungsländern die Ballungszentren immer weiter unkontrolliert wuchern und in Gefahr kommen, an ihren viel zu vielen Menschen zugrunde zu gehen.

Dorfelend führt zu Stadtelend

«Ein Drittel bis zur Hälfte der zwei Milliarden Menschen in den Entwicklungsländern hungern oder leiden an Unterernährung», so kennzeichnete Weltbankpräsident Robert McNamara 1973 auf einer Tagung in Nairobi, der slumbedrohten Hauptstadt Kenias, die Lage der Dritten Welt und rief zu einem Umdenken der reichen Industriestaaten auf. «20 bis 25 Prozent der Kinder dort sterben vor dem fünften Geburtstag; die nicht sterben, sind zu einem armseligen Dasein verurteilt, weil als Folge von Unterernährung ihre Gehirne geschädigt, ihre Körper verkrüppelt und ihre Lebenskraft erschöpft wurden; die Lebenserwartung beträgt 20 Jahre weniger als in den wohlhabenden Ländern...»[8]

Eine solche «absolute Armut», wie hier angedeutet, ist allerdings nicht gleichmäßig verteilt. Sie differiert von Entwicklungsland zu Entwicklungsland, und innerhalb der einzelnen Staaten brechen wiederum beträchtliche Unterschiede auf. Aber entgegen der weitverbreiteten Meinung entfaltet sich bis heute das schreiendste Elend nicht in den Großstadtslums (denn wenn dies tatsächlich so wäre, würden bald keine Zuwanderer mehr in die übervölkerten Hüttensiedlungen strömen); die schlimmste Armut herrscht in ländlichen Gebieten.

Nach einer Schätzung der Weltbank von 1980 leben in Entwicklungsländern noch immer 85 Prozent aller bettelarmen Familien auf dem Land, und sie vegetieren unter der Herrschaft einer verschwindend kleinen Oberschicht. Die Einkommensunterschiede sind meist extrem: Auf den Durchschnitt aller Entwicklungsländer umgerechnet, verdient ein Großgrundbesitzer 400 mal soviel wie ein Kleinbauer oder 1000 mal soviel wie ein Landarbeiter.[9] Vorrangig genießen wohlhabende Bauern, allen voran die Großgrundbesitzer, das Wohlwollen der Regierung; ihnen fließt der Löwenanteil an Staatskrediten zu.[10] Was an den Beispielen Indiens und Marokkos ausführlich erörtert wurde, ist demnach in verschiedener Abstufung weltweit verbreitet.

Wer ist für diese Verhältnisse verantwortlich?

Die meisten dieser Staaten sind in die Unabhängigkeit entlassen, und je länger dieser Zeitpunkt zurückliegt, um so schwieriger wird es für die einheimischen Politiker, alle Mißstände als ein Erbe der Kolonialherrschaft zu deklarieren. Es stimmt zwar, daß in einer ganzen Reihe von Ländern die Kolonialherren erst die Bauern in extrem ungleiche Besitzklassen spalteten, besonders in Schwarzafrika; es stimmt auch, daß sich die Kolonialherren in vielen Ländern neben einheimischen Großgrundbesitzern zu noch mächtigeren Grundherren aufschwangen, so besonders in Asien und Nordafrika – aber nun, nach Jahrzehnten eigener Regierung, müßten sich die Verhältnisse zum Besseren gewendet haben. Dabei ist häufig genug das Gegenteil eingetreten; die sozialen Kontraste zwischen reich und arm vertiefen sich mehr und mehr.

Die neuen Führungsschichten können sich von der Verantwortung nicht freisprechen. Dabei ist ihr Erscheinungsbild verwirrend vielfältig: In vielerlei Abstufungen und Nuancen bietet sich eine Szenerie vom feudalistisch denkenden Politiker, der einen Staat wie seinen eigenen Großgrundbesitz verwaltet, bis hin zum sozialistischen Revolutionär, der ehrlich engagiert das schroffe Ungleichgewicht von Armen und Reichen beseitigen will. Aber viele Machthaber in der Dritten Welt, ob nun feudalistisch oder antifeudalistisch, despotisch oder demokratisch, konservativ oder progressiv, bleiben sich über alle politischen Gegensätze und Feindschaften hinweg in einer Geisteshaltung gleich: Sie investieren «Entwicklungs»gelder zuerst einmal in die ohnehin schon aufgeblähten Ballungszentren mit ihren Industrieansiedlungen, sie fördern dort den Bau von Fabriken, meist Großprojekten, und blicken mit der gleichen Verachtung wie einst die Kolonialherren auf ein «rückständiges», «mittelalterliches» Hinterland. Sie, die teilweise als Studenten oder Facharbeiter in Europa, den USA oder dem Ostblock entscheidend ihr (technokratisches) Weltbild geformt haben, sind fasziniert von jenem Reichtum, wie ihn eine hochentwickelte Industrie erwirtschaftet. Ihnen erscheint es, als könne man durchaus die Landwirtschaft vernachlässigen, ja, gar Lebensmittel importieren, denn eine florierende Großindustrie würde all diese Mängel wettmachen. Sozial engagierte Politiker haben schließlich geglaubt, mit den Gewinnen aus der Großindustrie würden sich Reformen finanzieren lassen, und über diesen Umweg könnte der industrielle Reichtum am Ende den entlegensten Dörfern zugute kommen.

Aus unserer heutigen Sicht mag eine solche Logik naiv anmuten. Mehr noch: verhängnisvoll. Aber bis weit in die sechziger Jahre herein haben nicht nur Führungskräfte der Entwicklungsländer derartige Folgerungen gezogen. Vielmehr haben gerade westliche Experten in ihrer Mehrzahl diesen Weg als zielführend empfohlen. Nicht ohne Hintersinn: westlichen Industriestaaten blieb es damit vorbehalten, für diese Art von Entwicklung teure Maschinen zu verkaufen, ja, gar schlüsselfertige Fabriken zu liefern.

Und damit setzt sich fort, was in der Kolonialzeit begonnen hat. Die Industrie schafft nur sehr begrenzte Wachstumsinseln, sie verbreitet moderne Technologie und Konsumartikel in den schon vorhandenen Ballungszentren; allein dort finden sich auch die gut verdienenden Käufer.[11] Dagegen sickert von dieser Entwicklung kaum etwas ins Hinterland durch. Im Gegenteil: das Hinterland, weiterhin als «rückständig» verachtet, wird zusätzlich durch die Oberschicht der Großstädte ausgebeutet. Einheimische Politiker und Geschäftsleute gebrauchen zwar gerne das Schlagwort von der «Modernisierung der Landwirtschaft», wenn sie auf Dörfer zu sprechen kommen – in der Praxis aber verschärfen sie dort nur das soziale Ungleichgewicht. Viele von ihnen forcieren, wie einst die Kolonialherren, den agrarischen Großbetrieb, die Plantagenwirtschaft, wo auf Hunderten von Quadratkilometern nur dieselbe Feldfrucht angebaut wird, riesige Flächen, die rationell mit modernsten Maschinen bearbeitet werden und deren Erträge sich gewinnbringend ins kaufkräftige Ausland absetzen lassen. Gewinn nur für wenige: einerseits für die westlichen Industriestaaten, die wiederum für teure Devisen Traktoren, Mähdrescher und Kunstdünger liefern, zum andern für eben diese einheimischen Politiker und reichen Kaufleute als den Handelspartnern. Leer geht die Masse der Kleinbauern aus. Schlimmer noch: Je mehr Maschinen auf riesigen Feldern pflügen und ernten, um so überflüssiger wird menschliche Muskelkraft – und um so mehr sehen sich die Überflüssigen gezwungen, ihre

Dörfer zu verlassen und arbeitsuchend in die Ballungsräume zu strömen.

Diese Situation unterscheidet sich in einem ganz wesentlichen Punkt vom frühkapitalistischen Elend Europas. Während des 18. und 19. Jahrhunderts fanden fast alle Zuwanderer aus notleidenden Dörfern eine Arbeit in europäischen Industriestädten, und sei es auch nur für einen Hungerlohn. Aber vielen Ländern der Dritten Welt fehlt selbst diese bescheidene Basis. Man sollte sich also hüten, das heutige Elend in Asien, Afrika und Lateinamerika nur als ein Durchgangsstadium – nach dem Muster unserer westlichen Industriegesellschaft – zu betrachten.

Um den alles überschwemmenden Zustrom verelendeter Bauern in die Städte einzudämmen, gibt es letztlich nur einen Weg, und darüber sind sich inzwischen viele Entwicklungsexperten und auch schon manche Politiker einig: Man muß die Existenz der Kleinbauern stärken, man muß die Macht der Großgrundbesitzer brechen oder doch zumindest stark einschränken. Eine Bodenreform muß die Besitzverhältnisse grundlegend ändern.

Bodenreformen hat es inzwischen schon in einer ganzen Reihe von Ländern gegeben, so in China, Kuba, Algerien, Ägypten, Indien, im Iran, um nur einige zu nennen. Aber bereits diese wenigen zeigen, wie verschieden die Probleme unter dem Propagandafeuer desselben Schlagworts angepackt werden können. Brachliegenden oder schlecht genutzten Großgrundbesitz an landlose Bauern zu verteilen, kann vielen Pächtern und Tagelöhnern Auftrieb verleihen; allerdings müssen solche Maßnahmen durch die Gründung von Genossenschaften gestützt werden, damit der Einzelne den notwendigen Rückhalt findet. In diese Richtung hat sich besonders in China, Kuba und Algerien einiges positiv bewegt. Aber eine Bodenreform kann auch Bauern erst recht in die Großstadtslums treiben, sobald die Machthaber die Reformen nur halbherzig oder völlig unsachgemäß anpacken. Dies läßt sich im folgenden Kapitel besonders am Beispiel Iran belegen. Bodenreform als Ausweg aus der Krise und Bodenreform als Irrweg, beides hält sich bisher in Entwicklungsländern die Waage. Ganz zu schweigen von jenen Ländern, in denen die ungleichen Besitzverhältnisse von Großbauern und Kleinbauern feudalistisch versteinert bleiben.

Das soziale Ungleichgewicht in der Dritten Welt läßt sich allerdings nur dann wirksam verringern, wenn auch die Entwicklungsorganisationen der westlichen Industriestaaten umdenken. In Europa und den USA muß man zuerst einmal voll und ganz von der Überzeugung abrücken, daß es für «unterentwickelte» Länder bereits «Fortschritt» bedeute, wenn man dort Wirtschafts«wachstum» fördere, ohne Rücksicht darauf, wem es zugutekommt. Wenn es nicht gelingt, «Entwicklung» breit zu streuen – für alle Bevölkerungsschichten, für städtische Ballungszentren wie für Dörfer –, wird «Wachstum» das Wirtschaftsgefüge noch weiter verzerren, wird eine Minderheit immer reicher und die Masse des Volkes immer ärmer.

Inzwischen diskutieren nicht nur Experten solche Einsichten, vereinzelt versuchen auch schon Politiker sie in die Praxis umzusetzen. Entscheidend hierfür war das Umdenken innerhalb der wichtigsten Entwicklungshilfeorganisationen: so bei der UNO-Konferenz für Handel und Entwicklung, so bei der Unesco, vor allem aber bei der Weltbank. Während der siebziger Jahre ist die Weltbank von ihrem bisherigen Ziel abgerückt, zuallererst den Aufbau von Industrien in Ballungszentren zu stützen; seither vergibt sie zunehmend Kredite auch für Kleinindustrien in mittleren und kleineren Städten, ja in Dörfern; teilweise läßt sie Gelder auch schon für Hilfsprogramme zugunsten von Kleinbauern und besitzlosen Landarbeitern fließen.[12]

Ein solcher Wandel bedeutet aber, zukünftig in Entwicklungsländern eine andere Art von Technologie vorrangig zu fördern: weniger Industriegroßprojekte und dafür mehr Techniken, die den Lebensbedingungen und begrenzten Finanzen eines Kleinbauern oder Basarhandwerkers angepaßt sind. In diesem Zusammenhang spricht man inzwischen von «angepaßter Technologie». Ein ochsengezogener Karren ist eben kostengünstiger als ein benzinverbrauchender Traktor, ein Lehmhaus billiger als ein Betonbau; man ist in beiden Fällen nicht auf teure Materiallieferungen einer Großindustrie angewiesen. Vor allem käme es darauf an, mit minimalem Aufwand Techniken zu fördern, für die man weiterhin viele Menschen als Arbeitskräfte benötigt – besseres Ackergerät für Kleinbauern statt eines Mähdreschers –, denn Menschen können alle Entwicklungsländer in Überfülle bieten.

Aber noch sperren sich viele Politiker und erst recht Geschäftsleute gegen ein solches Umdenken. Ihre Weigerung braucht nicht zu wundern, schließlich profitieren gerade sie am meisten von den bisherigen Praktiken. Und solange sie weiterhin erfolgreich verhindern, daß Reformen sich auf breiter Basis durchsetzen, wird sich an der verhängnisvollen Dynamik nichts ändern: Je mehr Bauern mit letzter Verzweiflung in die ohnehin schon überlasteten Ballungsräume abwandern, desto eher werden selbst die bis heute noch einigermaßen wohlhabenden Städte in den Sog der Verelendung gerissen.

Bombay, Kalkutta und Kairo muß man heute schon zu den herausragenden Krisenherden rechnen. Sie werden auch in Zukunft dazu gehören. Wenn nun im folgenden weitere besonders krasse Problemfälle quer durch die Entwicklungsländer, über alle nationalen und kulturellen Schranken hinweg kurz dargestellt werden, so können auch diese Beispiele nur die Spitze eines Eisberges aufzeigen; sie sind auswechselbar gegen nichtgenannte.

Lateinamerika: Sogenannte «Schwellenländer»

Mexico City, Rio de Janeiro, Sao Paulo, Caracas... Namen, die für Fernweh stehen. Aber in diesen Metropolen hausen mehr als 40 Prozent der Einwohner in Bretter- und Wellblechbuden, ein Dutzend Menschen oft auf wenigen Quadratmetern Wohnraum zusammengedrängt. Andere Städte überbieten solche Verhältnisse noch, indem sie – wie Bogota, Recife, Buenaventura, Santo Domingo – an die 60 bis 80 Prozent Slumbewohner in ihrem Verwaltungsgebiet registrieren.[13] Vor diesem Hintergrund erst weiß man zu bewerten, was es heißt, wenn 1986 ein Bericht der Vereinten Nationen mit der Nachricht alarmiert: Seit 1970 hat sich in den 20 größten Städten Lateinamerikas die Bevölkerung mehr als verdoppelt – von 40 Millionen auf 85 Millionen Menschen.[14] Dies während nur 16 Jahren!

An Warnungen vor diesem Wachstumsschub hat es nicht gefehlt. Entwicklungsexperten der Vereinten Nationen haben während der letzten drei Jahrzehnte wiederholt darauf hingewiesen, daß es letztendlich zu einer Katastrophe führen müsse, falls Industrie und Wirtschaft weiterhin nur in einigen wenigen Zentren geballt bleiben. Regionalplaner empfahlen: Man müsse Kleinindustrie über das ganze Land verstreut ansiedeln, dann würde man wesentlich dazu beitragen, den Massenzustrom von Arbeitsuchenden in die Großstädte einzudämmen. Es war eine vergebliche Warnung. Und so ziehen Bauern und Landarbeiter nun erst recht, durch vage Zukunftshoffnungen aufgestachelt, in die «reichen» Metropolen. Die Folgen sind jetzt schon katastrophal: Auf jeden angebotenen Industriearbeitsplatz kommen sieben Neuzuwanderer aus Dörfern; sechs davon gehen notgedrungen leer aus und stranden als Gelegenheitsarbeiter in den Slums.[15]

Eine Ausnahme bildet Kuba. Die Hauptstadt *Havanna*, heute

2,6 Millionen Einwohner zählend, kann sich als einzige Metropole Lateinamerikas betrachten, die nicht unter unkontrolliertem Zustrom landflüchtiger Bauern leidet. Havanna bildet einen Ballungsraum ohne ausgedehnte Elendsviertel, ohne ständig drohenden Verkehrsinfarkt durch übermäßig angeschwollene Motorisierung, ohne nennenswerte Umweltverschmutzung durch unverhältnismäßig starke Konzentration von Fabrikanlagen. Wie das? Seit Fidel Castro 1959 nach einem jahrelangen Partisanenkrieg revolutionär an die Macht gekommen war, kehrte er die Politik seines Vorgängers, des Diktators Battista, geradezu um. Anstatt wie das alte Regime – und viele Regimes in Lateinamerika – Entwicklungsgelder fast nur zum Gedeihen der Metropole zu investieren und die Provinz sträflich zu vernachlässigen, förderte Castro betont die Dörfer und die Kleinstädte. Er enteignete die Grundgrundbesitzer, führte eine Bodenreform zugunsten der Kleinbauern und besitzlosen Landarbeiter durch und ließ, konsequent zuendegedacht, in bisher wenig berücksichtigten Gebieten Straßen, Hospitäler, Schulen und Industrien bauen. Mit einschneidenden Folgen: Hatte sich vor der Revolution 65 Prozent der Industrieproduktion in Havanna konzentriert, so sind es 1987 nur noch 35 Prozent[16]; hatten in den fünfziger Jahren 80 Prozent aller kubanischen Ärzte in Havanna praktiziert, so sind sie heute gleichmäßig über das ganze Land verstreut.[17] Probleme gibt es trotzdem. Indem die Revolutionsregierung alle Energien auf die Entwicklung der Provinz verlegte, vernachlässigte sie – angesichts der notorisch knappen Staatskasse – völlig die Metropole, und so sind heute dort viele der einst prächtigen Bauten bereits deutlich sichtbar vom Verfall gezeichnet. Es ist ein Versäumnis, das die Machthaber erst seit 1987 zu korrigieren versuchen; mit welchem Erfolg, bleibt abzuwarten. Doch bei allen Problemen, von denen auch Havanna als Hauptstadt eines armen Entwicklungslandes heimgesucht wird, hat eine derartige Krise bei weitem nicht die Explosivkraft wie solche in den meisten anderen Staaten Lateinamerikas.

Welche Ballungszentren werden sich während der nächsten drei bis vier Jahrzehnte am raschesten ausdehnen und mit ihren Elendsvierteln, ihrer Verschmutzung, ihrer Unregierbarkeit alle bisher bekannten Dimensionen sprengen? Sie werden weniger in den ärmsten, noch stark bäuerlich geprägten Staaten liegen – wie etwa Kolumbien, Peru, oder Bolivien –, sondern dort, wo die Industrialisierung auf raschem, allzu raschem Vormarsch ist: in den sogenannten «Schwellenländern», in jenen Ländern, die über genug Reichtümer verfügen, sei es an landwirtschaftlichen, sei es an industriellen Rohstoffen, und die sich daher für in der Lage halten, innerhalb von ein oder zwei Jahrzehnten den Sprung vom «Entwicklungsland» zum westeuropäischen oder gar nordamerikanischen Standard zu schaffen. Dies gilt besonders für Brasilien und Mexiko; sie sind Spitzenreiter einer immer krisenhafteren, bedrohlicheren Entwicklung.

Brasilien hat nahezu zwei Jahrzehnte lang als das verheißungsvollste Land Lateinamerikas gegolten. Es ist ein rohstoffreiches Land – eine gute Ausgangsbasis für eine aufstrebende Industrie. So dachte auch die Militärregierung, die Ende der sechziger Jahre, von Technokraten des Großbürgertums beraten, daranging, ein «brasilianisches Wirtschaftswunder» zu inszenieren. Zu diesem Zweck lieh sie sich Geld bei ausländischen Banken und holte Großkonzerne aus den USA und Europa ins Land, um mit ihrer Hilfe eine Exportindustrie aufzubauen, die an Leistung alles übertreffen sollte, was es bisher in Lateinamerika gegeben hatte. Der Erfolg ließ Brasilien in der Statistik bald nicht mehr als armes Entwicklungsland erscheinen. Im Gegenteil: Das ständig steigende Bruttonationalprodukt schien die Gewähr zu bieten, daß der bis dahin vorrangige Agrarstaat bald mit westlichen Industriestaaten gleichziehen könne. Und doch zeigt gerade das Beispiel Brasilien, wie irreführend es ist, «Entwicklung» allein nach dem erwirtschafteten Reichtum der Industrie zu messen. Ein Land muß weiterhin «unterentwickelt» bleiben, wenn sich der neuhinzukommende Wohlstand nur bei wenigen häuft und der Großteil der Bevölkerung nach wie vor in krasser Armut lebt.

Brasiliens Oberschicht sperrt sich in ihrer Mehrheit gegen tiefgreifende Reformen. Großgrundbesitzer, hohe Militärs, städtische Großbürger und Industrielle fühlen sich zwar – wie in anderen lateinamerikanischen Ländern auch – mit der abendländischen Kultur verbunden, aber die meisten von ihnen haben geistig nie den Sprung vom Feudalzeitalter in die Moderne vollzogen; sie wurzeln vielfach noch im ständischen Denken des vorindustriellen Europa mit all seinen Fehlentwicklungen. Eine solche Oberschicht wünscht nur die Industrialisierung, ohne aber die bisherigen Besitzverhältnisse anzutasten, sie möchte in aller Eile das Feudalzeitalter bestenfalls gegen einen Kapitalismus des 19. Jahrhunderts austauschen, mehr nicht. Die Folgen sind entsprechend. Der erwirtschaftete Reichtum blieb auf die wenigen industriellen Ballungszentren konzentriert und kam selbst dort nur einer kleinen Schicht zugute. Mehr noch: Je offensichtlicher das vielpropagierte «Wirtschaftswunder» nur etwa 12 Millionen Menschen ein gutes Einkommen bescherte und einen Bruchteil davon sehr gut verdienen ließ – bei einer Gesamtbevölkerung von etwa 130 Millionen –, um so weiter öffnete sich die Einkommensschere zwischen reich und arm. An die 10 Prozent aller Brasilianer kann man als wohlhabend bezeichnen: Sie aber vermochten während der Jahre 1960 bis 1980 ihren Anteil am Volkseinkommen von 39 auf 51 Prozent zu steigern. Dagegen sank der Verdienstanteil derjenigen, die ohnehin schon knapp unter dem Existenzminimum vegetierten und rund die Hälfte der Gesamtbevölkerung ausmachen, von 17 auf 12 Prozent.[18]

Am krassesten waren die Besitzunterschiede, schon bevor die Industrialisierung einsetzte, bei den Bauern. 46 Prozent des Akkerlandes gehört einem Prozent von Großgrundbesitzern. Der weitaus größte Teil der Kleinbauern bearbeitet unrentable Äcker oder fruchtbaren fremden Boden, leidet an Unterernährung, wenn nicht gar akutem Hunger. Brasilien stellt bei solch extrem ungleicher Besitzverteilung eine der höchsten Hungerquoten der Welt.[19] Bauern hungern allerdings nicht nur im dürregeplagten Nordosten des Landes, sondern teils auch im fruchtbaren Süden, wo sich riesige Plantagen ausdehnen; denn je rascher dort Maschinen die Muskelkraft der Tagelöhner ersetzen, um so mehr Arbeitslose müssen sich nach einem neuen Verdienst umsehen – es lockt die Stadt.

Gerade dies schafft im «Wirtschaftswunderland» Brasilien die gefährlichen Großstadtmonster.

Allen voran *Sao Paulo.* Die wolkenkratzerstrotzende Metropole ist heute längst mehr als nur die größte Stadt Brasiliens, sie ist zur einwohnerreichsten Großstadt Südamerikas aufgestiegen. Sao Paulo hatte zu Anfang unseres Jahrhunderts erst 250 000

Einwohner, verdoppelte bis 1925 diese Zahl gerade, um dann während der nächsten 40 Jahre – in einer ersten Phase der Industrialisierung – auf 5,3 Millionen Menschen zu kommen. Aber den größten Sprung machte Sao Paulo erst, als die Militärdiktatur Anfang der siebziger Jahre mit ausländischen Geldern die Industrieansiedlung in den Ballungsräumen forcierte. Während der nun folgenden eineinhalb Jahrzehnte vergrößerte die Stadt ihre Menschenmassen von 6,5 auf nahezu 13,5 Millionen, so der Stand von 1987. Und wenn diese Wachstumskurve in ihrer Steigung nicht rasch gedrückt wird – Anzeichen hierfür fehlen! –, könnte Sao Paulo in weiteren vier Jahrzehnten 30 Millionen Einwohner beherbergen, die meisten davon nur noch in Slums.[20] Heute schon muß sich ein Großteil der Zuwanderer mit engen Hütten ohne Wasserleitung begnügen, vor der Tür Abfallberge, die von Ungeziefer wimmeln.

Rio de Janeiro, Brasiliens zweiter Metropole, drohen ähnliche Steigerungsraten. Sie, die man nach wie vor wegen ihrer einmaligen Lage inmitten von bizarren Meeresbuchten und spitzkegeligen Bergen als eine der schönsten Städte der Welt rühmt, könnte im Jahr 2025, nach den Entwicklungsprognosen der Vereinten Nationen, an die 20 Millionen Einwohner zählen. 1964 waren es erst 4 Millionen, heute sind es an die 9.

Je krasser unermeßlicher Reichtum und schlimmste Armut in solchen Ballungszentren aufeinanderprallen (Wirtschaftskrisen der jüngsten Zeit verschärfen in Brasilien die Zustände!), um so rascher wächst in den Brutstätten des Elends auch die Kriminalität. Alle 20 Minuten geschieht in Rio de Janeiro ein Diebstahl, und die Behörden von Sao Paulo registrierten in ihrem Gebiet 1983 an die 100 000 Raubüberfälle, davon über 600 Bankeinbrüche.[21]

Vergleichbare Verhältnisse herrschen in Mexiko. Wie Brasilien gilt auch dieser Staat als «Schwellenland». Mexiko wollte mit Hilfe seiner Erdölindustrie eine hochentwickelte Industrienation nach westlichem Vorbild werden – ein Traum, der sich inzwischen ebenso grausam wie in Brasilien als Illusion entpuppt hat. Hier wie dort konzentriert sich alle «Entwicklung» in wenigen Ballungszentren, während das Landvolk überwiegend hungert. Wie in Brasilien hat sich auch in Mexiko die Einkommensschere zwischen Stadt und Land immer weiter geöffnet, ja sogar zwischen Großstadt und Kleinstadt. Das beste Einkommen winkt dort, wo man Industrie aus dem Boden stampfte.

Vor allem *Mexico City* ist Ziel für arbeitsuchende Tagelöhner und Bauern geworden. Kein Wunder: Im Ballungsraum der Hauptstadt wurden mehr als 40 Prozent aller Industrien angesiedelt, dort locken die weitaus meisten Arbeitsplätze – und doch sind es viel zu wenige für die viel zu vielen Zuwanderer. Täglich erreichen über 1000 landflüchtige Bauern die Metropole, so lauten die amtlichen Schätzungen.[22] Entsprechend wächst Mexico City. Zählte sie 1925 erst 625 000 Einwohner, so registrierte man 1950 rund 2 Millionen, 1965 aber schon 5,6 Millionen, 1980 schließlich 14 Millionen, 1987 schon an die 18 Millionen. Damit ist Mexico City zur größten Stadt der Welt geworden. Sie weist heute rund 6 bis 7 Millionen Menschen mehr auf als New York – eine Differenz, die fast schon die Einwohnerzahl Österreichs ausmacht. Und doch hat die Metropole keinerlei Grund, auf dieses Superlativ stolz zu sein. Der mexikanische Schriftsteller Carlos Fuentes nennt sie treffend «Hauptstadt der Unterentwicklung». Schon heute gibt es für mehr als drei Millionen Slumbewohner keine Kanalisation, an die 1,5 Millionen haben auch keinen Zugang zu Gesundheitsdiensten. Diese ohnehin tristen Lebensbedingungen verschärfen sich noch durch eine rücksichtslos vorangetriebene, extrem umweltfeindliche Industrialisierung. So läßt allein die Umweltverpestung durch Chemikalien und Abgase (11 000 Tonnen Schadstoffausstoß pro Tag!) jährlich 30 000 Kinder an Erkrankungen der Atemwege und an Magenbeschwerden sterben.[23] Aber Mexico City wird weiterhin beängstigend rasch an Menschen besonders in unterversorgten Wohnvierteln zunehmen. Im Jahr 2025 könnte die Hauptstadt nach Expertenschätzung, wie schon erwähnt, auf 37 Millionen Menschen angewachsen sein – dies wäre mehr als die Hälfte dessen, was heute die Bundesrepublik Deutschland Einwohner zählt.

Schwarzafrika: Stigma des «Buschmanns»

Den beklemmenden Rekord beim Marsch in eine überstürzte Verstädterung hält gegenwärtig das schwarze Afrika. 1930 lebten nur 6 Prozent der Afrikaner in Städten, 1987 sind es bereits über 30 Prozent. Besonders ohnehin schon große Städte sind explosiv gewachsen, und gerade sie werden in naher Zukunft vollends aus allen Nähten platzen. Vermutlich in etwa 15 Jahren werden schätzungsweise 43 Prozent aller Schwarzafrikaner in Städten leben; dies geht aus einer Studie der UN-Unterorganisation Habitat hervor.[24]

Und was für Städte werden es sein? Eine ganze Reihe besteht jetzt schon zur Hälfte, ja, etliche von ihnen zu mehr als zwei Dritteln aus Slums. Statistiken der letzten 10 Jahre vermitteln teilweise Horrordaten. Demnach sind in Addis Abeba 90 Prozent der Gesamtbevölkerung Slumbewohner, in Dar es Salaam 70 Prozent, in Nairobi 49 Prozent. Weniger große Stadtgebilde bestehen oft schon zur Hälfte aus Elendsvierteln mit schmutzstarrenden Wellblechbuden und Strohhütten, so Douala, Lomé, Accra, Abidjan, Yaounde, Ibadan und Mombasa.[25] Kaum eine dieser Städte wird während der nächsten Jahrzehnte über 5 Millionen Einwohner haben, fast keine über 10 Millionen; es werden also nicht Siedlungswucherungen in einer Größenordnung dominieren, wie sie Entwicklungsexperten für zahlreiche heute noch kleine Ballungsräume in Lateinamerika und Asien prophezeien. Aber: weil innerhalb nur weniger Jahre immer größere Massen arbeitsuchender, unterernährter Bauern in die wenigen Entwicklungszentren strömen, drohen die Städte südlich der Sahara um so rascher ihr soziales Gleichgewicht zu verlieren.

Ein in seiner Gefährlichkeit herausragendes Beispiel bildet *Lagos*, die Hauptstadt von Nigeria. 1925 hatte Lagos ganze 74 000 Einwohner gezählt. 1960, zu Beginn der Unabhängigkeit, waren es 400 000, und 12 Jahre später registrierte man 670 000. Innerhalb von nur etwas mehr als einem Jahrzehnt hatte sich damit die Hauptstadt um ein Drittel ihrer bisherigen Zahl vermehrt. Bereits diese Tatsache hätte den Regierenden zu denken geben müssen. Dabei kam der eigentliche Schock erst. Anfang der siebziger Jahren begann ein Wachstum in ganz neuen Dimensionen: Aus den 670 000 Einwohnern von 1972 sind innerhalb von 15 weiteren Jahren 6 Millionen (!) geworden. Kein Ende dieser unheildrohenden Zunahme ist abzusehen: Man wird bis Mitte der neunziger Jahre mit 8 oder gar 10 Millionen rechnen müssen ...[26]

Welch eine Stadt schon heute! Lagos bietet nahe seinem Zentrum mit Hochhäusern der Banken und Verwaltungsbauten der internationalen Konzerne einige wenige luxuriöse Wohnviertel, teils Betonwohnblocks, teils in Gärten gebettete Villen. Darum herum aber dehnen sich Mietskasernenbezirke, die bei der Armut ihrer Bewohner schon reichlich heruntergekommen sind. Und an deren Rändern beginnen weitausgedehnte Hüttenviertel: dort nur noch Wellblech- und Bretterbuden, dort nur noch Lehmwege, wo man zur Zeit der schweren Tropenregen im Morast versinkt. In Lagos kommen pro Woche 25 000 neue Zuwanderer an, so schätzen sachkundige Beobachter.[27] Die Behörden zeigen sich hilflos, die unüberschaubaren Menschenmassen in den ohnehin schon übervölkerten Wohngebieten unterzubringen, erst recht, ihnen neue Behausungen zu schaffen. Es seien zu viele Menschen, lautet die offizielle Auskunft. Und so fehlt es Lagos, wo zwei Drittel aller Einwohner unter der offiziell festgesetzten Armutsgrenze leben, in vielen Vierteln an sauberem Wasser, an den einfachsten sanitären Anlagen, an einer Abfallbeseitigung. Mit katastrophalen Folgen: Lagos zählt heute zu den schmutzigsten Städten der Welt. Darüber hinaus – bei dem krassen Ungleichgewicht von einigen wenigen reichen und vielen armen Vierteln – ist Lagos auch zu einer der gefährlichsten Städte der Welt geworden. Folgt man neueren statistischen Angaben, dann hat die nigerianische Metropole mit der Zahl der Morde, Überfälle, Diebstähle und Vergewaltigungen den «Weltmeister» New York bereits überrundet; nur noch Rio de Janeiro kann mit diesem traurigen Rekord konkurrieren.[28]

Auf den ersten Blick muß eine solche Entwicklung gerade in

Nigeria verblüffen. Schwarzafrikas bevölkerungsreichster Staat ist mit Reichtümern wie kaum ein anderer des Kontinents gesegnet: Der Ernteertrag seiner fruchtbaren Böden könnte ganz Westafrika ausreichend mit Nahrungsmitteln versorgen. Hinzu kommen die Erdölvorräte; ihr Verkauf brachte bisher viel Geld ins Land. Aber all diese Vorteile gegenüber den vielen anderen weniger begünstigten Staaten haben Nigeria nicht vor der Katastrophe bewahrt. Im Gegenteil: Erst als Anfang der siebziger Jahre der Erdölboom einsetzte, begann die Hauptstadt Lagos über alle Maßen zu wachsen – und um so schneller folgte dem euphorisch begrüßten Aufschwung die lebensbedrohende Krise. Wie das?

Zu unvermittelt hatte das Erdöl Geld ins Land fließen lassen. Die Regierung, durch Entdeckung neuer Ölvorkommen und unvermutet günstige Weltmarktpreise über Nacht «reich» geworden, kaufte im ersten Begeisterungstaumel schlüsselfertige Stahlwerke und Autofabriken im Ausland ein – Prestigeobjekte, die Nigeria endgültig vom Status des «primitiven» Agrarstaates befreien sollten. Die Politiker zeigten sich vom Ehrgeiz gepackt, innerhalb kürzester Zeit ein ernstzunehmender Industriestaat und als solcher ein gleichwertiger Handelspartner für Europa und die USA zu werden. Eine fatale Überschätzung der eigenen Möglichkeiten! Die Bevölkerung bestand schließlich in ihrer Mehrzahl aus Analphabeten, zwei Drittel aller Nigerianer lebten in Dörfern und bearbeiteten mit Hacke und Holzpflug ihre Felder. Sie alle waren weder geistig noch seelisch für den verordneten Marsch ins Industriezeitalter gerüstet. Und wer, außer einer kleinen Schicht von Geschäftsleuten, hätte im Inland das Geld besessen, heimische Industrieprodukte zu kaufen? Und welche Abnehmer hätten sich im Ausland finden sollen?

Die erste Fehlentscheidung zog eine weitere, noch verhängnisvollere nach sich. Die Politiker glaubten es sich leisten zu können, alles Gewicht auf die Industrialisierung zu verlagern und die Landwirtschaft völlig zu vernachlässigen; bei dem zu erwartenden Wirtschaftsaufschwung konnte man notfalls ja Lebensmittel importieren. Die Politiker, oberflächlich nach westlichem Vorbild geschult, sahen genauso verächtlich wie einst die Kolonialherren auf den Bauern in seiner Strohhütte herab, auch sie sprachen arrogant vom «Kral» und vom «Buschmann», auch sie förderten bestenfalls eine technisch durchrationalisierte Großplantage. Sie störten sich wenig daran, wenn selbständige Kleinbauern unter dem Druck landwirtschaftlicher Großunternehmen auf den Status rechtloser Tagelöhner absanken oder gar arbeitslos wurden. Mehr noch: Nigerianische Städter taten alles, um den wirtschaftlich ohnehin schon Bedrohten auch noch jedes Selbstwertgefühl zu rauben. Bauer und «Buschmann»! Nicht nur reiche Stadtbewohner machten sich über ihre halbnackten Landsleute in den Dörfern lustig, sondern auch solche, die nur in ärmlichen Mietskasernen wohnten und außer einem weißen Hemd vielleicht gerade eine Armbanduhr besaßen. Selbst Slumbewohner, die oft in größerem Schmutz hausten als zuvor im Kral, zeigten sich noch stolz darauf, das Strohdach mit einem Wellblechdach vertauscht zu haben und für einen Hungerlohn eine Garage zu bewachen anstatt hungernd ein Feld zu bearbeiten. Sie alle, ob reich oder arm, gaben den Bauern auch noch seelisch den Anstoß, das Dorfleben als minderwertig zu empfinden – und um so machtvoller mußte es die Betroffenen in die «entwickelte», «reiche» Metropole ziehen.

Für Nigeria besonders gravierend: Im einst reichen Selbstversorgerland gingen die Ernteerträge innerhalb weniger Jahre um die Hälfte zurück. Seit den siebziger Jahren, als immer mehr Dörfer von den Bauern verlassen wurden, sind die Grundnahrungsmittel Mais und Hirse knapp geworden. Dagegen produzieren einige wenige Großgrundbesitzer mit Hilfe modernster Düngemittel und Traktoren auf ihren Plantagen Kaffee, Kakao und Baumwolle – alles Waren, die im eigenen Land nicht in dem Ausmaß gebraucht werden, Waren, die sich aber um so gewinnbringender nach Europa absetzen lassen. In Nigeria mit seinen fruchtbaren Böden ist der Hunger eingekehrt.

Orient: Die Ohnmacht der islamischen Revolution

Inzwischen sind wir es gewohnt, bei Nordafrika und Vorderasien sofort an das Schlagwort der sogenannten «Islamischen Revolution» zu denken. Mehr noch: Wir neigen sogar schon dazu, die verschiedenen Länder danach zu beurteilen, ob sie bereits von vorrevolutionärem Beben erfaßt sind oder nicht. Auch wissen wir, daß gerade Großstadtslums zum politischen Aufmarschgebiet für radikal-religiöse Gruppen werden können.

Ein Blick auf andere Kulturkreise zeigt, wie wenig selbstverständlich diese Tatsache ist. Wenn etwa im zutiefst religiösen Indien hungernde Volksmassen plündernd durch Villenviertel ziehen, dann wird man in solchem Aufruhr nur die Wut der sozial Benachteiligten erkennen. Und wenn umgekehrt Inder (Hindus) sich aus religiösen Gründen zu blutigen Ausschreitungen hinreißen lassen, wird man dahinter kaum den Wunsch nach einer politisch verstandenen Revolution orten können. Nicht viel anders im Fernen Osten, in Afrika, in Lateinamerika. Allein Moslems kennen die Tradition, daß sich der Religionsstifter auch als Politiker verstanden wissen will, und nur deshalb gelingt es Geistlichen und Laienpredigern in islamischen Ländern, Slumbewohner im Namen Gottes zum Abwehrkampf gegen «falsche Politik» zu mobilisieren.

Und doch: auch in islamischen Ländern hat der Vormarsch revolutionärer Prediger erst dann erfolgreich einsetzen können, als die westlich gebildeten Technokraten und Politiker versagt hatten. Man sollte daher den religiösen Impuls dieser Unruhen nicht überbewerten. Den tiefsten Anstoß zu immer erneuten Umsturzversuchen bieten auch hier die ungelösten sozialen Probleme – am sichtbarsten in den ständig wachsenden Großstadtslums.

Der Iran ist bisher das einzige Land, in dem eine radikalreligiöse Bewegung die Macht erringen konnte, im Jahr 1979. Seitdem aber müssen dort die Revolutionäre unter Beweis stellen, ob es ihnen gelingt, nach dem «Willen Gottes» die ideale «weltliche» Ordnung herzustellen. Konkret heißt das, sie müßten die Zeitbombe ständig steigender Armut entschärfen können. Inzwischen läßt sich eine erste Bilanz ziehen: So tiefgreifend die Umwälzungen im Iran auf vielerlei Weisen sein mögen, an den ökonomischen Ursachen explosiver Großstadtslums ändert sich nichts! Die Entwicklung im Iran verläuft weiterhin nicht viel anders als im Nachbarland Türkei, wo radikal-islamische Gruppen einen vergleichsweise geringen Einfluß haben. Von daher ist es interessant, Türkei und Iran zu vergleichen.

Noch leben 56 Prozent der Türken in Dörfern. Wie lange noch? Je intensiver dort Politiker und Geschäftsleute versuchen, die Landwirtschaft allein nach den Bedürfnissen der Großgrundbesitzer zu «modernisieren», um so mehr Dorfbewohner werden verarmen und in die Städte abwandern. Bereits während der fünfziger Jahre hat die Regierung Adnan Menderes die erste verhängnisvolle Entscheidung getroffen. Sie hat dafür gesorgt, daß steuerbegünstigt 40 000 Traktoren aus westlichen Industriestaaten auf den türkischen Markt kamen. Eine «fortschrittliche» Maßnahme, wie es auf den ersten Blick erscheinen mag. Aber wer konnte diese Traktoren, bei allen finanziellen Erleichterungen, kaufen? Doch nur die ohnehin schon vermögenden Bauern. Dagegen sind über eine Million Landarbeiter überflüssig geworden, die zuvor als Pächter oder Tagelöhner die Felder bestellt haben.[29] Für sie hatte die Regierung keine Vorsorge getroffen. Sie mußten nun betroffen feststellen, daß anstelle des Hungerlohns der nackte Hunger getreten war. Und so blieb ihnen nur, die Heimat auf Suche nach einer neuen Arbeit zu verlassen; damit hofften sie einer Lebenswelt zu entkommen, die man auch noch in den achtziger Jahren als sehr «mittelalterlich» einstufen muß – bar aller Romantik, im Sinn von trister Unterentwicklung: 90 Prozent der türkischen Dörfer, besonders im östlichen Anatolien, besitzen keine Elektrizität, 57 Prozent keine Zufahrtsstraße, 30 Prozent kein Wasser.[30] Welch ein Kontrast zum modernen Erscheinungsbild größerer Städte.

Politiker haben in ihrer Mehrheit bis heute noch wenig tiefgreifenden Reformwillen gezeigt, teils, weil sie selber aus dem Umkreis von Großgrundbesitzern stammen, teils, weil ihnen als Städter Probleme unterentwickelter Dörfer sehr fern liegen. Nun aber werden die Folgen in ihrer ganzen Tragweite offenkundig. Waren 1950 nur 14 Prozent der türkischen Bauern ohne Land gewesen, so hat sich ihre Zahl bis 1977 auf 32 Prozent gesteigert, und ein Ende dieser Verelendung ist nicht abzusehen. Um so mehr ballt sich die Wirtschaftsmacht bei den Großgrundbesitzern: 1977 erwirtschafteten sie 58 Prozent aller bäuerlichen Einnahmen, obwohl sie nur 7 Prozent der Landbevölkerung ausmachen.[31]

Diese Zahlen sprechen für sich. Entsprechend erdrutschartig setzte die Landflucht ein. Bis 1950 waren die Städte in der Türkei nur relativ langsam gewachsen, dann aber – als Massen verelendeter Kleinbauern und Landarbeiter die Dörfer zu verlassen begannen–, schnellten die Einwohnerzahlen nach oben. Nur drei Jahrzehnte brauchte es, bis große und mittlere Städte durchschnittlich das Fünffache an Menschen zählten.[32] Am raschesten wuchsen naturgemäß die ohnehin schon großen Ballungszentren. Heute lebt fast die Hälfte aller türkischen Städter in den Großräumen Istanbul, Ankara und Izmir.

Vor allem in *Istanbul*. Denn in dieser Stadt mit ihrer strategisch günstigen Lage an der Meerenge des Bosporus – ohnehin seit Jahrhunderten wirtschaftliches und kulturelles Zentrum der Türkei – konzentrierte sich seit Anfang der sechziger Jahre mehr als 40 Prozent aller Industrie; folgerichtig zieht die Metropole die meisten Arbeitsuchenden aus ländlichen Notstandsgebieten an. Jedes Jahr trifft schätzungsweise rund eine Viertelmillion Landflüchtiger hier ein, wobei immer weniger von ihnen Arbeit finden und eine Familie ausreichend ernähren können. Um so dürftiger wohnen die sozial Gestrandeten. Bereits 1972 schätzte man, daß fast die Hälfte aller Istanbuler in notdürftig aus Ziegelsteinen, Wellblech und Brettern zusammengesetzten Häusern wohnten: sogenannten Gecekondu «(über Nacht gebaut»), ohne Möbel, meist nur mit Matrazen und selbstgebauten Öfen, ohne Wasserleitung, ohne Müllabfuhr auch heute noch ein gefährlicher Nährboden für die Cholera.[33] Was für ein Gegensatz zu den moscheegekrönten Hügeln, den malerischen Ausblicken auf Meeresbuchten, den unschätzbaren Kunstwerken aus byzantinischer und osmanischer Zeit. Istanbul, einem der besuchenswertesten Touristenziele des ganzen Orients, droht der Kollaps. Hatte die Stadt 1950 erst knapp über eine Million Einwohner gezählt, so sind es 1987 über 6 Millionen. Andere türkische Großstädte wachsen nicht ganz so schnell, aber da dort weniger Industrie angesiedelt wird, ist die Zahl der Unterbeschäftigten und Arbeitslosen noch höher. Entsprechend der Anteil an Slumbewohnern. 1972 registrierte man in Izmir 61 Prozent aller Einwohner in Elendsvierteln, in Ankara gar 74 Prozent.[34]

Im Nachbarland Iran, einem bevölkerungsreichen Erdölstaat, hierin Nigeria ähnlich, erscheinen die Probleme noch um vieles bedrohlicher. Die Hauptstadt *Teheran* bietet eines der erschreckendsten Beispiele an unkontrolliertem Wachstum. Anfang des 19. Jahrhunderts, als das unscheinbare Provinznest erst wenige Jahre neue Hauptstadt des Kaiserreichs Persien war, zählte Teheran gerade 15 000 Einwohner. Mehr als ein Jahrhundert später, 1922, waren es erst 210 000 – und heute, gerade ein gutes halbes Jahrhundert danach, sind es über 9 Millionen!

Der entscheidende Anstoß erfolgte während der eminent langen Regierungszeit des Schahs Mohammed Reza Pahlevi (1941–1979). Dieser Schah, den unsere Presse lange genug als einen «westlich gebildeten» Monarchen gefeiert hatte, sparte nicht mit großen Worten bei den Zukunftsperspektiven seines Landes: Er wollte den Iran innerhalb weniger Jahrzehnte aus «mittelalterlichen» Traditionen lösen und zu einem «modernen Industriestaat» umformen, durchaus konkurrenzfähig mit europäischen Industrienationen, ja den USA. Das Selbstbewußtsein für derartiges Pathos gaben ihm die Einnahmen aus der florierenden Erdölindustrie. Aber der Schah machte die gleichen Fehler wie andere Machthaber reich gewordener Erdölstaaten. Er setzte den Hebel nicht dort an, wo zuallererst «Entwicklung» notgetan hätte, nämlich in den Dörfern und Provinzstädten. Sein Traum waren riesige Fabriken; und diese Industrieanlagen sollten nicht nur in den Erdölfördergebieten, sondern auch am Rand großer Städte – z. B. Teheran – aufragen. Gerade die Hauptstadt hatte vorrangig zum Symbol eines «fortschrittlichen» Iran zu werden.

Zu diesem Zweck ließ er in der für ihn typischen Ungeduld bereits schlüsselfertige Montagewerke ins Land holen und rings um Teheran aufbauen. 45 Prozent aller iranischen Großbetriebe, meist mit ausländischer Kapitalbeteiligung errichtet, konzentrierten sich schließlich im Ballungsraum der Hauptstadt,[35] sinnigerweise meist inmitten der südlichen Vororte, wo Lärm und Abgase nur ärmere Bewohner belästigten.

Entsprechend rigoros gab Mohammed Reza Pahlevi auch sonst der Hauptstadt ein «modernes» Gesicht. Noch entschiedener als sein Vater Schah Reza ließ er winklige Altstadtviertel niederreißen, um Platz für Betonwohnblocks in international genormter Fertigform zu schaffen, ließ er mehrspurige, autobahnähnliche Straßen quer durch historisch gewachsene Stadtteile anlegen, ließ er Supermärkte im amerikanischen Stil errichten, weil ihm der traditionelle Basar mit seinen engen Gäßchen und schummrigen Gewölben als «veraltet», als hoffnungslos «rückständig» erschien. Der Schah konnte sich mit seinem Vorgehen lange Zeit auf eine schmale, mächtige Bildungselite stützen – auf Perser, die von Studienaufenthalten aus Europa und den USA mit dem Vorsatz zurückgekommen waren, den «Westen» in allen Einzelheiten zu kopieren. Während aber europäische Stadtplaner und Kulturkritiker bereits davor warnten, Städte durch architektonischen Kahlschlag zu «sanieren» – Ergebnisse ähnlicher Verödung im eigenen Land vor Augen –, begannen westlich gebildete Perser jetzt erst, gerade solche Maßnahmen als «Errungenschaft» zu verklären.

Besonders verhängnisvoll war, daß diese «Modernisierung» – wie in vielen anderen Entwicklungsländern auch – nur der Oberschicht zugutekam. Eine Statistik von 1969 gibt Auskunft über das schroffe Sozialgefälle: 80 Prozent der Perser mußten sich mit 32 Prozent des Volkseinkommens begnügen.[36] Die Regierung tat wenig, um an der extrem ungleichen Einkommensverteilung etwas zu ändern. Im Gegenteil. Sie sorgte dafür, daß der Dollarstrom aus Erdöl- und Erdgaseinnahmen vor allem die Regierungsbeamten in hohen Stellungen und die Geschäftsleute mit guten Kontakten zum Kaiserhof erreichte. Diese kleinen Gruppen kassierten Millionengewinne für wenig Arbeit, allein aufgrund ihrer Schlüsselposition – und so setzten sich alle Mißstände einer bereits entarteten Feudalgesellschaft in modernem Gewand fort.

Je «fortschrittlicher» sich Teheran mit seinen Hochhäusern, Villen und Autostraßen zugunsten einer schmalen Oberschicht entwickelte, um so hoffnungsloser, um so schroffer klaffte der Unterschied zwischen nördlichen und südlichen Stadtteilen. Während sich im Norden an den klimatisch begünstigten Berghängen die Villenviertel der Wohlhabenden inmitten von Gärten ausdehnten und sich unmittelbar die Wohnblocks der ebenfalls noch besser Verdienenden anschlossen, dehnten sich in der staubigen, während des Sommers stickig heißen Ebene die Siedlungen der Ärmeren, vielfach ohne Wasserleitungen, Stromzufuhr und Müllbeseitigung. Nahezu zwangsläufig wurden so die Begriffe «modern» und «fortschrittlich» identisch mit «reich» – auf der anderen Seite aber «rückständig» mit «arm». Eine fatale Koppelung. Sie sollte schließlich den Mullahs und Ajatollahs, den Verfechtern der «Tradition» und damit den schärfsten Schahgegnern, die Chance geben, «modern» und «fortschrittlich» als bloßen «Materialismus», als kalten Egoismus der Reichen zu diffamieren – und in einem weiteren Gedankenschritt als Import aus dem «Westen» zu brandmarken.

Am schlechtesten ging es aber den Bauern. Nahezu die Hälfte der 42 000 amtlich registrierten Dörfer befand sich im Besitz von Feudalherren. Ein weiteres Viertel der Dörfer unterstand (und untersteht bis heute) religiösen Stiftungen, für deren Wohlergehen die Bauern einen Großteil ihrer Ernteerträge abzuliefern hatten (und haben). Nur ein Zehntel aller iranischen Bauern besaßen selber Äcker und ein Haus,[37] dies meist in einer mehr als bescheidenen Größe, so daß die Felder kaum reichten, die vielköpfigen Familien zu ernähren. Hunger und Not in den Dörfern waren so groß, daß die Kunde von Arbeitsmöglichkeiten schon genügte, um viele Familien zum Marsch ins Ungewisse zu bewegen. Ein Teil von ihnen wanderte in die Erdölfelder am Golf ab, mehr aber noch zogen in die Hauptstadt mit ihren neuentstandenen Industrien.

Mitte der fünfziger Jahre erlitt Teheran seinen ersten explosiven Wachstumsschub. Hatte die Hauptstadt 150 Jahre gebraucht, um auf eine Million Einwohner zu kommen, so sollten nun kaum mehr als 10 Jahre genügen, daß sich die Zahl auf zwei Millionen verdoppelte. Aber die meisten Kleinbetriebe und erst recht die Großbetriebe mit ihren automatisierten Maschinenhallen benötigten bei weitem nicht so viele Arbeiter, wie täglich landflüchtige Bauern anfragten. Viele Neuzuwanderer fanden daher keine menschenwürdige Wohnung. Unterbeschäftigte oder gar Arbeitslose mußten sich mit Notquartieren begnügen – in überfüllten Zimmern der ohnehin schon dichtbevölkerten Altstadt oder in notdürftig gezimmerten Buden am Stadtrand. Die ersten weitausgedehnten Slums entstanden.

Amerikanische Ratgeber verschreckten den Schah mit der Analyse, eine Revolution sei unvermeidlich, wenn er nicht bald eine energische Reformpolitik einleite. Vor allem sei es nötig, die Not in den Dörfern zu beseitigen, damit nicht noch mehr Bauern in die Städte strömten. Notfalls müsse die Landreform gegen den Widerstand der Großgrundbesitzer und Nutznießer geistlicher Stiftungen durchgeführt werden; die Zeit dränge.

Und so führte der Schah während der sechziger Jahre eine Landreform durch – auf Druck ausländischer Berater, weniger aus eigener Überzeugung. Entsprechend halbherzig ging die Regierung auch vor, darüber konnte letztlich ihr ganzer Propagandaaufwand nicht hinwegtäuschen. Dem Schah war es nur darum zu tun, unmittelbare Gefahr für seinen Thron abzuwenden, deshalb genügte es ihm, die Kleinbauern, Pächter und Tagelöhner vordergründig zu besänftigen. Sorgsam achtete er darauf, die mächtigen Grundherren nicht gar zu sehr gegen seine Maßnahmen aufzubringen, denn sie fürchtete er. Bezeichnenderweise ließ der Schah gerade die größten Ländereien von jeder Veränderung ausklammern: maschinell betriebene Großplantagen, die ausgedehntesten Besitzungen mit den fruchtbarsten Böden. Damit behielten ausgerechnet die einflußreichsten Grundherren ihre Macht.

Und dort, wo Reformen tatsächlich durchgeführt wurden, hatten die Bauern wenig Grund zur Freude. Sie waren zwar formell aus der Zwangsherrschaft der Großgrundbesitzer entlassen und konnten nun ungehindert eigenen Boden bearbeiten, aber keine Behörde fand sich, die ihnen mit Rat und Tat geholfen hätte, die völlig ungewohnte Freiheit sinnvoll zu nutzen. Die Folge: sehr rasch mußten sich die unerfahrenen Kleinbauern um Kredite bemühen, damit sie wirtschaftlich überleben konnten – Kredite, die ihnen besonders gerne die Großgrundbesitzer gewährten; und schon waren die Pächter wieder vom Feudalherrn abhängig. Mehr noch: Die jetzigen Schulden überstiegen die früheren bald um ein Vielfaches. Entsprechend verringerten sich die Ernteerträge, entsprechend vermehrten sich Armut und Hunger. Die Statistik drückt diese Verelendung in dürren, aber doch alarmierenden Zahlen aus: Hatten 1955 – vor der Landreform – die Bauern in ihrer Gesamtheit noch 38 Prozent des Bruttosozialprodukts erwirtschaften können, so waren es 1976 nur noch 9,6 Prozent. Weit über die Hälfte von ihnen lebte nun unter dem Existenzminimum.[38]

Die Landreform war fehlgeschlagen, ja, sie hatte gerade jene Krise noch verschärft, die sie hätte beseitigen sollen. Spätestens Anfang der siebziger Jahre zeichnete sich das Ergebnis in immer deutlicheren Konturen ab. Mehr Kleinbauern als je zuvor wanderten in die Städte ab, vor allem nach Teheran. Und damit schwoll die Hauptstadt erst recht an. Sie wuchs von 1965 bis 1978 von 2 auf 5 Millionen an. Während dieser kurzen Zeit hat den Iran eine Massenwanderung erschüttert und umgeschichtet wie niemals zuvor in seiner Geschichte: 1960 hatten erst 15 Prozent der Perser in Städten gelebt, 1978 – unmittelbar vor der islamischen Revolution – waren es über 50 Prozent.[39]

Die Folgen für die Dörfer waren katastrophal. Viele der einst mühsam angelegten Bewässerungskanäle zerfielen; zuvor fruchtbare Landstriche verödeten oder wurden gar vollends zur Wüste. Und so sah sich das bisherige Selbstversorgerland Iran gezwungen, einen Teil der Lebensmittel aus dem Ausland einzuführen.

Ohne die gescheiterte Landreform wäre es den Mullahs und Ajatollahs wahrscheinlich nicht gelungen, die Volksmassen in einer solchen Breite gegen den Schah und seine Technokraten zu mobilisieren. Es mußten Fundamente traditioneller Lebensordnung bedroht erscheinen – und dies geschah, seit Millionen Bauern keine andere Wahl blieb, als ihre Dörfer mit anonymen Großstadtslumquartieren zu vertauschen. Jetzt erst konnten die Revolutionäre derart erfolgreich einen Weg «zurück», zu den «verschütteten Wurzeln der Tradition» anpreisen.

Damit soll nicht gesagt werden, daß sich die «Islamische Revolution» ausschließlich auf das Soziale und Politische beschränkt. Ihre Führer strebten zuallererst eine religiöse, spirituelle «Erneuerung» an.[40] In unserem Zusammenhang aber interessiert vor allem die Frage, inwieweit es dem Regime der Ajatollahs gelungen ist, das unkontrollierte Wachstum der Slums zu stoppen, denn die Revolutionäre sind ja *auch* mit diesem sozialen Anspruch aufgetreten. Nach ihrem erklärten Willen sollte Teheran, das verelendete Ballungszentrum, wieder kleiner werden, sollte sich gesundschrumpfen, indem mindestens zwei Millionen entwurzelter Bauern in ihre Dörfer zurückkehrten.

Um diese gewaltige Rückwanderung in Gang zu setzen, hätte es allerdings einer umfassenden Sozialrevolution bedurft. Sie ist aber innerhalb der «Islamischen Revolution» nie zum Tragen gekommen, es ist bei bloßer Rhetorik geblieben. Dabei sind gewichtige Verbündete im Kampf gegen den Schah engagiert für eben dieses Ziel eingetreten: so die links-islamischen Volks-Mujaheddin, so die marxistisch beeinflußten Volks-Fedajin. Die breitgefächerte Front gegen den Schah ist jedoch gerade an der Frage zerbrochen, ob die Revolution sich darauf beschränken sollte, alle Einflüsse «materialistischer» Philosophie aus dem «Westen» zurückzudrängen – oder ob sie nicht auch tiefgreifend die ungleichen Besitzverhältnisse ändern müsse. Als Sieger aus den Flügelkämpfen sind schließlich jene Ajatollahs hervorgegangen, die sich gegen Beschlagnahme und Verstaatlichung von Besitz sträubten. Jene Geistlichen hatten zwar unter der Schahherrschaft die Großgrundbesitzer kritisiert, sofern diese von den Bauern einen zu hohen Pachtzins forderten oder sie gar hungern ließen – dagegen hatten sie nichts gegen Grundherren einzuwenden, die ihrer patriarchalischen Fürsorgepflicht nachkamen. Ein Großteil der Ajatollahs klebte derart an althergebrachten Ordnungsvorstellungen, daß es ihnen undenkbar erschienen wäre, das Feudalsystem grundsätzlich in Frage zu stellen – sie wollten nur dessen Auswüchse beseitigen. Ein «gerechtes» Feudalsystem begriffen sie als «islamisch» – radikale Kritik lehnten sie dagegen als «westlich beeinflußt» und «unislamisch» ab. Zu dieser überaus einflußreichen Gruppe gehörte auch Revolutionsführer Khomeini.

Und so kam es, daß unter dem «Revolutions»regime der Ajatollahs nur solche Großgrundbesitzer enteignet wurden, die ihr Vermögen gar zu offensichtlich der Günstlingswirtschaft des Schahs zu verdanken hatten. Weitere Enteignungsanträge scheiterten an den Bedenken des theologischen Wächterrates. Sozial gesinnte Revolutionäre konnten bisher nur eine einzige Neuerung nach langwierigen Flügelkämpfen innerhalb der zugelassenen Parteien durchsetzen: Brachliegendes, ungenutztes Land durfte Großgrundbesitzern weggenommen und an Kleinbauern verteilt werden.[41]

Dies aber ist zu wenig. Während Theologen und Politiker um die richtige Auslegung «islamischer» Gesetze streiten, darben viele Kleinbauern und Pächter weiterhin in den Dörfern, leiden sie nach wie vor unter der drückenden Abhängigkeit von Großgrundbesitzern. Und während die bürokratischen Planer meist ohne nötige Sachkenntnis den verheerenden Nachwirkungen der Landreform gegenüberstehen, strömen jetzt erst recht notleidende Bauern auf Arbeitssuche in die Stadt – wiederum vor allem in das ohnehin schon aus allen Nähten platzende Teheran.

Die Ergebnisse sind erschreckend. War Teheran durch die verfehlte Politik unter dem Schah während der Jahre 1950 bis 1979 von einer Million auf 5 Millionen Einwohner gewachsen, so brauchte die Stadt unter der Herrschaft der Ajatollahs nur 7 Jahre, von 1979 bis 1986, um sich um weitere 4 Millionen Einwohner auf über 9 Millionen zu vergrößern. Nach wie vor bilden damit die Slums den Nährboden von Unzufriedenheit, Angst, Wut, Kriminalität, einer stets untergründigen Bereitschaft zur Gewalt.

Tickt auch eine Zeitbombe für die Machthaber der «Revolutions»regierung?

Südostasien: Sieche Paradiese

Das Klischee von ewig lächelnden Menschen, Palmenhainen, bizarren Reisterrassen und bunten Tempeln blitzt unweigerlich im Bewußtsein auf, sobald wir an Südostasien denken. Ein «Paradies», so versuchen Reiseprospekte gerade diese Region den Touristen schmackhaft zu machen. Besonders Thailand, besonders Indonesien, auch die Philippinen. Dabei drohen vor allem diese Länder an ihren Problemen – dem unbewältigten Wuchern von Ballungszentren – zu ersticken.

Thailand rühmt sich, als «Land der Freien» niemals unter dem Joch einer Kolonialherrschaft gestanden zu haben. Trotzdem klaffen auch dort Gegensätze zwischen «entwickelten» und «unterentwickelten» Regionen – ja, sie erscheinen so schroff, wie in vielen Staaten, die noch schwer am Erbe kolonialer Ausbeutung zu tragen haben. Thailands maßgebliche Politiker und Geschäftsleute produzieren ihre eigene Form von Kolonialismus, indem sie fremde Herrschaftsmethoden importieren. Auch sie begünstigen im Hinterland vor allem Großgrundbesitzer, die auf ihren Plantagen Obst und Gemüse für den Verkauf nach Europa und die USA anbauen. Auch sie sprechen immer wieder von Bodenreform, aber mehr unternehmen sie nicht. Dabei wäre gerade in Thailand eine Reform dringend nötig. Schätzungsweise 60 Prozent aller Kleinbauern sind so hoch verschuldet, daß sie die Beträge kaum jemals wieder an die professionellen Geldverleiher (meist chinesische Geschäftsleute) zurückzahlen können. Folgerichtig müssen immer mehr von ihnen ihren Besitz für eine lächerlich geringe Summe verschleudern. 9 Millionen Bauern leben am Rand des Existenzminimums.[42].

Im krassen Gegensatz hierzu steht die Metropole *Bangkok*. Auf Fotos wird sie meist als eine exotische Idylle von farbenprächtigen Pagoden und palmengesäumten Kanälen (Klongs) präsentiert, als «Venedig Ostasiens» verklärt, gerühmt auch als

«Paradies» des Amüsierbetriebs – doch sie ist der Großraum, in dem sich alle Entwicklung konzentriert. In Bangkok verbrauchen 10 Prozent der Gesamtbevölkerung 60 Prozent der Energie des Landes; die Slumbewohner sind hiervon ausgeschlossen. Außerhalb dieses Ballungsraums gibt es fast keine Industrie, kaum eine höhere Schule, kaum ein maßgebliches Institut. In Bangkok kommt auf 1800 Bewohner ein Arzt, im Hinterland müssen sich 70 000 Menschen mit einem Arzt begnügen.[43]

Bei einem derart horrenden Sozialgefälle zwischen Metropole und Hinterland wirkt die Hauptstadt naturgemäß als besonderer Sog für alle Provinzbewohner. Entsprechend hat sich Bangkok vergrößert. 400 000 Einwohner zählte die Stadt zu Anfang unseres Jahrhunderts, als Bangkok tatsächlich noch ein «Venedig Ostasiens» war, bevor man viele seiner Kanäle zuschüttete und durch Autostraßen ersetzte. Rund 500 000 Einwohner registrierte man 1938. Aber zu Beginn der fünfziger Jahre war die Wachstumskurve auf 900 000 gestiegen, um dann in der Folge vollends jäh hochzuschnellen. In zwei Jahrzehnten vervierfachte sich die Einwohnerzahl auf 3,9 Millionen im Jahr 1973. Und nach 14 weiteren Jahren, 1987, sind es 6 bis 7 Millionen geworden. Davon leben mehr als 1,5 Millionen unter unwürdigen Bedingungen in Elendsvierteln.[44] Viele Slumbewohner sind als schlechtbezahlte Hilfsarbeiter in Fabriken eingespannt, junge Mädchen vornehmlich als Prostituierte in der Sex-«Industrie» (die Not, nicht die «Lust» treibt die Thailänderinnen zu diesem Gewerbe).

Wenn sich das Sozialgefälle zwischen Stadt und Land während der folgenden Jahrzehnte nicht entscheidend verringert und immer mehr Zuwanderer in den Ballungsraum Bangkok strömen, dann werden sich auch dort in bisher kaum vorstellbarem Ausmaß Slums ausbreiten, so prophezeien Entwicklungsexperten der Vereinten Nationen; die Stadt könnte bis zum Jahr 2025 auf 20 Millionen Einwohner angewachsen sein.[45] Bangkok – heute schon durch die krassen Unterschiede von reich und arm, nicht zuletzt durch den florierenden Sex-Tourismus der Europäer, Amerikaner, Australier, Japaner und Araber der Golfstaaten eine Stadt mit beträchtlicher Kriminalität – würde dann zu den problemgefährdetsten Millionenstädten der Welt gehören.

Um *Jakarta,* Indonesiens Hauptstadt, steht es nicht viel besser. Die Metropole, unter holländischer Kolonialherrschaft noch Batavia genannt, zählte 1925 nicht mehr als 254 000 Einwohner. 1970 waren es aber schon 3 Millionen, 1980 bereits 6,5 Millionen. Für das Jahr 2000 prophezeien die Entwicklungsexperten gar an die 14 Millionen, für 2025 an die 23 Millionen.[46] Falls sich das soziale Ungleichgewicht weiter verschärfen sollte! Nichts spricht bisher für einen Wandel der bedrohlichen Situation.

Indonesien – mit seinen Inseln Java, Sumatra, Sulawesi, Borneo und vor allem Bali westlichen Touristen Inbegriff «traumhafter Exotik» – ist durch krasse Widersprüche belastet. Mit seinen fruchtbaren Böden und dem großen Rohstoffpotential könnte man diesen Inselstaat als das drittreichste Land der Welt einstufen. Die Reisernten erreichen Rekordhöhen, und die Einnahmen aus den Erdölvorkommen (ein Fünftel der Weltreserven) schufen jahrelang einen Überschuß in der Zahlungsbilanz. Im selben Land leben aber ein Drittel der Bevölkerung unter der absoluten Armutsgrenze, leiden 10 Millionen Kleinkinder an Unterernährung, sind mehr als 40 Prozent der Bewohner unterbeschäftigt oder gar arbeitslos.[47] Ausgerechnet in diesem klimatisch so begünstigten Land mit drei Reisernten pro Jahr verarmen immer mehr Bauern – trotz der «Grünen Revolution», die man anfangs der siebziger Jahre eingeleitet hat. Weshalb scheiterte die Agrarreform? Anhand der bisher geschilderten Problemfälle ist dies leicht zu erraten. Die Regierung gewährte großzügig Agrarkredite nur den ohnehin schon reichen Bauern, die in der Lage sind, kostspielige Landmaschinen und Kunstdünger zu kaufen. Während diese schmale Schicht von Großbauern gut am Export ins westliche Ausland verdient, nimmt die Arbeitslosigkeit unter den Kleinbauern und Landarbeitern immer rascher zu, und dies besonders auf der heillos übervölkerten Insel Java. Nicht nur Jakarta, auch die Ballungsräume Surabaja und Jogjakarta blähen sich unter dem Zustrom verarmter Dorfbewohner auf.

Manila, die Hauptstadt der Philippinen, hat ein ähnliches Schicksal. Die Metropole zählte 1925 knapp über 280 000 Einwohner, 1964 waren es 1,1 Millionen, 1980 aber schon 7 Millionen, davon mehr als eine Million in Elendsvierteln.[48] Gerade das Elend wächst besonders schnell. 1986 schätzte man bereits mehr als 2 Millionen Obdachlose, die in trostlosen Verschlägen unter Brücken, am Rand von Autobahnen oder mitten in öffentlichen Parkanlagen hausen; nur jede zehnte Familie konnte sich in Manila drei Mahlzeiten am Tag leisten.[49] Die letzteren Daten stammen aber nicht mehr aus der Ära des berüchtigten Ferdinand Marcos, unter dessen Diktatur die Reichen noch reicher und die Armen noch ärmer wurden, sondern vom Juli 1986 – bereits eine erste Bilanz nach einem halben Jahr Demokratie. Auch unter der Präsidentin Cory Aquino hat sich an der drückenden Herrschaft der Großgrundbesitzer nichts geändert, und daher auch nichts an der ländlichen Armut. Noch nicht? Bei dem weiterhin starken Widerstand der Oberschicht bleibt es fraglich, ob während der nächsten Jahre eine Agrarreform zugunsten der Kleinbauern durchgeführt wird. Nur eines ist vorerst sicher: Eine Wellblechhütte im Schatten eines Hochhauses, wo wenigstens einmal am Tag die Chance für eine Mahlzeit besteht, erscheint vielen Bauern weiterhin attraktiver als Hunger in einer Dorfhütte unter Palmen.

Ferner Osten: Wachstum anders

Der Ferne Osten kannte schon während des Mittelalters Millionenstädte, als man in Europa Metropolen mit 100 000 Einwohnern noch als «sehr groß» bezeichnete. Besonders China mit seinen Bevölkerungsmassen und seiner hochentwickelten Zivilisation hat riesige Städte hervorgebracht. Was ist davon geblieben? Vom einst glanzvollen Reich der Mitte hat nur eine Großstadt mit Millionengröße bis in unsere Gegenwart überdauert: Peking. Hinzu kommt eine zweite Fernost-Metropole in Japan: Tokyo; sie ist während des 18. Jahrhunderts zur Millionenstadt aufgestiegen.

In unserem Jahrhundert wurde zuerst *Tokyo* von einem ungeheuren, alle bisherigen Dimensionen sprengenden Wachstumsschub erfaßt. Kein Zufall: Japan hat schon vor den zwanziger Jahren endgültig die Entwicklungsstufe eines «Schwellenlandes» verlassen und ist zum dynamischen Industriestaat geworden. Während dieser Zeit des Übergangs haben die Wirtschaftsplaner und Politiker einen Großteil der Fabriken rings um die Hauptstadt bis hin zur Hafenstadt Yokohama konzentriert – und damit zwangsläufig Tokyo zum Hauptanziehungspunkt für Zuwanderer werden lassen. Tokyo zählte 1925 schon 2,1 Millionen Einwohner, 1950 bereits 7 Millionen, 1964 an die 9 Millionen, 1987 sind es 14,5 Millionen – und damit ist Tokyo heute die zweitgrößte Stadt der Welt (nach Mexico City). Tokyo wird weiterhin einen oberen Platz behaupten können, so prophezeit die schon mehrmals erwähnte Studie der Vereinten Nationen: Im Jahr 2000 könnte Japans Hauptstadt an die 24 Millionen Einwohner in ihrem Einzugsbereich konzentriert haben.

Aber noch einmal 25 Jahre später wird man auch *Peking* zu den drei oder vier größten Städten der Welt rechnen müssen, so stellt eben jene UN-Studie die Prognose: Bis zum Jahr 2025 könnten in diesem Ballungsraum an die 32 Millionen Menschen wohnen. Die Hauptstadt der Volksrepublik China, die 1950 erst 1,6 Millionen Einwohner zählte, rangiert 1987 mit 9,5 Millionen schätzungsweise an 11. Stelle der weltgrößten Städte (hinter Paris und knapp vor Teheran). Es war ein rasches, viel zu rasches Anwachsen innerhalb der letzten 30 Jahre, und dies hat Peking spürbar gezeichnet; es hat sein Gesicht so grundlegend verändert wie zuvor nicht einmal in drei Jahrhunderten. Je mehr Einwohner die Metropole zu verkraften hat, um so entschiedener geht die Regierung dazu über, die vielen Flachbauten mit ihren geräumigen, beschaulichen Innenhöfen niederzureißen und durch platzsparende, wohnintensive Betonhochhäuser zu ersetzen. Peking, bis in die fünfziger Jahre hinein nicht nur mit seinen Palästen, Tempeln und Pagoden, sondern auch seinen unzähligen Altstadtvierteln ein lebendiges Museum verschiedenster Epochen und Dynastien, hat seither bis zu 80 Prozent der historisch wie künstlerisch wertvollen Architektur verloren – Opfer eines zu raschen, nicht verkrafteten Umbruchs.

Ein weiterer dominierender Stadtgigant in Fernost ist *Shanghai.* Im Gegensatz zu Peking und Tokyo ist seine Geschichte noch jung. Shanghai ist dann erst eine Großstadt geworden, als Mitte des 19. Jahrhunderts Europäer und Amerikaner mit Waffengewalt China ihre Handelsbedingungen aufzwangen und daraufhin das bisher unscheinbare Provinznest Shanghai zu ihrem Hauptstützpunkt ausbauten. Shanghai ist demnach eine koloniale Schöpfung – und folgerichtig hat sich diese Stadt lange Zeit nach Gesetzen wie Bombay und Kalkutta entwickelt, jenen Exporthäfen auf indischem Boden, die aus ähnlichen strategischen Erwägungen von der Kolonialmacht angelegt wurden. In Shanghai konzentrierte sich ein Großteil des Warenaustauschs, der Industrieproduktion und damit des Reichtums; nach Shanghai strömten Millionen verarmter Bauern, um dort für einen erbärmlichen Hungerlohn Arbeit und Unterkunft in weitausufernden Elendssiedlungen zu finden. Wie die britischen Kolonialmetropolen in Indien ist auch Shanghai zum beklemmenden Symbol für Reichtum und Massenelend gleichermaßen geworden. Hatte die Stadt um 1850 kaum 100 000 Einwohner gezählt, so waren es 1920 bereits 1,3 Millionen, und 1950, als das koloniale Herrschaftssystem endgültig zusammengebrochen war, registrierte man 5,4 Millionen. Aber nicht genug damit: Unter kommunistischer Herrschaft, die sich doch als ausgesprochen «antikolonialistisch» verstand, wuchs die Metropole weiterhin ungezügelt. 1957, nicht einmal ein Jahrzehnt nach der Revolution, lebten in Shanghai 7 Millionen, 1987 sind es sogar schon 14 Millionen. Damit ist Shanghai zur gegenwärtig drittgrößten Stadt der Welt aufgestiegen (nach Tokyo, vor Sao Paulo und Kairo). Und Shanghai wird weiter wachsen, so die Prognose der UN-Studie: Bis zum Jahr 2025 könnten sich in ihrem Ballungsraum 36 Millionen Menschen gesammelt haben,[50] fast soviel, wie bis dahin in Mexico City.

Tokyo, Peking und Shanghai als die größten unter den Fernost-Metropolen weisen Wachstumsraten auf, wie man sie sonst nur aus Entwicklungsländern mit krassem sozialen Ungleichgewicht kennt. Und tatsächlich trifft man im Fernen Osten auf so manches, das lebhaft an die Dritte Welt erinnert. So erschrickt der westliche Besucher meist über die Menschenmassen in den Städten, er registriert beinahe so beklommen wie in Indien oder Ägypten heillos überfüllte Straßen, Gassen, Geschäftsbezirke, Wohnviertel und Verkehrsmittel, ganz gleich, ob er sich nun in chinesischen, koreanischen oder japanischen Ballungsräumen bewegt. Und er glaubt dann gerne Zeitungsberichten und Statistiken, daß vierköpfige Familien oft auf ganzen 20 oder gar nur 15 Quadratmetern Wohnraum zusammengepfercht leben müssen. Dies sind Fakten, wie sie besonders über Honkong bekannt sind: Die inzwischen auf 5 Millionen Einwohner angewachsene Handelsmetropole, berühmt für ihre schöne Lage inmitten zahlreicher Hügel und Meeresbuchten, ist längst auch zum Begriff geworden durch wolkenkratzerhohe, menschenwimmelnde Mietskasernen im Zentrum und immer ausgedehntere, zahlreiche neuentstehende Trabantenstädte im Hinterland. Das quirlige Geschäftsviertel Shamshuipo im Stadtteil Kowloon gilt gegenwärtig als die dichtbesiedeltste Region der Welt: 165 000 Menschen leben dort pro Quadratkilometer.[51] Aber auch die verwinkelten Altstädte und betongebauten Satellitensiedlungen im kommunistischen China, ebenso im kapitalistisch ausgerichteten Taiwan, leiden unter knappem Wohnraum, haben mir Chinesen im Gespräch immer wieder bestätigt. Drei oder höchstens fünf Quadratmeter kann ein chinesischer Städter in den dichtbelegten Räumlichkeiten beanspruchen, ein eigenes Zimmer ist für die überwiegende Mehrheit unvorstellbar, so lauten die Auskünfte.[52] Ähnliches gilt sogar teilweise für Großstädte des hochindustrialisierten Japan. 1987 lese ich, daß Stadtgiganten wie Tokyo und Osaka vierköpfigen Familien manchmal selbst bei mittlerer Einkommenshöhe nicht mehr als 16 Quadratmeter Wohnraum bieten.[53]

Und doch unterscheiden sich diese übervölkerten Ballungsräume im Fernen Osten wesentlich von denen im übrigen Asien, in Afrika und Lateinamerika. Slums wachsen nicht mehr uferlos, ja, sind in manchen Regionen schon völlig verschwunden. Es ist Chinesen, Koreanern und Japanern – mehr oder weniger – gelungen, die Massenarmut zu überwinden. Ein Zufall ist es nicht, daß dieselben Völker seither auch die Geburtenraten niedriger halten können und damit die Gefahr einer alles überschwemmenden Bevölkerungsexplosion zunehmend überwinden.

Dies gilt besonders für Japan. Heute rangiert das fernöstliche Inselreich in der Spitzengruppe der weltweit erfolgreichsten Industrienationen unmittelbar hinter den USA und noch vor der Bundesrepublik Deutschland. Japan beweist inzwischen «westliches» Niveau nicht nur in seiner technischen Massenproduktion, sondern auch in der Entlohnung seiner Angestellten und Arbeiter. Slums kennt gerade Japan nicht mehr, wohl aber noch, wie schon erwähnt, vielfach beengte Wohnverhältnisse. Japanische Städte bieten schon deshalb genug Zündstoff für ihre weitere Entwicklung, auch wenn sonst die Wachstumsprobleme eher an unsere Industriezivilisation erinnern: weitausufernde, landschaftszerfressende Siedlungen, Umweltverschmutzung durch Industrie und zu starken Autoverkehr...

Aber China? Die Volksrepublik hat zwar längst das drückende Stadium von Unterentwicklung hinter sich gelassen, ein Großteil der Chinesen muß sich jedoch weiterhin mit einer sehr niedrigen Entlohnung begnügen, die bestenfalls zum Nötigsten reicht. Und doch kann man die Gehälter nicht mehr als «Hunger»löhne im konkreten Wortsinn bezeichnen, denn den kommunistischen Revolutionären ist es gelungen, gerade den Hunger für die Mehrzahl der Bevölkerung zu bannen, und dies, obwohl sich von Chinas bebaubaren Landgebieten doppelt soviel Menschen ernähren müssen wie in Indien.[54] Wie groß diese Leistung ist, kann man erst ermessen, wenn man sich vor Augen führt, daß China vor dem Sieg der Revolution 1949 zu den Entwicklungsländern mit dem schlimmsten Massenelend zählte. Hierbei ist das Reformmodell von Mao Tse-tung nicht hoch genug einzuschätzen. Seine Bodenreform beseitigte nicht nur den Großgrundbesitz, sondern auch den unrentablen Kleinstbesitz. Es gelang ihm, die Bauern in Genossenschaften zusammenzuführen und ertragreich wirtschaften zu lassen – ein Erfolg, den bisher kein anderes Entwicklungsland auch nur annähernd so durchschlagend für sich verbuchen konnte.

Warum aber wachsen Chinas Großstädte trotzdem weiter?

1949 hatten nur 10,6 Prozent der Rotchinesen in Städten gelebt, 1982 waren es schon 20,6 Prozent. 1949 gab es nur 6 Millionenstädte, 1982 waren es bereits 19. Hinzu kommen inzwischen an die 30 weitere, zuvor kaum auffallende Ballungsräume mit einer rasch zunehmenden Bevölkerung zwischen 500 000 und einer Million.[55] Eine solch rapide Verstädterung hängt damit zusammen, daß sich Chinas Bevölkerung gerade während dieses Zeitraums in einem bisher unvorstellbaren Ausmaß vermehrt hat; ihre Zahl verdoppelte sich innerhalb von nur drei Jahrzehnten von rund 570 Millionen auf über eine Milliarde. Die verbesserte medizinische Versorgung erhöhte die Lebenserwartung und verringerte die Säuglings- und Kindersterblichkeit; andererseits war es der Regierung noch nicht gelungen, eine Geburtenkontrolle auch nur im Ansatz durchzubringen. Erst seit Beginn der achtziger Jahre zeichnen sich bei der landesweit propagierten Empfängnisverhütung sichtbare Erfolge ab, vor allem in den Städten, unter den streng organisierten Arbeitern und Angestellten. Späte Heirat und die sogenannte «Ein-Kind-Familie» sind dort schon weit verbreitet. Anders bei den Bauern: Ein Großteil von ihnen hält zäh an der Tradition «Viel Söhne, viel Glück» fest.[56] Und so könnten zahlreiche Dörfer auch noch während der nächsten Jahrzehnte einen Überschuß an Menschen hervorbringen. Zwar werden sich die Bauern bei weitem nicht mehr so rasch vermehren wie in den meisten Entwicklungsländern, denn längst fühlen sich die Ehepaare angesichts der stabilen sozialen Verhältnisse nicht mehr genötigt, möglichst viele Kinder aufzuziehen. Aber selbst die augenblickliche Geburtenrate in den Dörfern ist noch zu hoch und unterläuft alle bisherigen Reformerfolge. *Noch* müssen Überzählige arbeitsuchend in die Städte abwandern.

Bevölkerungsexplosion: Diese scheinbar plausible Ursache reicht allerdings auch im Falle Chinas nicht aus, das plötzliche Ausufern der Städte erschöpfend zu erklären. Die Regierung selbst hat durch einen Kurswechsel in der Politik wesentlich zu der Wachstumskrise beigetragen. Diese begann während der fünfziger Jahre, also bereits unter Mao. Nachdem die Revolutionäre die Macht über ganz China errungen hatten, rückten sie schrittweise von ihrem ursprünglichen Konzept ab, vorrangig die Landwirtschaft zu fördern, und gingen dazu über, nach sowjetischem Vorbild mächtige Industriezentren aus dem Boden zu stampfen. Die meisten Fabrikanlagen ließen die Planer dort entstehen, wo von vornherein die besten technischen Voraussetzungen gegeben waren und sich ohnehin die meisten Menschen ballten, nämlich in Großstädten. Und so bauten sie Shanghai, Reservoir der meisten Arbeitskräfte, zum Zentrum der Schwerindustrie aus. Inzwischen konzentriert sich in Shanghai mehr als 30 Prozent der gesamten chinesischen Industrieproduktion. Damit aber wurde Chinas größte Stadt noch einmal attraktiv für weitere Zuwanderer, ja, Neuzuwanderer waren anfangs sogar von den Wirtschaftsplanern erwünscht. Aber Shanghai als überquellender Ballungsraum bietet nur das herausragende Beispiel. In Chinas insgesamt vier Dutzend Großstädten konzentriert sich heute fast 70 Prozent der Industrie[57] – mit ständig steigender Umweltbelastung durch Smog, Chemikalien und Maschinenlärm. Diese Städte, obwohl immer hektischer, lauter und disharmonischer in ihren Gegensätzen, bleiben bei ihrem unbestreitbar höheren Lebensstandard Hauptanziehungspunkt für Zuwanderer; sie alle haben die Tendenz, sich zu noch größeren Ballungszentren auszuwachsen.

Ein solch gar zu schnelles Wachstum hat bereits beträchtliche Erschütterungen ausgelöst, die in mancher Hinsicht den Stadtkrisen anderer Entwicklungsländer ähneln. Da sich der Staat bei seinen knappen Geldmitteln überfordert sieht, für die Zuwanderer schnell genug Wohnraum zu schaffen, sind viele der überalterten Häuser überbelegt und werden entsprechend abgewohnt. Besonders kraß sind die Verhältnisse in Peking, wo die Regierung zur Zeit der Kulturrevolution während der siebziger Jahre in die geräumigen Flachbauten zahlreiche weitere wohnungsuchende Menschen einwies – mit der Folge, daß in den Innenhöfen die Bäume gefällt wurden, um Platz zu schaffen für behelfsmäßige Unterkünfte, Lagerschuppen und zusätzliche Küchen. Heute, Mitte der achtziger Jahre, stehen viele Innenhöfe dieser jahrhundertealten Wohnkomplexe, einst Paradebeispiel einer höchst verfeinerten Zivilisation, voll mit Baracken, rußenden Öfen und Fahrrädern; es sind schwerwiegende Eingriffe, unter denen naturgemäß die holzgeschnitzten Fassadenverkleidungen und buntglasierten Ziegeldächer schwer zu leiden haben. Inzwischen gelten in China 10 Prozent aller Stadtwohnungen als einsturzgefährdet, rund 50 Prozent sind extrem sanierungsbedürftig. Ja, etliche Wohngegenden kann man bei der unzureichenden Versorgung als «Slum» bezeichnen. So befinden sich nach offizieller Schätzung in Peking 18 Prozent aller Häuser, in Shanghai immerhin 10 Prozent in baufälligem, verwahrlostem Zustand.[58] Angesichts solch akuten Zerfalls muß es nicht wundern, daß rotchinesische Stadtplaner es vorzogen (und teilweise noch immer vorziehen), historisch gewachsene Stadtviertel abzureißen und durch monotone Wohnblocks aus Betonfertigteilen zu ersetzen, dies schafft – kurzfristig gesehen – schnellere und billigere Abhilfe, als die kostspielige Restaurierung der alten, architektonisch wertvollen Bausubstanz. Für Chinas kulturelles Erbe allerdings ein irreparabler Schaden.

Wachstumskrisen verschiedenster Formen kennen demnach auch die Städte der Volksrepublik China zur Genüge. Trotzdem ist es nicht sicher, ob sich die dominierenden Ballungszentren weiterhin so explosiv vergrößern, wie dies die UN-Statistiker für die nächsten vier Jahrzehnte errechnet haben. Die Entwicklungsexperten gehen ja von der Voraussetzung aus, daß sich bisherige Tendenzen fortsetzen und in ihren Fehlern potenzieren. Doch gerade hier könnten in China entscheidende Barrieren wirksam werden. Inzwischen scheint man an verantwortlicher Stelle bereit, aus den Fehlern vor allem der letzten zwei Jahrzehnte zu lernen. Die Regierung hat ernstzunehmende Maßnahmen in die

Wege geleitet, Förderungsgelder nicht mehr vorrangig in ohnehin schon aufgeblähte Ballungsräume fließen zu lassen, sondern vermehrt in vernachlässigte mittelgroße und kleine Städte. Dort will man verstärkt Kleinindustrie – angepaßte Technologie – ansiedeln, dorthin will man nun unterbeschäftigte Menschen aus der Landwirtschaft locken. Mehr noch: Kleinindustrie soll aus den Städten in die Dörfer geholt werden, damit die Bauern innerhalb ihrer Region mehr für den Eigenbedarf produzieren können und nicht mehr die Stadt als Zulieferer brauchen.[59]

Werden also Shanghai und Peking während der nächsten vier Jahrzehnte doch nicht auf über 30 Millionen Einwohner angewachsen sein? Wird dort eher die Wachstumskurve sinken, wie dies die Entwicklungsexperten für Tokyo prophezeien?

Tokyo, Hauptstadt des hochindustrialisierten Japan mit inzwischen mechanisierter Arbeitswelt und durchschlagendem Erfolg bei der Geburtenkontrolle, könnte zwar, wie schon erwähnt, bis zum Jahr 2000 an die 24 Millionen Menschen in seinem Ballungsraum beherbergen. Aber während der darauffolgenden zweieinhalb Jahrzehnte, so heißt es in der UN-Studie, wird dort die Einwohnerzahl nicht nur stagnieren, sondern sogar schrumpfen, vermutlich auf 20 Millionen.[60] Hier bremsen dann schließlich doch die verbesserten Sozialstrukturen ein weiteres Ausufern. Ähnliches zeichnet sich vage auch schon in anderen Fernost-Staaten ab, die heute noch als «Schwellenländer» gelten, so Südkorea und Taiwan.[61]

Demnach könnten es all diese Fernost-Staaten bei ihrem dynamischen Marsch ins Industriezeitalter mehr oder weniger schaffen, das Vorbild unserer Zivilisation ohne größere Verzerrung zu kopieren – soweit der Wandel ihren Bedürfnissen entspricht und eigenen kulturellen Traditionen nicht diametral entgegensteht.[62] Ihre Großstädte werden dann allerdings immer mehr denen ähneln, wie Japan sie schon heute kennt – nämlich westlich geprägten Industriestädten. Kaum mehr Slums mit krasser Armut, kaum mehr der drohende Zusammenbruch jeglicher sozialen Organisation, dagegen überstarker Verkehr, Lärm, Monotonie und Häßlichkeit einer rein zweckbetonten Architektur, Zersiedlung der letzten noch naturbelassenen Räume. Fernöstliche Städte haben sich dann endgültig *unsere* Wachstumsprobleme eingehandelt.

Symptome der Überentwicklung

Die europäische Stadt am Scheideweg

Es ist ein mitteleuropäisches Problem. In vielen Städten müssen Eltern heute ihre Kinder ins Auto packen und zu einem Spielplatz fahren, denn tosender Autoverkehr selbst in Seitenstraßen macht es sogar noch für Sechsjährige lebensgefährlich, das Haus ohne Aufsicht zu verlassen. Und falls die Mütter für solche Begleitung nicht die Zeit aufbringen (von Vätern gleich gar nicht zu reden), müssen die Kinder in der Wohnung bleiben, um dort zu spielen. Vielbeschäftigte Eltern werden dann möglicherweise erleichtert reagieren, wenn ihre lebhaften Kleinen bei dem aufgestauten Bewegungsdrang nicht (teure) Möbel beschädigen, sondern «brav» vor dem Fernsehapparat sitzen. TV-Programm als Babysitter...

Nur in weniger verkehrsreichen Vororten scheint es diese Probleme nicht zu geben, zumindest nicht im Umfeld von Einfamilienhäusern mit Gärten. Sonst aber? In Satellitenstädten, wo sich ein achtstöckiger Wohnblock an den andern fügt, quellen die Straßen zu Stoßzeiten auch schon von motorisierten Berufspendlern über. Die wenigen Rasenflächen bieten für Kinder kaum einen Ausweg. Wer kennt nicht das vielfach aufgestellte Schild: Rasen betreten verboten...

Man leidet an der Stadt, ja, spricht teilweise sogar schon von «krankmachender Stadt»...

Es sind banale Alltagserfahrungen, wie sie uns allen zur Genüge vertraut sind. Zu banal? Auf den ersten Blick erscheint es deplaziert, sie gegenüber einer existenzbedrohenden Misere wie der von Kalkutta, Bombay, Kairo, Lagos oder Sao Paulo überhaupt zu erwähnen. Aber Sozialpsychologen werden sich während der folgenden Jahrzehnte noch Gedanken darüber machen müssen, was denn nun für eine Generation in mitteleuropäischen Städten – inmitten unserer sogenannten Wohlstandsgesellschaft – heranwächst: Kinder, deren Grunderfahrung es ist, nur noch am Gängelband Erwachsener die Straße zu betreten, anstatt im Vorschulalter spielerisch selber das eigene Wohnviertel zu erkunden; Kinder, die die Außenwelt vorrangig nur noch hinter dem Autofenster vorbeiflitzen sehen, anstatt sie im konkreten Sinn des Wortes Schritt für Schritt zu erobern; Kinder, die sich dann um so begieriger auf die Ersatzwirklichkeit von Fernsehfilmen stürzen. Sie werden eine ganz andere Beziehung zu ihrer Umwelt entwickeln, als frühere Generationen. Es sind die Kinder einer «autogerechten» Stadtlandschaft, einer betont «praktisch» und «funktional» ausgerichteten, an emotionalen Bedürfnissen vorbeigeplanten Betonwüste oder eines Asphaltdschungels, wie wir dies heute meist schon affektgeladen nennen.

Namhafte Psychotherapeuten und Sozialpsychologen, allen voran Alexander Mitscherlich, wiesen schon vor Jahren auf die Gefahren einer solchen Fehlentwicklung hin. So Mitscherlich bereits 1965: «Pointiert… kann man sagen, daß eine Stadt, die ihren Kindern keine weitläufigen Spielplätze, ihren Jugendlichen keine leicht erreichbaren Sport- und Tummelplätze, keine Bäder und Jugendzentren in der Nachbarschaft ihrer Wohnstätten verschafft, sich nicht wundern darf, wenn ihre erwachsenen Bewohner dann später nicht am politischen Leben der Gemeinde Anteil nehmen; wenn diese Anteilnahme überhaupt nicht mehr in ihren Gesichtskreis tritt, wenn sie das Problem Stadt nur noch in den städtischen Betrieben, dem Gaswerk, der Müllabfuhr und den Verkehrsbetrieben erleben können… Da die Verankerung des in den Städten aufwachsenden Menschen in seiner Kindheit mit weit mehr Enttäuschungen, Beschränkungen, Verzichten, Verboten belastet ist, als dies bei vernünftigem Bedenken seiner Bedürfnisse notwendig wäre, wächst zwar ein stadtgeborener Bürger auf, aber keiner, dem seine Stadt wirkliches Interesse, wirklichen Respekt abnötigt.»[1]

Es sind die Probleme einer hochentwickelten Industriegesellschaft – Probleme, wie sie die Mehrzahl der Asiaten, Afrikaner und Lateinamerikaner kaum als drängend empfinden würde. Angst hat bei uns eine andere Dimension bekommen: Nicht mehr das bloße Überleben dominiert als Konflikt, sondern Frustration. Oder doch auch das Überleben? Je mehr unsere Städte und die sie umgebenden Industriegürtel durch ihren Schadstoffausstoß

Umweltkatastrophen provozieren, um so mehr müssen auch wir uns vor einem ungebremsten Wachstum der Ballungszentren fürchten. Aber: Diese Angst entzündet sich nicht an der Unterentwicklung – sondern der Überentwicklung. Wir empfinden zunehmend Beklemmung angesichts einer Industriegesellschaft, die im Prinzip «alles erreicht» hat – ihren «Fortschritt» allerdings nicht mehr völlig unter Kontrolle halten kann.

Was ist verlorengegangen? Was haben wir gewonnen?

Auffallend für unsere europäische Gegenwart ist die Nostalgie. Städte mit mittelalterlichem Flair – verwinkelte Gassen, die auf Marktplätze und Kirchen als prägender Mitte zulaufen –, Städte, die in Reiseprospekten und Bildbänden als «malerisch» gepriesen werden, solche Städte haben in unserem Bewußtsein Konjunktur. Wenn dann noch eine Wehrmauer mit Türmen den alten Ortskern umgibt und zudem keine Industrie und moderne Wohnblocks den Stadtrand «verschandeln», dann steigen solche Städte zu Stars im Touristenrummel auf. Rothenburg ob der Tauber, Dinkelsbühl, Brügge, Toledo, Siena und erst recht Venedig sind durch derartige Sehnsüchte zu Ruhm gekommen. Aus dem gleichen Grund mag es Touristen in orientalische Altstädte ziehen. Mehr oder weniger bewußt neigen wir immer mehr dazu, die vorindustrielle Stadt als Stadt schlechthin zu verklären: überschaubar in ihrer Ausdehnung wie in ihrem Ordnungsgefüge, ohne schmerzende Kluft zwischen künstlerischer und bloß zweckbetonter Architektur. Wir meinen die Stadt des Spätmittelalters, der Renaissance, auch noch des Barock.

Bezeichnenderweise handelt es sich hierbei um vergleichsweise kleine Städte. Dagegen kommen Großstädte mit riesiger Ausdehnung heute meist nicht mehr allein dadurch zu höchsten Touristenehren, daß sie möglichst «modern» und «dynamisch» sind. Zunehmend bleiben jene Ballungsräume bevorzugt, die sich zumindest im Kern die Ausstrahlung einer traditionellen Stadt bewahrt haben: mit Gebäuden im wenigstens historisierenden Stil, wie ihn das Bürgertum des 19. Jahrhunderts liebte, Häuser, deren Fassaden letzten Endes doch noch zahlreiche Elemente früherer Epochen enthalten; dazu Prachtstraßen, die nur in ihrer Breite und Länge bisherige Dimensionen sprengen, sonst aber zahlreiche Versatzstücke vergangener Stilformen konservieren.

Deshalb sind Metropolen wie Paris, London oder Wien, um nur besonders herausragende zu nennen, zum Gegenstand nostalgischer Verklärung geworden, sie gelten heute mehr denn je als Großstädte mit «besonderem Flair». Im übrigen aber neigen wir dazu, spätestens mit dem Städtebau des 19. Jahrhunderts die «Krise» beginnen zu sehen – eben mit jener Zeit, als sich europäische Städte unter dem Druck der industriellen Revolution maßgeblich in ihrem Gefüge veränderten. Läßt das Industriezeitalter die Stadtkultur zwangsläufig verflachen, ja zerfallen?

Das Unbehagen ist verständlich, aber man sollte sich vor der Illusion hüten, das Rad der Geschichte ließe sich auch nur in irgendeiner Form zurückdrehen. Die industrielle Revolution des 19. Jahrhunderts hat schließlich langfristig, nach mancherlei Arbeitskämpfen, durch ihre kostengünstige Massenproduktion zum Massenwohlstand geführt – und damit jene sozialen Härten beseitigt, die die vorindustrielle Stadt zur Genüge belastet haben. Demnach wird nicht nur die gegenwärtige, sondern auch die zukünftige Stadt durch Fabriken, durch maschinelle Serienproduktion bestimmt bleiben. Unser Problem besteht nur darin, daß es bis heute nicht gelang, für die Stadt im Zeitalter der Hochtechnologie eine zufriedenstellende Form zu finden. Wir haben den jähen Umbruch bisheriger Traditionen noch nicht zur Genüge aufgearbeitet.

In der vorindustriellen Stadt lagen Wohnraum und Arbeitsstätte nicht weit voneinander entfernt, ja, oft wohnte und arbeitete man im selben Haus. Der Einschnitt war tief, als man dazu überging, familiäre Handwerksbetriebe immer mehr durch Fabriken mit riesigen Maschinenhallen zu ersetzen. An einem einzigen Platz arbeiteten nun plötzlich Hunderte von Menschen, meist weit entfernt von ihren Wohnungen, denn die Anlagen hatte man wegen ihrer Ausdehnung, ihres Lärms und ihrer qualmenden Schlote in eigenen «Industriezonen» an den Stadträndern angesiedelt, ansiedeln müssen. Nicht weniger einschneidend war, daß man begann, in den Stadtkernen große Bürokomplexe und Kaufhäuser zu errichten, womit man wiederum einen Teil der weitgestreuten Kleingewerbebetriebe durch eine Massenballung von Beschäftigten ersetzte. Die intime Nähe von Wohn- und Arbeitsplatz war ein für allemal zerrissen.

Ein folgenschwerer Wandel. Zwangsläufig zog er weitere Veränderungen nach sich, sie ebenso tiefreichend und grundsätzlich. Da es nun nötig wurde, jeden Morgen große Menschenmassen in die geballten Zentren zu bringen, mußte ein immer dichteres Netz von Schnellstraßen und Schienensträngen Wohn- und Arbeitszonen verbinden. Viel auf Rädern, wenig zu Fuß, dies wurde zunehmend zum Bewegungsstil von Berufstätigen. Die Konsequenz der Entwicklung: Zum Ideal wurde, ein eigenes Auto zu besitzen, um von überfüllten Vorortbahnen und beschränkten Zufahrtswegen unabhängig zu werden; der Berufstätige fühlte sich damit «flexibler». Nun aber forderte man – als weiteren logischen Schritt – die «autogerechte» Stadt. Man fing an, Hauptstraßen teilweise zu vier- oder gar achtspurigen Autobahnen auszubauen, ohne Rücksicht auf historisch gewachsene Zentren. Und so manche breitere Straße in Wohnvierteln verwandelte sich nun in eine Durchgangsstraße, jeden Morgen und Abend zu Stoßzeiten des Berufsverkehrs von unerträglichem Lärm erfüllt, von Abgasen verpestet. Dann eskalierte die Entwicklung vollends. Je hektischer und unruhiger manche Stadtviertel wurden, um so mehr zog es deren Bewohner hinaus in die *noch* «stillen» Vororte, ja gar noch in Dörfer. Grundbedingung allerdings: Auch diese Dörfer mußten rasch mit dem Auto oder der Vorortbahn zu erreichen sein – und falls die nötigen Zufahrtswege in diese «naturnahen» Rückzugsgebiete fehlten, mußten sie eben geschaffen werden.

Welch eine paradoxe Entwicklung. Gerade durch die Stadtflucht dehnte sich die Stadt in all ihrer Hektik und Lautstärke erst recht aus, gerade jetzt entstanden für die vielen zusätzlichen Berufspendler immer neue Autostraßen, immer neue Trabantensiedlungen. Damit wird allmählich zur Regel, daß ein ruhesuchender Einfamilienhausbesitzer eines Tages von seinem Vorgarten aus nicht mehr auf eine Wiese oder eine Waldkuppe blickt, sondern auf Neubauten aus Betonfertigteilen und eine Schnellstraße mit ständig rauschendem Verkehr. Die Stadt, der er entfliehen wollte, hat ihn eingeholt – und dies meist innerhalb nur weniger Jahre. Nicht genug damit. In dem Maß, wie unsere Ballungsräume sich durch immer neue Siedlungsgürtel in die Landschaft vorfressen, wächst die Sehnsucht nach «unberührter», «nicht verschandelter» Natur, nach Erholungsgebieten. Und dann ergießen sich an Wochenenden und zur Urlaubszeit immer größere Besuchermassen in eben diese «noch ursprünglichen» Landschaften – mit dem Ergebnis, daß auch dort jene «Zivilisation» Platz greift, der man wenigstens für Tage, für Stunden entkommen möchte.

So entsteht, um es mit den Worten des Umweltarchitekten Victor Gruen zu sagen, ein «neuer Bevölkerungstyp…, der weder ländlich noch städtisch ist, sondern ‹regional›. Der ‹Regionalist› genießt weder die Vorzüge eines naturverbundenen Daseins, noch die eines städtischen Lebens. Er lebt in einem Niemandsland, das weder die Vorteile des offenen Landes, noch die der Städte bietet, jedoch die Nachteile und Probleme beider vereint. Für ihn ist das Wesen der Urbanität in erschreckendem Maße bis zur Unkenntlichkeit verzerrt… Die Attraktion der Stadt, insbesondere der Großstadt, besteht im unbegrenzten Angebot und den Möglichkeiten der Auswahl. Dieses Angebot wird vollkommen wertlos, wenn seine Nutzung unzumutbare Opfer an Zeit, Nerven, Gesundheit und Sicherheit bedingt und wenn die menschlichen Sinne – Hören, Sehen, Riechen und Fühlen – durch die städtische Umwelt bis aufs Unerträgliche beleidigt werden.»[2]

Daß dieser Prozeß noch weiter fortschreitet, wissen wir alle mehr oder weniger aus eigener Erfahrung. Viele Großstädter, die heute um die 50 oder 60 Jahre alt sind, mögen sich an eine Jugend in der Stadt erinnern, als ihre Eltern noch zu Fuß eine nahegelegene Arbeitsstätte, meist einen Kleinbetrieb, aufsuchten. Sie selber sind aber tagtäglich von einer weit draußen gelegenen Trabantensiedlung auf verstopften Autostraßen in eine Industrie- oder Bürozone unterwegs. Gerade während der letzten drei bis vier Jahrzehnte haben sich in der Bundesrepublik die Hauptstöße dieser Entwicklung vollzogen. Je größer der Ballungsraum, von um so weiter her kommen täglich die Pendler angefahren. Mit mindestens einer halben und bis zu zwei Stunden Anfahrt haben rund 65 Prozent der Berufstätigen zu rechnen, wenn sie im Einzugsgebiet von Städten zwischen 500 000 und einer Million Einwohnern leben.[3]

Ein solch grundsätzlicher Wandel in den städtischen Lebensgewohnheiten ist aber keineswegs nur für die Bundesrepublik typisch, auch nicht nur für andere westeuropäische Industriestaaten, sondern ebenso für den Ostblock. Dabei hat gerade die Konzentration zu Großbetrieben in kapitalistischen Ländern ihren Anfang genommen. Aber der sogenannte reale Sozialismus hat in Osteuropa den staatlich dirigierten Großbetrieb hervorgebracht – und so haben sich auch dort in den Städten Wohnbezirke und geballte Arbeitszentren weit auseinander verlagert. Ob nun Frankfurt oder Budapest, Turin oder Moskau, überall bilden sich ähnliche Trabantenstädte und weitgestreute Vorortgürtel rings um die Stadtkerne, und überall wird die Landschaft weiter mit Straßen und Schienensträngen zerteilt. Daß im Ostblock der private Autoverkehr bei weitem noch nicht die Rolle spielt wie bei uns, kann die Entwicklung höchstens verzögern, aufhalten kaum.

Mit Stadt im traditionellen Sinn haben diese neuen Gebilde kaum mehr etwas zu tun. Hier kann man nur noch neutral von «Ballungsraum» sprechen, oder wie es engagierte Kritiker nicht ohne Affekt tun: von «Anti-Stadt». Die Zeit wird nicht mehr fern sein, dann besitzen wir in Europa Ballungsräume, die nicht nur zahlreiche Kleinstädte und Dörfer in unmittelbarer Umgebung zersiedelnd umfaßt haben – dann werden drei, vier oder mehr größere Städte zu einem einzigen Siedlungsbrei zusammengeschmolzen sein, über 70 oder gar weit mehr Kilometer hinweg. Bisher gibt es in der Bundesrepublik nur ein solches Gebilde: das Ruhrgebiet.

Das Ruhrgebiet – als Ballungsraum in der zweiten Hälfte des 19. Jahrhunderts entstanden und für damalige Verhältnisse alle Dimensionen sprengend – galt und gilt immer noch als die dichtbevölkertste Region Europas. Von Duisburg im Westen bis Dortmund im Osten, auf einer Strecke von nahezu 60 Kilometern, sind 16 Stadtkreise zu einer Industrie- und Stadtlandschaft mit 4,1 Millionen Menschen zusammengewachsen. Wenn man im Westen noch den Kreis Krefeld und im Osten Hamm dazurechnet, kommt man auf fast 5 Millionen Einwohner. Für einen Auto- und Bahnfahrer ist es schwierig, die einzelnen Städte des «Kohlenpotts» in ihren Grenzen zu erkennen, denn kaum einmal hört das Häusermeer auf, bestenfalls wechseln dichtbesiedelte Wohnbezirke kurz mit Gartenstädten, Parks und Feldern, sie schon wieder im Blickfeld von Schnellstraßen und Fabrikanlagen. Aber selbst die großen Städte innerhalb dieser Region, seien es nun Duisburg, Essen oder Dortmund, zählen nicht über 650 000 Einwohner.

Betrachten wir das Ruhrgebiet als Ganzes mit seinem ineinanderfließenden Konglomerat von 16 Stadtkreisen, so stellen wir fest, daß dort noch immer nicht einmal halbsoviel Menschen wie in Kairo leben. 650 000 Einwohner, wie etwa die von Dortmund, müßten sich in Ägyptens Hauptstadt gerade in einem Vorort zusammendrängen. Es wird aber nur noch wenige Jahre dauern, bis sich Kairo der 15-Millionengrenze nähert, und dann wird Deutschlands größte Industriezone gerade noch ein Drittel an Einwohnern gegenüber Kairo aufweisen. Im Ruhrgebiet werden kaum mehr neue Zuwanderer hinzukommen, wie die Statistiken der letzten Jahrzehnte zeigen.

Dieser kurze Zahlenvergleich sagt schon einiges darüber aus, was den riesigen Ballungsraum eines Industriestaates von dem eines Entwicklungslandes unterscheidet. Nach unseren Maßstäben sind die weitausufernden Stadtregionen der Bundesrepublik «dicht» besiedelt. Aber bei uns sind die Vororte teilweise durch zweistöckige Reihenhäuser, ja, streckenweise auch durch Einfamilienhäuser mit Vorgärten geprägt. Dagegen teilen sich in den Vorortslums von Kairo, Bombay, Lagos und Sao Paulo bis zu 10 Bewohner ein paar Quadratmeter einer Hütte. Im Großraum Kairo hausen so heute schon fast dreimal soviel Menschen wie im dichtbevölkertsten Landstrich Europas.

Die Siedlungsdichte wird sich in der Bundesrepublik kaum mehr wesentlich steigern können. Denn dazu fehlt eine Voraussetzung, wie sie gerade in den Entwicklungsländern Explosivkraft besitzt: der Geburtenüberschuß. In Deutschland stagniert die Bevölkerungszahl, wie in vielen anderen Industriestaaten auch, ja, sie geht in den letzten Jahren sogar ständig zurück, so weist 1985 eine Studie des Wirtschafts- und Sozialausschusses der Europäischen Gemeinschaft aus. Wenn aber trotzdem die Ballungsräume wachsen, dann nicht in erster Linie an neuen Einwohnern, sondern an Ausdehnung. Die Zuwanderer beanspruchen Wohnraum nach den Qualitätsansprüchen einer Wohlstandsgesellschaft, und dies bedeutet – im Vergleich zu den Entwicklungsländern – selbst noch für den Hilfsarbeiter in einer Mietskaserne Platz, viel Platz.

Mitteleuropäische Städte wirken daher dem äußeren Erscheinungsbild nach viel größer als Städte in Asien, Afrika und Lateinamerika mit der gleichen Einwohnerzahl. Mehr noch: Da viele Ballungsräume in Entwicklungsländern an ihrer Peripherie, ja manchmal bis ins Zentrum Strohhütten stehen haben, wo Ochsen und Ziegen vor den Türen lagern, unterschätzt der Europäer meist kraß ein solch dörflich anmutendes Häusermeer in seiner Menschenansammlung. Aus eigener Erfahrung kann ich bestätigen: Jeder Besucher wird Frankfurt mit seinen Hochhäusern und seinen pulsierenden Verkehrsadern nicht nur für wesentlich großstädtischer, sondern auch bevölkerungsreicher halten als etwa das indische Agra mit seinen mehrheitlich zweigeschossigen Bauten und dazu den Lehmhütten, vor denen Frauen über dem offenen Feuer ihr Essen kochen. Tatsächlich aber zählt Frankfurt 629 000 Einwohner, Agra inzwischen über eine Million.

Deutschlands Großstädte haben ihren entscheidenden Wachstumsschub während der zweiten Hälfte des 19. Jahrhunderts erlebt, als die industrielle Revolution notleidende Bauern massenhaft in die Stadtregionen zog. Aber bereits zu Beginn unseres Jahrhunderts und erst recht seit den letzten drei Jahrzehnten ist die Wachstumskurve wesentlich abgeflacht, in manchen Städten gar schon im Sinken begriffen. Deutlich festzustellen ist dies, wenn wir allein die Einwohnerzahlen der 10 größten Städte der Bundesrepublik (Berlin als politischer Sonderfall einmal ausgenommen) zwischen 1925 und 1980 betrachten.

Hamburg als größte Stadt stieg seit 1925 bis 1950 von ungefähr einer Million auf 1,6 Millionen Menschen, bis 1965 noch auf 1,8 Millionen, sank dann aber während der nächsten 15 Jahre wieder auf 1,6 Millionen ab. Nicht viel anders erging es 6 weiteren unter diesen 10 größten Städten. So ist Essen während der letzten zwei Jahrzehnte von 720 000 auf 650 000 Einwohner zurückgegangen, Düsseldorf von 680 000 auf 592 000, Frankfurt von 650 000 auf 629 000, Dortmund von 630 000 auf 609 000, Stuttgart von 630 000 auf 582 000. Nur drei der Spitzenreiter haben während dieses Zeitraums weiter an Einwohnerzahl zugelegt, so München als zweitgrößte Stadt von 831 000 auf 1,4 Millionen, Köln als drittgrößte von 643 000 auf 977 000, Hannover als zehntgrößte von 520 000 auf 582 000.

1987 weisen die 10 bevölkerungsstärksten Städte der Bundesrepublik zusammen ungefähr 8,5 Millionen Einwohner auf. Eine eindrucksvolle Zahl – aber nur an deutschen Verhältnissen gemessen. Allein im Ballungsraum von Mexico City sammeln sich inzwischen schon mehr als doppelt soviel Menschen: 18 Millionen. Und in Kairo: 13 Millionen. Und in Bombay: 11 Millionen. Die Aufzählung ließe sich, wie die Darstellung bisher gezeigt hat, beträchtlich verlängern. Zu denken geben muß hierbei, daß die Dritte Welt von Jahr zu Jahr weitere Städte hervorbringt, von denen jede einzelne mehr Menschen in ihrem Verwaltungsbereich wohnen hat, als die 10 größten bundesdeutschen Städte zusammen. Heute gehört ja schon die persische Hauptstadt Teheran dazu, die 1960 erst so viel Bewohner wie Hamburg registrierte. Bald wird man auch das nigerianische Lagos hinzurechnen müssen, das 1960 gerade 400 000 Einwohner zählte.

Unterschiede wie diese werden in den nächsten Jahrzehnten vollends zutage treten. Während dann die meisten Ballungszentren Asiens, Afrikas und Lateinamerikas noch einmal um das Doppelte oder gar Dreifache angeschwollen sein werden, werden viele europäische Großstädte wieder an Einwohnern abgenommen haben, so lauten die Prognosen. Und doch: Europäische Ballungsräume werden sich nach wie vor ausdehnen. Auch dies ist eine Prognose.

Auf den ersten Blick klafft hier ein eklatanter Widerspruch. Erst bei näherem Hinsehen löst sich die Paradoxie auf. Deutsche Großstädter etwa – es könnten auch französische, britische, holländische sein – wandern zwar aus den zentrumsnahen Wohnvierteln ab, weil es ihnen dort zu laut, zu hektisch, zu abgasverseucht geworden ist, aber meist ziehen sie nicht in weit entfernte Kleinstädte oder gar Dörfer, vielmehr bleiben sie im Einzugsgebiet ihrer Stadt, im Nahbereich guter Arbeitsplätze. Und dort entstehen neue, immer dichtere Siedlungsgürtel, die dem äußeren Anschein nach immer mehr mit dem Kern des Ballungsraums zusammenwachsen – aber man zählt die Bewohner an den Rändern dieser Agglomeration nicht mehr zur Großstadt selbst.

So geschieht dies, um nur ein Beispiel unter anderen näher zu umreißen, im Großraum Stuttgart. Von Stuttgart aus schieben sich immer größere Siedlungszungen, mit Industrieanlagen durchsetzt, weit über die Gemeindegrenzen ins Land hinaus, teils schon bis zu 30 und 40 Kilometer, wo sie dann mit Kleinstädten und Dörfern verschmelzen. Verläßt man mit der Bahn oder dem Auto die Stadt, so passiert man in verschiedene Richtungen eine Stunde und mehr zersiedelte Landschaft, die wenigen freien Felder oft mit Hochspannungsleitungen durchzogen. Es ist nur eine Frage der Zeit, bis hier vollends die letzte Lücke geschlossen ist. Stuttgart selbst wird aber niemals Millionenstadt werden – aus dem einfachen Grund, weil sich mittelgroße Städte im äußeren Siedlungsgürtel die Verwaltungsselbständigkeit erhalten wollen und ihre Einwohner getrennt zählen.

Ein eklatantes Beispiel dieser Art bietet auch Österreich mit seinem größten Ballungsraum Wien. Dort, wo heute ein Drittel aller Österreicher lebt, registrieren die Statistiken für die «Gemeinde Wien» leicht abnehmende Einwohnerzahlen. Besaß die Metropole 1914 als Zentrum einer Weltmacht noch 2,1 Millionen Einwohner, so waren es 1925 in der Hauptstadt eines kleingewordenen Österreich nur noch 1,9 Millionen, 1950 gar nur 1,7 Millionen, 1987 sind es noch knapp unter 1,6 Millionen. Dramatischer verringert sich die Zahl, wenn man Wiens Stadtkern und den Kernrand betrachtet. 1910 lebten im dichtbebauten Stadtgebiet noch 1,95 Millionen Menschen – und wie drängend eng besiedelt manche Wohnviertel waren, läßt am besten die Zahl der damals 170 000 registrierten «Bettgeher» ahnen, Arbeiter, die in überfüllten Mietskasernen nur stundenweise im Schichtbetrieb ein Bett mieten konnten –; 1981 wohnten in der gleichen Region lediglich 986 000 Menschen.

Aber nun eine gegenläufige Bewegung im Großraum Wien: 1910 haben in den Vororten erst 100 000 Menschen gewohnt; 1981 sind es 671 000. Und außerhalb der Stadtgrenzen, in einem Umkreis von 20 bis 30 Kilometern, sind noch einmal 510 000 Neuansiedler hinzugekommen,[4] die teils aus der Gemeinde Wien abgewandert, teils aus weitentlegenen Ortschaften in Großstadtnähe gezogen sind. Würde man alle Bewohner dieses gesamten Ballungsraums zum eigentlichen Wien hinzuzählen – was angesichts der immer stärker zusammenwachsenden riesigen Siedlungsfläche naheläge –, dann käme man bei Österreichs Hauptstadt auf ungefähr 2,1 Millionen, genau so viel, wie einst die dichtbesiedelte Metropole zu ihren Glanzzeiten zählte.

Die Tatsache, daß Zuwanderer auch aus weiter entfernten Dörfern kommen, läßt entsprechende Rückschlüsse zu. Es handelt sich um Dörfer, die in einer unscheinbaren Landschaft abseits der wichtigen Verkehrswege liegen und weder von Touristen beachtet werden, noch von der Industrie in ihre Planung einbezogen sind. Dort, in den sogenannten «Randzonen», bietet bestenfalls der eine oder andere industrielle Kleinbetrieb zusätzlich zur spärlichen Landwirtschaft Arbeitsplätze, dann aber sind dessen Löhne meist nur halb so hoch wie in der Großstadt. Bauern leben dort oft nahe dem Existenzminimum oder gar darunter, und viele von ihnen sehen auch heute keine andere Möglichkeit, als in die Ballungsräume mit besserem Arbeitsmarkt abzuwandern. Demnach gibt es auch noch in hochentwickelten Industriestaaten ein Ungleichgewicht zwischen städtischen Wachstumszentren und wirtschaftlich vernachlässigtem Hinterland, findet sich selbst in Mittel- und Westeuropa ein starkes Gefälle von Reich und Arm, von Entwicklung und Unterentwicklung. Und doch: wie weit entfernt von den Überlebenskämpfen der Dritten Welt.

Europa kennt nicht mehr die schroffen, unversöhnlichen Entwicklungsgegensätze zwischen Stadt und Land – ausgenommen einige Regionen im Süden. Vor allem in Griechenland, Süditalien, Südspanien und Portugal. Dort trifft man in den Dörfern teilweise noch auf eine «mittelalterliche», tief feudalistisch geprägte Lebenswelt, in den Großstädten aber ist ein jäher Industrialisierungsschub zu beobachten. Dies sind Gegensätze, wie sie noch an ein Europa des 19. Jahrhunderts erinnern, oder heute an Entwicklungsländer. Daher wachsen südeuropäische Ballungszentren entsprechend rasch – und bedrohlich.

Besonders Athen. Lebten in Griechenlands Hauptstadt 1925 nur 300 000 Einwohner, so waren es 1965 (als der Ballungsraum schon längst mit der ebenfalls dichtbevölkerten Hafenstadt Piräus zusammengewachsen war) 1,9 Millionen Menschen, und 20 Jahre später sind es 3,5 Millionen. Heute drängen sich 35 Prozent der Gesamtbevölkerung Griechenlands in diesem übervölkerten, total zersiedelten, lärm- und smoggefährdeten Gebiet. 40 Prozent aller griechischen Industriebetriebe konzentrieren sich im Großraum Athen–Piräus; sie bieten ein weitgefächertes Angebot an Arbeitsplätzen, aber auch an Qualm und Abgasen bis hin zur akuten Gesundheitsgefährdung. All die Horrornachrichten über Umweltverschmutzung und Übervölkerung hindern die Griechen aus entlegenen Landesteilen nicht, nach Athen abzuwandern und dort ein zweites Leben zu beginnen. Eine Hauptstadt, in der es mehr Theater und Kinos als im ganzen Land zusammengenommen gibt und wo die Hälfte aller 24 000 griechischen Ärzte praktiziert, muß für Bauern aus total unterversorgten, wirtschaftlich wie kulturell vernachlässigten Dörfern ein unwiderstehlicher Magnet sein. Pro Jahr vergrößert sich so Athen um 150 000 Zuwanderer,[5] während sich abgelegene Landstriche entvölkern und dort nur die Alten und Gebrechlichen innerhalb gespenstisch einsamer, langsam zerfallender Ortschaften zurückbleiben. So manche griechische Insel, die wenig vom Tourismus berührt ist, weist besonders viele Geisterdörfer in «malerischer» Landschaft auf.

Italiens Hauptstadt leidet unter ähnlichen Wachstumsproblemen. Rom, das 1925 nur 690 000 Bewohner registrierte, hatte sich bis 1950 auf 1,6 Millionen vermehrt, um dann während der nächsten drei Jahrzehnte seine Einwohnerzahl beinahe noch einmal zu verdoppeln: auf 2,8 Millionen. Viele dieser Zuwanderer aus notleidenden Dörfern finden aber schlechtere Unterkünfte als etwa Neuankömmlinge in Athen, denn in Süditalien sind die sozialen Gegensätze wesentlich krasser. So vegetiert ein Großteil der landflüchtigen Bauern rings um Rom in «illegalen» Siedlungen, wo die Hütten über Nacht aus Backsteinen, Brettern und Wellblech errichtet werden. Solche Slums, die in manchen Stadtvierteln an Elendshütten der Dritten Welt erinnern, sind noch immer im Wachsen begriffen. Anfang der achtziger Jahre schätzte man in Rom die Zahl der Slumbewohner auf 800 000, fast ein Drittel der Gesamtbevölkerung der «Ewigen Stadt».[6] Ähnlich drückende Verhältnisse sind in Neapel, Palermo, Madrid und Lissabon festzustellen.

Ein rasches, für europäische Verhältnisse gar zu rasches

Wachstum hat aber auch eine Metropole aus einer ganz anders gearteten Region aufzuweisen: Moskau. Die Hauptstadt der Sowjetunion zählte 1926 an die 2 Millionen Einwohner, 1950 waren es 5,6 Millionen, 1968 an die 7 Millionen, 1987 sind es 9 Millionen. Nirgends sonst in Europa, mit Ausnahme eben einiger südlicher Hauptstädte, war während der letzten Jahrzehnte eine derartige Steigerungsrate zu beobachten. Die Ursachen sind hier allerdings anders zu gewichten als in Südeuropa. Die Sowjetunion kennt nicht mehr die schroffe Armut oder gar eine zunehmende Verelendung von Dörfern, so daß es Arbeitsuchende kaum aus diesem Grund in die Stadt treiben müßte. Aber die Sowjetunion ist straff zentralistisch auf die Hauptstadt ausgerichtet: Alle politischen und kulturellen Fäden laufen in der dominierenden Metropole zusammen, zudem ballt sich dort ein gewichtiger Teil der Industrie – und dies, obwohl während der letzten 50 Jahre überall in der Sowjetunion die Städte beträchtlich gewachsen sind.[7] . Wenn auch die Ballung bei weitem nicht so sehr das Wirtschafts- und Kulturgefüge verzerrt wie etwa in Griechenland der Großraum Athen, so bleibt doch die sowjetische Hauptstadt Anziehungspunkt für Kleinstädter und Bauern mit wesentlich weniger attraktiven Lebensmöglichkeiten; selbst die beträchtlichen bürokratischen Hemmnisse einer Diktatur können den Zustrom aus der Provinz nicht zur Genüge drosseln.

Überall wo der Zentralismus in Politik, Wirtschaft und Kultur stark ausgeformt ist, bläht sich eine alles beherrschende Metropole auf. Es ist daher nur folgerichtig, daß sich auch im zentralistisch orientierten Frankreich der Ballungsraum Paris – ebenso ein unwiderstehlicher Magnet für Provinzbewohner – immer noch weiter ausdehnt. Paris ist inzwischen auf 10,6 Millionen Einwohner angewachsen und wird voraussichtlich die Elfmillionengrenze überschreiten. *Noch* rangieren damit Paris wie Moskau unter den 15 größten Städten der Welt. Aber bis zum Jahr 2000 oder gar 2025 wird man diese riesigen Metropolen kaum mehr in einer solchen Rangliste finden können; dann wird ihre Wachstumskurve endgültig abgeflacht sein, wie bei anderen Großstädten Europas auch. Hierbei ist es unnötig, zu betonen, daß sie durch ihre immer noch auffälligen Zuwachsraten weniger belastet sind als etwa die großen südeuropäischen Ballungszentren. Zwar kennen die französische wie die sowjetische Hauptstadt durchaus unterversorgte, schlecht verwaltete Wohnbezirke mit ausgesprochen ärmlichem Charakter, Moskau mehr als Paris; aber die krassen Signale sozialen Ungleichgewichts – ausufernde Slums – fehlen weitgehend, wenn sie auch nicht ganz verschwunden sind. In Pariser Vororten etwa konnten noch Anfang der siebziger Jahre Bidonvilles, sogenannte «Kanisterstädte» mit provisorischen Hütten aus Latten und Blech, fotografiert werden, Bilder schlimmster Not.[8] Und doch handelt es sich hier nur um punktuelles Elend, das sich bezeichnenderweise auf «Gast»arbeiter aus ehemaligen Kolonien konzentriert: 87 Prozent der Bewohner gerade aus den ärmlichsten Siedlungen sind, auf ganz Frankreich bezogen, «Ausländer», Farbige; und von ihnen fristen 62 Prozent ihr tristes Leben in Dauernotunterkünften rings um Paris, so die offiziellen Angaben von 1973.[9]

Slums in viel größerem Ausmaß wachsen dagegen in einer europäischen Region, wo dies vor Jahrzehnten noch unvorstellbar erschienen wäre: in Großbritannien. Ausgerechnet jene Städte, die vor einem Jahrhundert noch der übrigen Welt als Wegweiser und Vorbild einer dynamischen, zukunftsweisenden Industriegesellschaft galten, deren Namen euphorisch für «Fortschritt» schlechthin standen, sind heute von elementarsten Strukturkrisen erschüttert: allen voran Manchester und Liverpool. Wir kennen inzwischen zur Genüge Zeitungsberichte über heruntergekommene Wohngebiete mit eingeschlagenen, brettervernagelten, nicht mehr reparierten Fenstern, über abbruchreife Häuserzeilen mit nicht mehr beseitigtem Abfall vor den Türen – dies alles sind Bilder, die an das Proletarierelend des 19. Jahrhunderts erinnern. Hierzu passen auch jene bedrückenden Szenen, daß Arbeitslose auf den Müllkippen nach Verwertbarem suchen – Szenen, die der Misere in manchen südeuropäischen Regionen, ja teils sogar der Dritten Welt gleichkommen. Entsprechend sind die statistischen Daten, so etwa, um nur ein besonders augenfälliges Beispiel zu nennen, in Liverpool: Mehr als ein Viertel aller «Liverpudlians» sind arbeitslos, in den Satellitenstädten sogar an die 70 Prozent, so lauteten 1985 die Nachrichten.[10] Großbritannien, das um die Jahrhundertwende mit London noch die größte wie reichste Metropole der Welt stellte und als produktivste Industrienation ein Drittel des gesamten Welthandels bestritt, ist heute ins wirtschaftliche Abseits geraten. Britische Fabriken können bei weitem nicht mehr mit denen anderer bedeutsamer Industriestaaten konkurrieren, und so ist innerhalb von nur einem Jahrzehnt die Beschäftigung in der Industrie um mehr als 25 Prozent zurückgegangen. Mit verheerenden Folgen: Zahlreiche Fabrikanlagen sind stillgelegt und verkommen zu Ruinen, die unbrauchbar gewordenen Maschinen werden als Schrott verkauft.

Englische Städte sind damit aber nicht nur von Verelendung gezeichnet, sondern auch von steigender Kriminalität. Die Häuser gerade in den ärmeren Wohnvierteln zerfallen einerseits, weil die Bewohner sie mangels Geld nicht mehr instandsetzen können, andererseits, weil randalierende Arbeitslose, vor allem Jugendliche, zuweilen ganze Häuserblocks anzünden und plündern. Besonders gefährdet sind jene Städte, in denen ein hoher Anteil an Farbigen lebt. Dort, wohin während der wirtschaftlichen Blütezeit zahlreiche Bewohner britischer Kolonien auf Arbeitssuche geströmt sind und teils sogar geholt wurden – Inder, Pakistani, Chinesen, Schwarze –, dort ballen sich nun, bei den rar gewordenen Arbeitsplätzen, viel zu viele Menschen. Wie nicht anders zu erwarten, hat die Arbeitslosigkeit vor allem diese Zuwanderer aus den Kolonien getroffen. Nicht genug damit. Die ohnehin schon Benachteiligten haben auch noch gegen den Haß von Einheimischen anzukämpfen, denen nichts Besseres einfällt, als ausgerechnet die Farbigen für die Wirtschaftskrise verantwortlich zu machen. Seitdem kennen die britischen Großstadtslums Rassenunruhen, wie man sie mit solcher Heftigkeit innerhalb unseres abendländischen Raums bisher nur in krisengeschüttelten Elendsvierteln der USA beobachten konnte. Anders als in den USA jedoch erfaßt die Krise Großbritannien viel weitgefächerter. Erstmals droht nun ein hochentwickelter Industriestaat insgesamt auf den Status eines frühkapitalistischen Notstands zurückzufallen.

London selbst scheint von allen britischen Ballungszentren noch am wenigsten durch diese Erschütterung gezeichnet. Die Hauptstadt – heute mit 8,7 Millionen Einwohnern schätzungsweise an 15. Stelle der größten Städte der Welt – ist international eines der wichtigsten Finanz- und Bankenzentren geblieben, übertroffen nur von New Yorks Wallstreet, ebenso hat sie sich als bedeutsames Einkaufszentrum für Luxustouristen behaupten können. Aber für wie lange noch? Auch London kennt inzwischen wachsende Slums und immer mehr Arbeitslose, sie vor allem in den Wohnvierteln mit Schwarzen, Indern und Pakistani. Bald könnte die Krise mittelenglischer Industriestädte mit voller Wucht auf die noch immer weltweit faszinierende Metropole übergreifen.

Die Zustände in britischen Ballungszentren zeigen, daß sogar hochentwickelte Industriestaaten von Problemen eingeholt werden können, die wir heute nur noch für die Dritte Welt als typisch ansehen wollen. Was Europa allerdings weiterhin durchweg erspart bleiben wird – im Gegensatz zu Entwicklungsländern –, ist der alles überschwemmende Geburtenüberschuß, und dies nimmt selbst der schlimmsten Strukturkrise viel von ihrer Explosivkraft.

Entwicklungsländer mit ihren viel mehr gefährdeten Ballungsgebieten mögen uns um unsere Sorgen noch beneiden. Und doch birgt auch unsere Krise genug Zündstoff für die Zukunft. Zwar sind die Verhältnisse selbst in den Beton«slums» öder europäischer Vorstädte noch weitaus erträglicher als in den Elendsbaracken der Dritten Welt; dagegen haben wir uns – im fortgeschrittenen Entwicklungsstadium – den Schock einer übertechnisierten und damit anfälligen Industriegesellschaft eingehandelt: die Angst vor dem Verlust der Natur, vor dem Verlust einer «menschengerechten» Umwelt.

Dies ist unsere Zeitbombe.

Die «Amerikanisierung» unserer Städte

Unsere Städte «amerikanisieren» sich. «City», «Skyline», «Shopping Center» ... Auch wir benützen schon diese Begriffe, wenn wir über Ballungsräume sprechen. Zurecht, wie es scheint. Mit «City» meinen wir jene Stadtkerne, in die während der «Rush hour» (oft sagen wir gar nicht mehr Stoßzeit) die Menschenmassen zu ihren «Jobs» in Bürotürmen und Kaufhäusern strömen. «Skyline» nennen wir zunehmend die weitgestreckte Silhouette von Betonhochhäusern und Wohnblocks, die nur noch wenig gemeinsam hat mit der altvertrauten Ansicht spitzgiebliger Dächer und Türme als prägender Mitte. «Shopping Center» schließlich heißen wir klotzartige Betongebilde, die meist weit draußen auf freiem Feld oder am Rand von Industrieanlagen auf autobahnähnlichen Straßen zu erreichen sind (sagen wir schon «Highway»?).

Zumindest der Begriff «City» zeigt aber deutlich, daß der Keim der Entwicklung nicht in Nordamerika, sondern in Europa zu suchen ist. Von «City» sprach man erstmals in London, der frühesten Metropole unserer Industriegesellschaft, und umriß mit dieser Bezeichnung etwas ganz anderes als das herkömmliche Zentrum: nicht mehr einen dichtbesiedelten Stadtkern, wo Wohn- und Arbeitsstätte im selben Haus vereinigt sind, sondern eine Region, wo Bürokomplexe, Banken, Kaufhäuser und Ladenstraßen vorherrschend das Bild bestimmen, ein «Geschäfts»viertel, mehr oder weniger getrennt von den Wohnbezirken.

Daß wir diesen Wandel heute gerne als «amerikanisch» begreifen und «City» immer weniger als ein englisches Wort auffassen, hat seine Gründe. Denn in Nordamerika, vor allem den USA, hat sich die Stadt aus dem Geist des Industriezeitalters am konsequentesten durchgesetzt. Zwar errichteten die Amerikaner an der Ostküste ihre ersten Städte während des 18. und 19. Jahrhunderts noch nach europäischem, meist englischem Vorbild, aber im Landesinnern bauten sie Farmer- und Goldgräbersiedlungen ohne tiefere Beziehung zur historischen Tradition des alten Europa. Den Menschen, die im jungfräulichen Pionierland, in Prärie und Wildnis heranwuchsen, war der Gedanke an ein rasch aus dem Boden gestampftes Gemeinwesen selbstverständlich. Für sie bedeuteten Städte von Anfang an nur ein bloßes Nebeneinander der Geschäfts- und Wohnhäuser, allein nach vordergründigem Gebrauchswert geplant, eine Ansiedlung, die man ohne Bedenken vernachlässigte oder gar verließ, wenn sie ihren wirtschaftlichen Nutzen verlor. Geradezu lückenlos konnte sich an diese Goldgräber- und «Pionier»mentalität die Wegwerfmentalität des Industriezeitalters anschließen. Was für das 19. Jahrhundert die vielen verlassenen Goldgräberstädte, sogenannte «ghost towns», bedeuten für das 20. Jahrhundert verwahrloste oder gar verlassene Wohn- und Industrieviertel innerhalb von Millionenstädten. New York bietet hier besonders beklemmende Beispiele und doch keine herausragenden Einzelfälle: einerseits das dynamische Manhattan, wo immer noch neue Wolkenkratzer in den Himmel wachsen und brutal ältere, niedrigere Bauten verdrängen, andererseits Harlem und die Bronx mit kilometerweit zerfallenen Häusern, teils schon unbewohnt. Man konnte es sich leisten (oder glaubte es sich leisten zu können), neben abgewirtschaftete Stadtregionen neue zu bauen, Raum war in dem endlos weiten Amerika ja genug vorhanden.

Gerade der Durchschnittsamerikaner sah (und sieht) es als einen Nachteil an, daß es den Europäern in ihrem dichtbevölkerten Kontinent an solchem Platz fehlt und sie gezwungen sind, ihre alten Städte immer wieder umzubauen, ja, mehr noch: darauf angewiesen zu sein, im Stadtbild stets neu ein mühsames Gleichgewicht zwischen «Tradition» und «Fortschritt» auszubalancieren. Amerikaner haben nur schwer eine emotionale Bindung an historisch gewachsene Architektur entwickeln können, weil es für sie – von einigen flüchtigen Anleihen abgesehen – solche Tradition fast nicht gibt.

In nordamerikanischen Städten setzte sich daher viel rascher und viel ausschließlicher ein industriell geprägter Baustil durch. Dort triumphierte bereits um die Jahrhundertwende der Stahlskelettbau, ein leichtgewichtiges Stahlgerippe, in das die maschinell vorfabrizierten Außenwände nur noch eingehängt werden. Nichts mehr an dieser Architektur ist Schmuck, alles nur noch Funktion. Dagegen zögerte man in Europa noch bis in die zwanziger Jahre herein, Wohnhäuser und öffentliche Bauten in solcher Weise zu errichten; man sah diese praktische, kostensparende und schnelle Bauform vorwiegend für Fabrikhallen geeignet, hielt aber sonst noch zäh an traditioneller Architektur fest, auch wenn es oft nur ein historisierender Stil war: Man baute ornamentverkleidete, ornamentüberladene Häuser in schlechter Nachahmung früherer Bauformen, ja, vermischte meist Kunststile aus den verschiedensten Epochen. Und gerade so handelte man sich von den Amerikanern den Vorwurf ein, man sei nicht fähig, sich konsequent auf das «moderne», «industrielle» Zeitalter einzulassen. Ein Einwand, der so falsch nicht war. In Europas bloß historisierender Architektur offenbarte sich ja vielfach nur noch rückwärtsgewandtes, gegenwartsflüchtiges Denken, zeichnete sich eine Erstarrung in Tradition ab.

Der Stahlskelettbau sollte zur zukunftsweisenden Bauform der amerikanischen Städte werden – eine Bauform, die den Anspruch erhob, am besten den Bedürfnissen des technischen Massenzeitalters Rechnung zu tragen. Denn in Wohnblocks, die sich gigantisch nach oben reckten oder in die Breite dehnten, ließen sich große Menschenmassen relativ billig unterbringen – gemessen an früheren Lebensbedingungen, war es ein komfortableres Wohnen für Familien auch mit kleinerem Geldbeutel.

Industrielles, rationelles Bauen aus vorgefertigten Einzelteilen setzte sich nicht weniger bei einem diametral geradezu entgegengerichteten Haustyp durch: dem Einfamilienhaus. Je billiger auch diese Wohnform wurde, um so mehr gedieh sie als Alternative zu den riesigen Betonklötzen und wurde zum Ziel für alle, die die Menschenmassen meiden und weiter draußen vor der Stadt «individuell» wohnen wollten. Hierfür boten die USA und Kanada bei der Weite ihres Raums ebenfalls idealere Voraussetzungen als Europa. Verschwendung des Raums: Diese Tendenz nahm zu, je mehr sich der amerikanische Durchschnittsbürger ein Auto leisten konnte und damit in der Lage war, auch weiter entfernte Orte schnell zu erreichen. Das Autozeitalter mit seinem rasch anschwellenden Individualverkehr hat ja in den USA um Jahrzehnte früher und auch viel dynamischer eingesetzt, dort, wo das Fließband erfunden wurde und die ersten billigen Privatwagen in Massenproduktion vom Stapel liefen. Und so beschleunigten gerade die Nordamerikaner – viel entschiedener als die Europäer – jenen Wandel, daß sich die Vorortsiedlungen explosiv in das weite Land ausdehnten und eine Stadtmitte im unübersehbaren Häusermeer immer weniger klar erkennen ließen.

In den USA haben die Regierenden wesentlich zu diesem Trend beigetragen. Sie begünstigten einseitig die Autoindustrie und den Ausbau von Highways, gewährten Steuererleichterung für Eigenheime weit draußen in den Vororten oder gar im «Grünen», taten aber relativ wenig, um öffentliche Verkehrsmittel zu verbessern und zerfallende Stadtzentren zu erneuern. An die 80 Prozent der investierten Gelder flossen während der fünfziger Jahre in den Bau von Autobahnen und Flughäfen, nur 5 Prozent kamen dem Massentransport zu. Mit problematischen Folgen: Von 1948 bis 1973 schrumpfte die Zahl der Fahrten in öffentlichen Verkehrsmitteln von mehr als 23 Milliarden pro Jahr auf weniger als 7 Milliarden, und 1972 registrierte man von fünf Berufspendlern durchschnittlich vier im Auto, jeder meist allein unterwegs.[11] Auf diese Weise konnten in den USA monströse Stadtgebilde entstehen, wie sie bei uns in Europa – bis jetzt – undenkbar sind. Allen voran das vielgeschmähte, aber auch gerühmte Los Angeles.

Flugaufnahmen vermitteln am besten eine Ahnung von der Struktur dieser Stadt: Scheinbar endlos reihen sich niedrige Häuser aneinander, teils in Gärten eingebettet, teils zu Gruppen geballt, und diese weitgestreuten Siedlungen sind durch Autobahnen und eine Vielzahl davon ausgehender Straßen miteinander verbunden. Dicht bebaut sind nur wenige Flächen; dort ragt entweder eine Gruppe Wolkenkratzer empor und läßt auf das Geschäftszentrum, die sogenannte «Downtown», schließen, oder es dehnen sich Häuserkomplexe mit riesigen Autoparkplätzen, die «Shopping Centers», innerhalb der Vororte. Dieses lockere Geflecht verschiedenster Zentren hat nichts mit einer Stadt im europäischen Sinn gemeinsam, denn es fehlt eine klar erkennbare, unverwechselbare, historisch gewachsene Mitte. 87 kleinere

Städte und Marktflecken sind hier zu einem riesigen Stadtareal von rund 1200 Quadratkilometern zusammengewachsen, auf einer Fläche halb so groß wie das Saarland. Von der Ausdehnung her ist Los Angeles – die «Un»stadt – nach wie vor die größte Stadt der Welt. Einzelne Boulevards sind bis zu 70 Kilometer lang; nirgends sonstwo trifft man derart lange Straßen innerhalb einer einzigen Häuserregion an. Und diese Ausdehnung, bei schlecht ausgebautem öffentlichen Verkehr, macht das Privatauto zwangsläufig zum wichtigsten Fortbewegungsmittel. Los Angeles gilt als *die* Autostadt schlechthin. Fast alle Berufstätigen erreichen mit dem Auto den Arbeitsplatz, wobei eine Wegstrecke bis zu 100 Kilometern keine Seltenheit ist. Zu Stoßzeiten bewegen sich Millionen Privatwagen in Viererkolonnen auf den Highways hinein in die Stadt oder hinaus. Aber gemessen an der Ausdehnung hat der Ballungsraum relativ wenig Einwohner: «nur» etwa 7 Millionen (bei nahezu 3 Millionen Autos!).[12]

Los Angeles, die heute zweitgrößte Stadt der USA, zählte eine Zeitlang zu den am raschesten gewachsenen Städten der Welt. 1880 noch ein Provinznest mit 10 000 Menschen, entwickelte sie sich seit 1910 stürmisch zum Handels- und Industriezentrum Kaliforniens, und damit zog sie wie sonst kaum eine andere Stadt Zuwanderer aus allen Teilen der USA in ihre Region, aber auch Einwanderer aus Europa, erst recht aus Lateinamerika, vor allem dem benachbarten Mexiko, wo ein Großteil der Menschen bettelarm in Dörfern lebte. Ihre Anziehungskraft verstärkte die Metropole noch einmal, als einer ihrer Vororte, Hollywood, zum Zentrum der Filmindustrie aufstieg. Erst während der letzten Jahrzehnte ist die Wachstumskurve deutlich abgeflacht. Zwar rechnet man bis zur Jahrtausendwende noch mit einem Ansteigen auf schätzungsweise 12 Millionen,[13] dann aber dürfte die Einwohnerzahl von Los Angeles endgültig stagnieren – wie inzwischen bei vielen Metropolen der westlichen Welt.

Die größte Stadt der Vereinigten Staaten ist immer noch New York, sie wird es wohl auch bleiben. Dieser Gigant hat ebenfalls ein rasches Wachstum hinter sich. 1850 zählte man dort 700 000 Einwohner, 1900 waren es schon 3,4 Millionen, und damit war New York zur zweitgrößten Stadt der Welt geworden (nach London mit 5 Millionen Menschen). Noch einmal fünf Jahrzehnte später, 1950, waren es 12,8 Millionen – damals galt New York als die unbestritten weltgrößte Stadt. Seither allerdings hat sich das Ansteigen beträchtlich verlangsamt, mehr noch: vorübergehend sind sinkende Ziffern zu verzeichnen. Zwar könnte sich die Anzahl der New Yorker bis zum Jahr 2000 noch auf über 19 Millionen erhöhen, so stellen Entwicklungsexperten die Prognose, aber eine solche Steigerung wäre weniger wahrscheinlich durch den Zustrom immer neuer Ansiedler, eher würden immer weitere Satellitenstädte eingemeindet. Dann dürfte die Wachstumskapazität endgültig erschöpft sein. Auch bis zum Jahr 2025, so lautet das Ergebnis der UN-Studie, wird New York nicht die Grenze von 20 Millionen überschritten haben.[14] New York läge damit innerhalb der folgenden vier Jahrzehnte nur noch an 14. Stelle der größten Städte der Welt – hinter Madras, Karachi, und Rio de Janeiro, neben Bangkok und knapp vor Kairo. Diese Stadt verdankte ihr enormes Wachstum fast ein Jahrhundert lang der Tatsache, daß sich in ihrem Hafen ein Großteil des amerikanischen Überseehandels konzentrierte; außerdem trafen hier mehr als zwei Drittel aller europäischen Auswanderer ein, so mancher von ihnen blieb am Ankunftsort hängen.

Aber dieses New York, das heute noch immer eine der größten Stadtflächen der Welt bietet, ist eingebettet in eine erst recht riesige Stadtlandschaft: in eine 650 Kilometer lange Siedlungskette an der Ostküste, die von Boston im Norden über Philadelphia und Baltimore bis nach Washington im Süden reicht. 35 Millionen Menschen wohnen dort. Und diese endlos erscheinende Reihung von Großstädten, Kleinstädten und Industriezonen wächst im Westen fast schon mit einem weiteren riesigen Ballungsraum zusammen, wo sich die Städte Pittsburgh, Cleveland, Detroit und Chicago ausdehnen. Es ist eine kaum von einer freien, naturbelassenen Landschaft unterbrochene Stadtvernetzung, sie stellt die bisher größte Agglomeration von Großstädten auf unserem Planeten dar. Noch findet sich nirgends in der Dritten Welt eine derartige Ansammlung. Noch nicht!

Bereits die USA – und nicht erst die Entwicklungsländer – bieten ein beklemmendes Beispiel, wie es ab einer bestimmten Größenordnung schwierig wird, Städte ausreichend zu verwalten, zu versorgen und sie ohne ernsthafte Strukturkrisen funktionsfähig zu halten. Dabei besitzen die USA das höchste technologische Potential der Welt. Trotzdem beherbergen ihre Großstädte teils 10 Prozent der Einwohner unter erbärmlichen Bedingungen in Slums. Wenn ein solcher Anteil an Elendsvierteln auch niedrig erscheinen mag im Vergleich zu vielen Städten in Asien, Afrika und Lateinamerika, so ist er doch erschreckend für einen hochentwickelten Industriestaat mit festverankerter Demokratie. Eine Ursache für derartige Zustände mag man darin sehen, daß die US-Amerikaner den Wohlfahrtsstaat niemals zu der Konsequenz ausgebaut haben, wie es Mitteleuropäer taten, aber dies erklärt bei weitem nicht alles. Letztlich sind Ballungszentren in solchen Dimensionen allein schon durch ihre fehlende Überschaubarkeit krisenanfällig. Je mehr die Industrie ausgerechnet in derart massiv besiedelten Gebieten den Arbeiter durch Maschinen ersetzt (und gerade in einem technologisch so fortgeschrittenen Land wie den USA wird die Automation ja vorangetrieben), um so weniger Arbeit können die viel zu vielen Stadtbewohner finden. Wenn dann zusätzlich Kommunen noch verschuldet sind – der Großstadtgigant New York stand bereits mehrmals kurz vor dem Bankrott –, dann lassen sich Arbeitslose auch nicht mehr im städtischen Dienstleistungssektor unterbringen, selbst wenn dort dringend Leute gebraucht würden. Slums werden daher eine weitere Begleiterscheinung gerade nordamerikanischer Städte bleiben. Entsprechende Folgeerscheinungen, besonders steigende Verbrechensquoten, sind bekannt.

Mittlere und kleinere Städte der USA kennen diese bedrohliche Zuspitzung nicht. Aber ein Problem, wie es inzwischen für alle Städte unserer Industriezivilisation zunehmend typisch wird, belastet auch sie. Ob in Michigan oder Kalifornien, in Ohio oder Utah, überall bietet sich ein immer mehr zum Verwechseln ähnliches Bild: die gleich aussehenden Häuser und Highways, die gleiche Skyline, aber keine unverwechselbare Stadt mehr. New York ist hier eher noch Ausnahme, New York bietet noch viel vom Fluidum einer traditionellen Stadt: Manhattan, die klar erkennbare Mitte, ist herausgehobene Individualität. Ähnliches kann man von einigen anderen Großstadtzentren sagen, denen von Boston, New Orleans oder San Francisco zum Beispiel. Je mehr man aber in die amerikanische Provinz eintaucht, um so weniger bieten die Orte regionale Besonderheiten, um so mehr ähneln sich die Häuser in ihrem Aussehen: aus den gleichen Fertigteilen hergestellt, rationell, billig, schnell – die bisher perfekteste Konsequenz unseres Maschinenzeitalters, das eine Ware hundertfach, tausendfach, ja millionenfach reproduziert. Und diese Gleichförmigkeit macht es dem Bürger immer schwerer, sich mit einem unverwechselbaren Stück Heimat zu identifizieren.

Sehr «amerikanisch»?

Hier ist die Logik der maschinellen Serienproduktion lediglich auf die Spitze getrieben. Eine Logik, die zuallererst in Europa während der industriellen Revolution keimte. Aus Europa ist sie exportiert worden und hat sich dann in den USA intensiver entfalten können. Aus den USA ist sie wieder – nun radikalisiert – nach Europa zurückgekehrt. Auch wir besitzen genügend Architekten, die genau diese Uniformität zum Prinzip erheben und entsprechend Städte für die ganze Welt bauen wollen. Eine Architektur, gleich geeignet für Amerikaner, Europäer, Asiaten, Afrikaner – für *alle*, unabhängig von kultureller Eigenart.

Hinter dieser Haltung steckt mehr als nur die alte eurozentrische Arroganz, die ganze Welt müsse sich nach unserer Vorstellung formen. Eine solche Haltung kommt vielmehr auch dem Bedürfnis der Großindustrie entgegen, die für ihre Produkte einen einheitlichen Weltmarkt schaffen möchte. Wenn alle Welt Häuser im gleichen Stil baut, dann können Konzerne ohne Schwierigkeiten in alle Welt die gleichen Betonplatten, Stahlrahmen und Installationsgeräte liefern – nichts könnte eine Wirtschaft effizienter und reibungsloser funktionieren lassen. Handfeste ökonomische Interessen führender Industriestaaten verstärken so den Vormarsch der sogenannten «funktionalen» Bauweise, ja, geben ihr erst die volle weltweite Durchschlagskraft.

Inzwischen gibt es kaum mehr irgendwo auf der Welt eine Großstadt, die nicht schon auf diese Weise in den Sog europäisch-amerikanischer Zivilisation geraten wäre. Unterschiedlich ist nur die Intensität. Hierbei spielt weniger eine Rolle, inwieweit sich nun asiatische, afrikanische und lateinamerikanische Regierungen politisch dem «Westen» annähern oder schroff auf Distanz gehen. In Thailand stehen ebenso genormte Betonwohnblocks wie in China, in Brasilien wie im Senegal, in der Türkei wie in Saudi-Arabien, in Kenia wie auf den Südseeinseln. Exemplarische Stadtbeispiele wie die von Agra, Bombay, Kairo, Fes und Sanaa dürften deutlich gemacht haben, zu welchen Problemen ein solch aufgepfropfter Baustil in völlig fremden Kulturräumen führen kann. Aber ein Blick auf Europa, Nordamerika und Australien – die hochentwickelten Industriegesellschaften – zeigt, daß auch dort den Städten Gefahr droht, wenn sich die Planer gar zu sehr den Bedürfnissen der Großindustrie anpassen und einen technisch total durchrationalisierten Fertigbaustil widerspruchslos hinnehmen. In letzter Konsequenz veröden dann unsere Städte selbst im äußeren Erscheinungsbild, werden auch in dieser Hinsicht unwohnlicher.

Sterben unsere Städte? Diese Frage wird immer häufiger gestellt, sowohl von ernstzunehmenden Kritikern als auch von Konjunkturrittern schnellebiger Meinungstrends. Es wäre entschieden zu früh, den Untergang der Stadtkultur einzuläuten. Gerade in den USA, wo ja die industriell geprägte Stadt am augenfälligsten innerhalb unseres abendländischen Raums auf die Krise zusteuerte, machen sich schon seit den siebziger Jahren verstärkt Gegenbewegungen bemerkbar. Das Bürgertum kehrt aus der Isolation der Vororte zunehmend in citynahe Wohngebiete zurück, restauriert sie, renoviert sie, rettet sie vor dem Zerfall – versucht gerade in den schon verödeten, teils schon verwahrlosten Großstädten wieder funktionsfähige, «lebenswerte» Zentren zu schaffen. Ähnliche Entwicklungen können wir in europäischen Städten beobachten, deren Struktur noch nicht im gleichen Maß bedroht gewesen ist: Man «revitalisiert» ältere Wohnbezirke, richtet Fußgängerzonen ein, versucht dem Autoverkehr seine alles beherrschende Stellung zu nehmen. Wieder mehr «urbane Lebensqualität» – eine Forderung wie diese, vor Jahren noch belächelt und in ihrem Stellenwert meist gar nicht erkannt, gewinnt zunehmend an Breitenwirkung.

Das allerdings kann nur der Anfang sein. Wesentlich wäre, industrielle Ballungszonen zu entflechten und mehr Arbeitsplätze in vernachlässigte «Randgebiete» zu verlagern, damit nicht noch weitere Zuwanderer aus wirtschaftlichen Notstandsgebieten in die Städte strömen. Jedoch würde es bei den heutigen

Machtverhältnissen in Wirtschaft und Industrie eine Illusion bedeuten, die Großbetriebe abschaffen zu wollen und durch zahlreiche, weitgestreute Kleinbetriebe zu ersetzen. Die Konzerne müßten selber dezentralisieren und Zweigstellen in kleineren Orten einrichten. Kurzfristig gesehen mögen solche Zukunftsperspektiven zwar nicht wirtschaftlich genug erscheinen, aber langfristig betrachtet wäre damit viel für eine ausgewogenere Entwicklung der Städte getan. Hierbei ökonomische und kulturelle Bedürfnisse in Einklang zu bringen, dies wird eine der wesentlichen Aufgaben für die kommenden Jahrzehnte sein.

Staaten der Dritten Welt haben in dieser Hinsicht die größten Sorgen. Um es noch einmal zusammenfassend zu sagen: Asiatische, afrikanische und lateinamerikanische Städte wachsen gerade dann uferlos, wenn sich Großindustrie in wenigen Räumen (besonders in der Nähe der Hauptstadt oder eines wichtigen Exporthafens) ballt. Solche Entwicklungszonen blähen sich um so mehr durch den massiven Zustrom Arbeitsuchender auf und platzen schließlich aus allen Nähten, je krasser das Hinterland vernachlässigt bleibt. Besonders für «Entwicklungs»länder wäre es daher lebensrettend, Kleinindustrie parallel zur Landwirtschaft in abgelegenen Gegenden zu fördern. In vielen dieser Staaten kompliziert sich das Problem allerdings durch eine Vielfalt weiterer Belastungen. Die ländliche Armut müßte beseitigt werden – hierfür wäre aber zuerst einmal die Macht der Großgrundbesitzer zu brechen. Noch vordringlicher erscheint es, die ständig ansteigende Geburtenflut zu senken – was wiederum nur möglich ist, wenn man zuvor die Verelendung gebremst hat. Die sich wechselseitig bedingenden Probleme häufen sich in einem Maß, daß ihr drückendes Gewicht zeitweilig mutlos machen kann. Theoretische Entwürfe zu ihrer Lösung wären aber vorhanden. Woran es vorerst noch fehlt, ist der Mut – noch mehr aber der politische Wille –, die theoretischen Konzepte ernsthaft auf ihre Brauchbarkeit hin zu überprüfen und dann im gegebenen Fall auch durchzusetzen.

Wunder soll man allerdings nicht erwarten, selbst nicht bei günstigen politischen Voraussetzungen. Denn jene folgenschwere Wachstumsexplosion, die mit der industriellen Revolution während des 18. und 19. Jahrhunderts in Europa begann, ist nicht mehr rückgängig zu machen. Man wird auch kaum verhindern können, daß während der nächsten Jahrzehnte die Verstädterung weltweit fortschreitet. In Industriestaaten sind heute schon über 80 Prozent der Menschen Städter, in vielen Dritt-Welt-Staaten erst 20 bis 30 Prozent, in einigen wenigen schon an die 50 Prozent. Man fragt sich, ob nicht eine ganze Reihe dieser «Entwicklungs»länder den Urbanisierungsgrad von Europa oder den USA erreichen werden – und ob dann aber, bei der viel ungünstigeren Ausgangslage, ihre riesigen Stadtlandschaften auf die Dauer nicht viel schlimmeren Strukturkrisen ausgesetzt bleiben. Schon von daher wäre es zu wünschen, daß solche Länder den Massenzustrom in die Städte ebenso rasch verringern können wie den Geburtenboom in den Slums – dies aber hängt davon ab, daß Politiker und Wirtschaftsstrategen rechtzeitig das bisher krasse soziale Ungleichgewicht korrigieren. Grundsätzlich ist allerdings die Verstädterung quer durch die Kontinente nicht mehr aufzuhalten, sie läßt sich bestenfalls noch im Detail steuern und dort in ihren Fehlentwicklungen bremsen.

Mehr als in den vergangenen fünf Jahrtausenden Hochkultur wird also die Stadt zentraler Wohnort für die Menschheit werden. Zukünftigen Generationen bleibt nur der Spielraum, für diese historisch neue Situation – die Stadt des Industriezeitalters – eine passende Form zu entwickeln, damit wir nicht mehr länger von «Anti-Stadt» sprechen müssen, sondern wieder stolz sein können auf «Urbanität». Nicht die Abkehr von städtischem Lebensgefühl, nicht die Rückkehr zu ländlicher Lebensform kann eine realistische Utopie sein, wie dies angesichts unserer Zivilisationskrise irrationale Pessimisten immer wieder fordern. Konstruktive Grundlage für einen allgemeinverbindlichen Zukunftsentwurf ist nur das unbedingte Ja zur Stadt. Alle Energien müssen dafür eingesetzt werden, daß Städte in ihrer Gesamtheit wieder das sein können, was sie im Verlauf von 5000 Jahren überwiegend gewesen sind: zentrale Schaltstellen für Kultur, nicht Krisenherde, die zum langsamen Erstickungstod von Kultur führen könnten. Dies ist für die Menschheit eine Überlebensfrage.

Anmerkungen

Einleitung: Auf dem Weg in die Katastrophe?

1 UN-Statistik von 1979. Zitiert nach Nohlen, Lexikon Dritte Welt, S. 584
2 Klosius, Flucht vor der Umweltkrise, S. 8
3 Nach einer Tabelle der 15 größten Städteagglomerationen in den Jahren 2000 und 2025 (Quelle: Vereinte Nationen, 1982). Zitiert nach Gerhard Heilig, Das Städtewachstum, S. 195
4 Heilig, Das Städtewachstum, S. 199
5 «Die Menschheit wandert in die Slums», Gabriele Venzky in Die Zeit, 4. 6. 76
6 Carl E. Buchalla in Merian, Ägypten, 1984, S. 34
7 «Sektorpapier Urbanisierung», 1978. Hrsg. v. Bundesministerium für wirtschaftliche Zusammenarbeit. Zitiert nach Nohlen, Lexikon Dritte Welt, S. 584/585
8 Klosius, Flucht vor der Umweltkrise, S. 8
9 UN-Statistik, zitiert nach Venzky, Die Zeit, 4. 6. 76
10 Ebd.

Falsch gestellte Weichen

1 Rößler, Deutsche Geschichte (Gütersloh 1961), S. 428
2 Bodley, Der Weg der Zerstörung, S. 13
3 Eppler, Wenig Zeit für die Dritte Welt, S. 15 f.
4 Vgl. hierzu die Darstellung von Stewig, Die Stadt in Industrie- und Entwicklungsländern, S. 97 f., und Schneider, Überall ist Babylon, S. 369 f.
5 Rößler, S. 533
6 Alltag in Wien, Ausstellungskatalog 1979
7 Vgl. hierzu Friedrich Sengle: Wunschbild Land, Schreckbild Stadt
8 Zitiert nach Der Spiegel, 1973, Nr. 2, S. 33
9 Ebd.

Agra: Das Ende eines Mythos

1 Schmitt, Indien, Bd. 1, S. 81
2 Ebd.
3 GEO, 1983, Nr. 1, S. 66
4 Ebd. S. 65
5 Die Presse, Wien, 18. 8. 85
6 Zitiert nach David Carroll, Tadsch Mahal (Wiesbaden 1975), S. 133 f.
7 Ebd. S. 137
8 Der Spiegel, 1978, Nr. 38, S. 187
9 Heilig, Das Städtewachstum, S. 187
10 Ebd. S. 195

Bombay: New York auf indisch

1 Moraes, Bombay, S. 110
2 Gabriele Venzky in Die Presse, Wien, 5. 6. 81
3 Klosius, Flucht vor der Umweltkrise, S. 8
4 Venzky in Die Presse, Wien, 5. 6. 81
5 Stewig, Die Stadt in Industrie- und Entwicklungsländern, S. 106
6 Schmid, Bevölkerungsprobleme, S. 59
7 Josef Urschitz in Die Presse, Wien, 8. 3. 86
8 Der Spiegel, 1984, Nr. 45, S. 144
9 Vgl. hierzu Schmitt, Indien, Bd. 2, S. 323 f.
10 Moraes, Bombay, S. 110
11 Diese Auskünfte bestätigen sich durch eine 1978 im Auftrag des indischen Sozialministeriums durchgeführte Untersuchung über Arbeit von Kindern, die in den Slums von Bombay leben. Vgl. Schmitt, Indien, Bd. 1, S. 237 f.
12 Moraes, Bombay, S. 120
13 Ebd. S. 14 ff.
14 Rund 200 der etwa 750 Spielfilme pro Jahr beweisen allerdings künstlerische Qualität, ein gutes Dutzend der Jahresproduktion kann sich gar international an bedeutenden künstlerischen Leistungen messen. So die Angaben in einem Skript des Österreichischen Filmmuseums Wien. Die künstlerisch ehrgeizigen Filme schildern, an europäischem Realismus geschult, die indische Wirklichkeit ungeschminkt. Zunehmend wird hierbei das Wachsen der Großstadtslums zum sozialkritischen Thema.

15 Detaillierte Angaben bei Schmitt, Indien, Bd. 1, S. 127 ff.
16 Moraes, Bombay, S. 23
17 Schmitt, Indien, Bd. 1, S. 117
18 Bechtoldt, Indien oder China, S. 112
19 Die Angaben fußen teils auf Daten des Handbook of Statistics, New Delhi, 1979, und Aufsätzen in indischen Fachzeitschriften. Zitiert nach Schmitt, Indien, Bd. 1, S. 196 f. Schmitt bietet eine prägnante Darstellung des sozialen Ungleichgewichts in indischen Dörfern.
20 Die «Grüne Revolution» hat ähnlich negative Folgen auch in einer Reihe anderer Entwicklungsländer gezeigt, so vor allem in den Nachbarstaaten Pakistan und Bangla Desh, in Südostasien besonders in Indonesien. Zu der sozialen Verschärfung kommen aber auch noch ökologische Schäden. Die Monokulturen der Grünen Revolution lassen die Artenvielfalt der Anbausorten verschwinden und setzen so die wenigen verbliebenen Sorten verstärkt der Gefahr aus, von einem einzigen Pflanzenschädling vernichtet zu werden. Um das Unheil abzuwehren, müssen um so mehr Schädlingsbekämpfungsmittel eingesetzt werden – sie aber zerstören auf lange Sicht wiederum das biologische Gleichgewicht in der Artenvielfalt der Kleinlebewesen. Ein Teufelskreis immer neuer Schäden setzt sich in Bewegung. Vgl. zu diesen vielschichtigen Problemen sozialer und biologischer Auswirkung: Strahm, Warum sie so arm sind, S. 53–57; Collins/Lappé, Vom Mythos des Hungers, S. 133–201.

Kairo: Der unregierbare Koloß

1 Vgl. Sigrid Hunke: Allahs Sonne über dem Abendland (Frankfurt 1965), S. 177 u. 200. Dieses Standardwerk über den Einfluß der islamischen auf die abendländische Kultur liefert zahlreiche Belege für die Tatsache, daß die islamische Stadtzivilisation jahrhundertelang der abendländischen überlegen war. Auch werden dort die historischen Voraussetzungen erörtert, die es den Moslems gestatteten, während des ganzen Mittelalters fremden Kulturen weltoffener zu begegnen und deren Einfluß schöpferisch zu verarbeiten.
2 Es würde den Rahmen der Darstellung sprengen, auf die näheren Ursachen des Niedergangs der islamischen Zivilisation einzugehen. Als weiterführende Literatur zu diesem Thema empfiehlt sich – Arnold Hottinger: Die Araber. Werden, Wesen, Wandel und Krise des Arabertums (Zürich 1960). Ich verweise in diesem Zusammenhang auch auf meine eigene Darstellung: Abkehr vom Abendland. Östliche Traditionen gegen westliche Zivilisation (Hamburg 1986).

3 Vgl. Wilhelm Dietl: Heiliger Krieg für Allah (München 1983), S. 149
4 Zitiert nach Der Spiegel, 1986, Nr. 6, S. 131
5 Der Spiegel, 1979, Nr. 33, S. 105 f.
6 Nohlen, Lexikon Dritte Welt, S. 23
7 So die Schätzungen von 1977, Der Spiegel, 1977, Nr. 53, S. 89
8 Nohlen, Lexikon Dritte Welt, S. 23
9 Carl E. Buchalla in der Ägypten-Beilage der Presse, Wien, März 1978
10 Carl E. Buchalla in Merian, Ägypten, 1984, S. 34
11 Gabriele Venzky in Die Zeit, 4. 6. 76
12 Der Spiegel, 1977, Nr. 53, S. 89
13 Eine gute Einführung in die Probleme der ägyptischen Agrarwirtschaft seit der Antike bis zum Umbruch in der Moderne gibt Horst Mensching in: Nordafrika, Vorderasien, S. 146 ff.
14 Ebd. S. 150
15 Harrison, Die Zukunft der Dritten Welt, S. 51
16 In dieser Hinsicht besonders bemerkenswerte Filme: «El Bastagi» (Der Briefträger, 1968). Ein Postangestellter aus Kairo wird in ein oberägyptisches Dorf versetzt und muß dort hilflos mitansehen, wie die Tochter des Bürgermeisters von ihrem Vater erstochen wird, auf den bloßen Verdacht hin, ihren Verlobten vor der Heiratsabsprache schon einmal gesprochen zu haben. – «El Haram» (Die Sünde, 1965). Eine Bäuerin wird von einem Fremden vergewaltigt und daraufhin schwanger; um der Schande zu entgehen, bleibt ihr nur der Selbstmord.
17 Im August 1980 erregte ein Bericht der Schweizer Hilfsorganisation «Les Sentinelles» (Die Wachen) weltweites Aufsehen. Dort war von mehr als 1000 Moslemfrauen die Rede, die im Nahen Osten allein 1979 getötet worden waren; die meisten Hinrichtungen ereigneten sich in modernisierten Städten.
18 Zitiert nach Dietl, Heiliger Krieg für Allah, S. 61
19 Der Spiegel, 1985, Nr. 30, S. 87
20 Erdmute Heller in der Ägypten-Beilage der Presse, Wien, März 1978

Fes: Abschied von 1001 Nacht

1 Nohlen, Lexikon Dritte Welt, S. 388
2 Der Spiegel, 1984, Nr. 37, S. 129
3 Fatima Hausmann in Merian, Marokko, 1987, S. 96
4 Vgl. Horst Mensching in: Nordafrika, Vorderasien, S. 91
5 So beschreibt etwa der Franzose Roger Le Tourneau Fes in seinem

Buch «La vie Quotidienne à Fès en 1900». Zitiert nach Merian, Marokko, 1975, S. 31

6 Gabriele Venzky in Die Zeit, 4. 6. 76

7 Mensching in: Nordafrika, Vorderasien, S. 78. Vgl. auch Därr, Marokko (Kirchheim 1981), S. 22f.

8 Werner Ruf in Merian, Marokko, 1975, S. 25

9 Ebd. Brigitte Kerouach, S. 84

10 Nohlen, Lexikon Dritte Welt, S. 389

11 Wieviel Geld ein solcher Krieg der dringenden Entwicklung im Land selber entzieht, läßt sich aus den Tabellen ersehen, wie sie die Nord-Südkommission (unter dem Vorsitz von Willy Brandt) 1980 erstellt hat: Ein Panzer kostet eine Million Dollar – damit ließe sich die Lagerung von Reis für 500 000 Menschen oder der Bau von 40 000 Dorfapotheken finanzieren. Vgl. Strahm, Warum sie so arm sind, S. 18

12 Der Spiegel, 1979, Nr. 37, S. 153

13 So hoch waren die Schätzungen zumindest während der besonders intensiven Kriegsphase 1979. Vgl. die Angaben in Der Spiegel, 1979, Nr. 37, S. 153

14 Därr, Marokko, S. 26

15 Ebd. S. 9

16 Über 400 000 Marokkaner arbeiten im Ausland, die meisten in Frankreich, etwa 16 000 in der Bundesrepublik Deutschland. Vgl. Michael Köhler, Marokko (Köln 1981), S. 19

Sanaa: Sturz in den Fortschritt

1 Vgl. Eugen Wirth in: Nordafrika, Vorderasien, S. 193. In späteren Zeitungsberichten liest man auch von 1,5 Millionen Gastarbeitern, so bei Rolf Linkenheil in der Samstagbeilage der Stuttgarter Zeitung vom 21. 12. 85. Werner Daum in Merian, Arabien, 1981, schreibt ebenfalls von 1,5 Millionen, meint aber damit die Arbeiter sowohl aus dem Nordjemen als auch dem Südjemen, S. 50.

2 Die Verschleierung ist 8 Jahre später nicht mehr so strikt, wie ich 1986 aus verschiedenen Fernsehberichten entnehmen konnte. Zumindest vereinzelt bewegen sich inzwischen Frauen der Oberschicht ohne Schleier in der Öffentlichkeit.

3 Nohlen, Lexikon Dritte Welt, S. 312

4 Nach Auskunft der Deutsch-Jemenitischen Gesellschaft 1979

5 Rolf Linkenheil in der Samstagbeilage der Stuttgarter Zeitung, 21. 12. 85

6 Der Spiegel, 1985, Nr. 33, S. 117
7 Ebd.
8 Orient News. Eine österreichische Publikation über Wirtschaft, Kultur, Wissenschaft und Fremdenverkehr. 1987, Nr. 2
9 Auskunft von Felix Ermacora, dem Berichterstatter der UNO-Menschenrechtskommission über Afghanistan. In: Profil, 10. 2. 86, S. 44
10 Nohlen, Lexikon Dritte Welt, S. 311
11 So z. B. Wirth in: Nordafrika, Vorderasien, S. 192
12 Jemen. Informationsschrift, hrsg. von der Deutsch-Jemenitischen Gesellschaft, 1976

Der drohende Kollaps

1 Der Spiegel, 1980, Nr. 46, S. 169
2 Schmid, Bevölkerungsprobleme, S. 46
3 Zitiert nach Der Spiegel, 1984, Nr. 33, S. 80
4 So die Prognose in einer Untersuchung des Wirtschafts- und Sozialausschusses der Europäischen Gemeinschaft. Juli 1985, zitiert nach Die Presse, Wien.
5 Vgl. hierzu die Ausführungen von Schmid, Bevölkerungsprobleme, S. 51 f.
6 Ebd.
7 World Bank: World Development Report 1984. Zitiert nach Strahm, Warum sie so arm sind, S. 35 f.
8 Zitiert nach Nohlen, Lexikon Dritte Welt, S. 51
9 Dennhardt/Pater, Entwicklung muß von unten kommen, S. 50
10 In Afrika erhalten nur etwa 5 Prozent der Bauern Staatskredite, in Asien und Lateinamerika etwa 15 Prozent der Bauern. Vgl. Harrison, Die Zukunft der Dritten Welt, S. 75
11 Strahm, Warum sie so arm sind, S. 139
12 Harrison, Die Zukunft der Dritten Welt, S. 26 ff., 138 ff.
13 Heilig, Das Städtewachstum, S. 200
14 «Pulverfaß vor der Explosion. Lateinamerikas Riesenstädte». Kurzbericht, Die Presse, Wien 7. 2. 87
15 Strahm, Warum sie so arm sind, S. 29
16 Vgl. dazu den Bericht über Havanna in Der Spiegel, 1987, Nr. 21, S. 174 f.
17 Profil, 1986, 23. 6., S. 35

18 Strahm, Warum sie so arm sind, S. 25
19 Der Spiegel, 1985, Nr. 43, S. 189
20 Heilig, Das Städtewachstum, S. 195
21 Der Spiegel, 1984, Nr. 27, S. 107
22 Klosius, Flucht vor der Umweltkrise, S. 7
23 Ebd.
24 «Die Armut wandert». Kurzbericht, Die Zeit, 20. 3. 86
25 Heilig, Das Städtewachstum, S. 200
26 Schätzungen angesichts des explosiven Wachstums von Lagos gehen teilweise schon ins Unermeßliche. So nimmt Hermann Klosius für 1987 in Lagos bereits die Einwohnerzahl von 12 Millionen an (Flucht in die Umweltkrise, S. 8) – eine Größenordnung, die mir um vieles zu hoch geschätzt erscheint.
27 Heilig, Das Städtewachstum, S. 204
28 Schädle, Umweltprobleme in der Dritten Welt, S. 223
29 «Leben wie vor tausend Jahren», Heiko Flottau in der Süddeutschen Zeitung, 21. 6. 1982
30 Ebd.
31 Schmitt, Die Türkei, S. 33
32 Ebd. S. 47
33 Ebd. S. 173 ff.
34 J. Roth/K. Taylor, Die Türkei unter Wölfen (Bornheim 1981), S. 59
35 Nohlen, Lexikon Dritte Welt, S. 298
36 Ebd. S. 299
37 Zur Verelendung der Bauern im Iran unter der Regierung der Schahs der Pahlevi-Dynastie vgl. die ausführliche Darstellung bei Gehrke/Mehner, Iran, S. 78 ff.
38 Nohlen, Lexikon Dritte Welt, S. 298
39 Der Spiegel, 1978, Nr. 34, S. 113
40 Ich verweise hier auf meine ausführliche Darstellung: Persien. Drehscheibe der Kulturen. Von Zarathustra bis Khomeini (Düsseldorf 1983), S. 255 ff.
41 «Der Gottesstaat». Rudolf Chimelli in der Süddeutschen Zeitung, 22. 2. 86
42 Nohlen, Lexikon Dritte Welt, S. 560
43 Profil, 1982, 19. Juli, S. 44
44 Nohlen, Lexikon Dritte Welt, S. 559
45 So nach der Prognose der UN-Studie 1982. Vgl. Heilig, Das Städtewachstum, S. 195
46 Ebd.
47 Nohlen, Lexikon Dritte Welt, S. 285

48 Ebd. S. 482
49 Der Spiegel, 1986, Nr. 28, S. 98
50 Heilig, Das Städtewachstum, S. 195
51 GEO-Special Honkong, 15. 10. 1984, S. 26
52 Vgl. hierzu auch die Angaben bei Weggel, China, S. 162 und S. 166: Statistisch stehen jedem Städter in der Volksrepublik China 5,2 Quadratmeter Wohnraum zur Verfügung, das langfristige Ziel der rotchinesischen Regierung ist eine Fläche von 9 Quadratmetern.
53 Profil, 1987, 2. 2., S. 34/35
54 Collins/Lappé, Vom Mythos des Hungers, S. 30
55 Weggel, China, S. 162
56 Ebd. S. 186 ff. Vgl. auch Wolfram Runkel in Merian, China: Shanghai und der Süden, März 1986, S. 95 ff.
57 Ebd.
58 Ebd.
59 Ebd. S. 166 f.
60 Heilig, Das Städtewachstum, S. 195
61 Südkorea und Taiwan sind nicht nur industriell erfolgreich auf dem Vormarsch, sondern können Erfolge auch in der Agrarreform, dem sozialen Ausgleich und der Geburtenkontrolle vorweisen. Vgl. hierzu die Angaben bei Harrison, Die Zukunft der Dritten Welt, S. 50 u. 255, Collins/Lappé, Vom Mythos des Hungers, S. 30
62 In diesem Zusammenhang muß die Frage unberücksichtigt bleiben, welche kulturellen Voraussetzungen die fernöstlichen Völker befähigt, rascher als andere auf die Herausforderung unserer westlichen Industriezivilisation zu reagieren. Die jahrtausendealte Tradition des konfuzianischen Denkens hat entscheidend dazu beigetragen, denn dort finden sich in vielerlei Hinsicht Parallelen zur diesseitsbezogenen Praxis des abendländischen Menschen. Vgl. hierzu meine ausführliche Darstellung in: Abkehr vom Abendland. Östliche Traditionen gegen westliche Zivilisation (Hamburg 1986), S. 245 ff.

Symptome der Überentwicklung

1 Mitscherlich, Die Unwirtlichkeit unserer Städte, S. 93 f.
2 Gruen, Das Überleben der Städte, S. 344
3 Stewig, Die Stadt in Industrie- und Entwicklungsländern, S. 272
4 Gruen, Das Überleben der Städte, S. 313 f.
5 Der Spiegel, Nr. 39, 1984, S. 174
6 Benevolo, Die Geschichte der Stadt, S. 1057

7 Allein zwischen 1939 und 1959 wuchsen in der Sowjetunion die Städte mit weniger als 200 000 Einwohner um 83 Prozent und die mit Einwohnerzahlen zwischen 200 000 und 300 000 um 63 Prozent. Vgl. Maestre-Alfonso, Das Elend der großen Städte, S. 107

8 Ebd. S. 6 u. 16

9 Ebd. S. 40 f.

10 Der Spiegel, 1985, Nr. 47, S. 184

11 Der Spiegel, 1978, Nr. 25, S. 172

12 Vgl. Schneider, Überall ist Babylon, S. 16

13 Heilig, Das Städtewachstum, S. 195

14 Ebd.

Ausgewählte Literatur

Bechtoldt, Heinrich: Indien oder China. Die Alternative in Asien. München 1964

Benevolo, Leonardo: Die Geschichte der Stadt. 2. Aufl. Frankfurt/New York 1984

Berndt, Heide: Das Gesellschaftsbild bei Stadtplanern. Stuttgart, Bern 1968

Bodley, John H.: Der Weg der Zerstörung. Stammesvölker und industrielle Zivilisation. München 1983

Braun, R. u. a. (Hrsg.): Gesellschaft in der industriellen Revolution. Köln 1973

Braunfels, W.: Abendländische Stadtbaukunst. Herrschaftsform und Baugestalt. 3. Aufl. Köln 1979

Cahen, Claude: Zur Geschichte der städtischen Gesellschaft im islamischen Orient des Mittelalters. In: Saeculum, Bd. 9. Freiburg, München 1958

Collins, Joseph/Frances Moore Lappé: Vom Mythos des Hungers. Die Entlarvung einer Legende: Niemand muß hungern. Frankfurt 1980

Dennhardt, Joachim/Siegfried Pater (Hrsg.): Entwicklung muß von unten kommen. Perspektiven autonomer Entwicklung und exemplarische Projekte in der Dritten Welt. Reinbek b. Hamburg 1980

Eppler, Erhard: Wenig Zeit für die Dritte Welt. 8. Aufl. Stuttgart u. a. 1981

Golz, E.: Die Verstädterung der Erde. 3. Aufl. Paderborn, München 1973

Gruen, Victor: Das Überleben der Städte. Wege aus der Umweltkrise: Zentren als urbane Brennpunkte. Wien u. a. 1973

Grunebaum, Gustav: Die islamische Stadt. In: Saeculum, Bd. 6. Freiburg, München 1955

Haase, C. (Hrsg.): Die Stadt des Mittelalters. 3 Bde. Darmstadt 1969–73

Harrison, Paul: Die Zukunft der Dritten Welt. Reinbek b. Hamburg 1984

Heilig, Gerhard: Das Städtewachstum. In: Opitz, Die Dritte Welt in der Krise, S. 186–207

Klosius, Hermann: Flucht vor der Umweltkrise. In: Entwicklungspolitische Nachrichten, Zeitschrift des Österreichischen Informationsdienstes für Entwicklungspolitik. 1987, Nr. 5, S. 7–10

Landes, D.: Der entfesselte Prometheus. Technologischer Wandel und industrielle Entwicklung in Westeuropa von 1750 bis zur Gegenwart. Köln 1973

Maestre-Alfonso, Juan/Richard Meier: Das Elend der großen Städte. Ursachen und soziale Folgen urbaner Fehlentwicklung. Reinbek b. Hamburg 1978

Malchow, Barbara/Keyumars Tayebi: Menschen in Bombay. Reinbek b. Hamburg 1986

Mensching, Horst/Eugen Wirth (Hrsg.): Nordafrika und Vorderasien. Der Orient. Frankfurt 1980

Mitscherlich, Alexander: Die Unwirtlichkeit unserer Städte. Anstiftung zum Unfrieden. Frankfurt 1965

Moraes, Dom: Bombay (Die großen Städte). Amsterdam 1979

Mumford, Lewis: Die Stadt. Geschichte und Ausblick. 2 Bde. München 1979

Nissel, H.: Bombay. Untersuchung zur Struktur und Dynamik einer indischen Metropole. Berlin 1977

Nohlen, Dieter (Hrsg.): Lexikon Dritte Welt. Länder, Organisationen, Theorien, Begriffe, Personen. Reinbek b. Hamburg 1984

Opitz, Peter J. (Hrsg.): Die Dritte Welt in der Krise. Grundprobleme der Entwicklungsländer. 2. aktual. Aufl. München 1985

Pehnt, W. (Hrsg.): Die Stadt in der Bundesrepublik Deutschland. Stuttgart 1974

Reulecke, J. (Hrsg.): Die deutsche Stadt im Industriezeitalter. Wuppertal 1978

Ritter, G.: Landflucht und Städtewachstum in der Türkei. In: Erdkunde, Bd. 26. Bonn 1972

Sandner, G.: Die Hauptstädte Zentralamerikas. Wachstumsprobleme, Gestaltwandel, Sozialgefüge. Heidelberg 1969

Schädle, Werner: Umweltprobleme. In: Opitz, Die Dritte Welt in der Krise, S. 208–226

Schmid, Josef: Bevölkerungsprobleme. In: Opitz, Die Dritte Welt in der Krise, S. 45–63

Schmitt, Eberhard: Indien. Politik, Ökonomie, Gesellschaft. 2 Bde. Berlin 1982–84

Schmitt, Eberhard (Hrsg.): Türkei. Berlin 1985

Schneider, Wolf: Überall ist Babylon. Die Stadt als Schicksal des Menschen. Von Ur bis Utopia. Düsseldorf 1960

Seger, M.: Strukturelemente der Stadt Teheran und das Modell der modernen orientalischen Stadt. In: Erdkunde, Bd. 29. Bonn 1975

Sengle, Friedrich: Wunschbild Land und Schreckbild Stadt. Zu einem zentralen Thema der neueren deutschen Literatur. In: Studium Generale 16. Jg. H. 10. 1963

Stewig, Reinhard: Die Stadt in Industrie- und Entwicklungsländern. Paderborn u. a. 1983

Strahm, Rudolf H.: Warum sie so arm sind. Arbeitsbuch zur Entwicklung der Unterentwicklung in der Dritten Welt. 3. Aufl. Wuppertal 1985

Weggel, Oskar: China. Zwischen Marx und Konfuzius. 2. neubearb. Aufl. München 1987

Wirth, E.: Die orientalische Stadt. Ein Überblick aufgrund jüngerer Forschungen zur materiellen Kultur. In: Saeculum, Bd. 26. Freiburg, München 1975

Städteregister

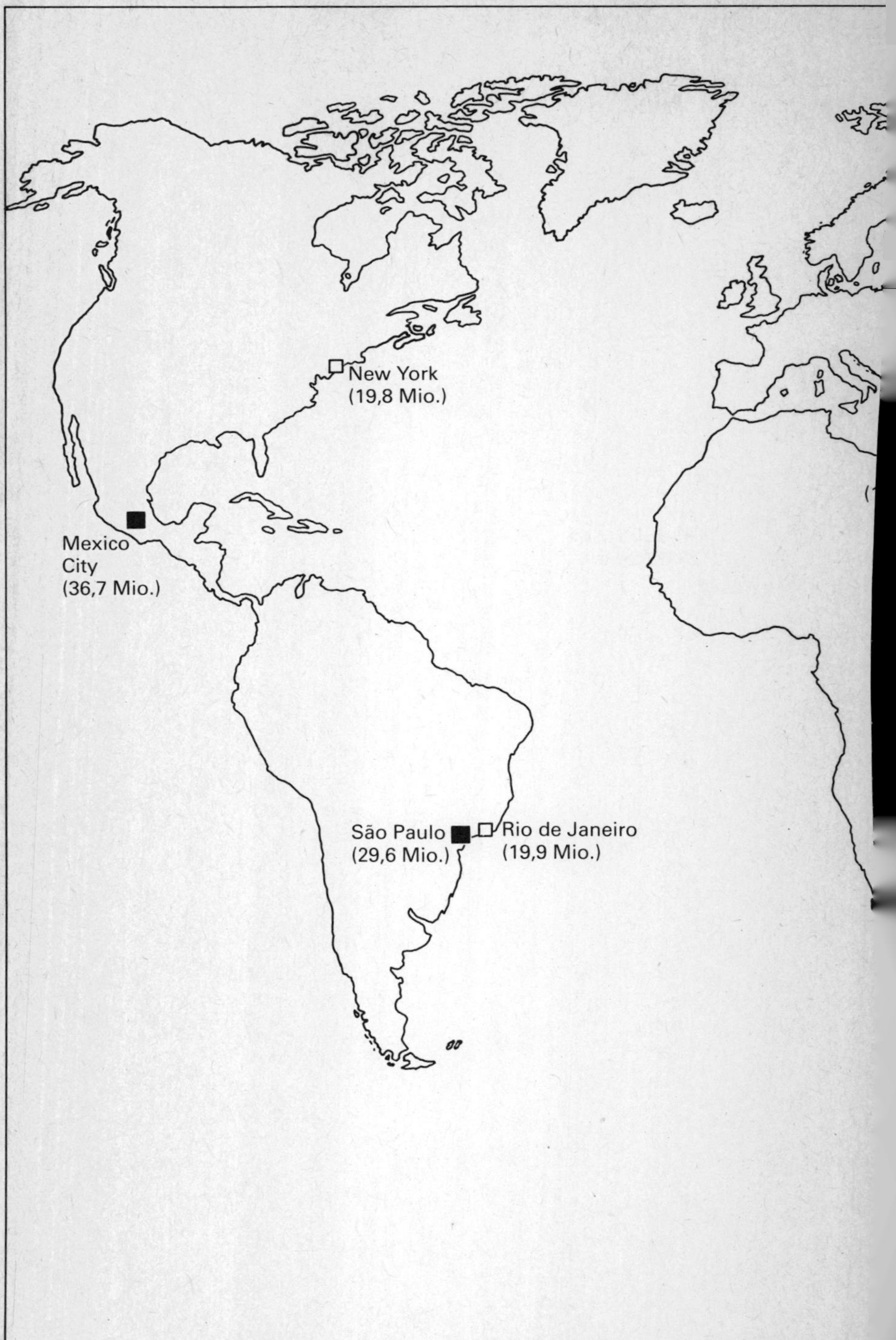
New York
(19,8 Mio.)
Mexico
City
(36,7 Mio.)
São Paulo
(29,6 Mio.)
Rio de Janeiro
(19,9 Mio.)